全国二级建造师执业资格考试一次通关

建设工程施工管理
一次通关

品思文化专家委员会　组织编写

许名标　主　编

王　洋　副主编

中国建筑工业出版社

图书在版编目（CIP）数据

建设工程施工管理一次通关/品思文化专家委员会
组织编写；许名标主编；王洋副主编. -- 北京：中国
建筑工业出版社，2025.2. --（全国二级建造师执业资
格考试一次通关）. -- ISBN 978-7-112-30936-8

Ⅰ. TU71

中国国家版本馆 CIP 数据核字第 2025NL6475 号

责任编辑：田立平
责任校对：赵 菲

全国二级建造师执业资格考试一次通关

建设工程施工管理一次通关

品思文化专家委员会 组织编写

许名标 主 编

王 洋 副主编

＊

中国建筑工业出版社出版、发行（北京海淀三里河路 9 号）

各地新华书店、建筑书店经销

北京建筑工业印刷有限公司制版

建工社（河北）印刷有限公司印刷

＊

开本：787 毫米×1092 毫米 1/16 印张：26½ 字数：612 千字

2025 年 3 月第一版 2025 年 3 月第一次印刷

定价：**68.00** 元

ISBN 978-7-112-30936-8

（44628）

品思文化专家委员会

前　言

　　为了更好地帮助广大考生复习应考，提高考试通过率，我们专门组织国内顶级名师，依据最新版考试大纲和考试用书的要求，对各门课程的历年考情、核心考点、考题设计等进行了全面的梳理和剖析，精心编写了二级建造师执业资格考试一次通关辅导丛书，丛书共分五册，分别为《建设工程施工管理一次通关》《建设工程法规及相关知识一次通关》《建筑工程管理与实务一次通关》《机电工程管理与实务一次通关》《市政公用工程管理与实务一次通关》。本套丛书在体例上独树一帜，能够帮助考生轻松掌握所有核心考点，非常适合没有充足时间学习考试用书的考生。

　　《建设工程施工管理一次通关》主要包括以下四个部分：

　　1. **"导学篇"**——2024年版《建设工程施工管理》官方教材内容相比往年变化巨大，导致2023年及2023年以前的真题和核心考点参考价值不大，仅分析了2024年四套真题考点及分值分布、命题涉及的核心考点、各个考点的复习难度、命题规律及复习技巧，为考生提供清晰的复习思路，突出重点、把握规律，制定系统全面的复习计划。

　　2. **"核心考点升华篇"**——①"考情分析"：归纳各章节核心考点及分值分布，让考生清晰了解知识点；②"核心考点分析"：按照章节顺序，提炼每节核心考点提纲，针对各个核心考点，结合真题或模拟题，总结各种典型考法，深入剖析核心考点，使考生全面了解考试命题意图、明晰解题思路；③"经典真题及模拟强化练习"：针对每个核心考点，以单选、多选分别罗列的形式，按照教材章节顺序，精选若干典型真题及模拟题，使考生全面扎实掌握各个知识点。

　　3. **"近年真题篇"**——提供了两套2024年考试真题，让考生全面了解考试内容，提前体验考试场景，尽快进入考试状态。

　　4. **"模拟预测篇"**——以最新考试大纲要求和最新命题信息为导向，参考真题核心考点分布情况，精编2套全真模拟试卷覆盖全部核心考点，力求预测2025年命题新趋势，帮助广大考生准确把握考试命题规律。

　　《建设工程施工管理一次通关》具有以下三大特点：

　　1. **"全"**——对2024年真题和考点进行全面梳理、归纳和剖析，点睛考点，总结考法，指明思路；每个核心考点都配套了典型真题和模拟题，帮助考生消化考点内容，加深对知识点的理解，拓宽解题思路，提高答题技巧；结合核心考点，精心编写模拟预测试卷并对难点进行解析，帮助考生进一步巩固知识点。

2. "新"——严格依据最新考试用书和考试大纲，充分体现 2025 年考试趋势；体例新颖，每一核心考点均总结各种考法，并对其进行精准剖析，理清解题思路，提炼答题技巧，每节附模拟强化练习，使考生举一反三，尽快适应 2025 年的考试要求。

3. "简"——核心知识点罗列清晰，在涵盖所有考点的前提下，简化考试用书内容，使考生一目了然，帮助考生在短时间内将考试用书由厚变薄，节省时间，掌握考点。

本书在编写过程中得到了诸多行内专家的指点，在此一并表示感谢！由于时间仓促、水平有限，书中难免有疏漏和不当之处，敬请广大考生批评指正。

愿我们的努力能够帮助大家顺利通过考试！

目 录

近年真题篇

模拟预测篇

导 学 篇

一、2024年考点分值统计

2024 年试卷一考点题型题量分值分析

内容	单选题		多选题		合计
	数量	分值	数量	分值	
施工组织与目标控制	11	11	2	4	15
施工招标投标与合同管理	10	10	3	6	16
施工进度管理	7	7	4	8	15
施工质量管理	9	9	3	6	15
施工成本管理	9	9	3	6	15
施工安全管理	8	8	2	4	12
绿色施工及环境管理	4	4	2	4	8
施工文件归档管理及项目管理新发展	2	2	1	2	4
小计	60 题	60 分	20 题	40 分	100 分

2024 年试卷二考点题型题量分值分析

内容	单选题		多选题		合计
	数量	分值	数量	分值	
施工组织与目标控制	10	10	2	4	14
施工招标投标与合同管理	10	10	3	6	16
施工进度管理	8	8	4	8	16
施工质量管理	9	9	3	6	15
施工成本管理	9	9	3	6	15
施工安全管理	8	8	2	4	12
绿色施工及环境管理	4	4	2	4	8
施工文件归档管理及项目管理新发展	2	2	1	2	4
小计	60 题	60 分	20 题	40 分	100 分

2024 年试卷三考点题型题量分值分析

内容	单选题		多选题		合计
	数量	分值	数量	分值	
施工组织与目标控制	12	12	4	8	20

内容	单选题		多选题		合计
	数量	分值	数量	分值	
施工招标投标与合同管理	13	13	4	8	21
施工进度管理	8	8	3	6	14
施工质量管理	8	8	2	4	12
施工成本管理	8	8	2	4	12
施工安全管理	7	7	3	6	13
绿色施工及环境管理	2	2	1	2	4
施工文件归档管理及项目管理新发展	2	2	1	2	4
小计	60题	60分	20题	40分	100分

2024 年试卷四考点题型题量分值分析

内容	单选题		多选题		合计
	数量	分值	数量	分值	
施工组织与目标控制	12	12	3	6	18
施工招标投标与合同管理	12	12	4	8	20
施工进度管理	8	8	3	6	14
施工质量管理	8	8	2	4	12
施工成本管理	8	8	2	4	12
施工安全管理	8	8	4	8	16
绿色施工及环境管理	2	2	1	2	4
施工文件归档管理及项目管理新发展	2	2	1	2	4
小计	60题	60分	20题	40分	100分

二、核心考点及可考性提示

核心知识		核心考点	可考性提示
第1章 施工组织与目标控制（分值预估14～20分）	1.1 工程项目投资管理与实施	项目资本金	★★★
		项目投资审批、核准或备案管理	★★★★
		工程建设实施程序	★★★★★
		施工总承包、施工总承包管理、平行承包模式	★★★★

核心知识		核心考点	可考性提示
第1章 施工组织与目标控制（分值预估14～20分）	1.1 工程项目投资管理与实施	联合体承包和合作体承包模式	★★★★
		强制监理的工程范围	★★★
		项目监理机构人员职责	★★★
		施工单位与项目监理机构相关的工作	★★
		工程质量监督内容	★★
		工程质量监督程序	★★★★
		工程质量监督工作方式	★
	1.2 施工项目管理组织与项目经理	施工项目管理目标和任务	★★
		施工项目管理组织	★★★★
		施工项目经理职责和权限	★★★★★
	1.3 施工组织设计与项目目标动态控制	施工项目实施策划	★★★★
		施工组织设计的编制依据	★
		施工组织设计的分类及内容	★★★★★
		施工组织设计的编制、审批及动态管理	★★★★★
		施工项目目标体系构建	★★★
		施工项目目标动态控制过程及措施	★★★★★
第2章 施工招标投标与合同管理（分值预估16～21分）	2.1 施工招标投标	施工招标方式	★★★★
		施工招标程序	★★★★
		总价合同	★★★
		单价合同	★★★
		成本加酬金合同	★★★★
		合同计价方式比较与选择	★★★★
		招标工程量清单	★★★★★
		综合单价	★★★
		投标报价的原则、方法及注意事项	★★★
		施工投标报价策略	★★★
		施工投标文件的内容	★

核心知识		核心考点	可考性提示
第2章 施工招标投标与合同管理（分值预估16～21分）	2.2 合同管理	施工合同文件优先解释顺序	★★
		施工合同各方职责	★★★★★
		施工合同订立时需要明确的内容	★★★★
		施工合同进度、质量管理	★★★★
		工程计量与支付管理	★★★
		工程变更管理	★★★★
		工程竣工验收	★★★★★
		不可抗力后果的分担原则	★★★★
		承包人索赔管理	★★★★★
		违约责任与合同纠纷处理	★★
		专业分包合同各方的权利和义务	★★★★
		专业分包合同履行管理	★★★
		劳务分包合同文件组成及优先解释顺序	★
		劳务分包合同各方义务	★★★
		劳务分包合同履行管理	★★★
		材料采购合同管理	★★
		设备采购合同管理	★★
	2.3 施工承包风险管理及担保保险	施工承包常见风险	★★
		施工承包风险管理计划	★
		施工承包风险管理程序	★★★★
		工程担保	★★★★
		工程保险	★★★★
第3章 施工进度管理（分值预估14～16分）	3.1 施工进度影响因素与进度计划系统	施工进度影响因素	★★
		施工进度计划的分类	★
		施工进度计划表达形式	★★
	3.2 流水施工进度计划	三种施工组织方式特点的比较	★★★
		流水施工表达方式	★★★
		流水施工参数	★★★★★

核心知识		核心考点	可考性提示
第3章 施工进度管理（分值预估14～16分）	3.2 流水施工进度计划	等节奏流水施工特点和计算	★★★★★
		异节奏流水施工特点和计算	★★★★★
		非节奏流水施工特点和计算	★★★★★
	3.3 工程网络计划技术	工程网络计划类型	★★
		工程网络计划编制程序	★★★
		网络图绘图规则	★★★★
		双代号网络计划时间参数的计算	★★★★★
		单代号网络计划时间参数的计算	★★★★★
		双代号时标网络计划时间参数的计算	★★★★★
		关键工作及关键线路的确定	★★★★★
	3.4 施工进度控制	施工进度计划的监测与调整	★★★★
		实际进度与计划进度比较方法	★★★
		施工进度计划调整的方法	★
		施工进度计划调整的措施	★★★
第4章 施工质量管理（分值预估12～15分）	4.1 施工质量影响因素及管理体系	工程质量形成过程	★★
		工程质量影响因素	★★★
		质量管理七项原则	★
		质量管理体系文件	★★★
		质量管理体系的建立和运行	★★★
		质量管理体系认证与监督	★★★★★
		施工质量保证体系的作用	★★
		施工质量保证体系的内容	★★★★★
		施工质量保证体系的建立和"三全控制"	★★
	4.2 施工质量抽样检验和统计分析方法	抽样检验方法	★★★
		施工质量检验方法	★★★
		施工质量统计分析方法	★★★★★
	4.3 施工质量控制	施工质量控制的环节	★★★
		施工准备质量控制	★★★

核心知识		核心考点	可考性提示
第4章 施工质量管理（分值预估12～15分）	4.3 施工质量控制	作业技术准备状态的控制	★★
		作业技术活动过程和结果质量控制	★★★
		施工质量检查验收	★★★★★
	4.4 施工质量事故预防与调查处理	施工质量事故分类	★★★★★
		施工质量事故的成因及预防措施	★★
		施工质量事故处理基本要求	★★
		施工质量事故处理程序	★★★★★
第5章 施工成本管理（分值预估12～15分）	5.1 施工成本影响因素及管理流程	施工成本分类	★★★
		施工成本影响因素	★
		施工成本管理流程	★★
	5.2 施工定额的作用及编制方法	施工定额的作用和分类	★★★
		人工定额的编制	★★★★
		材料消耗定额的编制	★★★
		施工机具消耗定额的编制	★★★★
	5.3 施工成本计划	施工责任成本构成	★★★
		施工成本计划的类型	★★★★
		施工成本计划的编制依据和程序	★★
		施工成本计划编制方法	★★★★★
	5.4 施工成本控制	施工成本控制过程	★★
		施工成本过程控制方法	★★★
		挣值法	★★★★★
		施工成本偏差的表达方法	★★
		施工成本纠偏措施	★★★★
	5.5 施工成本分析与管理绩效考核	施工成本分析的依据和步骤	★★
		施工成本分析的基本方法	★★★★★
		综合成本分析方法	★★★★
		成本项目分析方法	★
		施工成本管理绩效考核内容和指标	★★
		施工成本管理绩效考核方法	★★★★

核心知识		核心考点	可考性提示
第6章 施工安全管理（分值预估12～13分）	6.1 职业健康安全管理体系	职业健康安全管理体系标准	★★
		职业健康安全管理体系的建立和运行	★★
	6.2 施工生产危险源与安全管理制度	危险源分类及其控制方法	★★★
		危险源辨识与风险评价方法	★★★
		施工安全管理制度	★★★★★
	6.3 专项施工方案及施工安全技术管理	专项施工方案编制与报审	★★★★★
		施工安全技术措施及要求	★★★★
		施工安全技术交底	★★★★
	6.4 施工安全事故应急预案和调查处理	施工安全事故隐患处置	★★
		安全事故应急预案	★★★
		施工安全事故等级	★★★★
		施工安全事故应急救援	★★
		施工安全事故报告和调查处理	★★★★★
第7章 绿色施工及环境管理（分值预估4～8分）	7.1 绿色施工管理	绿色施工理念原则和方法	★★★
		各方主体绿色施工具体职责	★★
		绿色施工管理措施	★
		绿色施工技术措施	★★★★★
	7.2 施工现场环境管理	环境管理体系的基本理念和核心内容	★★
		环境管理体系的建立和运行	★
		文明施工的作用及管理理念	★★
		文明施工管理目标及工作要求	★★★
		施工现场环境保护措施	★★★★★
第8章 施工文件归档管理及项目管理新发展（分值预估4分）	8.1 施工文件归档管理	施工文件归档范围	★★
		施工文件立卷	★★★
		施工文件归档	★★★
	8.2 项目管理新发展	国内外项目管理标准	★★
		价值交付	★
		BIM技术在工程项目管理中的应用	★★★

三、命题规律

1. 紧扣考纲

每年的全国二级建造师执业资格考试大纲是确定考试内容的唯一依据，而考试用书是对考试大纲的具体细化。试题不会超出考试大纲和考试用书的范围，更不会出现与现行法律、法规、规范相冲突的内容。

2. 挖掘陷阱

主要表现为三个方面：（1）在题干中设置隐含陷阱，考试用书中以肯定形式表达的内容，命题者以否定形式提问；考试用书中从正面角度阐述的内容，命题者从反面角度提问。（2）命题者喜欢将考试用书中某些知识点的关键字拉出来设置其他干扰项；（3）题干和选项同时设置陷阱，命题者会同时选择两个以上的知识点来迷惑考生。

3. 体现关联

某些多项选择题可能涉及两个以上知识点，回答问题时要依据考试用书所阐述的概念、方法、公式，注重不同知识点之间的关联性，多方面、多角度考虑，慎重选择。

4. 注重实务

全国二级建造师执业资格考试的目的是考查考生运用基本理论知识和基本技能综合分析解决问题的能力，考试试题更趋向于涉及施工现场的质量、安全、成本、进度、绿色环保和招标投标合同管理等实务性方面，越来越全面细致，越来越注重题干的复杂性、干扰性、迷惑性，回答问题时，要善于利用相关理论，同时结合工程实际分析和解答试题。

四、题型分析

1. 概念型选择题

此类选择题主要依据基本概念来出题，对基本概念的特点、原因、分类、原则、内容、作用、结果等进行选择，经常出现的主要标志性措辞有"性质是""内容是""特点是""标志是""准确地理解是"等。在各备选项的表述上，命题者一般会采用混淆、偷梁换柱、以偏概全、以末代本、因果倒置等手法。

2. 否定型选择题

也称为逆向选择题，此题型题干部分采用否定式的提示或限制，如"无""不是""没有""不包括""无关的""不正确""错误的""不属于"等提示语。

3. 因果型选择题

此类选择题即考查原因和结果的选择题，其基本结构一般有两种形式：一种是题干列出了原因，各备选项列出结果，在试题中常出现的标志性词语有"影响""结果"等；另一种是题干列出了结果，而各备选项列出了原因，在试题中常出现的标志性词语有"原因是""目的是""是为了"等。

4. 计算型选择题

对于计算型的选择题，一般计算量不会很大，需要我们熟记一些计算公式，如果考生对解决该问题的计算方法很明白，就可轻而易举地作答，而且备选项还可以起到验算的作用。

5. 比较型选择题

比较型选择题是把具有可比性的内容放在一起，让考生通过分析、比较，归纳出其相同点或不同点。此类题目在题干中一般会出现"相同点""不同点""共同""相似"等标志性词语，有些题目也有反映程度性的词语，如"最大的不同点""最根本的不同""本质上的相似之处"等，主要考查考生的分析、归纳和比较能力。

6. 组合型选择题

此类选择题是将同类选项按一定关系进行组合，并冠之以数字序号，然后分解组成各选项作为备选项。解答组合型选择题的关键是要有准确牢固的基础知识，同时由于此题型的逻辑性较强，所以考生还应具备一定的分析能力。

五、复习方法

1. 依纲靠本

我们首先要根据考试大纲的要求，确保有充足的时间理解考试用书中的知识点，尤其是核心知识点；然后，我们要明白，考试时所有的试题和标准答案均来自考试用书，答题时必须严格按考试用书的内容、观点和要求去回答每个问题。

2. 提前准备

根据经验，考试用书至少要通读三遍。第一遍要仔细地看，不放过任何一个要点、难点、关键词；第二遍要快速地看，主要针对核心考点和第一遍中不理解的内容；第三遍要飞快地看，主要是看第二遍没有看懂或者没有彻底掌握的核心考点。复习前，要制定一个切实可行的学习计划，杜绝先松后紧、突击复习造成精神紧张甚至失眠。很多考生临考前总会抱怨"再给我一周时间，肯定能够过关"，与其考后后悔，不如笨鸟先飞，提前准备。

3. 紧抓核心

复习时，要特别注意知识点之间的内在联系，有些知识点可能跨越好几页，而这些知识点往往是多项选择题的出题点，要留意层级关系，深刻把握，举一反三，以不变应万变。复习中，必须把握重点，避免平均分配。本书提供的核心考点几乎囊括了该课程所有出题点，建议考生严格按照本书顺序和逻辑，好好复习，大幅提高效率。

4. 学会总结

我们要做到一边看书，一边做总结性标记，罗列要点、难点，将书由厚变薄。要注意准确把握文字背后的复杂含义，要注意不同章节之间的内在联系。本书是作者多年教学辅导经验的结晶，总结了该课程所有的核心考点，同时非常注意章节之间的联系，可以带领大家快速掌握考试用书内容。

5. 精选资料

复习资料不宜过多，多了浪费时间，难以取舍、增加压力。备考过程中，适当做一些真题和模拟题，但千万不要舍本逐末，以题代学，杜绝题海战术。本书针对每个核心考点，都详细讲解了命题思路、考试方法，配套了例题、历年真题和强化模拟题，相信此书能让大家达到事半功倍的效果。

六、答题技巧

1. 控制情绪

考试前一定要休息好，考试过程中，要学会控制自己的情绪，不要急躁，如果心里紧张，深呼吸几口气，做到心平气和，面对不会的题，善于跳跃，千万不要被命题者一开始就来个下马威，更加要杜绝心里想的是答案 A 却涂成答案 C 的情况。

2. 稳步推进

单项选择题难度较小，答题要稍快，同时注意准确率；多项选择题可以稍慢一点，但要求稳。一定要耐着性子把题目中每个字读完，提高准确率，杜绝心急。根据考试时间的分配，单项选择题按照每题 1min、多项选择题按照每题 1.5min 的速度稳步推进，效果良好。

3. 讲究方法

针对上述 6 类题型，可以采用不同的答题方法。概念性选择题采用逻辑推理法，解题的关键是要注意一些隐性的限制词，结合相关的理论知识来判断选项是否符合题意。否定性选择题可以采用排除法、推理法、直选法等方式进行。因果性选择题要正确理解有关概念的含义，注意相互之间的内在联系，全面分析和把握影响的各种因素，准确把握题干与各备选项之间的逻辑关系，弄清两者之间谁因谁果。计算性选择题可以采用估算法、代入法、比例法、极端法来作答。程度性选择题主要运用优选法，逐个比较、分析备选项，找出最佳答案。比较性选择题一般都是对考试用书内容的重新整合，要善于运用理论进行分析判断，采用排除法，从同中找异，从异中求同。组合性选择题可以采用肯定筛选法和否定筛选法，肯定筛选法是先根据试题要求分析各个选项，确定一个正确的选项，排除不包含此选项的组合，然后一一筛选，最后得出正确答案；否定筛选法即确定一个或两个不符合题意的选项，排除包含这些选项的组合，得出正确答案。

4. 回头检查

按照上述时间稳步推进，至少可以预留 15～20min 的回头检查时间。考试过程中，把不太肯定或不会做的题目在题号位置标记一个符号，回头主要对这些题进行检查，做到心中有数、有的放矢。

核心考点升华篇

第1章　施工组织与目标控制

本章考情分析

2024 年核心考点及分值分布（单位：分）

本章节次	本章条目	试卷一		试卷二		试卷三		试卷四	
		单选	多选	单选	多选	单选	多选	单选	多选
1.1	1.1.1　工程项目投资管理制度	1		3		2			
	1.1.2　工程建设实施程序	1			2	1	2	3	
	1.1.3　施工承包模式	2		1		1			2
	1.1.4　工程监理	1			2		2		
	1.1.5　工程质量监督			1				1	
1.2	1.2.1　施工项目管理目标和任务	1		1					
	1.2.2　施工项目管理组织	1				1	2	1	
	1.2.3　施工项目经理职责和权限	1		1		1		1	
1.3	1.3.1　施工项目实施策划	1	2			2		2	2
	1.3.2　施工组织设计	1		1		3	2	3	
	1.3.3　施工项目目标动态控制	1	2	1		1		1	2
合计		11	4	10	4	12	8	12	6
		15		14		20		18	

本章核心考点分析

1.1　工程项目投资管理与实施

核心考点提纲

$$
1.1\ \text{工程项目投资管理与实施}
\begin{cases}
1.1.1 & \text{工程项目投资管理制度} \\
1.1.2 & \text{工程建设实施程序} \\
1.1.3 & \text{施工承包模式} \\
1.1.4 & \text{工程监理} \\
1.1.5 & \text{工程质量监督}
\end{cases}
$$

1.1.1 工程项目投资管理制度

核心考点一：项目资本金

1. 项目资本金含义

各种经营性投资项目试行资本金制度。项目资本金，是指在项目总投资中由投资者认缴的出资额。这里的总投资，是指投资项目的固定资产投资与铺底流动资金之和。项目资本金属于非债务性资金，项目法人不承担这部分资金的任何利息和债务，可视为项目法人进行债务融资的信用基础。投资者可按出资比例依法享有所有者权益，也可转让其出资，但不得以任何方式抽回。

2. 项目资本金来源

项目资本金可以用货币出资，也可以用实物、工业产权、非专利技术、土地使用权作价出资。对作为资本金的实物、工业产权、非专利技术、土地使用权，必须经过有资格的资产评估机构依照法律、法规评估作价，不得高估或低估。除国家对采用高新技术成果有特别规定外，以工业产权、非专利技术作价出资的比例不得超过投资项目资本金总额的20%。

3. 项目资本金比例

项目资本金比例

序号	投资项目		最低资本金比例
1	城市和交通基础设施项目	城市轨道交通项目	20%
		港口、沿海及内河航运项目	
		铁路、公路项目	
		机场项目	25%
2	房地产开发项目	保障性住房和普通商品住房项目	20%
		其他项目	25%
3	产能过剩行业项目	钢铁、电解铝项目	40%
		水泥项目	35%
		煤炭、电石、铁合金、烧碱、焦炭、黄磷、多晶硅项目	30%
4	其他工业项目	玉米深加工项目	20%
		化肥（钾肥除外）项目	25%
		电力等其他项目	20%

◆ **考法 1：项目资本金含义**

【例题·2024 年真题·单选题】关于项目资本金的说法，正确的是（　　　）。

A. 项目资本金实质上是一种债务资金

B. 项目资本金只能以货币方式出资

C. 项目资本金可视为项目法人进行债务融资的信用基础

D. 投资者可以在需要的时候抽回其投入的项目资本金

【答案】C

【解析】项目资本金，是指在项目总投资中由投资者认缴的出资额。这里的总投资，是指投资项目的固定资产投资与铺底流动资金之和。项目资本金属于非债务性资金，故选项 A 错误。项目法人不承担这部分资金的任何利息和债务，可视为项目法人进行债务融资的信用基础，故选项 C 正确。投资者可按其出资比例依法享有所有者权益，也可转让其出资，但不得以任何方式抽回，故选项 D 错误。公益性投资项目不实行资本金制度。项目资本金可以用货币出资，也可以用实物、工业产权、非专利技术、土地使用权作价出资，故选项 B 错误。

◆ 考法 2：项目资本金来源

【例题 1·单选题】根据我国现行有关资本金制度的规定，除国家对采用高新技术成果有特别规定外，以工业产权、非专利技术作价出资的比例不得超过投资项目资本金总额的（　　　）。

A. 10%　　　　　　　　　　B. 20%

C. 25%　　　　　　　　　　D. 30%

【答案】B

【解析】项目资本金可以用货币出资，也可以用实物、工业产权、非专利技术、土地使用权作价出资。对作为资本金的实物、工业产权、非专利技术、土地使用权，必须经过有资格的资产评估机构依照法律、法规评估作价，不得高估或低估。以工业产权、非专利技术作价出资的比例不得超过投资项目资本金总额的 20%，国家对采用高新技术成果有特别规定外。

【例题 2·多选题】项目资本金可以用货币出资，也可以用（　　　）作价出资。

A. 实物　　　　　　　　　　B. 工业产权

C. 非专利技术　　　　　　　D. 企业商誉

E. 土地所有权

【答案】A、B、C

【解析】同上题。

◆ 考法 3：项目资本金比例

【例题 1·单选题】关于投资项目资本金占总投资的比例，根据不同行业和项目的经济效益等因素确定，下列选项中，不符合现行规定的是（　　　）。

A. 钢铁项目资本金比例为 50% 及以上

B. 水泥项目资本金比例为 35% 及以上

C. 化肥项目资本金比例为 25% 及以上

D. 电力项目资本金比例为 20% 及以上

【答案】A

【解析】选项 A 钢铁项目为 40%，其余选项表述是符合规定的。

【例题 2·多选题】项目资本金占项目总投资的比例在 30% 及以上的投资行业包括（　　）。

A. 铁路 B. 保障性住房

C. 城市轨道交通 D. 煤炭

E. 铁合金

【答案】D、E

【解析】投资项目最低资本金比例，超过 30% 的有：钢铁、电解铝项目（40%），水泥项目（35%），煤炭、电石、铁合金、烧碱、焦炭、黄磷、多晶硅项目（30%）。

核心考点二：项目投资审批、核准或备案管理

1. 政府投资项目的审批制

政府投资项目的审批制

	方式	资金来源	审批内容
政府投资项目	审批制	直接投资、资本金注入	项目建议书、可行性研究报告、初步设计、概算（除特殊情况，不再审批开工报告）
		投资补助、转贷、贷款贴息	资金申请报告

2. 企业投资项目的核准制或备案制

核准制和备案制的区别（一）

	方式	适用范围	核准或备案内容
企业投资项目	核准制	《政府核准的投资项目目录》内（关系国家安全、涉及全国重大生产力布局、战略性资源开发和重大公共利益）	项目申请书
	备案制	《政府核准的投资项目目录》外	企业根据属地原则，向地方政府投资主管部门备案

核准制和备案制的区别（二）

	核准制	备案制
企业投资项目	项目申请书内容： （1）企业基本情况； （2）项目情况，包括项目名称、建设地点、建设规模、建设内容； （3）项目利用资源情况分析及对生态环境的影响分析； （4）项目对经济和社会的影响分析	备案内容： （1）企业基本情况； （2）项目情况，包括项目名称、建设地点、建设规模、建设内容； （3）项目总投资额； （4）项目符合产业政策的声明

◆ 考法 1：政府投资项目审批制

【例题·多选题】根据《国务院关于投资体制改革的决定》，采用资本金注入方式的

政府投资工程，政府需要从投资决策角度审批的事项一般有（　　　）。

  A. 工程预算   B. 可行性研究报告

  C. 初步设计   D. 项目建议书

  E. 开工报告

【答案】B、D

【解析】对于采用直接投资和资本金注入方式的政府投资项目，政府投资主管部门需从投资决策角度审批项目建议书和可行性研究报告。除特殊情况外，不再审批开工报告。

◆ **考法 2：企业投资项目核准制或备案制**

【例题 1·单选题】根据《国务院关于投资体制改革的决定》，民营企业投资建设《政府核准的投资项目目录》中的项目时，需向政府提交（　　　）。

  A. 可行性研究报告   B. 项目申请书

  C. 初步设计和概算   D. 项目开工报告

【答案】B

【解析】民营企业投资建设《政府核准的投资项目目录》中的项目采用核准制，仅需提交项目申请书。

【例题 2·多选题】由国务院核准的项目，应向国务院投资主管部门提交项目申请书。项目申请书应包括的内容有（　　　）。

  A. 企业基本情况

  B. 项目情况，包括项目名称、建设地点、建设规模、建设内容等

  C. 项目利用资源情况分析及对生态环境的影响分析

  D. 项目对经济和社会的影响分析

  E. 可行性研究报告

【答案】A、B、C、D

【解析】由国务院核准的项目，应向国务院投资主管部门提交项目申请书。项目申请书包括：（1）企业基本情况；（2）项目情况，包括项目名称、建设地点、建设规模、建设内容；（3）项目利用资源情况分析及对生态环境影响分析；（4）项目对经济和社会的影响分析。

1.1.2　工程建设实施程序

核心考点：工程建设实施程序

  工程项目生命期包含投资决策和建设实施两个阶段，建设工程全寿命期还包含工程建成后的运营维护阶段。工程建设实施程序如下图所示。

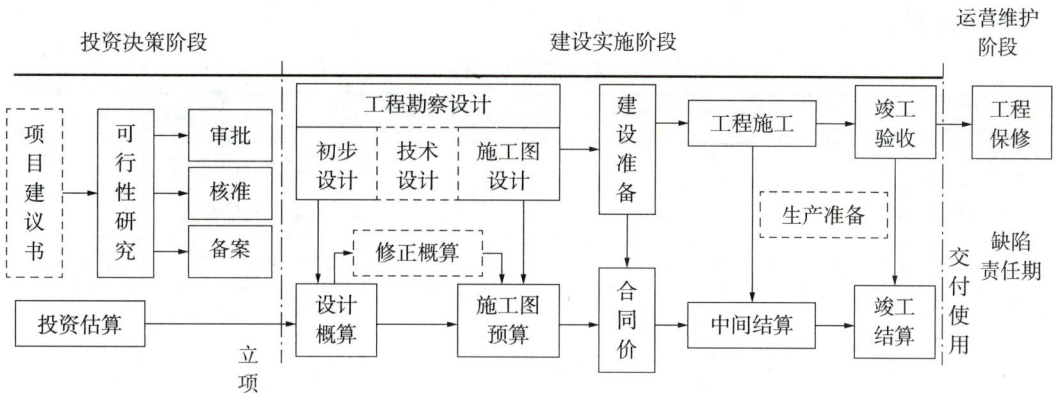

工程建设实施程序

1. 工程勘察设计

工程勘察设计是工程建设实施阶段的首要环节，在工程建设中发挥着龙头作用。

工程勘察设计

工程勘察	包括：（1）工程测量；（2）岩土地质勘察；（3）水文地质勘察
工程设计	工程设计是确定和控制工程造价的重点阶段，也是协调工程技术与经济关系的关键环节。一般分为初步设计和施工图设计两个阶段，重大工程和技术复杂工程，可增加技术设计阶段
	（1）初步设计：编制工程总概算。对于政府投资项目，初步设计提出的投资概算超过经批准的可行性研究报告提出的投资估算10%的，投资主管部门或者其他有关部门可以要求项目单位重新报送可行性研究报告
	（2）技术设计：编制修正概算
	（3）施工图设计：编制施工图预算

2. 建设准备

（1）征地、拆迁和场地平整；
（2）完成施工用水、电、通信网络、交通道路等接通工作；
（3）准备必要的施工图纸；
（4）组织工程监理、施工及材料设备采购招标工作；
（5）办理施工许可证、工程质量监督等手续。

建设准备工作主要由建设单位完成。对于有些工程的施工场地平整，施工用水、电、通信网络、交通道路等接通工作，可交由施工单位承担。在工程总承包模式下，施工图纸的准备也将由工程总承包单位完成。所谓工程总承包，即该单位对工程设计、采购、施工、试运行以及项目收尾实行全过程或若干阶段综合承包，主要有 EPC（设计、采购、施工）和 DB（设计、施工）两种形式。

3. 工程施工

工程施工

情形	开工时间
一般的工程	第一次破土开槽施工的时间
不需开槽的工程	正式开始打桩的时间
铁路、公路、水库等需要大量土石方工程的	正式开始进行土方、石方工程的时间
分期建设的工程	各期工程开工的时间
工程勘察、平整场地、既有建筑物拆除、临时建筑、临时道路和水电等工程	开始施工不能算作正式开工

4. 生产准备

生产准备工作一般包括以下内容：（1）组建生产管理机构，制定生产管理制度；（2）招聘和培训生产人员，组织生产人员参加设备安装、调试和工程验收工作；（3）落实原材料、协作产品、燃料、水、电、气等来源，并组织工装、器具、备品、备件等制造或订货等。

5. 竣工验收

建设工程自竣工验收合格之日起即进入缺陷责任期。施工承包单位应在缺陷责任期内对已交付使用的工程质量缺陷承担责任。缺陷责任期最长不超过 2 年。在缺陷责任期内发现有质量缺陷的，修复和查验费用由责任方承担。缺陷责任期届满时，建设单位应向工程承包单位返还质量保证金。

◆ 考法：工程建设实施程序

【例题 1·单选题】建设工程全寿命期和工程项目生命期的主要区别在于（   ）。

A. 是否包含运营维护阶段　　　　B. 是否包含投资决策阶段

C. 是否包含建设实施阶段　　　　D. 是否包含建设施工阶段

【答案】A

【解析】工程项目生命期包含投资决策和建设实施两个阶段，而建设工程全寿命期还包含工程建成后的运营维护阶段。这是两个不同的概念，区别主要在于是否包含运营维护阶段。

【例题 2·单选题】根据我国工程建设程序的相关规定，某政府投资项目可行性研究批复的总投资为 6000 万元，初步设计提出的总概算最高不能超过（   ）万元，否则应重新向原审批单位报批可行性研究报告。

A. 6000　　　　　　　　　　　B. 6300

C. 6600　　　　　　　　　　　D. 7200

【答案】C

【解析】对于政府投资项目，初步设计提出的投资概算超过经批准的可行性研究报告提出的投资估算 10% 的，投资主管部门或者其他有关部门可以要求项目单位重新报送可行性研究报告。

【例题 3·单选题】某建筑工程项目，施工单位于 3 月 10 日进入施工现场开始搭设临时设施，3 月 15 日开始拆除旧有建筑物，3 月 25 日开始永久性工程基础正式打桩，4 月 10 日开始平整场地，该工程的开工时间为（　　　）。

A. 3 月 10 日　　　　　　　　B. 3 月 15 日

C. 3 月 25 日　　　　　　　　D. 4 月 10 日

【答案】C

【解析】工程开工时间指该工程设计文件中规定的任何一项永久性工程第一次正式破土开槽开始施工的时间。不需开槽的工程，正式开始打桩的时间就是开工时间。铁路、公路、水库等需要进行大量土石方工程的，以正式开始土方、石方工程的时间作为开工时间。

【例题 4·多选题】下列工作中，属于建设准备工作的有（　　　）。

A. 准备必要的施工图纸　　　　B. 办理施工许可手续

C. 组建生产管理机构　　　　　D. 办理工程质量监督手续

E. 审查施工图设计文件

【答案】A、B、D

【解析】建设准备工作包括：（1）征地、拆迁和场地平整；（2）完成施工用水、电、通信网络、交通道路等接通工作；（3）准备必要的施工图纸；（4）组织工程监理、施工及材料设备采购招标工作；（5）办理施工许可证、工程质量监督等手续。

1.1.3　施工承包模式

核心考点一：施工总承包、施工总承包管理、平行承包模式

施工总承包、施工总承包管理、平行承包模式的合同结构如下图所示。

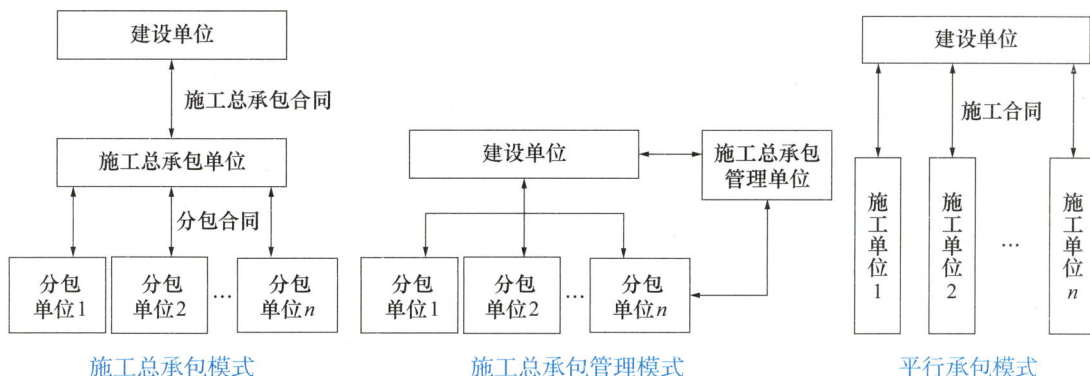

施工总承包模式　　　　　施工总承包管理模式　　　　　平行承包模式

1. 施工总承包模式的特点

（1）工程开工前即有较为明确的合同价。

（2）对于总价合同，有利于建设单位对工程总造价的早期控制。

（3）施工质量责任主体少。

（4）建设单位施工招标与合同管理、组织协调工作量小。

2. 施工总承包管理模式的特点

与施工总承包相比，施工总承包管理的特点有：

（1）分包合同有不同的签订方式。施工总承包：一般先业主与施工总包签订合同，再施工总包与分包单位签订合同。施工总承包管理：一般业主与分包单位直接签订合同，也可由施工总管与分包单位签订合同。

（2）施工总承包管理单位取费及分包单位工程款支付方式不同。施工总承包管理单位只收取总包管理费，不赚取总包与分包之间的差价。对于各分包单位的工程款，可以通过施工总承包管理单位支付，也可由业主直接支付。显然，通过施工总承包管理单位支付分包工程款时，更有利于施工总承包管理单位对分包单位的管理。

（3）各分包合同界面由施工总承包管理单位负责确定，可减轻业主的组织协调工作量。但在业主与分包单位直接签订合同的前提下，业主合同管理工作量大，造价控制风险也较大。

（4）总承包管理单位负责控制分包工程质量，符合工程质量的"他人控制"原则，因而有利于控制工程质量。

3. 平行承包模式特点

（1）有利于建设单位择优选择承包单位。由于合同内容单一、价值小、风险小，可在更大范围内选择承包单位。

（2）有利于控制工程质量。整个工程分解后分别发包给各承包单位，合同约束与相互制约使每一部分都能较好地实现质量要求。

（3）有利于缩短建设工期。多个标段任务并行实施，可缩短整个项目工期。

（4）组织管理和协调工作量大。由于合同数量多，合同界面数量增加，要求建设单位具有较强的组织协调能力。

（5）工程造价控制难度大。由于招标任务量大，需控制多项合同价格，工程造价控制难度增加。

（6）与总承包模式相比，平行承包模式不利于发挥技术水平高、综合能力强的承包商的综合优势。

◆ **考法 1：施工总承包模式的特点**

【例题·2024 年真题·单选题】与平行承包模式相比，施工总承包模式具有的特点是（　　）。

        A. 建设单位组织协调工作量小

        B. 建设单位可在更大范围内选择施工单位

        C. 有利于缩短建设工期

        D. 工程造价控制难度大

【答案】A

【解析】选项 B、C、D 是平行承包模式的特点。

◆ **考法 2：施工总承包管理模式的特点**

【例题 1·2023 年真题·单选题】某建设工程项目采用施工总承包管理模式，若施工总承包管理单位想承担部分实体工程的施工，则取得施工任务的方式是（　　）。

A. 业主委托　　　　　　　　　　　B. 自行决定

C. 施工总承包单位委托　　　　　　D. 投标竞争

【答案】D

【解析】施工总承包管理单位想承担部分实体工程的施工，可以参加这一部分工程施工的投标，通过竞争取得任务。

【例题 2·2024 年真题·多选题】与施工总承包模式相比，施工总承包管理模式的特点有（　　）。

A. 业主可与分包单位直接签订合同

B. 施工总承包管理单位不赚取总包与分包之间的差价

C. 施工分包单位的工程款可由业主直接支付

D. 业主可直接确定施工分包单位

E. 施工总承包管理单位不承揽工程施工任务

【答案】A、B、C、D

【解析】选项 E 错误，施工总承包管理单位想承担部分实体工程的施工，可以参加这一部分工程施工的投标，通过竞争取得任务。

◆ 考法 3：平行承包模式的特点

【例题·2020 年真题·单选题】建设工程采用平行承发包模式的优点是（　　）。

A. 有利于建设单位对施工单位选择

B. 有利于建设单位合同管理和协调

C. 有利于工程总价确定和造价控制

D. 有利于减少施工过程中的设计变更

【答案】A

【解析】平行承发包模式有以下特点：① 有利于择优选择施工单位；② 有利于控制工程质量；③ 有利于缩短建设工期；④ 组织管理和协调工作量大；⑤ 工程造价控制难度大；⑥ 不利于发挥技术水平高、综合管理能力强的施工单位的综合优势。

核心考点二：联合体承包和合作体承包模式

联合体承包模式、合作体承包模式的合同结构分别如下图所示。

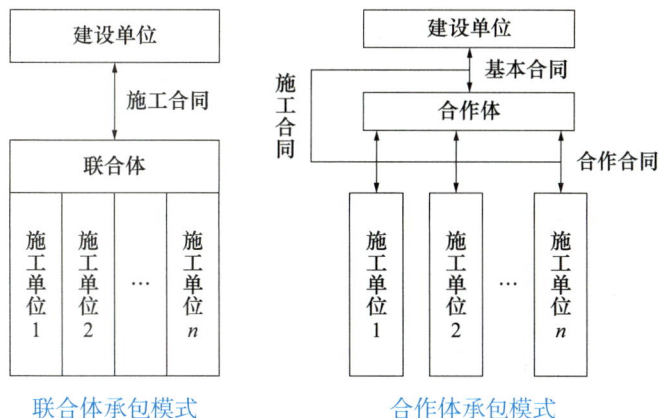

联合体承包模式　　　　　合作体承包模式

联合体和合作体

模式	概念	特点
联合体承包	当工程规模大或技术复杂，由两家及以上单位联合起来承揽施工任务。联合体通常由一家或几家单位发起，签署联合体协议，产生联合体牵头单位，联合体各成员单位共同与建设单位签订施工合同	（1）建设单位合同结构简单，组织协调工作量小，有利于造价和工期控制。 （2）可以集中各成员单位优势，增强竞争能力，增强抗风险能力
合作体承包	几家单位成立一个合作体，以合作体名义与建设单位签订施工承包意向合同（即基本合同）。达成协议后，各施工单位再分别与建设单位签订施工合同	（1）建设单位组织协调工作量小，但风险较大（各个施工单位之间没有连带关系）。 （2）各施工单位之间有合作愿望，但又不愿意组成联合体

◆考法：联合体承包和合作体承包模式的区别

【例题1·单选题】有关联合体承包模式和合作体承包模式的说法，正确的是（　　）。

A. 采用联合体承包模式，建设单位承担风险较大

B. 采用联合体承包模式，不利于工程造价控制

C. 采用合作体承包模式，建设单位需签订工程承包意向合同、工程承包合同

D. 采用合作体承包模式，建设单位组织协调工作量大

【答案】C

【解析】采用联合体承包模式的特点：（1）建设单位合同结构简单，组织协调工作量小，有利于造价和工期控制；（2）可以集中各成员单位优势，增强竞争能力，增强抗风险能力。采用合作体承包模式的特点：（1）建设单位组织协调工作量小，但风险较大；（2）各施工单位之间有合作愿望，但又不愿意组成联合体。

【例题2·多选题】建设工程施工联合体承包模式的特点有（　　）。

A. 业主的合同结构简单，组织协调工作量小

B. 通过联合体内部合同约束，增加了工程质量监控环节

C. 对于建设单位而言，有利于工程造价和建设工期的控制

D. 建设单位组织协调工作量大，且风险较大

E. 能够集中联合体成员单位优势，增强抗风险能力

【答案】A、C、E

【解析】同上题。

1.1.4　工程监理

核心考点一：强制监理的工程范围

下列建设工程必须实行监理：

必须实行监理的范围

范围	规模
1.国家重点建设工程	
2.利用外国政府或者国际组织贷款、援助资金的工程	

范围	规模
3. 学校、影剧院、体育场馆项目	
4. 成片开发的住宅小区	建筑面积≥5万 m^2
5. 大中型公用事业工程	总投资额≥3000万元，如市政、科技、教育、文化、体育、旅游、商业、卫生、社会福利
6. 国家规定必须实行监理的基础设施项目	总投资额≥3000万元，如煤炭、石化、燃气、电力、新能源、铁路、公路、管道、水运、民航、邮政、电信、防洪、发电、道路、桥梁、地铁、轻轨、污水处理、垃圾处理、环保

◆ **考法：强制监理的工程范围**

【例题·单选题】下列各类建设工程中，属于《建设工程监理范围和规模标准规定》中规定的必须实行监理的是（　　）。

    A. 投资总额 2000 万元的学校工程

    B. 投资总额 2000 万元的科技、文化工程

    C. 投资总额 2000 万元的社会福利工程

    D. 投资总额 2000 万元的道路、桥梁工程

【答案】A

【解析】必须实行监理的工程是：（1）国家重点建设工程；（2）总投资额在 3000 万元以上的公用事业工程项目；（3）5 万 m^2 以上的住宅建设工程；（4）利用外国政府或者国际组织贷款、援助资金的工程；（5）总投额在 3000 万元以上关系社会公共利益、公众安全的基础设施项目；（6）学校、影剧院、体育场馆项目。

核心考点二：项目监理机构人员职责

1. 总监理工程师和总监理工程师代表的职责

总监理工程师和总监理工程师代表的职责

总监理工程师需履行的职责 （不得委托总监理工程师代表履行）	总监理工程师需履行的职责 （可以委托总监理工程师代表履行）
（1）组织编制监理规划，审批监理实施细则	（1）确定项目监理机构人员及其岗位职责
（2）根据工程进展及工作情况调配监理人员	（2）检查监理机构人员
（3）组织审查施工组织设计、（专项）施工方案	（3）组织召开监理例会
（4）签发开工令、暂行令和复工令	（4）审查开复工报审表
（5）签发工程款支付证书，组织审核竣工结算	（5）组织审核施工单位的付款申请
（6）调解合同争议，处理工程索赔	（6）组织审查和处理工程变更
（7）审查施工单位竣工申请，组织竣工预验收，组织编写质量评估报告，参与工程竣工验收	（7）组织验收分部工程，组织审查单位工程质量检验资料

总监理工程师需履行的职责 （不得委托总监理工程师代表履行）	总监理工程师需履行的职责 （可以委托总监理工程师代表履行）
（8）参与或配合质量安全事故调查和处理	（8）组织检查施工单位现场质量、安全生产管理体系的建立及运行情况
—	（9）组织审核分包单位资格
—	（10）组织编写监理月报，组织整理监理文件资料

2. 专业监理工程师职责（部分）

（1）负责编制监理实施细则。

（2）检查进场的工程材料、构配件、设备的质量。

（3）验收检验批、隐蔽工程、分项工程。

（4）处置发现的质量问题和安全事故隐患。

（5）进行工程计量。

（6）组织编写监理日志。

3. 监理员职责（部分）

（1）检查施工单位投入工程的人力、主要设备的使用及运行状况。

（2）进行见证取样。

（3）复核工程计量有关数据。

（4）检查工序施工结果。

◆ **考法 1：总监理工程师职责**

【例题·多选题】根据《建设工程监理规范》GB/T 50319—2013，总监理工程师应履行的职责有（　　　）。

　　A. 组织编制监理实施细则　　　　　B. 组织召开监理例会

　　C. 组织审核竣工结算　　　　　　　D. 组织工程竣工验收

　　E. 组织整理监理文件资料

【答案】B、C、E

【解析】选项 A 为专业监理工程师职责，选项 D 为建设单位职责。

◆ **考法 2：总监不得委托总监代表的职责**

【例题·单选题】《建设工程监理规范》GB/T 50319—2013 规定，总监理工程师不得委托总监理工程师代表的工作是（　　　）。

　　A. 组织审核分包单位的资格　　　　B. 审查开复工报审表

　　C. 组织审查和处理工程变更　　　　D. 审批监理实施细则

【答案】D

【解析】总监理工程师需履行的职责（不得委托总监理工程师代表履行）：（1）组织编制监理规划，审批监理实施细则；（2）根据工程进展及监理工作情况调配监理人员；（3）组织审查施工组织设计、（专项）施工方案；（4）签发工程开工令、暂行令和复工令；（5）调解建设单位与施工单位的合同争议，处理工程索赔；（6）签发工程款支付证书，组织审核竣工结算；（7）参与或配合工程质量安全事故调查和处理；（8）审查施工单位的竣工申请，组织工程竣工预验收，组织编写工程质量评估报告，参与工程竣工验收。

◆ **考法 3：专业监理工程师职责**

【例题·单选题】根据《建设工程监理规范》GB/T 50319—2013，属于专业监理工程师职责的是（　　）。

  A. 组织审核分包单位资格

  B. 组织编写监理日志

  C. 检查施工单位投入工程的人力、主要设备的使用及运营状态

  D. 检查工序施工结果

【答案】B

【解析】专业监理工程师应履行下列职责：（1）参与编制监理规划，负责编制监理实施细则；（2）审查施工单位提交的涉及本专业的报审文件，并向总监理工程师报告；（3）参与审核分包单位资格；（4）指导、检查监理员工作，定期向总监理工程师报告本专业监理工作实施情况；（5）检查进场的工程材料、构配件、设备的质量；（6）验收检验批、隐蔽工程、分项工程，参与验收分部工程；（7）处置发现的质量问题和安全事故隐患；（8）进行工程计量；（9）参与工程变更的审查和处理；（10）组织编写监理日志，参与编写监理月报；（11）收集、汇总、参与整理监理文件资料；（12）参与工程竣工预验收和竣工验收。选项 A 是总监理工程师的职责，选项 C、D 是监理员的职责。

◆ **考法 4：监理员职责**

【例题·单选题】根据《建设工程监理规范》GB/T 50319—2013，下列工作中，属于监理员职责的是（　　）。

  A. 组织编写监理月报   B. 复核工程计量有关数据

  C. 负责编制监理实施细则 D. 验收分项工程

【答案】B

【解析】监理员职责：（1）检查施工单位投入工程的人力、主要设备的使用及运行状况；（2）进行见证取样；（3）复核工程计量有关数据；（4）检查工序施工结果；（5）发现施工作业中的问题，及时指出并向专业监理工程师报告。

核心考点三：施工单位与项目监理机构相关的工作

（1）施工单位应参加建设单位主持召开的图纸会审和设计交底会议，会议纪要应由项目监理机构负责整理，建设、设计、施工单位代表及总监理工程师共同签认。

（2）工程开工前，施工单位应将施工组织设计报送项目监理机构审查，经审查符合要求，由总监理工程师签认后报送建设单位。

（3）申请开工的工程具备下列条件的，总监理工程师在工程开工报审表签署同意开工的意见并报建设单位批准：① 设计交底和图纸会审已完成；② 施工组织设计已由总监理工程师签认；③ 施工单位现场质量、安全生产管理体系已建立，管理及施工人员已到位，

施工机械具备使用条件，主要工程材料已落实；④ 进场道路及水、电、通信等已满足开工要求。

（4）项目监理机构应审查分包单位以下内容：① 营业执照、企业资质等级证书；② 安全生产许可文件；③ 类似工程业绩；④ 专职管理人员和特种作业人员资格。

（5）施工单位应参加由建设单位主持召开的第一次工地会议。

（6）对于施工单位报送的施工方案，项目监理机构的审查内容包括：① 编审程序是否符合相关规定；② 工程质量保证措施是否符合有关标准。

（7）项目监理机构检查试验室以下内容：① 试验室的资质等级及试验范围；② 法定计量部门对试验设备出具的计量检定证明；③ 试验室管理制度；④ 试验人员资格证书。

（8）有下列情形之一的，总监理工程师及时签发工程暂停令：① 建设单位要求暂停施工且工程需要暂停施工的；② 施工单位未经批准擅自施工或拒绝项目监理机构管理的；③ 施工单位未按审查通过的工程设计文件施工的；④ 施工单位未按批准的施工组织设计、（专项）施工方案施工或违反工程建设强制性标准的；⑤ 施工存在重大质量、安全事故隐患或发生质量、安全事故的。

◆ 考法 1：监理机构对分包单位资格审查的内容

【例题·多选题】项目监理机构对分包单位资格审查的基本内容包括（　　）。

  A. 营业执照、企业资质等级证书及类似工程业绩

  B. 分包单位专职管理人员和特种作业人员资格

  C. 安全生产许可文件

  D. 施工单位对分包单位的管理制度

  E. 分包单位施工规划

【答案】A、B、C

【解析】项目监理机构应审查分包单位以下内容：（1）营业执照、企业资质等级证书；（2）安全生产许可文件；（3）类似工程业绩；（4）专职管理人员和特种作业人员资格。

◆ 考法 2：总监签发工程暂停令的情形

【例题·单选题】根据《建设工程监理规范》GB/T 50319—2013，总监理程师应及时签发工程暂停令的情形是（　　）。

  A. 施工单位采用的施工工艺不当造成工程质量问题的

  B. 施工单位未按审查通过的工程设计文件施工的

  C. 施工单位施工中存在安全事故隐患的

  D. 施工单位未按施工方案施工大幅增加工程费用的

【答案】B

【解析】总监理工程师应及时签发工程暂停令的情形有：（1）建设单位要求暂停施工且工程需要暂停施工的；（2）施工单位未经批准擅自施工或拒绝项目监理机构管理的；（3）施工单位未按审查通过的工程设计文件施工的；（4）施工单位违反工程建设强制性标准的；（5）施工存在重大质量、安全事故隐患或发生质量、安全事故的。

1.1.5 工程质量监督

核心考点一：工程质量监督内容

工程质量监督是对工程质量责任主体行为和工程实体质量进行监督检查。

◆**考法：工程质量监督内容**

【**例题·多选题**】工程质量监督主要是指对（　　　）进行的监督检查。

    A. 工程质量责任主体行为

    B. 工程招标投标的程序是否合法

    C. 工程环境质量是否符合要求

    D. 工程实体质量

    E. 项目部是否符合 ISO 质量管理体系要求

【**答案**】A、D

【**解析**】工程质量监督主要是对工程质量责任主体行为和工程实体质量进行监督检查。

核心考点二：工程质量监督程序

1. 审核办理工程质量监督手续

工程开工前，建设单位需申请办理工程质量监督手续。工程质量监督机构审核符合要求的，办理质量监督登记手续，并向建设单位签发工程质量监督文件。

2. 组织安排工程质量监督准备工作

（1）成立工程质量监督组，确定质量监督负责人。

（2）编制工程质量监督计划，并转发各参建单位。

（3）召开首次监督会议，明确相关职责。在办理工程质量监督手续后、工程开工前，工程质量监督机构应召开五方责任主体参加的首次监督会议。

（4）检查各方主体行为，确认具备开工条件。

3. 组织实施工程施工质量监督

（1）制定年度、季度检查计划。

（2）实施监督检查：① 工程参建各方主体质量行为。② 工程实体质量。对影响主体结构、使用功能和施工安全的部位和关键工序，要加大抽查频率，对隐蔽工程应进行重点抽查。③ 工程质量保证资料。

（3）工程质量事故隐患及问题查处

工程质量监督机构发现有影响主体结构、使用功能和施工安全的质量问题和事故隐患时，及时签发工程质量问题整改通知单，并现场取证。对于存在严重质量事故隐患或发生质量事故的，立即责令停工。

4. 组织实施工程竣工验收质量监督

工程质量监督机构应参加建设单位组织的工程竣工验收，并对现场验收的组织形式、验收程序、执行标准规定等进行重点监督。

工程质量监督报告必须由工程质量监督负责人签认，并加盖单位公章后出具。

◆**考法：工程质量监督程序**

【例题1·单选题】工程开工前，（   ）需要到工程质量监督机构办理工程质量监督手续。

A. 建设单位 　　　　　　　　　　B. 施工单位

C. 设计单位 　　　　　　　　　　D. 监理单位

【答案】A

【解析】工程开工前，建设单位需要到规定的工程质量监督机构办理工程质量监督手续。

【例题2·2021/2017年真题·单选题】在工程项目开工前，质量监督机构接受建设单位有关建设工程质量监督的申报手续，并对有关文件进行审查，审查合格后签发（   ）。

A. 质量监督文件 　　　　　　　　B. 施工许可证

C. 质量监督报告 　　　　　　　　D. 监督计划方案

【答案】A

【解析】在工程项目开工前，监督机构接受建设单位有关建设工程质量监督的申报手续，并对建设单位提供的有关文件进行审查，审查合格签发有关质量监督文件。

【例题3·单选题】工程质量监督报告必须由（   ）签认。

A. 建设单位负责人 　　　　　　　B. 监理单位负责人

C. 设计单位负责人 　　　　　　　D. 工程质量监督负责人

【答案】D

【解析】工程质量监督报告必须由工程质量监督负责人签认，经工程质量监督机构负责人审核同意并加盖单位公章后出具。

【例题4·多选题】工程开工后，政府质量监督机构组织实施监督检查的内容有（   ）。

A. 工程参建各方主体质量行为 　　B. 工程实体质量

C. 施工组织设计的审批手续 　　　D. 工程质量保证资料

E. 监理规划及其审批手续

【答案】A、B、D

【解析】选项C、E均为工程开工前，建设单位在办理工程质量监督手续时需提供的资料。

核心考点三：工程质量监督工作方式

工程质量监督机构的监督检查以抽查为主，实行专项检查与综合检查相结合、工程实体质量检查与工程参建各方主体质量行为检查相结合的方式。

工程实体质量检查包括随机抽查和委托检测等方式。

◆**考法：工程质量监督工作方式**

【例题·多选题】工程质量监督机构的监督检查方式有（   ）。

A. 以抽查为主

B. 实行专项检查与综合检查相结合

C. 以委托第三方检查为主

D. 实行自检、互检、专检相结合

E. 工程实体质量检查与工程参建各方主体质量行为检查相结合

【答案】A、B、E

【解析】工程质量监督机构的监督检查以抽查为主，实行专项检查与综合检查相结合、工程实体质量检查与参建各方质量行为检查相结合的方式。

1.2 施工项目管理组织与项目经理

核 心 考 点 提 纲

1.2 施工项目管理组织与项目经理 { 1.2.1 施工项目管理目标和任务
1.2.2 施工项目管理组织
1.2.3 施工项目经理职责和权限

核 心 考 点 剖 析

1.2.1 施工项目管理目标和任务

核心考点：施工项目管理目标和任务

1. 施工项目管理目标

施工项目管理也即施工方项目管理，分为施工总承包项目管理和施工分包项目管理。

施工项目管理目标也即施工项目目标，包括施工进度、施工质量、施工成本、施工安全以及绿色施工"四节一环保"（节能、节地、节水、节材和环境保护）目标。

其中，施工进度目标是指在施工合同中明确规定的工程完工时间。工程质量、施工安全是施工项目管理的核心。五大目标应实现动态最佳匹配。

2. 施工项目管理任务

施工单位项目管理任务包括工程合同管理、施工组织协调、施工目标控制、施工安全管理、施工风险管理、施工信息管理和绿色施工管理。

其中，施工组织协调作为施工项目管理的基本职能，包括外部环境协调、工程参建单位之间协调、施工单位内部协调三方面。施工目标控制是指施工单位对施工进度、质量和成本进行的控制。施工目标控制是施工项目管理的核心任务。施工信息管理是控制施工项目目标的根本保证。施工项目经理是项目绿色施工管理的第一责任人，在施工组织设计中要单独编制绿色施工方案。

◆ **考法1：施工项目管理目标**

【例题·单选题】施工进度目标是指在施工合同中明确规定的（　　　）。

A. 工程完工时间　　　　　　　　B. 工程开工时间

C. 工程实际竣工时间　　　　　　D. 工程交付时间

【答案】A

【解析】施工进度目标是指在施工合同中明确规定的工程完工时间。

◆**考法 2：施工项目管理任务**

【例题·单选题】（　　　）指施工单位对其所承包工程施工进度、施工质量和施工成本进行的控制。

A. 施工目标控制　　　　　　　　B. 施工安全管理

C. 施工风险管理　　　　　　　　D. 施工信息管理

【答案】A

【解析】施工目标控制是指施工单位对施工进度、质量和成本进行的控制。

1.2.2　施工项目管理组织

核心考点：施工项目管理组织

1. 施工项目管理组织结构形式

施工项目管理组织结构形式

类型	优缺点
直线式组织结构——项目经理单线垂直领导，最简单形式 	优点：结构简单、权力集中、易于统一指挥、隶属关系明确、职责分明、决策迅速
	缺点：未设置职能部门，项目经理没有参谋和助手，需要成为"全能式"人才，无法实现管理工作专业化，不利于提高项目管理水平
职能式组织结构——各级领导指挥职能部门 	优点：强调管理业务专门化，管理人员业务工作专业化，易于提高工作质量，减轻领导者负担
	缺点：多头领导，下级执行者接受多方指令，容易造成职责不清
直线职能式组织结构——部门只是领导的参谋 	优点：集中领导、职责清楚，有利于提高管理效率
	缺点：各职能部门之间的横向联系差，信息传递路线长，职能部门与指挥者之间容易产生矛盾

类型	优缺点
矩阵式组织结构——人员从部门抽调，归项目经理统一管理，完工后回到原部门或其他项目 公司经理 职能部门1　职能部门2　职能部门3 A项目经理 B项目经理 C项目经理	优点：灵活组建项目管理机构，具有较大的机动性和灵活性，实现集权与分权最优结合 缺点：组织结构稳定性差，每位成员受项目经理和职能部门经理双重领导，可能产生矛盾和扯皮

按照项目经理的权限不同，矩阵式组织结构分为三种形式：

矩阵式组织结构

组织结构形式	强矩阵	中矩阵（平衡矩阵）	弱矩阵
项目经理身份	由企业最高领导任命，全权负责项目	项目经理被授予一定权力	没有项目经理或只是项目协调者／监督者
项目经理权限	大	中	小
员工绩效考核	由项目经理考核	需要精心建立管理程序和配备训练有素的协调人员	由职能部门经理考核
适用哪些项目	技术复杂且时间紧迫	技术复杂程度中等且建设周期较长	技术简单

2. 责任矩阵

责任矩阵

★负责人 △支持者或参与者　○审查者		项目团队领导				综合办公室			工程技术部				…
职责模块	主要工作任务	项目经理	项目副经理	项目总工	…	主任	综合管理岗	…	部长	土建技术岗	电气技术岗	…	…
1. 实施策划	1.1　项目管理策划	★	△	△		△			△	△	△		
	1.2　BIM建模	○		★						△	△		
	…												
2. 技术管理	2.1　施工组织设计	★	△	△		△			△	△	△		
	2.2　技术交底（分级管理）			★					★	★	★		
	…												

| ★负责人
△支持者或参与者　○审查者 | | 项目团队领导 | | | | 综合办公室 | | | 工程技术部 | | | | … |
职责模块	主要工作任务	项目经理	项目副经理	项目总工	…	主任	综合管理岗	…	部长	土建技术岗	电气技术岗	…	…
3.进度管理	3.1　施工进度计划编制	○	△	★		△			★	△	△		
	3.2　施工进度分析与报告	★	△						★	△	△		
	…												
4.质量管理	4.1　工程质量过程控制		△	★					★	★	★		
	4.2　工程质量检查			★					★	△	△		
	…												

责任矩阵的编制程序:

（1）列出需要完成的项目管理任务。

（2）列出参与项目管理及负责执行任务的个人或职能部门名称。

（3）以任务为行，以个人或部门为列，画出纵横交叉的责任矩阵图。

（4）在责任矩阵图中，用不同字母或符号表示任务与执行者的责任关系，建立"人"与"事"的关联。任务执行者有三种角色：①负责人；②支持者或参与者；③审查者。

（5）检查部门或人员的任务分配是否均衡适当，根据需要调整和优化。

责任矩阵横向检查可以确保每项工作有人负责，统计每项活动的总工作量；纵向检查可以确保每个人至少负责一件"事"，统计每个角色的总工作量。

◆ 考法1：直线式组织结构

【例题1·单选题】某施工项目管理组织结构图如下，其组织形式是（　　　）。

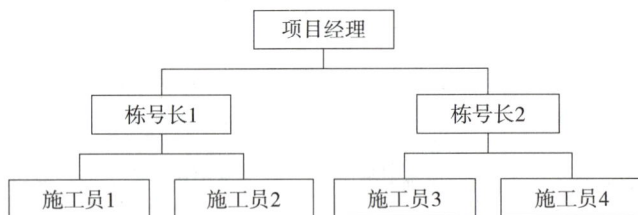

A. 直线式   B. 职能式

C. 矩阵式   D. 直线职能式

【答案】A

【解析】直线式各种职位均按直线垂直排列，项目经理直接进行单线垂直领导。

【例题2·单选题】工程项目管理组织机构采用直线式形式的优点是（　　　）。

A. 人员机动、组织灵活   B. 多方指导、辅助决策

C. 权力集中、职责分明   D. 横向联系、信息流畅

【答案】C

【解析】直线式组织结构的优点：结构简单、权力集中、统一指挥、关系明确、职责分明、决策迅速。缺点：未设置职能部门，项目经理没有参谋和助手，需要成为"全能式"人才，无法实现管理工作专业化，不利于提高项目管理水平。

◆ 考法 2：直线职能式组织结构

【例题·单选题】直线职能式组织结构的特点是（　　　）。

A. 信息传递路径较短　　　　　　B. 容易形成多头领导

C. 各职能部门间横向联系强　　　D. 各职能部门职责清楚

【答案】D

【解析】直线职能式组织结构的优点：集中领导、职责清楚，有利于提高管理效率。缺点：各职能部门之间的横向联系差，信息传递路线长，职能部门与指挥者之间容易产生矛盾。

◆ 考法 3：矩阵式组织结构

【例题·单选题】某公司为完成某大型复杂的工程项目，要求在项目管理组织机构内设置职能部门以发挥各类专家作用。同时从公司临时抽调专业人员到项目管理组织机构，要求所有成员只对项目经理负责，项目经理全权负责该项目。该项目管理组织机构宜采用的组织形式是（　　　）。

A. 直线式　　　　　　　　　　　B. 强矩阵式

C. 职能式　　　　　　　　　　　D. 弱矩阵式

【答案】B

【解析】强矩阵式组织中，项目经理由企业最高领导任命，并全权负责项目，项目组成员绩效完全由项目经理进行考核，项目组成员只对项目经理负责。

◆ 考法 4：四种组织结构综合考题

【例题·单选题】关于工程项目管理组织机构特点的说法，正确的是（　　　）。

A. 矩阵组织项目成员受双重领导　　B. 职能组织指令统一且职责清晰

C. 直线组织可实现专业化管理　　　D. 强矩阵组织项目成员仅对职能经理负责

【答案】A

【解析】统一指挥：直线式和直线职能式；专业化：职能式和直线职能式；多头领导：职能式和矩阵式。

◆ 考法 5：责任矩阵

【例题·单选题】责任矩阵作为项目管理的重要工具，下列关于责任矩阵的说法，错误的是（　　　）。

A. 强调每一项工作需要由谁负责

B. 表明每个人在整个项目中的角色地位

C. 可以清楚地表示每一个成员在项目实施过程中所承担的责任

D. 强调每一项工作都需要结果

【答案】D

【解析】责任矩阵将施工项目管理的每一项任务分配到人，强调每一项工作需要由谁负责，并表明每个人在整个项目中的角色地位。通过编制责任矩阵，可以清楚地表示每一个成员在项目实施过程中所承担的责任。

1.2.3 施工项目经理职责和权限

核心考点：施工项目经理职责和权限

1. 施工项目经理任职条件

施工项目经理是由企业法定代表人授权对项目全面管理的责任人。承包人应按合同约定指派施工项目经理，并在约定的期限内到职。承包人更换施工项目经理应事先征得发包人同意，并应在更换14天前通知发包人和监理人。施工项目经理短期离开施工场地，应事先征得监理人同意，并委派代表代行其职责。施工项目经理可以授权其下属人员履行某项职责，但事先应将这些人员的姓名和授权范围通知监理人。

施工项目经理应具备的条件：（1）具有工程建设类职业资格，并取得安全生产考核合格证书；（2）具有良好的身体素质，恪守职业道德，诚实守信，无不良行为记录；（3）具有施工现场管理经验和项目管理业绩，具备相应的专业知识和能力。

2. 施工项目经理的职责和权限

施工项目经理的职责和权限

职责（必做）	权限（可做） ——3参与2授权1主持1制定1绩效
（1）依据企业规定组建项目经理部，组织制定项目管理岗位职责。 （2）执行企业各项规章制度，组织制定和执行项目管理制度。 （3）在授权范围内组织编制施工组织设计、项目管理实施规划等文件。 （4）在授权范围内进行项目管理指标分解。 （5）建立协调工作机制，主持工地例会。 （6）在授权范围内签署结算文件。 （7）建立和完善工程档案文件管理制度，参与工程竣工验收。 （8）组织进行缺陷责任期工程保修工作	（1）参与项目投标及施工合同签订。 （2）参与组建项目经理部，提名项目副经理、项目技术负责人，选用项目团队成员。 （3）主持项目经理部工作，组织制定项目经理部管理制度。 （4）决定企业授权范围内的资源投入和使用。 （5）参与分包合同和供货合同签订。 （6）在授权范围内直接与项目相关方进行沟通。 （7）组织项目团队成员绩效考核评价，拟定项目团队成员绩效工资分配方案，提出不称职管理人员解聘建议

◆**考法1：施工项目经理任职条件**

【例题·单选题】关于施工企业施工项目经理的说法，错误的是（　　）。

  A. 施工项目经理是由企业法定代表人授权对施工项目进行全面管理的责任人

  B. 承包人更换项目经理应先征得建设单位同意，并在更换7天前通知发包人和监理人

  C. 施工项目应取得安全生产考核合格证书

  D. 施工项目经理应该具有工程建设类相应职业资格

【答案】B

【解析】施工项目经理是由企业法定代表人授权对项目全面管理的责任人。承包人更换项目经理应事先征得建设单位同意，并应在更换14天前通知发包人和监理人。施工项目经理应具有工程建设类职业资格，并取得安全生产考核合格证书等。

◆ **考法2：施工项目经理的职责与权限区别**

【例题1·多选题】根据《建设工程施工项目经理岗位职业标准》T/CCIAT 0010—2019，施工项目经理应履行的职责有（　　　）。

    A. 组织制定项目管理岗位职责　　　B. 建立和完善工程档案文件管理制度

    C. 审批监理实施细则　　　　　　　D. 在授权范围内签署结算文件

    E. 主持工地例会

【答案】A、B、D、E

【解析】根据《建设工程施工项目经理岗位职业标准》T/CCIAT 0010—2019，选项C未在其列，属于总监理工程师的职责。

【例题2·多选题】根据《建设工程施工项目经理岗位职业标准》T/CCIAT 0010—2019，下列属于施工项目经理权限的有（　　　）。

    A. 签订施工承包合同

    B. 组织制定项目经理部管理制度

    C. 组建项目经理部

    D. 组织制定施工现场项目管理制度

    E. 根据企业考核评价办法组织项目团队成员绩效考核评价

【答案】B、E

【解析】施工项目经理的权限：3参与2授权1主持1制定1绩效。选项A、C少"参与"，选项D是施工项目经理职责。

1.3　施工组织设计与项目目标动态控制

核心考点提纲

$$1.3\ \ 施工组织设计与项目目标动态控制 \begin{cases} 1.3.1 & 施工项目实施策划 \\ 1.3.2 & 施工组织设计 \\ 1.3.3 & 施工项目目标动态控制 \end{cases}$$

核心考点剖析

1.3.1　施工项目实施策划

核心考点：施工项目实施策划

施工单位中标后，需要在施工调查基础上，进行施工项目实施策划。施工项目实施策划不仅为标后施工组织设计编制提供参考，而且为施工项目目标控制和项目管理绩效考核提供依据。

1. 策划准备工作

（1）成立策划领导小组，移交资料和交底

施工单位接到中标通知书后，马上成立策划领导小组。小组组长由企业主管生产副总经理或技术负责人担任。

（2）编制施工调查提纲，组织进行施工调查

企业工程管理部门应负责编制施工调查提纲。

2. 进行项目实施策划

建筑企业主要职能部门可按以下职责分工进行项目实施策划：

（1）工程管理部门负责策划的内容：① 明确项目管理模式及施工任务划分；② 提出工期控制目标及施工组织总体安排意见；③ 提出重大施工技术方案初步意见；④ 确定实施性施工组织设计和重大施工技术方案的分级管理内容及要求；⑤ 确定临时工程标准和管理要求；⑥ 确定工程测量管理方案；⑦ 提出试验室设置意见及试验检测管理方案；⑧ 提出工程施工分包管理要求。

（2）人力资源管理部门负责策划的内容：① 确定施工项目组织机构核心管理人员及其职责、权限；② 提出项目培训工作管理要求；③ 提出劳务队伍准入管理要求。

（3）安全、质量、环保管理部门负责策划的内容：① 明确安全、质量、绿色施工及环保管理目标；② 提出施工安全、质量及绿色施工管理重点事项和管理要求；③ 提出专项施工方案初步意见；④ 明确应急预案编制及管理要求。

（4）财务管理部门负责策划的内容：① 提出项目效益目标、增收创效目标；② 明确施工成本管理的重点工作事项；③ 提出施工成本管理绩效考核要求；④ 提出工程投保管理要求。

（5）施工机械管理部门负责策划的内容：① 确定施工机械设备配置方案；② 提出施工机械设备采购、租赁及管理要求。

（6）工程物资管理部门负责策划的内容：明确工程物资采购供应方案、管理职责划分及物资管理工作要求。

（7）技术管理部门负责策划的内容：① 提出项目科技研发初步计划和管理要求；② 明确技术管理工作要求。

（8）文化建设管理部门负责策划的内容：① 提出标准化工地策划、现场文明施工及驻地建设的意见；② 提出项目文化建设管理要求。

3. 编制项目实施策划书

项目实施策划后，由工程管理部门汇总编制项目实施策划书。

项目实施策划书包括以下主要内容：① 工程概况。包括：工程水文地质情况；工程分布；重点工程情况；施工特点和重难点；工程数量等。② 施工项目管理目标及管理要求。③ 施工项目管理机构设置。④ 施工任务划分及队伍部署。⑤ 施工组织设计及主要施工方案建议。⑥ 临时工程。⑦ 主要资源调配。⑧ 物资采购与供应。⑨ 工程试验检测安排。⑩ 工程测量管理方案。⑪ 施工项目科技研发计划和工作安排。

◆**考法：施工项目实施策划**

【例题 1·多选题】施工单位接到中标通知书，成立策划领导小组，领导小组组长由（　　）担任。

A. 施工项目经理　　　　　　　　B. 企业主管生产副总经理

C. 职能部门负责人　　　　　　　D. 企业技术负责人

【答案】B、D

【解析】策划领导小组组长由企业主管生产副总经理或技术负责人担任。

【例题 2·单选题】建筑企业有关职能部门按照职责分工进行项目实施策划后，应由（　　）汇总编制项目实施策划书。

A. 工程管理部门　　　　　　　　B. 项目经理部

C. 技术负责人　　　　　　　　　D. 质量负责人

【答案】A

【解析】项目实施策划后，由工程管理部门汇总编制项目实施策划书。

【例题 3·2024 年真题·单选题】进行施工项目实施策划时，需要由施工企业工程管理部门提出（　　）管理要求。

A. 项目科技研发　　　　　　　　B. 工程施工分包

C. 施工机械设备　　　　　　　　D. 劳务队伍准入

【答案】B

【解析】选项 A 属于技术管理部门负责策划的内容。选项 C 属于施工机械管理部门负责策划的内容。选项 D 属于人力资源管理部门负责策划的内容。

【例题 4·多选题】项目实施策划书应包括的主要内容有（　　）。

A. 工程概况　　　　　　　　　　B. 施工项目管理目标及管理要求

C. 施工项目管理机构设置　　　　D. 施工任务划分及队伍部署

E. 投标注意事项

【答案】A、B、C、D

【解析】项目实施策划书包括：（1）工程概况；（2）施工项目管理目标及管理要求；（3）施工项目管理机构设置；（4）施工任务划分及队伍部署；（5）施工组织设计及主要施工方案建议；（6）临时工程；（7）主要资源调配；（8）物资采购与供应；（9）工程试验检测安排；（10）工程测量管理方案；（11）施工项目科技研发计划和工作安排。

1.3.2　施工组织设计

核心考点一：施工组织设计的编制依据

设计单位要编制指导性施工组织设计，施工单位要编制实施性施工组织设计。

施工组织设计的编制依据有：（1）工程建设有关法律法规及政策；（2）工程建设标准和技术经济指标；（3）工程设计文件；（4）工程招标投标文件或施工合同文件；（5）工程现场条件，工程地质及水文地质、气象等自然条件；（6）与工程有关的资源供应情况；（7）施工单位的生产能力、机具设备状况及技术水平等。

◆**考法：施工组织设计的编制依据**

【例题1·2024年真题·单选题】指导性和实施性施工组织设计的编制主体分别是（　　）。

    A. 建设单位和总承包单位   B. 设计单位和监理单位

    C. 总承包单位和分包单位   D. 设计单位和施工单位

【答案】D

【解析】设计单位要编制指导性施工组织设计，施工单位要编制实施性施工组织设计。

【例题2·2024年真题·多选题】建设工程施工组织设计的编制依据有（　　）。

    A. 工程设计文件   B. 施工合同文件

    C. 监理实施细则   D. 工程地质条件

    E. 施工平面布置图

【答案】A、B、D

【解析】施工组织设计的编制依据有：（1）工程建设有关法律法规及政策；（2）工程建设标准和技术经济指标；（3）工程设计文件；（4）工程招标投标文件或施工合同文件；（5）工程现场条件，工程地质及水文地质、气象等自然条件；（6）与工程有关的资源供应情况；（7）施工单位的生产能力、机具设备状况及技术水平等。

核心考点二：施工组织设计的分类及内容

1. 施工组织设计的分类及内容——单无方法，"分"无部署、无平面布置

施工组织设计的分类及内容

	施工组织总设计	单位工程施工组织设计	施工方案
编制对象	群体工程或特大型项目	单位（子单位）工程	分部（分项）工程或专项工程
主要内容	（1）工程概况； （2）总体施工部署； （3）施工总进度计划； （4）总体施工准备与主要资源配置计划； （5）主要施工方法； （6）施工总平面布置	（1）工程概况； （2）施工部署（纲领性）； （3）施工进度计划； （4）施工准备与资源配置计划； （5）主要施工方案； （6）施工现场平面布置	（1）工程概况； （2）施工安排； （3）施工进度计划； （4）施工准备与资源配置计划； （5）施工方法及工艺要求

2. 施工组织设计的细节知识点

施工组织设计的区别

施工总进度计划编制程序	施工进度计划编制程序
（1）计算工程量； （2）确定各单位工程施工期限； （3）确定各单位工程的开竣工时间和相互搭接关系； （4）编制初步施工总进度计划（施工总进度计划以工程量大、工期长的单位工程为主导，优先采用网络图表达）； （5）形成正式的施工总进度计划	（1）划分工作（明确到分项工程）； （2）确定施工顺序（同类项目，顺序很难相同）； （3）计算工程量（可套用施工图预算）； （4）计算劳动量和机械台班数； （5）确定工作的持续时间； （6）编制初始施工进度计划（宜采用网络图表达）； （7）施工进度计划的调整和优化

（1）综合时间定额

$$H = \frac{Q_1H_1 + Q_2H_2 + \cdots + Q_iH_i + \cdots + Q_nH_n}{Q_1 + Q_2 + \cdots + Q_i + \cdots + Q_n}$$

式中　H——综合时间定额（工日 /m³、工日 /m²、工日 /t……）；

　　　Q_i——工作中第 i 个分项工程的工程量；

　　　H_i——工作中第 i 个分项工程的时间定额。

（2）项目持续时间　$D = \dfrac{P}{R \times B}$

式中　D——完成工作所需要的时间，即持续时间（天）；

　　　P——工作所需要的劳动量（工日）或机械台班数（台班）；

　　　R——每班安排的工人数或施工机械台数；

　　　B——每天工作班数。

（3）最小工作面限定了每班施工人数（机械台数）的上限；最小劳动组合限定了每班施工人数（机械台数）的下限。

（4）编制施工组织总设计时，初步施工总进度计划检查内容：① 总工期是否符合招标文件或施工合同要求；② 资源使用是否均衡且资源供应能否得到保证。

（5）编制单位工程施工组织设计时，初始施工进度计划的检查内容：① 各项工作的施工顺序和搭接关系是否合理；② 总工期是否满足合同约定；③ 主要工种的工人是否能满足连续、均衡施工的要求；④ 主要施工机具、材料等的利用是否均衡和充分。首要检查前两方面，若不满足要求，必须进行调整。

◆ 考法 1：施工组织设计的分类

【例题·多选题】根据编制对象的不同，施工组织设计可分为（　　　）。

　　A. 施工组织总设计　　　　　　　　B. 单位工程施工组织设计

　　C. 生产用施工组织设计　　　　　　D. 施工方案

　　E. 投标用施工组织设计

【答案】A、B、D

【解析】根据编制对象的不同，可分为：施工组织总设计、单位工程施工组织设计、施工方案。

◆ 考法 2：施工组织设计的编制对象

【例题·单选题】某施工企业承接了某住宅小区中 10 号楼的土建施工任务，项目经理部针对该施工项目编制的施工组织设计属于（　　　）。

　　A. 施工组织总设计　　　　　　　　B. 单项工程施工组织设计

　　C. 分部工程施工组织设计　　　　　D. 单位工程施工组织设计

【答案】D

【解析】施工组织总设计是指以若干单位工程组成的群体工程或特大型工程项目为主要对象编制。单位工程施工组织设计是指以单位（子单位）工程为主要对象编制。施工方案是指以分部（分项）或专项工程为主要对象编制。

◆ **考法 3：三种施工组织设计内容的区别**

【例题·多选题】根据《建筑施工组织设计规范》GB/T 50502—2009，以分部（分项）工程或专项工程为主要对象编制的施工方案，其主要内容包括（   ）。

A. 工程概况　　　　　　　　　　B. 施工部署

C. 施工方法和工艺要求　　　　　D. 施工准备与资源配置计划

E. 施工现场平面布置

【答案】A、C、D

【解析】单位工程施工组织设计无施工方法，施工方案无施工部署、无施工平面布置。排除选项 B、E。

◆ **考法 4：施工组织设计的细节知识**

【例题 1·单选题】下列选项属于单位工程施工组织设计纲领性内容的是（   ）。

A. 施工进度计划　　　　　　　　B. 施工方法

C. 施工现场平面布置　　　　　　D. 施工部署

【答案】D

【解析】施工部署是施工组织设计的纲领性内容。

【例题 2·单选题】施工总进度计划的编制步骤包括：① 计算工程量；② 确定各单位工程的施工期限；③ 确定各单位工程的开竣工时间和相互搭接关系；④ 编制初步施工总进度计划。这些工作的正确顺序是（   ）。

A. ①－②－③－④　　　　　　　B. ②－③－①－④

C. ①－③－②－④　　　　　　　D. ①－④－③－②

【答案】A

【解析】施工组织总设计中施工总进度计划的编制程序：（1）计算工程量；（2）确定各单位工程的施工期限；（3）确定各单位工程的开竣工时间和相互搭接关系；（4）编制初步施工总进度计划；（5）形成正式的施工总进度计划。

核心考点三：施工组织设计的编制、审批及动态管理

1. 施工组织设计的编制和审批

施工组织设计的编制和审批

编制	项目负责人主持编制，可分阶段编制和审批	
审批	施工组织总设计	总承包单位技术负责人
	单位工程施工组织设计	施工单位技术负责人或技术负责人授权的技术人员
	施工方案	项目技术负责人
	重点、难点分部（分项）工程和专项工程施工方案	施工单位技术部门组织专家评审，施工单位技术负责人批准
	由专业承包单位施工的分部（分项）工程施工方案，由专业承包单位技术负责人或技术负责人授权的技术人员审批；有总承包单位的，由总承包单位项目技术负责人核准备案	
	规模较大的分部（分项）工程施工方案，按单位工程施工组织设计编制和审批	

2. 施工组织设计的动态管理——法规标变化、设法资环重大变化

施工过程中发生下列情形，应及时对施工组织设计进行修改或补充：（1）工程设计有重大修改；（2）有关法律、法规及标准实施、修订和废止；（3）主要施工方法有重大调整；（4）主要施工资源配置有重大调整；（5）施工环境有重大改变。

◆**考法 1：施工组织设计的编制**

【例题·单选题】根据《建筑施工组织设计规范》GB/T 50502—2009，施工组织设计应由（　　）主持编制。

    A. 施工单位技术负责人　　　　　　B. 建设单位

    C. 项目技术负责人　　　　　　　　D. 项目负责人

【答案】D

◆**考法 2：施工组织设计的审批**

【例题·单选题】根据施工组织设计的管理要求，重点、难点分部（分项）工程施工方案的批准人是（　　）。

    A. 项目技术负责人　　　　　　　　B. 项目负责人

    C. 施工单位技术负责人　　　　　　D. 总监理工程师

【答案】C

◆**考法 3：施工组织设计的动态管理**

【例题·多选题】项目施工过程中，对施工组织设计进行修改或补充的情形有（　　）。

    A. 设计单位应业主要求对楼梯部分进行局部修改

    B. 某桥梁工程由于新规范的实施而需要重新调整施工工艺

    C. 由于自然灾害导致施工资源的配置有重大变更

    D. 施工单位发现设计图纸存在重大错误需要修改工程设计

    E. 某钢结构工程施工期间，钢材价格上涨

【答案】B、C、D

【解析】法规标变化、设法资环重大变化，应及时对施工组织设计进行修改或补充。

1.3.3　施工项目目标动态控制

核心考点一：施工项目目标体系构建

施工项目目标体系是有效控制施工项目目标的基本前提，也是施工项目管理是否成功的重要判据。

1. 施工项目总目标的分析论证

分析论证的基本原则：（1）确保工程质量、施工安全、绿色施工及环境管理目标符合工程建设强制性标准；（2）定性分析与定量分析相结合；（3）不同施工项目的各个目标可具有不同的优先等级。

2. 施工项目总目标的分解

施工项目总目标可按不同承包单位、项目组成、时间进展等划分为分目标、子目标及可执行目标等多级目标体系。

◆**考法：施工项目总目标的分解**

【例题·多选题】施工项目总进度目标的分解可以按（ ）分解，形成多级目标体系。

A. 项目组成
B. 不同承包单位
C. 时间进展
D. 设计图纸交付顺序
E. 计划期

【答案】A、B、C

【解析】施工项目总目标可按不同承包单位、项目组成、时间进展等划分为分目标、子目标及可执行目标等多级目标体系。

核心考点二：施工项目目标动态控制过程及措施

1. 施工项目目标动态控制过程

施工项目目标体系构建后，施工项目管理的关键在于项目目标动态控制。施工项目目标动态控制过程如下图所示。

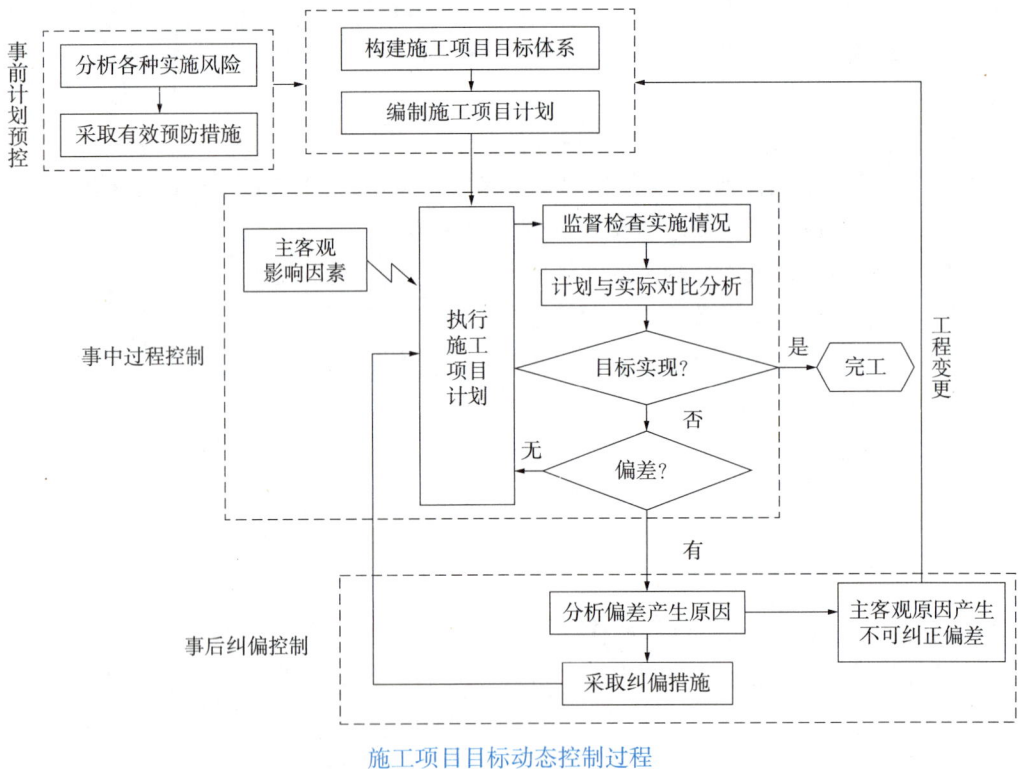

施工项目目标动态控制过程

2. 施工项目目标控制措施

施工项目目标控制措施

组织措施	组织机构、人员配备、职责分工、任务分工、工作流程、协同工作、权利责任、项目经理责任制、沟通机制、考评机制、规章制度、绩效考核；编制工作计划、生产要素优化配置；强化激励，调动员工积极性和创造性；增加工作面，组织更多施工队伍；增加施工时间，采用加班或多班制施工方式；增加劳动力数量；增加施工机械数量

技术措施	改进施工方法、施工方式、施工方案、施工过程、技术间歇；采用先进的施工机械、施工机具、施工设备、施工工艺、施工技术；采用网络计划、价值工程、挣值分析、"四新"技术、数字化技术、智能化技术；编制施工组织设计；通过材料比选代用、改变配合比使用外加剂；进行技术经济分析，确定最佳的施工方案
经济措施	明确责任成本、落实资金，做好增减账，落实业主签证；施工成本节约奖励，包干奖励，提高奖金数额；对技术措施给予经济补偿；办理结算和支付手续；对成本管理目标进行风险分析；对工程变更方案进行技术经济分析
合同措施	分析施工承包风险，合理处置工程变更，确定合同条款，做好合同交底，跟踪合同执行，利用好施工合同索赔
其他措施	进度一章特有：改善外部配合条件；改善施工作业环境；实施组织调度

◆ **考法 1：施工项目目标动态控制过程**

【例题·单选题】下列项目目标控制工作中，属于事前计划预控的是（   ）。

A. 分析各种实施风险 　　　　　B. 编制施工项目计划

C. 计划与实际对比分析 　　　　D. 分析偏差原因

【答案】A

【解析】选项 A 属于事前，选项 B、C 属于事中，选项 D 属于事后。

◆ **考法 2：施工项目目标控制措施**

【例题 1·单选题】某项目专业性强且技术复杂，开工后，由于专业原因该项目的项目经理不能胜任该项目，为了保证项目目标的实现，企业更换了项目经理。企业的此项行为属于项目目标动态控制的（   ）。

A. 管理措施 　　　　　　　　　B. 经济措施

C. 技术措施 　　　　　　　　　D. 组织措施

【答案】D

【解析】企业更换了项目经理，与人有关的属于组织措施。

【例题 2·多选题】下列施工项目目标控制措施中，属于技术措施的有（   ）。

A. 调整项目管理工作流程组织 　B. 采用工程网络计划技术

C. 改进施工方法 　　　　　　　D. 选择高效的施工机具

E. 调整项目管理任务分工

【答案】B、C、D

【解析】选项 A、E 属于组织措施，选项 B、C、D 属于技术措施。

【例题 3·2021 年真题·单选题】某项目因资金缺乏导致总体进度延误，项目经理部采取尽快落实工程资金的方式来解决此问题，该措施属于项目目标控制的（   ）。

A. 组织措施 　　　　　　　　　B. 管理措施

C. 经济措施 　　　　　　　　　D. 技术措施

【答案】C

【解析】属于经济措施。分析由于经济的原因而影响项目目标实现的问题，并采取相应的措施，如落实加快工程施工进度所需的资金等。

◆ 考法 3：施工项目目标体系构建及控制过程

【例题·2024 年真题·多选题】关于施工项目目标及动态控制的说法，正确的有（   ）。

    A. 施工项目管理的关键在于项目目标的事后纠偏控制

    B. 施工项目总目标是一个多目标体系

    C. 施工项目目标应符合工程建设强制性标准

    D. 不同施工项目的各个目标可具有不同的优先等级

    E. 构建施工项目目标体系是有效控制施工项目目标的基本前提

【答案】B、C、D、E

【解析】选项 A 错误，施工项目目标体系构建后，施工项目管理的关键在于项目目标动态控制。

本章经典真题回顾

一、单项选择题（每题 1 分。每题的备选项中，只有 1 个最符合题意）

1. 投资者在工程项目可行性研究的基础上进行投资决策后，需要按投资管理制度申请办理的手续是（   ）。

    A. 施工许可和质量监督   B. 审批、核准或备案

    C. 招标申请和合同备案   D. 概算或预算审批

【答案】B

【解析】在通常情况下，投资者会基于工程项目可行性研究进行决策，并按投资管理制度申请办理工程项目审批、核准或备案手续。

2. 对于采用投资补助、贷款贴息方式的政府投资项目，政府投资主管部门应审批的文件是（   ）。

    A. 可行性研究报告   B. 资金申请报告

    C. 开工报告   D. 项目建议书

【答案】B

【解析】对于采用投资补助、转贷和贷款贴息方式的政府投资项目，政府投资主管部门只审批资金申请报告。

3. 下列工作内容中，属于工程建设实施阶段的是（   ）。

    A. 可行性研究和初步设计   B. 投资估算和设计概算

    C. 初步设计和工程施工   D. 工程施工和工程保修

【答案】C

【解析】

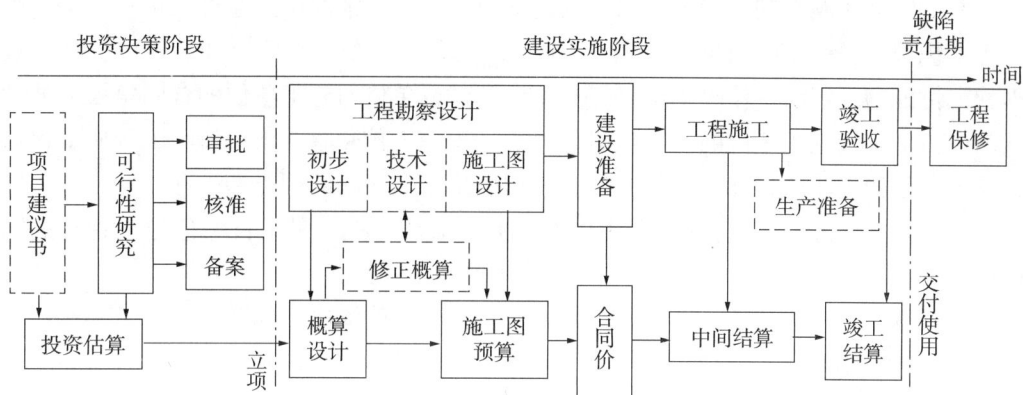

4. 建设工程缺陷责任期的起算时间是（ ）之日。

    A. 工程质量评估报告提交　　　　B. 工程预验收合格

    C. 工程接收证书颁发　　　　　　D. 工程竣工验收合格

【答案】D

【解析】建设工程自竣工验收合格之日起即进入缺陷责任期。

5. 对于工程规模大、专业复杂的工程，建设单位管理能力有限时，宜采用的发承包模式是（ ）。

    A. 专业分包　　　　　　　　　　B. 合作体承包

    C. 施工总承包　　　　　　　　　D. 平行承包

【答案】C

【解析】对于工程规模大、专业复杂的工程，建设单位管理能力有限时，应考虑采用施工总承包方式。

6. 与平行承包模式相比，施工总承包模式具有的特点是（ ）。

    A. 建设单位组织协调工作量小

    B. 建设单位可在更大范围内选择施工单位

    C. 有利于缩短建设工期

    D. 工程造价控制难度大

【答案】A

【解析】施工总承包模式的特点：（1）工程开工前即有较为明确的合同价；（2）对于总价合同，有利于建设单位对工程总造价的早期控制；（3）施工质量责任主体少；（4）建设单位施工招标与合同管理、组织协调工作量小。

7. 下列监理机构人员的职责中，总监理工程师可以书面授权委托给总监理工程师代表的是（ ）。

    A. 签发工程开工令　　　　　　　B. 组织编写监理月报

    C. 审批监理实施细则　　　　　　D. 组织编写工程质量评估报告

【答案】B

【解析】总监理工程师不得将下列工作委托给总监理工程师代表：（1）组织编制监理

规划，审批监理实施细则；（2）根据工程进展及监理工作情况调配监理人员；（3）组织审查施工组织设计、（专项）施工方案；（4）签发工程开工令、暂停令和复工令；（5）签发工程款支付证书，组织审核竣工结算；（6）调解建设单位与施工单位的合同争议，处理工程索赔；（7）审查施工单位的竣工申请，组织工程竣工预验收，组织编写工程质量评估报告，参与工程竣工验收；（8）参与或配合工程质量安全事故的调查和处理。

8. 施工单位应建立绿色施工管理体系，并明确（   ）是项目绿色施工管理的第一责任人。

  A. 施工单位负责人   B. 施工单位技术负责人

  C. 项目负责人   D. 项目技术负责人

【答案】C

【解析】施工单位应建立以项目经理为第一责任人的绿色施工管理体系。

9. 施工项目管理采用直线职能式组织结构的缺点是（   ）。

  A. 不利于提高管理效率   B. 管理部门职责不清

  C. 信息传递路线长   D. 缺少专业化分工

【答案】C

【解析】直线职能式组织结构主要优点是集中领导、职责清楚，有利于提高管理效率。但这种组织结构中各职能部门之间的横向联系差，信息传递路线长，职能部门与指挥者之间容易产生矛盾。

10. 关于项目管理责任矩阵的说法，正确的是（   ）。

  A. 责任检查时，横向检查可以确保每个人员至少负责一项工作

  B. 责任检查时，纵向检查可以确保每项工作有人员负责

  C. 基于管理活动的工作量估算，可以横向统计每个活动的总工作量

  D. 基于管理活动的工作量估算，可以纵向统计每个活动的总工作量

【答案】C

【解析】选项 A 错误，纵向检查可以确保每个人至少负责一件"事"。选项 B 错误，横向检查可以确保每项工作有人负责。选项 D 错误，基于管理活动的工作量估算，从纵向统计每个角色投入的总工作量。

11. 承包人项目经理短期离开施工场地，可委派代表代行其职责，但应事先征得（   ）同意。

  A. 发包人   B. 承包人

  C. 监理人   D. 分包人

【答案】C

【解析】承包人项目经理短期离开施工场地，应事先征得监理人同意，并委派代表代行其职责。

12. 根据《建设工程施工项目经理岗位职业标准》T/CCIAT 0010—2019，施工项目经理具有的权限是（   ）。

  A. 组织签订分包合同   B. 确定项目技术负责人

C. 解聘不称职管理人员   D. 参与施工合同签订

【答案】D

【解析】

职责（必做）	权限（可做） ——3参与2授权1主持1制定1绩效
（1）依据企业规定组建项目经理部，组织制定项目管理岗位职责。 （2）执行企业各项规章制度，组织制定和执行项目管理制度。 （3）在授权范围内组织编制施工组织设计、项目管理实施规划等文件。 （4）在授权范围内进行项目管理指标分解。 （5）建立协调工作机制，主持工地例会。 （6）在授权范围内签署结算文件。 （7）建立和完善工程档案文件管理制度，参与工程竣工验收。 （8）组织进行缺陷责任期工程保修工作	（1）参与项目投标及施工合同签订。 （2）参与组建项目经理部，提名项目副经理、项目技术负责人，选用项目团队成员。 （3）主持项目经理部工作，组织制定项目经理部管理制度。 （4）决定企业授权范围内的资源投入和使用。 （5）参与分包合同和供货合同签订。 （6）在授权范围内直接与项目相关方进行沟通。 （7）组织项目团队成员绩效考核评价，拟定项目团队成员绩效工资分配方案，提出不称职管理人员解聘建议

13. 施工项目实施策划可为（   ）提供依据。

     A. 施工项目目标控制   B. 施工项目投标文件编制

     C. 施工企业管理绩效考核   D. 施工企业质量管理体系建立

【答案】A

【解析】施工项目实施策划是施工项目标准化管理和精细化管理的重要表现，不仅为标后施工组织设计编制提供参考，而且为施工项目目标控制和项目管理绩效考核提供依据。

14. 下列施工项目实策划的工作内容中，属于策划准备工作的是（   ）。

     A. 明确策划职责分工   B. 确定主要策划内容

     C. 编制项目实施策划书   D. 编制施工调查提纲

【答案】D

【解析】策划准备工作包括：（1）成立策划领导小组，移交资料和交底；（2）编制施工调查提纲，组织进行施工调查。选项A、B、C属于项目实施策划的内容。

15. 进行施工项目实施策划时，需要由施工企业工程管理部门提出（   ）管理要求。

     A. 项目科技研发   B. 工程施工分包

     C. 施工机械设备   D. 劳务队伍准入

【答案】B

【解析】工程管理部门负责策划的内容：（1）明确项目管理模式及施工任务划分；（2）提出工期控制目标及施工组织总体安排意见；（3）提出重大施工技术方案初步意见；（4）确定实施性施工组织设计和重大施工技术方案的分级管理内容及要求；（5）确定临时工程标准和管理要求；（6）确定工程测量管理方案；（7）提出试验室设置意见及试验检测

管理方案；（8）提出工程施工分包管理要求。

16. 指导性和实施性施工组织设计的编制主体分别是（　　　）。

    A. 建设单位和总承包单位　　　　B. 设计单位和监理单位

    C. 总承包单位和分包单位　　　　D. 设计单位和施工单位

【答案】D

【解析】设计单位要编制指导性施工组织设计，施工单位要编制实施性施工组织设计。

17. 单位工程施工组织设计编制过程中，确定施工方法，制定施工准备与资源配置计划、施工管理计划等，均需要围绕（　　　）进行。

    A. 施工现场平面布置　　　　　　B. 施工进度计划

    C. 施工部署　　　　　　　　　　D. 施工工艺

【答案】C

【解析】施工部署是施工组织设计的纲领性内容，施工进度计划、施工准备与资源配置计划、施工方法、施工现场平面布置和主要施工管理计划等均应围绕施工部署进行编制和确定。

18. 在施工单位内部，单位工程施工组织设计的审批人员是（　　　）。

    A. 施工项目负责人或其授权的技术人员

    B. 施工单位技术负责人或其授权的技术人员

    C. 施工单位主要负责人或其授权代表

    D. 施工单位技术管理部门负责人或其授权代表

【答案】B

【解析】单位工程施工组织设计应由施工单位技术负责人或技术负责人授权的技术人员审批。

19. 下列施工项目目标控制措施中，属于组织措施的是（　　　）。

    A. 做好施工合同交底工作

    B. 建立施工项目目标控制工作考评机制

    C. 合理处置工程变更和施工索赔

    D. 改进施工方法和施工工艺

【答案】B

【解析】选项 A、C 属于合同措施，选项 D 属于技术措施。

20. 施工项目目标控制可采取的合同措施是（　　　）。

    A. 建立施工项目绩效考核机制　　B. 进行工程变更经济分析

    C. 明确施工责任成本　　　　　　D. 合理处置工程变更和索赔

【答案】D

【解析】选项 A 是组织措施，选项 B、C 是经济措施。

二、多项选择题（每题 2 分，每题的备选项中，有 2 个或 2 个以上符合题意，至少有 1 个错项。错选，本题不得分；少选，所选的每个选项得 0.5 分）

1. 与施工总承包模式相比，施工总承包管理模式的特点有（　　）。

A. 业主可与分包单位直接签订合

B. 施工总承包管理单位不赚取总包与分包之间的差价

C. 施工分包单位的工程款可由业主直接支付

D. 业主可直接确定施工分包单位

E. 施工总承包管理单位不承揽工程施工任务

【答案】A、B、C、D

【解析】与施工总承包相比，施工总承包管理具有以下特点：

（1）分包合同有不同的签订方式。在通常情况下，分包单位由业主通过招标选择，并由业主与分包单位直接签订合同。但在业主要求且施工总承包管理单位同意的前提下，分包合同也可由施工总承包管理单位与分包单位签订。

（2）施工总承包管理单位取费及分包单位工程款支付方式不同。施工总承包管理单位只收取总包管理费，不赚取总包与分包之间的差价。对于各分包单位的工程款，可以通过施工总承包管理单位支付，也可由业主直接支付。显然，通过施工总承包管理单位支付分包工程款时，更有利于施工总承包管理单位对分包单位的管理。

（3）各分包合同界面由施工总承包管理单位负责确定，可减轻业主的组织协调工作量。但在业主与分包单位直接签订合同的前提下，业主合同管理工作量大，造价控制风险也较大。

（4）总承包管理单位负责控制分包工程质量，符合工程质量的"他人控制"原则，因而有利于控制工程质量。

2. 施工项目实施策划书应包括的内容有（　　）。

A. 施工项目管理目标及管理要求

B. 相关职能部门之间的交底情况

C. 施工组织设计及主要施工方案建议

D. 施工调查提纲及人员分工

E. 施工任务划分及队伍部署

【答案】A、C、E

【解析】项目实施策划书应包括以下主要内容：（1）工程概况；（2）施工项目管理目标及管理要求；（3）施工项目管理机构设置；（4）施工任务划分及队伍部署；（5）施工组织设计及主要施工方案建议；（6）临时工程；（7）主要资源调配；（8）物资采购与供应；（9）工程试验检测安排；（10）工程测量管理方案；（11）施工项目科技研发计划和工作安排。

3. 关于施工项目目标及动态控制的说法，正确的有（　　）。

A. 施工项目管理的关键在于项目目标的事后纠偏控制

B. 施工项目总目标是一个多目标体系

C. 施工项目目标应符合工程建设强制性标准

D. 不同施工项目的各个目标可具有不同的优先等级

E. 构建施工项目目标体系是有效控制施工项目目标的基本前提

【答案】B、C、D、E

【解析】选项A错误，施工项目目标体系构建后，施工项目管理的关键在于项目目标动态控制。

4. 下列施工项目目标控制工作内容中，属于事中过程控制的有（　　）。

A. 监督检查实施情况　　　　　　　B. 分析偏差产生原因

C. 分析各种实施风险　　　　　　　D. 采取纠偏措施

E. 计划与实际对比分析

【答案】A、E

【解析】

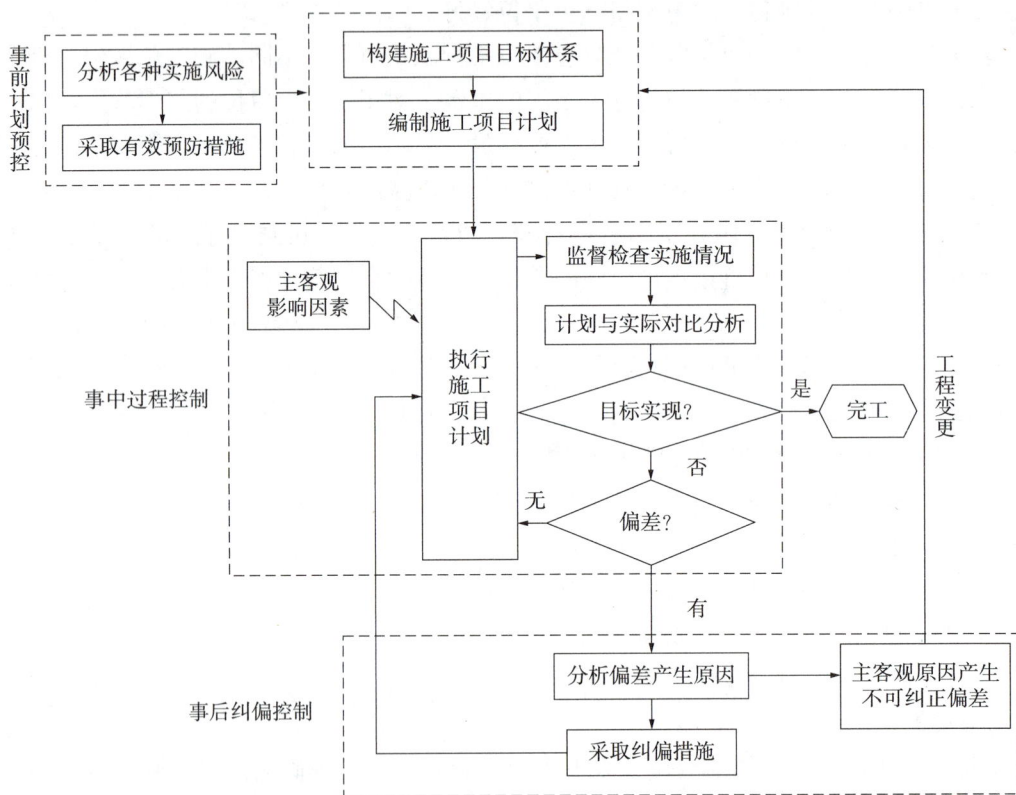

本章模拟强化练习

1.1　工程项目投资管理与实施

1. 下列投资项目中，最低资本金比例要求最高的是（　　）。

A. 公路项目　　　　　　　　　　　B. 电力项目

C. 电解铝项目　　　　　　　　　　D. 普通商品房住房项目

2. 下列投资项目中，实行审批制管理的是（　　）。

   A. 政府投资项目　　　　　　　　B. 企业投资项目

   C. 私人投资项目　　　　　　　　D. 外商投资项目

3. 企业办理投资项目核准手续时，需向核准机关提交的文件是（　　）。

   A. 项目申请书　　　　　　　　　B. 项目建议书

   C. 项目开工报告　　　　　　　　D. 项目可行性研究报告

4. 与施工总承包相比，施工总承包管理有利于（　　）。

   A. 控制工程进度　　　　　　　　B. 控制工程质量

   C. 管理分包单位　　　　　　　　D. 管理现场签证

5. 关于平行承包模式特点的说法，正确的是（　　）。

   A. 不利于择优选择施工单位　　　B. 有利于缩短建设工期

   C. 不利于控制工程质量　　　　　D. 有利于控制工程造价

6. 下列施工承包模式中，建设单位组织协调工作量小，但风险较大的是（　　）。

   A. 平行承包模式　　　　　　　　B. 联合体承包模式

   C. 施工总承包模式　　　　　　　D. 合作体承包模式

7. 根据《建设工程监理规范》GB/T 50319—2013，可以由总监理工程师代表完成的工作是（　　）。

   A. 审批监理实施细则　　　　　　B. 签发工程复工令

   C. 组织编写工程质量评估报告　　D. 组织验收分部工程

8. 工程质量监督机构进行工程实体质量监督检查时，应重点抽查（　　）质量。

   A. 检验批　　　　　　　　　　　B. 隐蔽工程

   C. 分项工程　　　　　　　　　　D. 分部工程

9. 联合体承包模式的特点有（　　）。

   A. 合同结构复杂　　　　　　　　B. 建设单位组织协调工作量大

   C. 有利于工程造价控制　　　　　D. 有利于建设工期控制

   E. 建设单位风险较大

10. 下列建设工程中，必须实行监理的有（　　）。

   A. 体育场馆项目

   B. 项目总投资额 1500 万元的排涝项目

   C. 学校教学楼项目

   D. 建筑面积 3.5 万 m^2 的住宅建设工程

   E. 使用世界银行贷款资金的项目

1.2　施工项目管理组织与项目经理

1. 施工项目管理的核心是（　　）。

   A. 工程质量、施工安全　　　　　B. 工程成本、绿色施工

   C. 工程进度、施工质量　　　　　D. 工程成本、施工安全

2. 下列施工项目管理组织结构形式中，能够实现集权与分权最优结合的是（　　）。

A. 直线式
B. 职能式
C. 直线职能式
D. 矩阵式

3. 项目组成员只对项目经理负责的矩阵式组织结构形式是（　　）。

A. 强矩阵式
B. 平衡矩阵式
C. 弱矩阵式
D. 扁平矩阵式

4. 关于项目责任矩阵图的说法，正确的是（　　）。

A. 行与列的交叉窗口表示项目管理的任务量
B. 行与列的交叉窗口表示执行者的能力
C. 以项目管理任务为行，以执行任务的个人或部门为列
D. 以项目管理任务为列，以执行任务的个人或部门为行

5. 关于直线式组织结构及其特点的说法，正确的有（　　）。

A. 是最复杂的组织结构形式
B. 权力集中、易于统一指挥
C. 根据需要设置职能部门
D. 有利于实现管理工作专业化
E. 隶属关系明确、职责分明、决策迅速

6. 根据《建设工程施工项目经理岗位职业标准》T/CCIAT 0010—2019，施工项目经理应具有的权限有（　　）。

A. 参与项目投标及施工合同签订
B. 参与组建项目经理部
C. 主持项目经理部工作
D. 组织分包合同和供货合同签订
E. 组织制定项目经理部管理制度

1.3　施工组织设计与项目目标动态控制

1. 施工单位应在（　　）后，立即成立项目实施策划领导小组。

A. 递交投标文件
B. 获取招标文件
C. 接到中标通知书
D. 签订施工合同

2. 单位工程施工组织设计的纲领性内容是（　　）。

A. 施工部署
B. 施工方法
C. 施工进度计划
D. 施工现场平面布置

3. 就施工承包单位内容而言，单位工程施工组织设计的审批人是（　　）。

A. 施工单位企业负责人
B. 项目技术负责人
C. 施工单位技术负责人
D. 施工项目经理

4. 施工项目目标动态控制过程中，对不可纠正偏差应采取的做法是（　　）。

A. 许可偏差
B. 工程变更
C. 争取索赔
D. 申请第三方检查

5. 施工项目目标动态控制的合同措施是（　　）。

A. 审查施工组织设计
B. 建立目标控制工作考评机制
C. 改进施工方法和工艺
D. 投标报价中考虑承包风险应对

6. 施工单位项目实施策划领导小组的组长可以由（   ）担任。

    A. 企业主管生产副总经理   B. 企业技术负责人

    C. 企业工程管理部门负责人   D. 施工项目经理

    E. 施工项目技术负责人

7. 关于施工组织设计编制和审批的说法，正确的有（   ）。

    A. 施工组织设计应由项目负责人主持编制

    B. 施工方案可由项目技术负责人主持编制

    C. 施工组织总设计应由总承包单位技术负责人审批

    D. 单位工程施工组织设计应由项目技术负责人审批

    E. 规模较大的分部工程施工方案，应由施工项目经理审批

8. 下列施工项目目标控制措施中，属于技术措施的有（   ）。

    A. 合理处置工程变更

    B. 完善沟通机制和工作流程

    C. 组织专家论证新材料适用性

    D. 项目实施过程中采用挣值分析方法

    E. 对工程变更方案进行技术经济分析

本章模拟强化练习答案及解析

1.1　工程项目投资管理与实施

1.【答案】C

公路项目的最低资本金比例为 20%；电力项目的最低资本金比例为 20%；普通商品房住房项目的最低资本金比例为 20%；电解铝项目的最低资本金比例为 40%。选项 C正确。

2.【答案】A

根据《国务院关于投资体制改革的决定》，政府投资项目实行审批制；企业不使用政府投资建设的项目，区别不同情况实行核准制或登记备案制。选项 A 正确。

3.【答案】A

对关系国家安全、涉及全国重大生产力布局、战略性资源开发和重大公共利益等的企业投资项目，实行核准管理；企业办理投资项目核准手续时，仅需向核准机关提交项目申请书，不再经过批准项目建议书、可行性研究报告和开工报告等程序。选项 A 正确。

4.【答案】B

与施工总承包相比，施工总承包管理的特点有：分包合同签订方式不同、取费及分包单位工程款支付方式不同。施工总承包管理单位负责确定各分包合同界面（可减轻业主的组织协调工作量），负责控制分包工程质量（有利于控制工程质量）。选项 B 正确。

5.【答案】B

平行承包模式的特点有：有利于建设单位择优选择施工单位，有利于控制工程质量，

有利于缩短建设工期，组织管理和协调工作量大，工程造价控制难度大等。选项 B 正确。

6. 【答案】D

7. 【答案】D

总监理工程师不得委托给总监理工程师代表的工作包括审批监理实施细则、签发工程复工令、组织编写工程质量评估报告，选项 A、B、C 均错误。选项 D 为总监理工程师代表可代为履行的职责，正确。

8. 【答案】B

工程质量监督机构应按工程质量监督计划实施监督检查，对影响主体结构、使用功能和施工安全的部位和关键工序，要加大抽查频率，对隐蔽工程应进行重点抽查。选项 B 正确。

9. 【答案】C、D

10. 【答案】A、C、E

国家规定必须实行监理的工程包括：学校、体育场馆项目，使用世界银行贷款资金的项目，以及项目总投资额在 3000 万元以上关系社会公共利益、公众安全的基础设施项目，建筑面积在 5 万 m^2 以上的住宅建设工程。选项 A、C、E 正确。选项 B 排涝项目的投资额 1500 万元＜3000 万元，选项 D 住宅建设工程的建筑面积 3.5 万 m^2＜5 万 m^2。选项 B、D 错误。

1.2 施工项目管理组织与项目经理

1. 【答案】A

施工项目五大目标：施工进度、施工质量、施工成本、施工安全及绿色施工是一个不可分割的整体，施工单位必须考虑五大目标之间的最佳匹配，力求达到整体目标最优。其中工程质量、施工安全是施工项目管理的核心，必须在确保工程质量、施工安全的前提下，协调其他目标努力实现。选项 A 正确。

2. 【答案】D

矩阵式组织结构能够根据工程任务的实际情况灵活组建与之相适应的项目管理机构，实现集权与分权的最优结合，有利于调动各类人员的工作积极性。选项 D 正确。

3. 【答案】A

强矩阵式组织中，项目经理直接向企业最高领导负责，项目组成员只对项目经理负责。选项 A 正确。

4. 【答案】C

责任矩阵图是以项目管理任务为行、以执行任务的个人或部门为列。选项 C 正确。

5. 【答案】B、E

直线式组织结构是一种最简单的组织结构形式，选项 A 错误。其未设置职能部门，项目经理没有参谋和助手，选项 C 错误。无法实现管理工作专业化，不利于提高项目管理水平，选项 D 错误。其优点是结构简单、权力集中、易于统一指挥、隶属关系明确、职责分明、决策迅速。选项 B、E 正确。

6. 【答案】A、B、C、E

施工项目经理具有参与分包合同和供货合同签订的权限，而非组织，选项 D 错误。

1.3 施工组织设计与项目目标动态控制

1.【答案】C

施工单位一旦接到中标通知书，应马上成立策划领导小组，选项 C 正确。其他选项为项目实施过程的不同时点。

2.【答案】A

单位工程施工组织设计的内容包括：工程概况、施工部署、施工进度计划、施工准备与资源配置计划、主要施工方案、施工现场平面布置等。施工部署是施工组织设计的纲领性内容，其他内容均应围绕施工部署进行编制和确定。选项 A 正确。

3.【答案】C

就施工承包单位内容而言，施工组织总设计应由总承包单位技术负责人审批；单位工程施工组织设计应由施工单位技术负责人或技术负责人授权的技术人员审批；施工方案应由项目技术负责人审批；重点、难点分部（分项）工程施工方案和针对危险性较大的分部分项工程专项施工方案应由施工单位技术部门组织相关专家评审，施工单位技术负责人批准。选项 C 正确。

4.【答案】B

施工项目目标动态控制过程中，出现偏差时，经分析属于主客观原因产生不可纠正偏差时，应进行工程变更，再根据此目标实施控制，选项 B 正确。

5.【答案】D

投标报价中考虑承包风险应对，属于施工投标环节的合同措施，选项 D 正确；审查施工组织设计、改进施工方法和工艺，属于技术措施，建立施工项目目标控制工作考评机制属于组织措施。选项 A、B、C 错误。

6.【答案】A、B

施工项目实施策划领导小组组长由施工企业主管生产的副总经理或技术负责人担任，有关职能部门负责人、施工项目经理及技术负责人作为策划领导小组成员。选项 A、B 正确。

7.【答案】A、C

施工组织设计应由项目负责人主持编制，项目负责人不同于项目技术负责人，选项 B 错误。单位工程施工组织设计应由施工单位技术负责人或技术负责人授权的技术人员审批，施工单位技术负责人不同于项目技术负责人，选项 D 错误。规模较大的分部工程施工方案，应由施工单位技术负责人审批，选项 E 错误。选项 A、C 正确。

8.【答案】C、D

合理处置工程变更属于合同措施，完善沟通机制和工作流程属于组织措施，对工程变更方案进行技术经济分析属于经济措施。选项 C、D 属于技术措施。

第2章 施工招标投标与合同管理

本章考情分析

2024年核心考点及分值分布（单位：分）

本章节次	本章条目		试卷一		试卷二		试卷三		试卷四	
			单选	多选	单选	多选	单选	多选	单选	多选
2.1	2.1.1	施工招标方式与程序	1	4	1	2	2	2	1	2
	2.1.2	合同计价方式	1		1	2	1		1	
	2.1.3	基于工程量清单的投标报价	2		1	2	1		1	
	2.1.4	施工投标报价策略						2	1	
	2.1.5	施工投标文件								
2.2	2.2.1	施工合同管理	3	2	4		5	2	3	2
	2.2.2	专业分包合同管理			1		1		1	
	2.2.3	劳务分包合同管理	1		1		1		1	
	2.2.4	材料设备采购合同管理					1		1	2
2.3	2.3.1	施工承包风险管理	1					2	1	
	2.3.2	工程担保	1		1				1	
	2.3.3	工程保险					1			2
合计			10	6	10	6	13	8	12	8
			16		16		21		20	

本章核心考点分析

2.1 施工招标投标

核 心 考 点 提 纲

2.1 施工招标投标
- 2.1.1 施工招标方式与程序
- 2.1.2 合同计价方式
- 2.1.3 基于工程量清单的投标报价
- 2.1.4 施工投标报价策略
- 2.1.5 施工投标文件

核心考点剖析

2.1.1 施工招标方式与程序

核心考点一：施工招标方式

施工招标方式

	公开招标（无限竞争）	邀请招标（有限竞争，≥3家）
优点	（1）可在较广范围内选择承包商。 （2）有利于找到可靠的承包商。 （3）有利于获得有竞争性的报价。 （4）较大程度上避免招标过程中的贿标行为	（1）不需发布招标公告和设置资格预审程序，可节约招标费用、缩短招标时间。 （2）比较了解邀请对象，可减少合同履行过程中承包商违约的风险
缺点	（1）准备招标、资格预审、评标工作量大。 （2）招标时间长、费用高	（1）邀请对象的选择面窄、范围较小，有可能排除某些潜在投标人。 （2）邀请对象少，有可能提高中标合同价

根据《中华人民共和国民法典》，要约和承诺是订立合同的必经环节。

（1）要约邀请：建设单位发布招标公告或投标邀请书；（2）要约：施工单位提交投标文件；（3）承诺：建设单位发出中标通知书。

◆ **考法：施工招标方式**

【例题1·单选题】下列属于工程邀请招标的优点是（ ）。

    A. 能够获得有竞争性的商业报价

    B. 节约招标费用缩短招标时间

    C. 较大程度上避免招标过程中的贿标行为

    D. 招标人可在较广范围内选择承包商

【答案】B

【解析】邀请招标的优点是不发布招标公告，不进行资格预审，简化招标程序，节约招标费用，缩短招标时间，可减少合同履行过程中承包商违约的风险。

【例题2·单选题】关于建设工程合同订立程序的说法，正确的是（ ）。

    A. 招标人通过媒体发布招标公告，称为承诺

    B. 招标人向符合条件的投标人发出招标文件，称为要约邀请

    C. 投标人向招标人提交投标文件，称为承诺

    D. 招标人向中标人发出中标通知书，称为要约邀请

【答案】B

【解析】（1）要约邀请：建设单位发布招标公告或投标邀请书。（2）要约：施工单位提交投标文件。（3）承诺：建设单位发出中标通知书。

核心考点二：施工招标程序

一般依据《标准施工招标文件》组织招标。工期不超过12个月，技术相对简单且设计和施工不是由同一承包人承担的小型项目，依据《简明标准施工招标文件》组织招标。

1. 施工招标准备

施工招标准备

（1）组建招标组织	招标人具有与招标项目规模和复杂程度相适应的技术、经济等方面的专业人员，具有编制招标文件和组织评标的能力的，可自行组织招标。否则，应委托能够编制招标文件和组织评标的相应专业力量办理招标事宜
（2）办理招标申请手续	主要是将招标范围、招标方式、招标组织形式报请相关部门审批核准
（3）进行招标策划	包括：划分施工标段、确定承包模式、选择合同计价方式。 其中，划分施工标段时，应考虑的因素包括：工程特点、对工程造价的影响、承包单位专长的发挥、工地管理及建设资金、设计图纸供应等
（4）编制资格预审文件	资格预审文件包括：资格预审公告、申请人须知、资格审查办法、资格预审申请文件格式、项目建设概况等
（5）编制招标文件	施工招标文件包括：招标公告或投标邀请书、投标人须知（包括前附表、正文和附表三部分）、评标办法、合同条款及格式、工程量清单、图纸、技术标准和要求、投标文件格式、投标人须知前附表规定的其他材料。此外，招标人对招标文件所作的澄清、修改，也构成招标文件的组成部分。 其中，投标文件格式包括：投标函及投标函附录、法定代表人身份证明、授权委托书、联合体协议书、投标保证金、已标价工程量清单、施工组织设计、项目管理机构、拟分包项目情况表、资格审查资料、其他材料

2. 施工招标过程

（1）发布招标公告或发出投标邀请书

（2）进行资格预审

资格预审程序：① 发布资格预审公告；② 发售资格预审文件；③ 资格预审文件的澄清或修改；④ 资格预审申请文件的递交；⑤ 组建资格审查委员会；⑥ 审查资格预审申请文件；⑦ 资格预审申请文件的澄清或说明；⑧ 提交审查报告；⑨ 通知和确认。

资格预审文件的发售期不得少于 5 日。潜在投标人或者其他利害关系人对资格预审文件有异议的，应在提交资格预审申请文件截止时间 2 日前向招标人提出。招标人应自收到异议之日起 3 日内做出答复。

资格预审文件澄清或者修改的内容可能影响资格预审申请文件编制的，招标人应在提交资格预审申请文件截止时间至少 3 日前，以书面形式通知所有获取资格预审文件的潜在投标人；不足 3 日的，招标人应顺延提交资格预审申请文件的截止时间。

资格预审分初步审查和详细审查两个环节。

初步审查标准通常包括：申请人名称是否与营业执照、资质证书及安全生产许可证一致；申请函是否有法定代表人或其委托代理人签字并加盖单位章；申请文件格式是否符合要求；联合体申请人是否提交联合体协议书并明确联合体牵头人；资格预审申请文件证明材料是否齐全有效等。申请人只要有一项不符合审查标准，就不能通过资格预审。

详细审查标准主要包括：是否具备有效的营业执照、安全生产许可证；申请人的资质等级、财务状况、类似项目业绩、信誉、项目经理资格及联合体申请人等是否符合申请人须知中要求的条件。申请人有一项因素不符合审查标准，不能通过资格预审。

资格预审方法：合格制（优点：投标人数多，竞争更充分）和有限数量制（量化打分，由高到低排序）。

（3）发售招标文件和组织现场踏勘

招标人对招标文件进行澄清或者修改，应在投标截止时间至少 15 日前，以书面形式通知所有获取招标文件的潜在投标人；不足 15 日的，招标人应顺延提交投标文件的截止时间。

组织现场踏勘的目的：① 让投标人结合工程实际编制投标文件；② 避免施工合同履行中承包商以不了解现场情况为由推卸其应承担的责任。

（4）开标与评标

① 投标文件的递交和接收。投标文件应密封并加盖投标单位章。

② 组建评标委员会。评标委员会成员名单一般应在开标前确定，在中标结果确定前应当保密。评标委员会由招标人代表及有关技术、经济等方面的专家组成，成员人数为 5 人以上单数，其中技术、经济等方面的专家不得少于成员总数的 2/3。评标委员会的专家成员采取随机抽取或者直接确定的方式确定。资格审查委员会和评标委员会要求相同。

③ 初步评审。初步评审属于对投标文件的合格性审查，评审内容包括形式评审、资格评审、响应性评审、施工组织设计和项目管理机构评审四个方面。其中，响应性评审包括：投标内容、工期、工程质量、投标有效期、投标保证金、权利义务、已标价工程量清单、技术标准和要求。已标价工程量清单有计算错误的，总价金额与依据单价计算出的结果不一致时，以单价金额为准修正总价，单价金额小数点有明显错误的除外；书写有错误的，投标文件中的大写金额与小写金额不一致时，以大写金额为准。

④ 详细评审。评标方法通常有经评审的最低投标价法和综合评估法两种。

A. 经评审的最低投标价法：按照经评审的投标价由低到高的顺序推荐中标候选人，或根据招标人授权直接确定中标人。经评审的投标价相等时，投标报价低的优先；投标报价也相等的，由招标人自行确定。

B. 综合评估法：按得分由高到低顺序推荐中标候选人，或根据招标人授权直接确定中标人。综合评分相等时，以投标报价低的优先；投标报价也相等的，由招标人自行确定。

⑤ 评标报告。评标委员会完成评标后，应向招标人提交书面评标报告。

3. 施工决标成交

（1）确定中标人

（2）合同谈判

谈判目的：① 争取改善合同条款，澄清模糊条款，修改过于苛刻的不合理条款，增加保护自身利益的条款。② 协商确定未来发生工程变更时，相关工程价款的调整方法或原则。

谈判内容：① 工程内容和范围。② 合同价款支付，包括工程预付款、工程进度款、最终结算价款支付及工程质量保证金的扣留和返还等。③ 价格调整及工程量变化。对于工期较长的工程，承包人可以要求增加价格调整条款。④ 不可预见的自然条件和人为障碍。⑤ 合同条件完善。⑥ 工程保修，应明确保修范围、保修期限和保修责任。⑦ 争端解决及其他。

（3）签订合同

招标人和中标人应在中标通知书发出之日起 30 日内，根据招标文件和中标人的投标文件订立书面合同。招标人和中标人不得再行订立背离合同实质性内容的其他协议。

招标人最迟应在书面合同签订后 5 日内向中标人和未中标的投标人退还投标保证金及银行同期存款利息。中标人无正当理由拒签合同的，其投标保证金不予退还。

◆ 考法 1：施工招标依据

【例题·单选题】《简明标准施工招标文件》的适用对象是（　　）。

    A. 设计和施工由同一承包人承担的工程

    B. 总投资为 9000 万元的非政府投资工程

    C. 工期为 11 个月的小型工程

    D. 工期紧、技术难度大的工程

【答案】C

【解析】工期不超过 12 个月、技术相对简单且设计和施工不是由同一承包人承担的小型项目，依据《简明标准施工招标文件》。

◆ 考法 2：施工招标准备

【例题 1·多选题】施工招标准备的工作内容有（　　）。

    A. 向行业主管部门申请报批设计任务书

    B. 向建设行政主管部门办理招标备案手续

    C. 组织评标专家组成评标委员会

    D. 编制招标文件

    E. 发布招标公告或投标邀请书

【答案】B、D

【解析】施工招标准备工作主要包括：组建招标组织、办理招标申请手续、进行招标策划、编制资格预审文件和编制招标文件。

【例题 2·多选题】施工招标文件包括投标文件格式，其中投标文件格式包括（　　）。

    A. 投标函   B. 招标邀请函

    C. 投标函附录   D. 法定代表人身份证明

    E. 联合体协议书

【答案】A、C、D、E

【解析】投标文件格式包括：投标函及投标函附录、法定代表人身份证明、授权委托书、联合体协议书、投标保证金、已标价工程量清单、施工组织设计、项目管理机构、拟分包项目情况表、资格审查资料、其他材料。

◆ 考法 3：施工招标过程

【例题 1·单选题】资格预审时，对投标人资格审查采用打分量化的方法是（　　）。

    A. 有限数量限制法   B. 合格制法

C. 标准化法 D. 综合记分法

【答案】A

【解析】有限数量限制法：对资格预审申请文件进行量化打分，按得分由高到低的顺序确定通过资格预审的申请人。

【例题2·多选题】初步评审属于对投标文件的合格性审查，评审内容包括（　　）。

A. 形式评审

B. 响应性评审

C. 施工组织设计和项目管理机构评审

D. 投标报价的优惠条件

E. 资格评审

【答案】A、B、C、E

【解析】初步评审属于对投标文件的合格性审查，评审内容包括形式评审、资格评审、响应性评审、施工组织设计和项目管理机构评审四个方面。

【例题3·多选题】根据《标准施工招标文件》，评标委员会对投标报价进行的响应性评审内容有（　　）。

A. 投标文件格式 B. 投标有效期

C. 投标保证金 D. 已标价工程量清单

E. 安全生产许可证

【答案】B、C、D

【解析】响应性评审包括：投标内容、工期、工程质量、投标有效期、投标保证金、权利义务、已标价工程量清单、技术标准和要求。

◆考法4：施工决标成交

【例题1·单选题】招标人和中标人应在中标通知书发出之日起（　　）日内，根据招标文件和中标人的投标文件订立书面合同。

A. 15 B. 20

C. 30 D. 60

【答案】C

【解析】招标人和中标人应在中标通知书发出之日起30日内，根据招标文件和中标人的投标文件订立书面合同，不得再行订立背离合同实质性内容的其他协议。

【例题2·多选题】下列关于招标流程的相关说法，正确的有（　　）。

A. 现场踏勘是由招标人组织的

B. 招标人具备自行招标和评标能力，可以自行组织招标事宜

C. 评标委员会成员人数必须为7人以上单数

D. 投标预备会是招标的必经程序

E. 对于投标人的问题，招标人应以书面形式通知所有购买招标文件的投标人

【答案】A、B、E

【解析】招标人组织投标进行现场踏勘，选项A正确。招标人如具有与招标项目规模

和复杂程度相适应的技术、经济等方面的专业人员，具有编制招标文件和组织评标能力的，可以自行组织招标，选项B正确。选项C，评标委员会成员人数必须为5人以上单数，其中技术、经济等方面的专家不得少于成员总数的2/3。选项D，投标预备会不是招标的必经程序，由招标人在投标人须知中说明。

2.1.2 合同计价方式

核心考点一：总价合同

总价合同

	适用情形
固定总价合同	（1）招标时已有施工图设计文件，施工任务和发包范围明确，合同履行中不会出现较大设计变更。 （2）工程规模较小、技术不太复杂的中小型工程或承包工作内容较为简单的工程部位，施工单位可在投标报价时合理地预见施工过程中可能遇到的各种风险。 （3）工程量小、工期较短（一般1年之内），合同双方不必考虑市场价格浮动对承包价格的影响
可调总价合同	适用于合同履行过程中市场价格变动、工程变更及其他工程条件变化的情况。常用调价方法有：（1）文件证明法；（2）票据价格调整法；（3）公式调价法

◆**考法1：固定总价合同**

【例题1·单选题】在下列合同形式中，施工单位承担风险最大的合同类型是（　　）。

    A. 固定总价合同　　　　　　　　B. 固定单价合同

    C. 成本加固定酬金合同　　　　　D. 成本加固定百分比酬金合同

【答案】A

【解析】固定总价合同承包商承担了全部的工作量和价格的风险。

【例题2·多选题】固定总价合同一般适用的情形有（　　）。

    A. 工程量大、工期较长（一般为1年之上）的合同

    B. 工程规模较大、技术复杂的中小型工程

    C. 招标时已有施工图设计文件，施工任务明确，合同履行中不会出现较大设计变更

    D. 承包工作内容较为简单的工程部位，施工单位可在投标报价时合理地预见施工过程中可能遇到的各种风险

    E. 工程量小、工期较短（一般为1年之内），双方不必考虑市场价格浮动的影响

【答案】C、D、E

【解析】固定总价合同一般适用于下列情形：（1）招标时已有施工图设计文件，施工任务和发包范围明确，合同履行中不会出现较大设计变更；（2）工程规模较小、技术不太复杂的中小型工程或承包工作内容较为简单的工程部位，施工单位可在投标报价时合理地预见施工过程中可能遇到的各种风险；（3）工程量小、工期较短（一般为1年之内），合同双方可不必考虑市场价格浮动对承包价格的影响。

◆**考法2：可调总价合同**

【例题1·多选题】对建设周期1年以上的工程，采用可调总价合同时，合同履行过

程中（　　）可按合同约定对合同总价进行调整。

  A. 银行利率的调整   B. 市场价格变动

  C. 工程变更   D. 工程条件变化

  E. 国家政策改变

【答案】B、C、D

【解析】可调总价合同适用于市场价格变动、工程变更及其他工程条件变化的情况。

【例题2·多选题】可调总价合同常用的调价方法有（　　）。

  A. 可调单价法   B. 文件证明法

  C. 固定单价法   D. 票据价格调整法

  E. 公式调价法

【答案】B、D、E

【解析】可调总价合同常用的调价方法：（1）文件证明法；（2）票据价格调整法；（3）公式调价法。

核心考点二：单价合同

  单价合同是指以实际完成工程量乘以所报单价计算工程价款的合同。投标单位填报的单价应为计及各种摊销费用后的综合单价，而非直接费单价。

  单价合同一般用于工期长、技术复杂、各种不可预见因素较多的大型工程，以及建设单位为缩短建设周期，初步设计完成后就进行招标的工程。

  单价合同可分为固定单价合同和可调单价合同。

  （1）固定单价合同。采用固定单价合同时，无论发生哪些影响价格的因素，都不对合同约定的单价进行调整。这对施工单位而言，存在一定风险。

  （2）可调单价合同。合同双方可以约定实际工程量变化超过一定比例、市场价格变化达到一定程度或国家政策发生变化时，可以对哪些工程内容的单价进行调整。采用可调单价合同时，施工单位风险相对较小。

◆ **考法1：单价合同的概念**

【例题·2023年真题·单选题】采用单价合同计价方式的工程，确定工程结算款的依据是（　　）。

  A. 实际完成工程量和实际单价 B. 合同工程量和合同单价

  C. 实际完成工程量和合同单价 D. 合同工程量和实际单价

【答案】C

【解析】单价合同以实际完成工程量乘以所报单价计算工程价款。

◆ **考法2：单价合同适用条件**

【例题·单选题】工期长、技术复杂、实施过程中可能会发生各种不可预见因素较多的建设工程一般采用（　　）。

  A. 成本加酬金合同   B. 固定总价合同

  C. 单价合同   D. 可调总价合同

【答案】C

【解析】单价合同用于工期长、技术复杂、实施过程中可能会发生各种不可预见因素较多的大型工程，或建设单位为缩短建设周期，在初步设计完成后就拟进行施工招标的工程。

◆ 考法 3：单价合同的计算

【例题 1·2020 年真题·单选题】某已标价工程量清单中钢筋混凝土工程的工程量是 1000m³，综合单价是 600 元 /m³，该分部工程招标控制价为 70 万元，实际施工完成工程量为 1500m³，则固定单价合同下钢筋混凝土工程价款为（　　）万元。

A. 60　　　　　　　　　　　B. 65
C. 90　　　　　　　　　　　D. 70

【答案】C

【解析】固定单价合同下钢筋混凝土工程价款为 1500×600 ＝ 90 万元。

【例题 2·2021 年真题·单选题】某土石方工程实行混合计价，其中土方工程实行总价包干，包干价 14 万元；石方工程实行单价合同。该工程有关工程量和价格如下，该工程结算款为（　　）万元。

	估计工程量（m³）	实际工程量（m³）	承包单价（元 /m³）
土方	4000	4200	
石方	2800	3000	120

A. 47.6　　　　　　　　　　B. 48.3
C. 50.0　　　　　　　　　　D. 50.7

【答案】C

【解析】该工程结算款＝ 140000 ＋ 3000×120 ＝ 500000 元＝ 50 万元。

◆ 考法 4：可调单价合同的适用条件

【例题·多选题】当采用可调单价合同时，合同中可以约定合同单价调整的情况有（　　）。

A. 工程量发生较大的变化　　　B. 承包商自身成本发生较大的变化
C. 市场价格变化到一定程度　　D. 国家相关政策发生变化
E. 业主资金不到位

【答案】A、C、D

【解析】可调单价合同双方可以约定实际工程量变化超过一定比例、市场价格变化达到一定程度或国家政策发生变化时调整单价。

核心考点三：成本加酬金合同

成本加酬金合同也称成本补酬合同，将施工合同价款划分为直接成本和应得酬金两部分，合同履行过程中直接成本由建设单位实报实销，另按合同约定支付相应报酬。

成本加酬金合同适用于边设计、边施工的紧急工程或灾后修复工程。

成本加酬金合同

形式	含义	特点
成本加固定百分比酬金合同	酬金按实际成本 C_d 乘以某一百分比 P 计算 $C = C_d(1 + P)$	不能激励施工单位降低成本和缩短工期，建设单位造价控制最难
成本加固定酬金合同	酬金为某一固定值 F $C = C_d + F$	不能鼓励施工单位降低成本，但会关心缩短工期
成本加浮动酬金合同	双方约定预期成本和固定酬金，以及预期成本与实际成本有差异后酬金奖罚的计算办法 $C = C_d + F \pm \Delta F$	若实际成本超过预期成本，罚金以原定固定酬金为最高限额。能促使施工单位降低成本和缩短工期，双方风险不大
目标成本加奖罚合同	编制目标成本 C_0，以百分比形式约定基本酬金和奖罚酬金。 $C = C_d + P_1C_0 + P_2(C_0 - C_d)$	实际成本超过目标成本，按约定百分比扣减酬金；反之，按约定百分比增加酬金。有利于鼓励施工单位降低成本和缩短工期，双方风险不大

◆ **考法1：成本加酬金合同适用条件**

【例题·多选题】成本加酬金合同适用于（　　　）。

　　A. 边设计、边施工的灾后修复工程

　　B. 工期较长的工程

　　C. 边设计、边施工的紧急工程

　　D. 技术复杂的工程

　　E. 实施过程中不可预见因素较多的工程

【答案】A、C

【解析】成本加酬金合同大多适用于边设计、边施工的紧急工程或灾后修复工程。

◆ **考法2：四种成本加酬金合同的区别**

【例题1·多选题】成本加酬金合同的形式主要有（　　　）。

　　A. 成本加浮动酬金合同　　　　　　B. 成本加固定百分比酬金合同

　　C. 最大成本加税金合同　　　　　　D. 目标成本加奖罚合同

　　E. 成本加固定酬金合同

【答案】A、B、D、E

【解析】成本加酬金合同分为成本加固定百分比酬金、成本加固定酬金、成本加浮动酬金和目标成本加奖罚四种形式。

【例题2·单选题】（　　　）有利于鼓励施工单位降低成本和缩短工期，建设单位和施工单位都不会承担太大风险。

　　A. 固定总价合同　　　　　　　　　B. 成本加固定百分比酬金合同

　　C. 目标成本加奖罚合同　　　　　　D. 成本加固定酬金合同

【答案】C

【解析】满足要求的有成本加浮动酬金和目标成本加奖罚两种合同形式，但成本加浮动酬金合同预期成本较难准确估计。

核心考点四：合同计价方式比较与选择

1. 合同计价方式比较

合同计价方式比较

合同类型	总价合同	单价合同	成本加酬金合同			
			固定百分比酬金	固定酬金	浮动酬金	目标成本加奖罚
应用范围	广泛	广泛	有局限性			酌情
建设单位造价控制	易	较易	最难	难	不易	有可能
施工单位风险	大	小	基本没有		不大	有

2. 合同计价方式选择

建设单位通常会综合考虑以下因素来选择合同计价方式：（1）工程复杂程度；（2）工程设计深度；（3）技术先进程度；（4）工期紧迫程度。

◆ **考法 1：合同计价方式比较**

【例题·单选题】下列合同计价方式中，建设单位容易控制造价，施工单位风险大的是（　　）。

A. 总价合同　　　　　　　　　　B. 目标成本加奖罚合同

C. 单价合同　　　　　　　　　　D. 成本加固定酬金合同

【答案】A

【解析】三类合同计价方式中，总价合同建设单位容易控制造价，施工单位风险大。

◆ **考法 2：合同计价方式选择**

【例题·多选题】建设单位通常会综合考虑（　　）因素来选择合同计价方式。

A. 工程复杂程度　　　　　　　　B. 工程设计深度

C. 技术复杂程度　　　　　　　　D. 工期紧迫程度

E. 技术先进程度

【答案】A、B、D、E

【解析】建设单位通常会综合考虑以下因素来选择合同计价方式：（1）工程复杂程度；（2）工程设计深度；（3）技术先进程度；（4）工期紧迫程度。

2.1.3　基于工程量清单的投标报价

核心考点一：招标工程量清单

工程量清单分为招标工程量清单和已标价工程量清单。招标工程量清单是编制最高投标限价（招标控制价）的基础，也是施工单位投标报价的直接依据。招标工程量清单以单位（项）工程为单位编制，由分部分项工程项目清单、措施项目清单、其他项目清单、规费和税金项目清单组成。

1. 分部分项工程项目清单

分部分项工程量清单应载明项目名称、项目编码、项目特征、计量单位和工程量五要素。

2. 措施项目清单

措施项目是指为完成工程项目施工，发生在该工程施工准备和施工过程中的技术、生活、安全、环境保护等方面的项目。

措施项目可划分为两类：一类是"总价项目"，如文明施工和安全防护、临时设施等，无工程量计算规则，以总价（或计算基础乘费率）计算，以"项"计价；另一类是"单价项目"，如脚手架、施工降水工程等，可根据图纸和工程量计算规则进行计量，以"量"计价。

3. 其他项目清单

（1）暂列金额。暂列金额是招标人在工程量清单中暂定并包括在合同价款中的一笔款项。它用于施工合同签订时尚未确定或不可预见的所需材料、设备、服务采购，施工中可能发生的工程变更、合同价款调整以及发生的索赔、现场签证确认等的费用。暂列金额有剩余的，应归发包人所有。

（2）暂估价。暂估价是招标人在工程量清单中提供的用于支付必然发生但暂时不能确定价格的材料、工程设备的单价及专业工程的金额，包括材料暂估单价、工程设备暂估单价、专业工程暂估价。

（3）计日工。计日工是指在施工过程中，施工单位完成建设单位提出的工程合同范围以外的零星项目或工作，按合同中约定的单价进行计价的一种方式。

（4）总承包服务费。总承包服务费是指总承包单位为配合协调建设单位进行的专业工程发包，对建设单位自行采购的材料、工程设备等进行保管以及施工现场管理、竣工资料汇总整理等服务所需的费用。

4. 规费项目清单——五险（老公是医生）一金

规费项目清单包括：社会保险费，包括养老保险费、失业保险费、医疗保险费、工伤保险费、生育保险费；住房公积金。

5. 税金项目清单——城教营地/城教增地

税金项目清单包括：营业税、城市维护建设税、教育费附加、地方教育附加。在实行营业税改征增值税后，工程量清单中的营业税调整为增值税。

◆考法 1：招标工程量清单编制方法

【例题·单选题】招标工程量清单应以（　　　）工程为单位编制。

A. 单位或单项　　　　　　　　　B. 分部或分项

C. 分项　　　　　　　　　　　　D. 检验批

【答案】A

【解析】招标工程量清单应以单位（项）工程为单位编制。

◆考法 2：措施项目清单

【例题 1·单选题】措施项目是指为完成工程项目施工，（　　　）的技术、生活、安全、环境保护等方面的项目。

  A. 发生于该工程项目施工前

  B. 发生于该工程项目竣工验收后

  C. 发生于该工程项目施工准备和施工过程中

  D. 发生于该工程项目施工过程中

【答案】C

【解析】措施项目是指为完成工程项目施工，发生在该工程施工准备和施工过程中的技术、生活、安全、环境保护等方面的项目。

【例题2·2023·真题单选题】根据《建设工程工程量清单计价规范》GB 50500—2013，下列措施项目中，应列入总价措施项目清单与计价表的是（ ）。

  A. 安全文明施工费   B. 脚手架工程费

  C. 混凝土模板及支架费 D. 垂直运输费

【答案】A

【解析】选项B、C、D属于国家计量规范规定应予计量的措施项目，选项A属于国家计量规范规定不予计量的措施项目，所以只能在总价中列支。

◆ 考法3：其他项目清单

【例题1·单选题】根据《建设工程工程量清单计价规范》GB 50500—2013，下列不属于其他项目费的是（ ）。

  A. 暂列金额   B. 计日工

  C. 总承包服务费   D. 规费

【答案】D

【解析】其他项目费包括：暂列金额、暂估价、计日工、总承包服务费等。

【例题2·2019年真题·单选题】根据《建设工程工程量清单计价规范》GB 50500—2013，下列关于暂列金额的说法，正确的是（ ）。

  A. 由承包单位依据项目情况，按计价规定估算

  B. 由建设单位掌握使用，若有余额，则归建设单位

  C. 在施工工程中，由承包单位使用，监理单位监管

  D. 由建设单位估算金额，承包单位负责使用，余额双方协商

【答案】B

【解析】暂列金额由建设单位掌握使用，若有余额，则归建设单位。

◆ 考法4：规费项目清单

【例题·单选题】根据《建设工程工程量清单计价规范》GB 50500—2013，下列不属于规费的是（ ）。

  A. 医疗保险费   B. 工伤保险费

  C. 总承包服务费   D. 住房公积金

【答案】C

【解析】规费包括：社会保险费，包括养老保险费、失业保险费、医疗保险费、工伤

保险费、生育保险费；住房公积金。

核心考点二：综合单价

招标控制价是指招标人编制的招标工程的最高投标限价。

国有资金投资的项目应实行工程量清单招标，招标人必须编制招标控制价。

实行工程量清单计价的工程，应当采用单价合同。这里的单价是一种综合单价，是指完成一个规定清单项目所需的人工费、材料和工程设备费、施工机具使用费和企业管理费、利润及一定范围内的风险费用。

【例2.1】某施工单位拟投标一项工程，在招标工程量清单中已列明的其中A、B分项工程的工程量分别为580m³和234m³。施工单位结合招标工程量清单中的项目特征描述和自身拟定的施工方案，计算出A、B分项工程的工料机费用合计分别为32475元和9268元。企业管理费按直接费的15%计取，利润及风险费用合并考虑，以直接费和企业管理费为基数按5%计算。试确定施工投标时A、B分项工程的综合单价。

【解】（1）A分项工程的综合单价：$32475 \times (1+15\%) \times (1+5\%) / 580 = 67.61$ 元/m³。

（2）B分项工程的综合单价：$9268 \times (1+15\%) \times (1+5\%) / 227 = 49.30$ 元/m³。

◆ 考法1：综合单价的概念

【例题·2017年真题·多选题】根据《建设工程工程量清单计价规范》GB 50500—2013，分部分项工程综合单价应包含（   ）。

    A. 企业管理费　　　　　　　　B. 税金

    C. 规费　　　　　　　　　　　D. 利润

    E. 措施费

【答案】A、D

【解析】综合单价是指完成一个规定清单项目所需的人工费、材料和工程设备费、施工机具使用费和企业管理费、利润及一定范围内的风险费用。

◆ 考法2：综合单价的计算

【例题·2018年真题·单选题】某建设工程采用《建设工程工程量清单计价规范》GB 50500—2013，招标工程量清单中挖土方工程量为2500m³。投标人根据地质条件和施工方案计算的挖土方工程量为4000m³。完成该土方分项工程的人、材、机费用为98000元，管理费13500元，利润8000元。如不考虑其他因素，投标人报价时的挖土方综合单价为（   ）元/m³。

    A. 29.88　　　　　　　　　　B. 47.80

    C. 42.40　　　　　　　　　　D. 44.60

【答案】B

【解析】综合单价=（人、材、机费用+管理费+利润）/清单工程量=（98000+13500+8000）/2500=47.8元/m³。

核心考点三：投标报价的原则、方法及注意事项

1. 投标报价基本原则

（1）投标价应由投标人编制或由投标人委托专业咨询机构编制。

（2）投标价应由投标人自主确定，但不得低于工程成本。

（3）投标人必须按招标工程量清单填报价格，项目编码、项目名称、项目特征、计量单位、工程量必须与招标工程量清单一致。

（4）投标价不能高于招标人设定的招标控制价，否则投标将作为废标处理。

2. 投标报价编制方法

（1）分部分项工程和措施项目中的单价项目，应依据招标文件及招标工程量清单中的项目特征描述确定综合单价。当招标文件描述的项目特征与设计图纸不符时，投标人应以招标文件描述的项目特征确定综合单价。

（2）措施项目中的总价项目金额应根据招标文件中的措施项目清单及投标时拟定的施工组织设计或施工方案自主确定。其中，安全文明施工费必须按政府有关部门的规定计算，不得作为竞争性费用。

（3）其他项目清单的编制：① 暂列金额应按招标工程量清单中列出的金额填写，不得变动。② 暂估价中的材料、工程设备暂估价应按招标工程量清单中列出的单价计入综合单价，专业工程暂估价应按招标工程量清单中列出的金额填写，均不得变动或更改。③ 计日工和总承包服务费应自主确定。

（4）规费和税金，按照政府主管部门的有关规定计算，不得作为竞争性费用。

3. 投标报价编制注意事项

（1）招标工程量清单与计价表中列明的所有需要填写的单价和合价的项目，投标人均应填写且只允许有一个报价。

（2）未填写单价和合价的项目，视为此项费用已包含在已标价工程量清单中其他项目的单价和合价之中，竣工结算时，此项目不得重新组价予以调整。

（3）投标总价应当与分部分项工程费、措施项目费、其他项目费和规费、税金合计金额一致。

◆ **考法 1：投标报价基本原则**

【例题·单选题】根据《建设工程工程量清单计价规范》GB 50500—2013，关于投标价编制原则的说法，正确的是（　　）。

　　A. 投标报价只能由投标人自行编制

　　B. 投标报价可另行设定总价优惠情况

　　C. 投标报价高于招标控制价的必须下调后采用

　　D. 投标报价不得低于工程成本

【答案】D

【解析】选项 A 错误，投标价应由投标人编制或由投标人委托专业咨询机构编制。选项 B 错误，不得总价优惠。选项 C 错误，投标价不能高于招标控制价，否则将作为废标处理。

◆ **考法 2：投标报价编制方法**

【例题 1·2019 年真题·单选题】根据《建设工程工程量清单计价规范》GB 50500—2013，投标人进行投标报价时，发现某招标工程量清单项目特征描述与设计图纸不符，则投标人在确定综合单价时，应（　　　　）。

    A. 以招标工程量清单项目的特征描述为报价依据

    B. 以设计图纸作为报价依据

    C. 综合两者对项目特征共同描述作为报价依据

    D. 暂不报价，待施工时依据设计变更后的项目特征报价

【答案】A

【解析】当招标文件描述的项目特征与设计图纸不符时，投标人应以招标文件描述的项目特征确定综合单价。

【例题 2·单选题】根据《建设工程工程量清单计价规范》GB 50500—2013，投标时不能作为竞争性费用的是（　　　　）。

    A. 夜间施工增加费　　　　　　　　B. 冬雨期施工增加费

    C. 已完工程保护费　　　　　　　　D. 安全文明施工费

【答案】D

【解析】安全文明施工费、规费和税金，不得作为竞争性费用。

◆ 考法 3：投标报价编制注意事项

【例题·单选题】对招标工程量清单与计价表中已列的需要填写单价和合价的项目，投标人未填写的，在竣工结算时的处置方式是（　　　　）。

    A. 可接项目实际发生费用予以调整

    B. 可按政府有关规定重新组价予以调整

    C. 不得重新组价调整

    D. 合同双方协商后重新组价予以调整

【答案】C

【解析】未填写单价和合价的项目，视为此项费用已包含在已标价工程量清单中其他项目的单价和合价之中。当竣工结算时，此项目不得重新组价予以调整。

2.1.4　施工投标报价策略

核心考点：施工投标报价策略

1. 基本策略

可选择报高价的情形：施工条件差、专业要求高、工期要求紧、总价低、投标对手少、支付条件不理想的工程；被邀请投标的工程；特殊工程，如港口码头、地下开挖工程等。反之，可选择报低价。

2. 报价技巧

（1）不平衡报价法

不平衡报价法是指在不影响工程总报价的前提下，通过调整内部各个项目的报价，既不提高总报价，又能得到理想收益的报价方法。

适用情况：① 能够早日结算的项目（如前期措施费、基础工程、土石方工程等）可以适当提高报价。后期工程项目（如设备安装、装饰工程等）的报价可适当降低。② 预

计今后工程量会增加的项目，适当提高单价；将来工程量有可能减少的项目，适当降低单价。③ 设计图纸不明确、估计修改后工程量要增加的，可以提高单价；而工程内容说明不清楚的，则可降低一些单价，在工程实施阶段通过索赔再寻求提高单价的机会。④ 如果工程不分标，不会另由一家承包单位施工，则肯定要施工的单价可报高些，不一定要施工的应报低些。如果工程分标，可能由其他承包单位施工时，则不宜报高价，以免抬高总报价。⑤ 单价与包干混合制合同中，招标人要求有些项目采用包干报价时，宜报高价。对于其余单价项目，则可适当降低报价。⑥ 要求投标人对工程量大的项目报"综合单价分析表"的，可将单价分析表中的人工费及机械设备费报得高一些，材料费报得低一些。

（2）多方案报价法

多方案报价法是指在投标文件中报两个价：一个是按招标文件的条件报一个价；另一个是加注解的报价。适用于招标文件中的工程范围不明确，条款不清楚或不公正，或技术规范要求过于苛刻的工程。

（3）保本竞标法

对于缺乏竞争优势的施工单位，为获得中标机会，不得已采用不考虑利润的报价方法。

（4）突然降价法

突然降价法是指先按一般情况报价或表现出自己对该工程兴趣不大，等快到投标截止时，再突然降价。采用突然降价法，可以迷惑对手，提高中标概率。

◆ **考法：投标报价技巧**

【例题 1·单选题】某施工单位报价时，把能够早日结算的项目适当提高报价，后期工程项目的报价可适当降低，又不提高总报价，这是采用的（　　）报价技巧。

    A. 保本竞争法　　　　　　　　　　B. 突然降价法

    C. 不平衡报价法　　　　　　　　　D. 许诺优惠条件

【答案】C

【解析】不平衡报价法适用于能够早日结算的，预计今后工程量会增加的，设计图纸不明确、修改后工程量要增加的，采用包干报价的，以及"综合单价分析表"中的人工费及机械设备费，可以适当提高报价。

【例题 2·单选题】对于招标文件中的工程范围不明确，条款不清楚或不公正，或技术规范要求过于苛刻的工程，适合采用（　　）报价技巧。

    A. 保本竞争法　　　　　　　　　　B. 突然降价法

    C. 不平衡报价法　　　　　　　　　D. 多方案报价法

【答案】D

【解析】多方案报价法适用于招标文件中的工程范围不明确，条款不清楚或不公正，或技术规范要求过于苛刻的工程。

【例题 3·单选题】下列不平衡报价方法的描述，正确的是（　　）。

    A. 前期措施费可以适当降低报价

B. 装饰工程可适当提高报价

C. 预计今后工程量会减少的项目，适当提高单价

D. 单价与包干混合制合同中，招标人要求有些项目采用包干报价时，宜报高价

【答案】D

【解析】选项 A，前期措施费可以适当提高报价。选项 B，装饰工程可适当降低报价。选项 C，预计今后工程量有可能减少的项目，适当降低单价。

2.1.5　施工投标文件

核心考点：施工投标文件的内容

施工投标文件的内容

技术标书	主要是指施工组织设计。施工组织设计需要根据施工招标文件要求，在认真调查研究的基础上，遵循经济合理原则，从时间、空间、资源、资金等方面进行综合规划和全面平衡，通过施工方案比选，对科学施工作出全面部署
商务标书	主要包括工程报价、优惠条件、对合同条款的确认等内容。工程报价以工程量清单为主，包括已标价工程量清单、暂定金额汇总表、计日工明细表、单价分析、调价权值系数等
投标函及其他有关文件	包括：投标函及投标函附录、投标担保、授权书、联合体协议书、资格预审更新资料或资格后审资料、投标人承揽的在建工程情况、分包人情况等

◆考法：施工投标文件的内容

【例题1·单选题】施工投标文件中技术标书主要是指（　　　）。

A. 专项施工方案 　　　　　　 B. 施工组织设计

C. 应急预案 　　　　　　　　 D. 监理细则

【答案】B

【解析】技术标书主要是指施工组织设计。

【例题2·单选题】商务标书中的工程报价以（　　　）为主，包括已标价工程量清单、暂定金额汇总表、计日工明细表、单价分析、调价权值系数等。

A. 工程量清单 　　　　　　　 B. 施工预算

C. 施工图预算 　　　　　　　 D. 施工定额

【答案】A

【解析】工程报价以工程量清单为主，包括已标价工程量清单、暂定金额汇总表、计日工明细表、单价分析、调价权值系数等。

2.2　合同管理

核 心 考 点 提 纲

$$
2.2\ \ 合同管理
\begin{cases}
2.2.1 & 施工合同管理 \\
2.2.2 & 专业分包合同管理 \\
2.2.3 & 劳务分包合同管理 \\
2.2.4 & 材料设备采购合同管理
\end{cases}
$$

核心考点剖析

2.2.1 施工合同管理

核心考点一：施工合同文件优先解释顺序

除专用合同条款另有约定外，施工合同文件的优先解释顺序如下：（1）合同协议书；（2）中标通知书；（3）投标函及投标函附录；（4）专用合同条款；（5）通用合同条款；（6）技术标准和要求；（7）图纸；（8）已标价工程量清单；（9）其他合同文件。

◆ 考法：施工合同文件的优先解释顺序

【例题·单选题】根据《标准施工招标文件》，下列合同文件中拥有最优先解释权的是（　　）。

A. 通用合同条款　　　　　　B. 投标函及其附录

C. 技术标准和要求　　　　　D. 中标通知书

【答案】D

【解析】施工合同文件优先解释顺序：（1）合同协议书；（2）中标通知书；（3）投标函及投标函附录；（4）专用合同条款；（5）通用合同条款；（6）技术标准和要求；（7）图纸；（8）已标价工程量清单；（9）其他合同文件。

核心考点二：施工合同各方职责

施工合同各方职责

发包人主要义务	承包人主要义务
——场地、图纸、办证、协调、治安、交通、交底、验收、付款	——质量、安全、文明、环保、工期、保修、保险、工资、归档
（1）发出开工通知。监理人在开工日期7天前向承包人发开工通知。 （2）提供施工场地，包括地下管线、气象水文等资料。 （3）发包人负责办理用地规划、工程规划、施工许可证，临时用水、电、占用道路、占用土地等许可。发包人负责办理出入施工场地的道路的通行权，以及取得为工程建设所需修建场外设施的权利，并承担有关费用。运输超重件所需的道路临时加固费用由承包人承担。 （4）组织设计交底。 （5）支付合同价款。 （6）组织竣工验收	（1）查勘施工现场。 （2）编制工程实施措施计划。包括：① 施工组织设计和施工进度计划；② 工程质量保证措施文件（质量检查机构的组织和岗位责任、质检人员的组成、质量检查程序和实施细则）；③ 施工安全管理措施计划；④ 环境保护措施计划。 （3）负责施工现场内交通道路和临时工程。 （4）测设施工控制网。 （5）提出开工申请。 （6）完成各项承包工作。 （7）保证工程施工和人员的安全。 （8）负责施工场地及周边环境生态保护工作。 （9）避免施工对公众与他人的利益造成损害。 （10）工程接收证书颁发前，负责照管和维护工程

◆ 考法1：施工合同发包人义务

【例题1·2023真题·单选题】发包人应委托监理人发出开工通知，监理人应在开工日期（　　）天前向承包人发出开工通知。

A. 3   B. 5

C. 7   D. 14

【答案】C

【解析】监理人在开工日期 7 天前向承包人发开工通知。

【例题 2·2019 年真题·单选题】某工程因施工需要，需取得出入施工场地的临时道路的通行权，根据《标准施工招标文件》，该通行权应当由（　　）。

     A. 承包人负责办理，并承担有关费用

     B. 承包人负责办理，发包人承担有关费用

     C. 发包人负责办理，并承担有关费用

     D. 发包人负责办理，承包人承担有关费用

【答案】C

【解析】发包人负责办理取得出入施工场地的专用和临时道路的通行权，以及取得为工程建设所需修建场外设施的权利，并承担有关费用。

【例题 3·多选题】根据《标准施工招标文件》，关于工程施工交通运输的说法，正确的有（　　）。

     A. 承包人未合理预见进出施工现场路径所增加的费用由发包人承担

     B. 发包人负责取得出入施工现场所需的批准手续和全部权利

     C. 因承包人原因造成场内基本交通设施损坏的，由发包人承担修复费用

     D. 场外交通设施无法满足工程施工需要的，由发包人负责完善

     E. 运输超重件所需的道路临时加固费用由承包人承担

【答案】B、D、E

【解析】发包人负责办理出入施工场地的道路的通行权，以及取得为工程建设所需修建场外设施的权利，并承担有关费用。运输超重件所需的道路临时加固费用由承包人承担。

【例题 4·2023 年真题·多选题】根据《标准施工招标文件》，下列工作中，属于发包人责任和义务的有（　　）。

     A. 提供测量基准资料并对数据进行解释

     B. 负责施工现场的环境保护工作

     C. 编制施工环保措施计划

     D. 办理取得出入施工场地的临时道路通行权

     E. 组织设计单位进行设计交底

【答案】A、D、E

【解析】选项 B、C 属于承包人的义务。

◆**考法 2：施工合同承包人义务**

【例题·多选题】承包人在履行合同过程中应遵守法律和工程建设标准规范要求，履行的义务有（　　）。

     A. 办理法律规定应由承包人办理的许可和批准

B. 按法律规定和合同约定采取施工安全和环保措施

C. 负责施工场地及其周边环境与生态的保护工作

D. 按照法律规定和合同约定编制施工资料

E. 约定采取施工安全措施，确保工程及其人员、材料、设备和设施的安全

【答案】A、B、C、E

【解析】承包人的义务：质量、安全、文明、环保、工期、保修、保险、工资、归档。

核心考点三：施工合同订立时需要明确的内容

1. 因物价变化引起的合同价格调整（12个月以上的工程应设有价格调整条款）

通用合同条款中将投标截止日前第28天规定为基准日。在基准日后，因法律法规、规范标准等变化，导致承包人在合同履行中发生约定以外的增减时，相应调整合同价款。

2. 办理保险的责任

通用合同条款规定，由承包人负责投保"建筑工程一切险""安装工程一切险"和"第三者责任保险"并承担办理保险的费用。当工程施工采用平行发包方式时，双方可在专用合同条款中约定，由发包人办理工程险和第三者责任保险。无论是承包人还是发包人办理这些保险，均必须以发包人和承包人共同名义投保。

◆ 考法1：因物价变化引起的合同价格调整

【例题·单选题】根据《建设工程施工合同（示范文本）》GF—2017—0201，招标工程一般以投标截止日前第（　　）天作为基准日。

A. 7　　　　　　　　　　　　　B. 14

C. 28　　　　　　　　　　　　D. 42

【答案】C

【解析】投标截止日前第28天为基准日。

◆ 考法2：办理保险的责任

【例题·2024年真题·单选题】某施工合同约定由承包人办理建筑工程一切险和第三者责任保险，该保险的投保人应为（　　）。

A. 承包人　　　　　　　　　　B. 发包人和第三者责任人

C. 承包人和第三者责任人　　　D. 发包人和承包人

【答案】D

【解析】通用合同条款规定，由承包人负责投保"建筑工程一切险""安装工程一切险"和"第三者责任保险"并承担办理保险的费用。当工程施工采用平行发包方式时，双方可在专用合同条款中约定，由发包人办理工程险和第三者责任保险。无论是承包人还是发包人办理这些保险，均必须以发包人和承包人共同名义投保。

核心考点四：施工合同进度、质量管理

1. 施工进度计划的审批和修订

承包人应按专用合同条款约定的内容和期限，编制详细的施工进度计划和施工方案说明报送监理人。监理人应在约定的期限内批复或提出修改意见，否则该进度计划视为已得到批准。监理人可以直接向承包人作出修订合同进度计划的指示，承包人应按该指示修订

合同进度计划，报监理人审批。监理人应在专用合同条款约定的期限内批复，并应在批复前获得发包人同意。经监理人批准的施工进度计划称为合同进度计划，是控制合同工程进度的依据。

2. 工期延误

（1）发包人原因造成的工期延误。由于发包人的下列原因造成工期延误，承包人有权要求延长工期和（或）增加费用，并支付合理利润：① 增加合同工作内容；② 改变合同中任何一项工作的质量要求或其他特性；③ 发包人迟延提供材料、工程设备或变更交货地点；④ 因发包人原因导致暂停施工；⑤ 提供图纸延误；⑥ 未按合同约定及时支付预付款、进度款。

（2）异常恶劣气候条件造成的工期延误，承包人有权要求发包人延长工期。

（3）承包人原因造成的工期延误。由于承包人原因，未能按合同进度完成工作，或监理人认为承包人施工进度不能满足合同工期要求，承包人应采取措施加快进度，并承担加快进度所增加的费用，承包人应支付逾期竣工违约金，不免除完成工程及修补缺陷的义务。

3. 提前竣工

发包人要求承包人提前竣工，或承包人提出提前竣工的建议能够给发包人带来效益，由监理人与承包人共同协商采取加快进度的措施和修订合同进度计划。发包人承担由此增加的费用，并向承包人支付专用合同条款约定的相应奖金。

4. 暂停施工——谁责任谁承担

（1）因承包人原因引起的暂停施工，增加的费用和（或）工期延误由承包人承担。

（2）因发包人原因引起的暂停施工，造成工期延误的，承包人有权要求延长工期和（或）增加费用，并支付合理利润。

（3）监理人认为有必要时，可向承包人作出暂停施工的指示，承包人应按监理人指示暂停施工。不论由于何种原因引起的暂停施工，暂停施工期间承包人应负责妥善保护工程并提供安全保障。

（4）暂停施工后的复工。暂停施工后，监理人应与发包人和承包人协商，采取有效措施积极消除暂停施工的影响。当工程具备复工条件时，监理人应立即向承包人发出复工通知。承包人收到复工通知后，应在监理人指定的期限内复工。承包人无故拖延和拒绝复工的，由此增加的费用和工期延误由承包人承担；因发包人原因无法按时复工的，承包人有权要求发包人延长工期和（或）增加费用，并支付合理利润。

监理人发出暂停施工指示后 56 天内未向承包人发出复工通知，承包人可向监理人提交书面通知，要求监理人在收到书面通知后 28 天内准许已暂停施工的工程或其中一部分工程继续施工。如监理人逾期不予批准，则承包人可以通知监理人，将工程受影响的部分视为按合同约定可取消的工作。如暂停施工影响到整个工程，可视为发包人违约。

由于承包人责任引起的暂停施工，如承包人在收到监理人暂停施工指示后 56 天内不采取有效的复工措施，造成工期延误，可视为承包人违约。

5. 工程隐蔽部位覆盖前的检查

（1）通知监理人检查。经承包人自检确认的工程隐蔽部位具备覆盖条件后，承包人应通知监理人在约定的期限内检查。

（2）监理人未到场检查。监理人未按合同约定的时间进行检查的，除监理人另有指示外，承包人可自行完成覆盖工作。监理人事后有疑问的，可按合同约定重新检查。

（3）监理人重新检查。承包人按合同约定覆盖工程隐蔽部位后，监理人对质量有疑问，可要求承包人对已覆盖的部位进行钻孔探测或揭开重新检验，承包人应遵照执行。经检验证明质量符合合同要求，由发包人承担由此增加的费用和（或）工期延误，并支付承包人合理利润；经检验证明质量不符合合同要求，由此增加的费用和（或）工期延误由承包人承担。

（4）承包人私自覆盖。承包人未通知监理人到场检查，私自将工程隐蔽部位覆盖，监理人有权指示承包人钻孔探测或揭开检查，由此增加的费用和（或）工期延误由承包人承担。

◆ **考法 1：工期延误和提前竣工**

【例题 1·2020 年真题·多选题】根据《标准施工招标文件》，关于工期调整的说法，正确的有（　　）。

    A. 监理人认为承包人的施工进度不能满足合同工期要求，承包人应采取措施，增加的费用由发包人承担

    B. 出现合同条款规定的异常恶劣气候导致工期延误，承包人有权要求发包人延长工期

    C. 发包人要求承包人提前竣工，应承担由此增加的费用，并根据合同条款约定支付奖金

    D. 承包人提前竣工建议被采纳的，由承包人自行采取加快施工进度的措施，发包人承担相应费用

    E. 在合同履行过程中，发包人改变某项工作的质量特性，承包人有权要求延长工期

【答案】B、C、E

【解析】选项 A 错误，由于承包人原因，未能按合同进度计划完成工作，或监理人认为承包人施工进度不能满足合同工期要求的，承包人应采取措施加快进度，并承担加快进度所增加的费用。选项 D 错误，发包人要求承包人提前竣工，或承包人提出提前竣工的建议能够给发包人带来效益的，应由监理人与承包人共同协商采取加快工程进度的措施和修订合同进度计划。发包人应承担承包人由此增加的费用，并向承包人支付专用合同条款约定的相应奖金。

【例题 2·2020 年真题·单选题】某工程项目施工合同约定竣工日期为 2020 年 6 月 30 日，在施工中因持续下雨导致甲供材料未能及时到货，使工程延误至 2020 年 7 月 30 日竣工。由于 2020 年 7 月 1 日起当地计价政策调整，导致承包人额外支付了 30 万元工人工资。关于增加的 30 万元责任承担的说法，正确的是（　　）。

A. 发包人原因导致的工期延误，因此政策变化增加的 30 万元由发包人承担

B. 持续下雨属于不可抗力，造成工期延误，增加的 30 万元由承包人承担

C. 增加的 30 万元因政策变化造成，属于承包人的责任，由承包人承担

D. 工期延误是承包人原因，增加的 30 万元是政策变化造成，由双方共同承担

【答案】A

【解析】在施工中因持续下雨导致甲供材料未能及时到货，使工程延误属于发包人的原因导致的，因此，增加的 30 万元由发包人承担。

◆ 考法 2：暂停施工

【例题 1·2019 真题·单选题】根据《标准施工招标文件》，关于暂停施工说法，正确的是（　　）。

A. 发包人原因造成暂停施工，承包人可不负责暂停施工期间工程的保护

B. 因发包人原因发生暂停施工的紧急情况时，承包人可以先暂停施工，并及时向监理人提出暂停施工的书面请求

C. 施工中出现意外情况需要暂停施工的所有责任由发包人承担

D. 由于发包人原因引起暂停施工，承包人有权要求延长工期和（或）增加费用，但不得要求补偿利润

【答案】B

【解析】选项 A 错误，不论由于何种原因引起的暂停施工，暂停施工期间承包人应负责妥善保护工程并提供安全保障。选项 C 错误，需要根据意外情况的原因认定责任。选项 D 错误，因发包人原因引起的暂停施工，造成工期延误的，承包人有权要求延长工期和（或）增加费用，并支付合理利润。

【例题 2·2021 年真题·单选题】根据《标准施工招标文件》，监理人向承包人作出暂停施工的指示，则暂停施工期间负责保护工程并提供安全保障的主体为（　　）。

A. 监理人　　　　　　　　　　B. 承包人

C. 发包人　　　　　　　　　　D. 项目管理公司

【答案】B

【解析】不论由于何种原因引起的暂停施工，暂停施工期间承包人应负责妥善保护工程并提供安全保障。

【例题 3·2021 真题·多选题】根据《标准施工招标文件》，关于暂停施工后复工的说法，正确的是（　　）。

A. 承包人收到复工通知后，应在发包人进行经济补偿后复工

B. 暂停施工后，监理人、发包人、承包人应协调采取有效措施消除影响

C. 具备复工条件时，监理人应立即向承包人发出复工通知

D. 承包人无故拖延的，应承担由此增加的费用延误的工期

E. 因发包人原因无法按时复工，应承担由此增加的费用，延误的工期和合理的利润

【答案】B、C、D、E

【解析】选项 A 错误，当工程具备复工条件时，监理人应立即向承包人发出复工通知。承包人收到复工通知后，应在监理人指定的期限内复工。承包人无故拖延和拒绝复工的，由此增加的费用和工期延误由承包人承担。

◆ 考法 3：隐蔽工程检查

【例题 1·2017 年 /2024 年真题·单选题】根据九部委《标准施工招标文件》，监理人对隐蔽工程重新检查，经检验证明工程质量符合合同要求的，发包人应补偿承包人（　　）。

A. 工期和费用　　　　　　　　B. 工期、费用和利润

C. 费用和利润　　　　　　　　D. 工期和利润

【答案】B

【解析】隐蔽工程重新检查：（1）合格，发包人承担费用、工期和利润；（2）不合格，承包人承担费用和工期。

【例题 2·2023 年真题·单选题】某隐蔽工程施工结束后，承包人未通知监理人检查即自行隐蔽，后又遵照监理人的指示进行剥离并共同检验，确认该隐蔽工程的施工质量满足合同要求。关于工期和费用处理的说法，正确的是（　　）。

A. 工期延误和费用损失均由发包人承担

B. 给承包人顺延工期，但不补偿费用

C. 工期延误和费用损失均由承包人承担

D. 给承包人补偿费用，但不顺延工期

【答案】C

【解析】承包人未通知监理人到场检查，私自将工程隐蔽部位覆盖的，监理人有权指示承包人钻孔探测或揭开检查，由此增加的费用和（或）工期延误由承包人承担。

核心考点五：工程计量与支付管理

1. 工程计量

（1）单价子目计量。已标价工程量清单中的单价子目工程量为估算工程量。结算工程量是承包人实际完成的，按合同约定的计量方法进行计量的工程量。

（2）总价子目计量。总价子目的计量和支付应以总价为基础，不因正常的物价波动而进行调整。承包人实际完成的工程量是进行工程目标管理和控制进度支付的依据。

2. 预付款

《建设工程工程量清单计价规范》GB 50500—2013 规定，包工包料工程的预付款支付比例不得低于签约合同价（扣除暂列金额）的 10%，不宜高于签约合同价（扣除暂列金额）的 30%。发包人在收到支付申请 7 天内向承包人发出预付款支付证书，并在签发支付证书后 7 天内向承包人支付预付款。

《建设工程工程量清单计价规范》GB 50500—2013 规定，发包人应在工程开工后的 28 天内预付不低于当年施工进度计划的安全文明施工费总额的 60%，其余部分与进度款同期支付。承包人对安全文明施工费应专款专用，在财务账目中单独列项备查，不得挪作他用。

承包人应在收到预付款的同时向发包人提交预付款保函，预付款保函的担保金额应与预付款金额相同。保函的担保金额可根据预付款扣回的金额相应递减。

3. 工程进度付款

承包人在每个付款周期末，向监理人提交进度付款申请单，并附相应的支持性证明文件。监理人在收到承包人进度付款申请单以及相应的支持性证明文件后的 14 天内完成核查，提出发包人到期应支付给承包人的金额及相应的支持性材料。

经发包人审查同意后，由监理人向承包人出具经发包人签认的进度付款证书。监理人出具进度付款证书，不应视为监理人已同意、批准或接受了承包人完成的该部分工作。发包人应在监理人收到进度付款申请单后的 28 天内，将进度应付款支付给承包人。监理人有权扣发承包人未能按照合同要求履行任何工作或义务的相应金额。

《建设工程工程量清单计价规范》GB 50500—2013 规定，工程进度款的支付按期中结算价款总额计，不低于 60%，不高于 90%。

《财政部 住房和城乡建设部关于完善建设工程价款结算有关办法的通知》（财建〔2022〕183 号）规定，政府机关、事业单位、国有企业建设工程进度款支付应不低于已完成工程价款的 80%；除按合同约定保留不超过工程价款总额 3% 的质量保证金外，进度款支付比例可由发承包双方根据项目实际情况自行确定。在结算过程中，若发生进度款支付超出实际已完成工程价款的情况，承包单位应按规定在结算后 30 日内向发包单位返还多收到的工程进度款。

4. 工程质量保证金

监理人应从第一个付款周期开始，在发包人的进度付款中，按专用合同条款的约定扣留工程质量保证金。工程质量保证金计算额度不包括预付款的支付、扣回及价格调整的金额。

5. 竣工结算

工程接收证书颁发后，承包人应按专用合同条款约定的份数和期限向监理人提交竣工付款申请单，竣工付款申请单应包括下列内容：（1）竣工结算合同总价；（2）发包人已支付承包人的工程价款；（3）应扣留的质量保证金；（4）应支付的竣工付款金额。

6. 最终结清

缺陷责任期终止证书签发后，承包人可向监理人提交最终结清申请单。监理人收到承包人提交的最终结清申请单后的 14 天内，提出发包人应支付给承包人的价款送发包人审核并抄送承包人。发包人应在收到后 14 天内审核完毕，由监理人向承包人出具经发包人签认的最终结清证书。发包人在监理人出具最终结清证书后的 14 天内，将应支付款支付给承包人。

◆ 考法 1：预付款比例

【例题·单选题】根据《建设工程工程量清单计价规范》GB 50500—2013 规定，包工包料工程的预付款支付比例为签约合同价（扣除暂列金额）的（　　　）。

　　A. 10%～20%　　　　　　　　　　B. 10%～30%

　　C. 20%～30%　　　　　　　　　　D. 5%～10%

【答案】B

【解析】《建设工程工程量清单计价规范》GB 50500—2013 规定，包工包料工程的预付款支付比例不得低于签约合同价（扣除暂列金额）的 10%，不宜高于签约合同价（扣除暂列金额）的 30%。

◆ 考法 2：工程进度付款的规定

【例题·2016 年真题·多选题】根据《标准施工招标文件》通用合同条款，关于工程进度款支付的说法，正确的有（　　　）。

    A. 承包人应在每个付款周期末，向监理人提交进度付款申请单及相应的支持性证明文件

    B. 监理人应在收到进度付款申请单和证明文件的 7 天内完成核查，并经发包人同意后，出具经发包人签认的进度付款证书

    C. 监理人出具进度付款证书，不应视为监理人已同意、接受承包人完成的该部分工作

    D. 监理人无权扣发承包人未按合同要求履行的工作的相应金额，应提交发包人进行裁决

    E. 发包人应在签发进度付款证书后的 28 天内，将进度应付款支付给承包人

【答案】A、C

【解析】选项 B 错误，监理人应在收到进度付款申请单和证明文件的 14 天内完成核查。选项 D 错误，监理人有权扣发承包人未按合同要求履行的工作的相应金额。选项 E 错误，发包人应在监理人收到进度付款申请单后的 28 天内，将进度应付款支付给承包人。

◆ 考法 3：竣工结算

【例题·2024 年真题·多选题】根据《标准施工招标文件》，承包人向监理人提交的竣工付款申请单中应包括的内容有（　　　）。

    A. 竣工结算合同总价　　　　　　　　B. 已支付承包人的工程价款

    C. 应支付的最终结清付款金款　　　　D. 应扣留的质量保证金

    E. 应支付的竣工付款金额

【答案】A、B、D、E

【解析】除专用合同条款另有约定外，竣工付款申请单应包括下列内容：竣工结算合同总价、发包人已支付承包人的工程价款、应扣留的质量保证金、应支付的竣工付款金额。

核心考点六：工程变更管理

1. 变更权

在履行合同过程中，经发包人同意，监理人可向承包人作出变更指示。没有监理人的变更指示，承包人不得擅自变更。变更指示只能由监理人发出。

2. 变更范围

在履行合同中发生以下情形之一，应进行变更：

（1）取消合同中任何一项工作，但被取消的工作不能转由发包人或其他人实施。

（2）改变合同中任何一项工作的质量或其他特性。

（3）改变合同工程的基线、标高、位置或尺寸。

（4）改变合同中任何一项工作的施工时间或改变已批准的施工工艺或顺序。

（5）为完成工程需要追加的额外工作。

3. 变更程序

（1）在合同履行过程中，出现上述约定情形的，监理人可向承包人发出变更意向书。发包人同意承包人根据变更意向书要求提交的变更实施方案的，由监理人发出变更指示。变更指示应说明变更的目的、范围、变更内容以及变更的工程量及其进度和技术要求，并附有关图纸和文件。

（2）承包人收到监理人按合同约定发出的图纸和文件，经检查认为其中存在合同约定变更情形的，可向监理人提出书面变更建议。监理人收到承包人书面建议后，应与发包人共同研究，确认存在变更的，应在收到承包人书面建议后的 14 天内作出变更指示。

4. 变更估价

（1）承包人收到变更指示或变更意向书后 14 天内，向监理人提交变更报价书。

（2）监理人收到承包人变更报价书后 14 天内，按照合同约定的估价原则与合同当事人商定或确定变更价格。

5. 变更估价原则

（1）已标价工程量清单中有适用于变更工作子目的，采用该子目单价。

（2）已标价工程量清单中无适用于变更工作子目，但有类似子目的，可参照类似子目单价，由监理人和合同当事人商定或确定变更工作的单价。

（3）已标价工程量清单中无适用或类似子目单价，可按照成本加利润原则，由监理人和合同当事人商定或确定变更工作的单价。

6. 工程量偏差调价

《建设工程工程量清单计价规范》GB 50500—2013 规定，当工程变更导致清单项目工程量偏差超过 15% 时，可调整综合单价，调整原则为：当工程量增加 15% 以上时，增加部分工程量的综合单价应予调低；当工程量减少 15% 以上时，减少后剩余部分工程量综合单价应予调高。

7. 承包人报价浮动率

承包人报价浮动率可按下列公式计算：

招标工程：承包人报价浮动率 $L = (1 - 中标价／招标控制价) \times 100\%$

8. 计日工

采用计日工计价的任何一项变更工作，应从暂列金额中支付，承包人应在该项变更的实施过程中，每天提交以下报表和有关凭证报送监理人审批：

（1）工作名称、内容和数量。

（2）投入该工作所有人员的姓名、专业工种、级别和耗用工时。

（3）投入该工作的材料类别和数量。

（4）投入该工作的施工设备型号、台数和耗用台时。

（5）监理人要求提交的其他资料和凭证。

◆ 考法 1：变更权

【例题·2018/2023 年真题·单选题】根据《标准施工招标文件》中的通用合同条款，没有（　　）的变更指示，承包人不能擅自进行工程变更。

A. 发包人 　　　　　　　　B. 设计人

C. 监理人 　　　　　　　　D. 政府建设主管部门

【答案】C

【解析】没有监理人的变更指示，承包人不得擅自变更。

◆ 考法 2：变更范围

【例题 1·2018 年真题·单选题】根据《标准施工招标文件》，下列不属于工程变更范围的是（　　）。

A. 改变合同中任何一项工作的质量或其他特性

B. 取消合同中任何一项工作，被取消的工作转由其他人实施

C. 改变合同工程的基线、标高、位置或尺寸

D. 为完成工程需要追加的额外工作

【答案】B

【解析】工程变更的范围和内容：

（1）取消合同中任何一项工作，但不能转由他人实施。

（2）改变合同中任何一项工作的质量标准、特性、基线、标高、位置、尺寸、施工时间、施工工艺、施工顺序。

（3）追加额外的工作。

【例题 2·2023 年真题·单选题】在施工合同履行期间发生的变更事项中，属于工程变更的是（　　）。

A. 质量要求变更 　　　　　B. 发包单位变更

C. 合同价款变更 　　　　　D. 相关法规变更

【答案】A

【解析】同上题。

◆ 考法 3：变更程序

【例题·2019 年真题·单选题】根据《标准施工招标文件》，关于施工合同变更权和变更程序的说法，正确的是（　　）。

A. 发包人可以直接向承包人发出变更意向书

B. 承包人根据合同约定，可以向监理人提出书面变更建议

C. 承包人书面报告发包人后，可根据实际情况对工程进行变更

D. 监理人应在收到承包人书面建议后 30 天内做出变更指示

【答案】B

【解析】选项 A、C 错误，经发包人同意，监理人可按合同约定的变更程序向承包人作出变更指示，没有监理人的变更指示，承包人不得擅自变更。选项 D 错误，监理人应在收到承包人书面建议后 14 天内做出变更指示。

◆ **考法 4：变更估价**

【例题·2021 年真题·单选题】根据《标准施工招标文件》，监理人在收到承包人提出的书面变更建议后，确认存在变更的，应在（　　）天内作出变更指示。

A. 14
B. 5
C. 7
D. 28

【答案】A

【解析】监理人收到承包人书面建议后，确认存在变更的，应在收到承包人书面建议后的 14 天内作出变更指示。经研究后不同意作为变更的，应由监理人书面答复承包人。

◆ **考法 5：变更估价原则**

【例题·2017 年真题·单选题】根据九部委《标准施工招标文件》，对于施工合同变更的估价，已标价工程量清单中无适用项目的单价，监理工程师确定承包商提出的变更工作单价时，应按照（　　）原则。

A. 固定总价
B. 固定单价
C. 可调单价
D. 成本加利润

【答案】D

【解析】已标价工程量清单中无适用或类似子目的单价，可按照成本加利润的原则，由监理人商定或确定变更工作的单价。

◆ **考法 6：工程量偏差调价**

【例题·2021 年真题·单选题】某现浇混凝土工程采用单价合同，招标工程量清单中的工程数量为 3000m³。合同约定：综合单价为 800 元/m³，当实际工程量超过清单中工程数量的 15% 时，综合单价调整为原单价的 0.9。工程结束时经监理工程师确认的实际完成工程量为 3500m³，则现浇混凝土工程款应为（　　）万元。

A. 240.0
B. 252.0
C. 279.6
D. 276.0

【答案】C

【解析】工程款 $= 3000 \times (1 + 15\%) \times 800 + (3500 - 3000 \times 1.15) \times 800 \times 0.9 = 2796000$ 元。

◆ **考法 7：承包人报价浮动率**

【例题·2021 年真题·单选题】招标工程的招标控制价为 1.6 亿，某投标人报价为 1.55 亿，修正计算性错误后，以 1.45 亿的报价中标，则该承包人的报价浮动率为（　　）。

A. 3.125%
B. 9.375%
C. 9.355%
D. 9.677%

【答案】B

【解析】承包人报价浮动率 $L = (1 - 中标价 / 招标控制价) \times 100\% = (1 - 1.45/1.6) \times 100\% = 9.375\%$。

◆ **考法 8：计日工**

【例题·2022/2023 年真题·多选题】根据《建设工程工程量清单计价规范》GB 50500—2013，采用计日工计价的任何一项变更，承包人应按合同约定提交发包人复核的资料有（ ）。

    A. 投入该工作施工设备型号、台数和耗用台时

    B. 工作名称、内容和数量

    C. 投入该工作的所有人员的姓名、专业、工种、级别和耗用工时

    D. 不同工种计日工单价的调整方法和理由

    E. 投入该工作的材料类别和数量

【答案】A、B、C、E

【解析】采用计日工计价的任何一项工作，承包人应在该项工作实施过程中，每天提交以下报表和有关凭证报送监理人审查：（1）工作名称、内容和数量；（2）投入该工作的所有人员的姓名、专业、工种、级别和耗用工时；（3）技入该工作的材料类别和数量；（4）投入该工作的施工设备型号、台数和耗用台时；（5）其他有关资料和凭证。

核心考点七：工程竣工验收

1. 工程竣工验收应具备的条件

当工程具备以下条件时，承包人即可向监理人报送竣工验收申请报告：

（1）除监理人同意列入缺陷责任期内完成的尾工（甩项）工程和缺陷修补工作外，合同范围内的全部单位工程以及有关工作，包括合同要求的试验、试运行以及检验和验收均已完成，并符合合同要求。

（2）已按合同约定的内容和份数备齐了符合要求的竣工资料。

（3）已按监理人的要求编制了在缺陷责任期内完成的尾工（甩项）工程和缺陷修补工作清单以及相应施工计划。

（4）监理人要求在竣工验收前应完成的其他工作。

（5）监理人要求提交的竣工验收资料清单。

2. 竣工验收

（1）除合同条款另有约定外，经验收合格工程的实际竣工日期，以提交竣工验收申请报告的日期为准。

（2）发包人收到承包人竣工验收申请报告 56 天后未进行验收的，视为验收合格，实际竣工日期以提交竣工验收申请报告的日期为准，但发包人由于不可抗力除外。

3. 竣工清场

工程接收证书颁发后，承包人应对施工场地进行清理，直至监理人检验合格。竣工清场费用由承包人承担。

◆ 考法 1：工程竣工验收应具备的条件

【例题·2021 年真题·多选题】根据《标准施工招标文件》，承包人向监理人报送竣工验收申请报告时，工程应具备的条件有（ ）。

    A. 已按合同约定的内容和份数备齐符合要求的竣工资料

    B. 已经完成合同内的全部单位工程及有关工作，并符合合同要求

    C. 已按监理人要求编制了缺陷责任期内完成的甩项工程及缺陷修补工作

    D. 工程项目的试运行完成并形成完整的资料清单

E. 已按监理人要求编制了缺陷责任期内的修补工作清单及施工计划

【答案】A、B、D

【解析】应具备的条件有：（1）全部单位工程以及有关工作都已完成且符合合同要求；（2）已按合同约定的内容和份数备齐了符合要求的竣工资料；（3）已按监理人的要求编制了在缺陷责任期内完成的尾工（甩项）工程和缺陷修补工作清单以及相应施工计划；（4）监理人要求在竣工验收前应完成的其他工作；（5）监理人要求提交的竣工验收资料清单。

◆ **考法 2：实际竣工日期**

【例题 1·2016 年真题·单选题】某工程项目承包人于 2010 年 7 月 12 日向发包人提交了竣工验收报告，于 2010 年 8 月 5 日组织竣工验收，参加验收各方于 2010 年 8 月 10 日签署有关竣工验收合格的文件，发包人于 2010 年 8 月 20 日按照有关规定办理了竣工验收备案手续，本项目的实际竣工日期为（　　　）。

A. 2010 年 7 月 12 日

B. 2010 年 8 月 5 日

C. 2010 年 8 月 10 日

D. 2010 年 8 月 20 日

【答案】A

【解析】经验收合格工程的实际竣工日期，以提交竣工验收申请报告的日期为准并在工程接收证书中写明。

◆ **考法 3：竣工清场**

【例题·2017 年真题·单选题】根据《标准施工招标文件》，工程接收证书颁发后发生的竣工清场费用由（　　　）承担。

A. 承包人

B. 发包人

C. 监理人

D. 主管部门

【答案】A

【解析】承包人应按照要求对施工场地进行清理，竣工清场费用由承包人承担。

核心考点八：不可抗力后果的分担原则——费用各自承担，工期顺延

不可抗力导致的后果，按以下原则承担：

（1）永久工程，包括已运至施工场地的材料和工程设备的损害，以及因工程损害造成的第三者人员伤亡和财产损失由发包人承担。

（2）承包人设备的损坏由承包人承担。

（3）发包人和承包人各自承担其人员伤亡和其他财产损失及其相关费用。

（4）承包人的停工损失由承包人承担，但停工期间应监理人要求照管工程和清理、修复工程的金额由发包人承担。

（5）不能按期竣工的，应合理延长工期，承包人不需支付逾期竣工违约金。发包人要求赶工的，承包人应采取赶工措施，赶工费用由发包人承担。

◆ **考法：不可抗力后果的分担原则**

【例题·2020 年真题·多选题】根据《标准施工招标文件》，关于不可抗力后果承担的说法，正确的有（　　　）。

A. 承包人在施工现场的人员伤亡损失由承包人承担

B. 永久工程损失由发包人承担

C. 承包人在停工期间按照发包人要求照管工程的费用由发包人承担

D. 承包人施工机械损坏由发包人承担

E. 发包人在施工现场的人员伤亡损失由承包人承担

【答案】A、B

【解析】本题考查不可抗力后果的承担，总的原则是费用各自承担，工期顺延。

核心考点九：承包人索赔管理

1. 承包人索赔程序

（1）承包人应在知道或应当知道索赔事件发生后 28 天内，向监理人递交索赔意向通知书，并说明发生索赔事件的事由。未在 28 天内发出索赔意向通知书，即丧失索赔权利。

（2）承包人应在发出索赔意向通知书后 28 天内，向监理人正式递交索赔通知书，详细说明索赔理由以及要求追加的付款金额和（或）延长的工期，并附必要的记录和证明材料。

（3）索赔事件具有连续影响的，承包人应按合理时间间隔继续递交延续索赔通知，说明连续影响的实际情况和记录，列出累计的追加付款金额和（或）工期延长天数。

（4）索赔事件影响结束后的 28 天内，承包人应向监理人递交最终索赔通知书，说明最终要求索赔的追加付款金额和延长的工期，并附必要的记录和证明材料。

2. 承包人索赔处理程序

（1）监理人收到承包人提交的索赔通知书后，应及时审查索赔通知书的内容、查验承包人的记录和证明材料。

（2）监理人收到上述索赔通知书或有关索赔的进一步证明材料后的 42 天内，将索赔处理结果答复承包人。

（3）承包人接受索赔处理结果的，发包人应在作出索赔处理结果答复后 28 天内完成赔付。承包人不接受索赔处理结果的，按合同约定的争议解决办法办理。

3. 承包人提出索赔的期限

（1）承包人按合同约定接受了竣工付款证书后，应被认为已无权再提出在合同工程接收证书颁发前所发生的任何索赔。

（2）承包人按合同约定提交的最终结清申请单中，只限于提出工程接收证书颁发后发生的索赔。提出索赔的期限自接受最终结清证书时终止。

《标准施工招标文件》通用合同条款中涉及应给承包人补偿的条款及内容见下表。

《标准施工招标文件》通用合同条款中涉及应给承包人补偿的条款及内容

序号	条款号	主要内容	可补偿内容		
			工期	费用	利润
1	1.6.1	发包人提供图纸延误	√	√	√
2	1.10.1	施工场地发掘文物、古迹及其他遗迹、化石、钱币或物品	√	√	
3	2.3	发包人延迟提供施工场地	√	√	√

序号	条款号	主要内容	可补偿内容		
			工期	费用	利润
4	3.4.5	监理人未按合同约定发出指示、指示延误或指示错误	√	√	
5	4.11.2	承包人遇不利物质条件，监理人未发出指示	√	√	
6	5.2.4	发包人要求向承包人提前交货		√	
7	5.2.6	发包人提供的材料和工程设备规格数量不符合合同要求或由于发包人原因发生交货日期延误及交货地点变更等情况	√	√	√
8	5.4.3	发包人提供的材料或工程设备不符合合同要求	√	√	
9	8.3	发包人提供的测量基准点、基准线和水准点及其他基准资料错误	√	√	√
10	9.2.5	采取合同未约定的安全作业环境及安全施工措施		√	
11	9.2.6	发包人原因造成承包人人员工伤事故		√	
12	11.3	发包人增加合同工作内容	√	√	√
13	11.3	发包人原因改变合同任何一项工作的质量要求或其他特性	√	√	√
14	11.3	因发包人原因导致的暂停施工	√	√	√
15	11.3	发包人未按合同约定及时支付预付款、进度款	√	√	√
16	11.3	发包人造成工期延误的其他原因	√	√	√
17	11.4	由于出现专用合同条款规定的异常恶劣气候的条件导致工期延误	√		
18	12.2	因发包人原因引起的暂停施工造成工期延误	√	√	√
19	12.4.2	因发包人原因暂停施工后无法按时复工	√	√	√
20	13.1.3	因发包人原因造成工程质量达不到合同约定验收标准	√	√	√
21	13.5.3	承包人应监理人要求对已覆盖的部位进行钻孔探测或重新检验，且检验证明工程质量符合合同要求	√	√	√
22	13.6.2	由于发包人提供的材料或工程设备不合格造成的工程不合格，需要承包人采取措施补救	√	√	√
23	14.1.3	承包人应监理人要求对材料、工程设备和工程重新试验和检验，且重新试验和检验结果符合合同要求	√	√	√
24	16.1	因物价波动引起的价格调整		√	
25	16.2	基准日后因法律变化引起的价格调整		√	
26	18.4.2	发包人在全部工程竣工前，使用已接收的单位工程导致承包人费用增加	√	√	√
27	18.6.2	由于发包人的原因导致试运行失败，且承包人采取措施保证试运行合格		√	√
28	19.2.3	因发包人原因造成的缺陷和损坏		√	√

序号	条款号	主要内容	可补偿内容		
			工期	费用	利润
29	19.4	因发包人原因进行进一步试验和试运行		√	√
30	21.3.1	因不可抗力导致永久工程，包括已运至施工场地的材料和工程设备的损害，以及因工程损害造成的第三者人员伤亡和财产损失		√	
31	21.3.1	不可抗力期间承包人应监理要求照管工程和清理修复工程		√	
32	22.2.2	因发包人违约承包人暂停施工	√	√	√

◆**考法 1：索赔的第一步**

【例题·2019 年真题·单选题】在工程实施过程中发生索赔事件后，承包人首先应做的工作是在合同规定的时间内（　　　）。

　　A. 向工程项目建设行政主管部门报告

　　B. 向造价工程师提交正式索赔报告

　　C. 收集完善索赔证据

　　D. 向发包人发出书面索赔意向通知

【答案】D

【解析】在工程实施过程中发生索赔事件以后，或者承包人发现索赔机会，首先要提出索赔意向，这是索赔工作程序的第一步。

◆**考法 2：承包人索赔程序**

【例题·2020 年真题·多选题】根据《标准施工招标文件》，关于承包人索赔程序的说法，正确的有（　　　）。

　　A. 应在索赔事件发生后 28 天内，向监理人递交索赔意向通知书

　　B. 应在发出索赔意向通知书 28 天内，向监理人正式递交索赔通知书

　　C. 索赔事件有连续影响的，应按合理时间间隔继续递交延续索赔通知

　　D. 有连续影响的，应在递交延续索赔通知书 28 天内与发包人谈判确定当期索赔的额度

　　E. 有连续影响的，应在索赔事件影响结束后的 28 天内，向监理人递交最终索赔通知书

【答案】A、B、C、E

【解析】本题考查索赔程序。

◆**考法 3：承包人索赔处理程序**

【例题·2019 年真题·单选题】根据《标准施工招标文件》，对承包人提出索赔的处理程序，正确的是（　　　）。

　　A. 发包人应在作出索赔处理答复后 28 天内完成赔付

　　B. 监理人收到承包人递交的索赔通知书后，发现资料缺失，应及时现场取证

　　C. 监理人答复承包人处理结果的期限是收到索赔通知书后 28 天内

D. 发包人在承包人接受竣工付款证书后不再接受任何索赔通知书

【答案】A

【解析】选项 B 错误，监理人收到承包人提交的索赔通知书后，应及时审查索赔通知书的内容、查验承包人的记录和证明材料，必要时监理人可要求承包人提交全部原始记录副本。选项 C 错误，监理人答复承包人处理结果的期限是收到索赔通知书后 42 天内。选项 D 错误，承包人按合同约定接受了竣工付款证书后，应被认为已无权再提出在合同工程接收证书颁发前所发生的任何索赔。

◆考法 4：承包人提出索赔的期限

【例题·2023 年真题·单选题】根据《标准施工招标文件》中的通用条款，承包人按合同约定提交的最终结清申请单中，只限于提出（　　）发生的索赔。

    A. 在合同工程接收证书颁发前   B. 在合同工程接收证书颁发后

    C. 在竣工付款证书接收前   D. 在缺陷责任期终止证书颁发后

【答案】B

【解析】承包人按合同约定提交的最终结清申请单中，只限于提出工程接收证书颁发后发生的索赔。提出索赔的期限自接受最终结清证书时终止。

◆考法 5：应给承包人补偿的条款及内容

【例题 1·单选题】根据《标准施工招标文件》中的通用合同条款，发包人应延长工期和（或）增加费用，并支付合理利润的情形是（　　）。

    A. 施工场地发现文物后需要采取合理保护措施的

    B. 施工中遇到不利物质条件采取合理措施的

    C. 发包人提供的测量基准点有误导致承包人测量放线工作返工的

    D. 发包人提供的设备不符合合同要求

【答案】C

【解析】选项 A、B、D，发包人应延长工期和（或）增加费用，但不支付利润。

【例题 2·2023 年真题·多选题】根据《标准施工招标文件》，下列导致承包人费用增加和工期延误的索赔事件中，承包人能同时获得费用、工期和利润补偿的有（　　）。

    A. 遇到不可预见的不利物质条件

    B. 发包人提供图纸延误

    C. 监理人对隐蔽工程重新检验且结果合格

    D. 异常恶劣的气候导致工期延误

    E. 不可抗力期间照管工程

【答案】B、C

【解析】选项 A 错误，承包人遇到不利物质条件可索赔工期、费用。选项 D 错误，异常恶劣的气候导致工期延误可索赔工期。选项 E 错误，不可抗力可索赔费用。

核心考点十：违约责任与合同纠纷处理

1. 发包人违约的情形

在履行合同过程中发生的下列情形，属发包人违约：

（1）发包人未能按合同约定支付预付款或合同价款，或拖延、拒绝批准付款申请和支付凭证，导致付款延误的。

（2）发包人原因造成停工的。

（3）监理人无正当理由没有在约定期限内发出复工指示，导致承包人无法复工的。

（4）发包人无法继续履行或明确表示不履行或实质上已停止履行合同的。

2. 施工合同纠纷审理相关规定

（1）开工日期争议解决

① 开工日期为开工通知载明的开工日期。开工通知发出后，尚不具备开工条件，以开工条件具备的时间为开工日期；因承包人原因导致开工时间推迟的，以开工通知载明的时间为开工日期。

② 承包人经发包人同意已经实际进场施工的，以实际进场施工时间为开工日期。

③ 未发开工通知，亦无相关证据证明实际开工日期的，综合考虑认定。

（2）实际竣工日期有争议

① 经竣工验收合格的，以竣工验收合格之日为竣工日期。

② 承包人已经提交竣工验收申请报告，发包人拖延验收的，以承包人提交竣工验收申请报告之日为竣工日期。

③ 未经竣工验收，发包人擅自使用的，以转移占有建设工程之日为竣工日期。

（3）工程质量保证金争议解决

有下列情形之一，承包人请求发包人返还质量保证金的，人民法院应予支持：

① 当事人约定的质量保证金返还期限届满。

② 当事人未约定质量保证金返还期限，自建设工程通过竣工验收之日起满2年。

③ 因发包人原因未按约定期限竣工验收的，自承包人提交竣工验收申请报告90日后，当事人约定的质量保证金返还期限届满；当事人未约定质量保证金返还期限的，自承包人提交工程竣工验收报告90日后起满2年。

◆ 考法1：发包人违约的情形

【例题·2022年真题·单选题】下列合同履约情形中，属于发包人违约的情形是（　　）。

　　A. 发包人提供的测量资料错误导致承包人工程返工的

　　B. 监理人无正当理由未在约定期内发出复工指示，导致承包人无法复工的

　　C. 因地震造成工程停工的

　　D. 发包人支付合同进度款后，承包人未及时发放给民工的

【答案】B

【解析】发包人违约的情形：（1）发包人未能按合同约定支付预付款或合同价款，或拖延、拒绝批准付款申请和支付凭证，导致付款延误的；（2）发包人原因造成停工的；（3）监理人无正当理由没有在约定期限内发出复工指示，导致承包人无法复工的；（4）发包人无法继续履行或明确表示不履行或实质上已停止履行合同的。

◆**考法2：施工合同纠纷审理相关规定**

【例题·单选题】根据施工合同纠纷审理相关规定，因发包人原因未按约定期限竣工验收的，自承包人提交竣工验收申请报告（　　）日后，质量保证金返还期限届满。

A. 14　　　　　　　　　　　　B. 28

C. 56　　　　　　　　　　　　D. 90

【答案】D

【解析】因发包人原因未按约定期限进行竣工验收的，自承包人提交竣工验收申请报告90日后，当事人约定的质量保证金返还期限届满。

2.2.2　专业分包合同管理

核心考点一：专业分包合同各方的权利和义务

1. 承包人的权利和义务

（1）承包人应提供总包合同（价格内容除外）供分包人查阅。

（2）向分包人提供根据总包合同由发包人办理的与分包工程相关的各种证件、批件、相关资料，向分包人提供具备施工条件的施工场地。

（3）组织分包人参加发包人组织的图纸会审，向分包人进行设计图纸交底。

（4）提供合同专用条款中约定的设备和设施，并承担因此发生的费用。

（5）随时为分包人提供确保分包工程的施工所要求的施工场地和通道等，满足施工运输的需要，保证施工期间的畅通。

（6）负责整个施工场地的管理工作，协调分包人与同一施工场地的其他分包人之间的交叉配合，确保分包人按照经批准的施工组织设计进行施工。

（7）为运至施工场地内用于分包工程的材料和待安装设备办理保险。

（8）就分包工程范围内的有关工作，承包人随时可以向分包人发出指令，分包人应执行承包人根据分包合同所发出的所有指令。

2. 分包人的责任和义务

（1）按照分包合同的约定，对分包工程进行设计（分包合同有约定时）、施工、竣工和保修。

（2）按照专用合同条款约定的时间，完成规定的设计内容，报承包人确认后在分包工程中使用，承包人承担由此发生的费用。

（3）向承包人提交详细施工组织设计。

（4）遵守政府有关主管部门对施工场地交通、施工噪声及环境保护和安全文明生产等的管理规定，按规定办理有关手续，承包人承担由此发生的费用。

（5）允许承包人、发包人、工程师及其三方中任何一方授权的人员在工作时间内，合理进入分包工程施工场地或材料存放的地点，以及施工场地以外与分包合同有关的分包人的任何工作或准备的地点。

（6）已竣工工程未交付承包人之前，分包人应负责已完分包工程的成品保护工作。

（7）必须为从事危险作业的职工办理意外伤害保险，并为施工场地内自有人员生命财产和施工机械设备办理保险，支付保险费用。

3. 分包人与发包人的关系

分包人须服从承包人转发的发包人或监理人与分包工程有关的指令。未经承包人允许，分包人不得以任何理由与发包人或监理人发生直接工作联系，分包人不得直接致函发包人或监理人，也不得直接接受发包人或监理人的指令。

◆考法 1：承包人的权利和义务

【例题 1·单选题】根据《建设工程施工专业分包合同（示范文本）》GF—2003—0213，关于发包人、承包人和分包人关系的说法，正确的是（　　　）。

　　A. 发包人向分包人提供具备施工条件的施工场地

　　B. 就分包范围内的有关工作，承包人随时可以向分包人发出指令

　　C. 分包人可直接致电发包人或监理人

　　D. 分包合同价款与总承包合同相应部分价款存在连带关系

【答案】B

【解析】选项 A 错误，应改为承包人向分包人提供具备施工条件的施工场地。选项 C 错误，未经承包人允许，分包人不得与发包人或监理人发生直接工作联系，分包人不得直接致函发包人或监理人，也不得直接接受发包人或监理人的指令。选项 D 错误，分包合同价款与总承包合同相应部分价款无任何连带关系。故选项 B 正确。

【例题 2·2023 年真题·多选题】根据《建设工程施工专业分包合同（示范文本）》GF—2003—0213，下列工作中，属于承包人责任和义务的有（　　　）。

　　A. 提供总包合同相关内容供分包人查阅

　　B. 向分包人提供具备施工条件的施工场地

　　C. 组织分包人参加由发包人组织的图纸会审

　　D. 要求分包人及时提供分包工程进度统计报表

　　E. 为分包人所分包的工作提供详细施工组织设计

【答案】B、C

【解析】选项 A 错误，价格应除外。选项 D 不是责任和义务，属于承包人的权利。选项 E 错误，施工组织设计由分包人提供。

◆考法 2：专业分包人的责任义务

【例题 1·2023 年真题·单选题】根据《建设工程施工专业分包合同（示范文本）》GF—2003—0213，关于分包人主要责任和义务说法，正确的是（　　　）。

　　A. 根据分包工作的需要，分包人可与发包人或监理人发生直接工作联系

　　B. 分包人编制分包工程的施工施工组织设计，并报承包人批准

　　C. 就分包工程范围内的有关工作，承包人不得向分包人发出指令

　　D. 按环境保护和安全文明生产等管理规定，分包人办理相关手续并承担由此发生的费用

【答案】B

【解析】选项 A 错误，未经承包人允许，分包人不得与发包人或监理人发生直接工

作联系。选项 C 错误，就分包工程范围内的有关工作，承包人可随时向分包人发出指令，承包人不得拒绝。选项 D 错误，按环境保护和安全文明生产等管理规定，分包人办理相关手续，由承包人承担由此发生的费用。

【例题 2·2021 年真题·多选题】根据《建设工程施工专业分包合同（示范文本）》GF—2003—0213，下列工作中，分包人的工作有（　　　　）。

  A. 对分包工程进行深化设计、施工、竣工和保修

  B. 负责已完分包工程的成品保护工作

  C. 向监理人提供进度计划及进度统计报表

  D. 向承包人提交详细的施工组织设计

  E. 直接履行监理工程师的工作指令

【答案】A、D

【解析】选项 B 错误，已竣工工程未交付承包人之前，分包人应负责已完分包工程的成品保护工作。选项 C 错误，应是向承包人提交详细施工组织设计。选项 E 错误，未经承包人允许，分包人不得直接接受监理人的指令。

核心考点二：专业分包合同履行管理

1. 开工

分包人应按照合同协议书约定的开工日期开工。分包人不能按时开工，应在不迟于合同协议书约定的开工日期前 5 天，以书面形式向承包人提出延期开工的理由。承包人应在接到延期开工申请后的 48h 内以书面形式答复分包人。

2. 合同价款及调整

分包合同价款与总包合同相应部分价款无任何连带关系。

3. 工程量确认及竣工结算

分包人应按分包工程专用合同条款约定的时间向承包人提交已完工程量报告，承包人接到报告后 7 天内自行按设计图纸计量或报经监理人计量。承包人在自行计量或由监理人计量前 24h 应通知分包人，分包人为计量提供便利条件并派人参加。分包人收到通知后不参加计量，计量结果有效，作为工程价款支付的依据；承包人不按约定时间通知分包人，致使分包人未能参加计量，计量结果无效。

分包工程竣工验收报告经承包人认可后 14 天内，分包人向承包人递交分包工程竣工结算报告及完整的结算资料。承包人收到分包人递交的分包工程竣工结算报告及结算资料后 28 天内进行核实。承包人确认竣工结算报告后 7 天内向分包人支付分包工程竣工结算价款。

◆考法 1：开工

【例题·单选题】分包人应按照合同协议书约定的开工日期开工。分包人不能按时开工，应在不迟于合同协议书约定的开工日期前（　　　　）天，以书面形式向承包人提出延期开工的理由。承包人应在接到延期开工申请后的（　　　　）h 内以书面形式答复分包人。

  A. 7，24   B. 14，48

  C. 5，48   C. 5，24

【答案】C

【解析】分包人不能按时开工，应在不迟于合同协议书约定的开工日期前 5 天，以书面形式向承包人提出延期开工的理由。承包人应在接到延期开工申请后的 48h 内以书面形式答复分包人。

◆ **考法 2：竣工结算**

【例题·单选题】根据《建设工程施工专业分包合同（示范文本）》GF—2003—0213，承包人应在收到分包工程竣工结算报告及结算资料后（　　）天内进行核实，给予确认或提出明确的修改意见。

　　A. 28　　　　　　　　　　　　B. 7

　　C. 14　　　　　　　　　　　　D. 56

【答案】A

【解析】承包人应在收到分包工程竣工结算报告及资料后 28 天内进行核实。

2.2.3　劳务分包合同管理

核心考点一：劳务分包合同文件组成及优先解释顺序

劳务分包合同文件组成及优先解释顺序如下：（1）劳务分包合同；（2）劳务分包合同附件；（3）工程施工总承包合同；（4）工程施工专业承（分）包合同。

◆ **考法：劳务分包合同文件优先解释顺序**

【例题·单选题】下列劳务分包合同文件中，（　　）具有最优先解释权。

　　A. 劳务分包合同　　　　　　　　B. 劳务分包合同附件

　　C. 工程施工专业承包合同　　　　D. 工程施工总承包合同

【答案】A

【解析】优先解释顺序如下：（1）劳务分包合同；（2）劳务分包合同附件；（3）工程施工总承包合同；（4）工程施工专业承（分）包合同。

核心考点二：劳务分包合同各方义务

1. 工程承包人义务

（1）组建与工程相适应的项目管理班子，全面履行总（分）包合同，组织实施施工管理的各项工作，对工程的工期和质量向发包人负责；负责与发包人、监理、设计及有关部门联系，协调现场工作关系。

（2）完成劳务分包人施工前期的工作并承担相应费用。前期工作包括：① 向劳务分包人交付具备劳务作业开工条件的施工场地；② 完成水、电、热、电信等施工管线和施工道路；③ 向劳务分包人提供相应的工程地质和地下管网线路资料；④ 办理包括各种证件、批件、规费的工作手续（但涉及劳务分包人自身的手续除外）；⑤ 向劳务分包人提供相应的水准点与坐标控制点位置；⑥ 向劳务分包人提供生产、生活临时设施。

（3）负责编制施工组织设计，组织编制年、季、月施工计划，物资需用量计划表，实施对质量、工期、安全、文明施工等的控制、监督、检查和验收。

（4）负责工程测量定位、沉降观测、技术交底，组织图纸会审，统一安排技术档案资料的收集整理及交工验收；按时提供图纸，及时交付应供材料、设备。

（5）统筹安排、协调解决非劳务分包人独立使用的生产、生活临时设施、工作用水、用电及施工场地。

（6）按劳务分包合同约定，向劳务分包人支付劳动报酬。

2. 劳务分包人义务

（1）对劳务分包合同劳务分包范围内的工程质量向工程承包人负责；服从工程承包人转发的发包人及监理人的指令；经工程承包人授权或允许，不得擅自与发包人及有关部门建立工作联系。

（2）劳务分包人根据施工组织设计总进度计划的要求，按时提交下月施工计划。

（3）严格按照设计图纸、施工验收规范、有关技术要求及施工组织设计精心组织施工。

（4）劳务分包人对其作业内容的实施、完工负责，劳务分包人应承担并履行总（分）包合同约定的、与劳务作业有关的所有义务及工作程序。

◆ **考法1：工程承包人义务**

【例题·2020年真题·多选题】根据《建设工程施工劳务分包公司（示范文本）》GF—2003—0214，在劳务分包人施工前，工程承包人应完成的工作有（　　）。

    A. 向劳务分包人提供相应的工程资料

    B. 向劳务分包人支付劳动报酬

    C. 为劳务分包人从事危险作业的职工提供意外伤害保险

    D. 向劳务分包人要提供生产、生活临时设施

    E. 交付具备劳务作业开工条件的施工场地

【答案】A、D、E

【解析】选项B错误，承包人收到劳务分包人递交的结算资料后14天内进行核实；承包人确认结算资料后14天内向劳务分包人支付劳务报酬尾款。选项C错误，保险购买原则：是谁的就谁买，第三方发包人买。

◆ **考法2：劳务分包人的义务**

【例题1·2020年真题·单选题】根据《建设工程施工劳务分包公司（示范文本）》GF—2003—0214，下列合同规定的相关义务中，属于劳务分包人义务的是（　　）。

    A. 组建项目管理班子

    B. 负责编制施工组织设计

    C. 负责工程测量定位和沉降观测

    D. 投入人力和物力，科学安排作业计划

【答案】D

【解析】选项A、B、C属于承包人的义务。

【例题2·2019年真题·多选题】根据《建设工程施工劳务分包合同（示范文本）》GF—2003—0214，关于劳务分包人应承担义务的说法，正确的有（　　）。

    A. 负责组织实施施工管理的各项工作，对工期和质量向发包人负责

B. 须服从工程承包人转发的发包人及工程师的指令

C. 自觉接受工程承包人及有关部门的管理、监督和检查

D. 未经工程承包人授权或许可，不得擅自与发包人建立工作联系

E. 应按时提交有关技术经济资料，配合工程承包人办理竣工验收

【答案】 B、C、D

【解析】 选项 A 为承包人的义务。选项 E 错误，劳务分包人只负责干活。

核心考点三：劳务分包合同履行管理

1. 劳务作业人员管理

全面实行建筑业农民工实名制管理制度，坚持建筑企业与农民工先签订劳动合同后进场施工。承包人应对其在施工场地的工作人员进行安全教育，对他们的安全负责。施工现场的防护措施费用由承包人承担。劳务分包人在施工现场内使用的安全保护用品（如安全帽、安全带等），由劳务分包人提供使用计划，经承包人批准后，由承包人负责供应。

2. 保险——是谁的就谁买，第三方发包人买

保险办理

发包人办理	施工场地内的自有人员及第三方人员生命财产
承包人办理	运至施工场地用于劳务施工的材料和待安装设备
	租赁或提供给劳务分包人使用的施工机械设备
劳务分包人办理	从事危险作业的职工办理意外伤害保险
	施工场地内自有人员生命财产和施工机械设备

3. 劳务作业计量与支付

（1）劳务报酬的计算方式

劳务报酬的计算有以下三种方式：① 固定劳务报酬（含管理费）；② 约定不同工种劳务的计时单价（含管理费），按确认的工时计算；③ 约定不同工作成果的计件单价（含管理费），按确认的工程量计算。

（2）劳务报酬的最终支付

全部工作完成，经工程承包人认可后 14 天内，劳务分包人向承包人递交完整的结算资料；承包人收到劳务分包人递交的结算资料后 14 天内进行核实；承包人确认结算资料后 14 天内向劳务分包人支付劳务报酬尾款。

◆ **考法 1：保险责任**

【例题 1·2019 年真题·单选题】 根据《建设工程施工劳务分包合同（示范文本）》GF—2003—0214，必须由劳务分包人办理并支付保险费用的是（　　）。

A. 为租赁使用的施工机械设备办理保险

B. 为运至施工场地用于劳务施工的材料办理保险

C. 为施工场地内的自有人员及第三方人员生命财产办理保险

D. 为从事危险作业的职工办理意外伤害险

【答案】D

【解析】保险购买原则：是谁的就谁买，第三方发包人买。

【例题2·2018/2023/2024年真题·单选题】根据《建设工程施工劳务分包合同（示范文本）》GF—2003—0214，关于保险办理的说法，正确的是（　　）。

  A. 劳务分包人施工开始前，应由工程承包人为施工场地内自有人员及第三人人员生命财产办理保险

  B. 工程承包人提供给劳务分包人使用的施工机械由劳务分包人办理保险并支付费用

  C. 工程承包人需为从事危险作业的劳务人员办理意外伤害险并支付费用

  D. 运至施工场地用于劳务施工的材料，由工程承包人办理保险并支付费用

【答案】D

【解析】选项A，劳务分包人施工开始前，应由工程发包人为施工场地内自有人员及第三人人员生命财产办理保险。选项B，工程承包人提供给劳务分包人使用的施工机械设备由工程承包人办理保险并支付费用。选项C，劳务分包人需为从事危险作业的劳务人员办理意外伤害险并支付费用。

◆ 考法2：劳务报酬最终支付

【例题·2022年真题·单选题】根据《建设工程施工劳务分包合同（示范文本）》GF—2003—0214，全部分包工作完成，经工程承包人认可后（　　）天内，劳务分包人向工程承包人递交完整的结算资料，按照合同约定进行劳务报酬的最终支付。

  A. 7   B. 14

  C. 28   D. 42

【答案】B

【解析】全部工作完成，经工程承包人认可后14天内，劳务分包人向工程承包人递交完整的结算资料，双方按照本合同约定的计价方式，进行劳务报酬的最终支付。

2.2.4 材料设备采购合同管理

核心考点一：材料采购合同管理

1. 材料采购合同文件组成及优先解释顺序

材料采购合同文件组成及优先解释顺序如下：（1）合同协议书；（2）中标通知书；（3）投标函；（4）商务和技术偏差表；（5）专用合同条款；（6）通用合同条款；（7）供货要求；（8）分项报价表；（9）中标材料质量标准的详细描述；（10）相关服务计划。

2. 合同价格与支付

（1）合同价格。材料采购合同协议书中载明的签约合同价包括卖方为完成合同全部义务应承担的一切成本、费用和支出及卖方的合理利润。供货周期不超过12个月的签约合同价通常为固定价格。

（2）合同价款支付。① 预付款：签约合同价的10%。② 进度款：支付至该批次合同材料价格的95%。③ 结清款：签约合同价的5%。

合同材料的所有权和风险自交付时起由卖方转移至买方，合同材料交付给买方之前包括运输在内的所有风险均由卖方承担。

3. 质量保证期和履约保证金

（1）材料质量保证期自合同材料验收之日起算，至合同材料验收证书或进度款支付函签署之日起 12 个月止（以先到的为准）。

（2）履约保证金自合同生效之日起生效，在合同材料验收证书或进度款支付函签署之日起 28 日后失效。

4. 违约责任

延迟交付违约金＝延迟交付材料金额 ×0.08%× 延迟交货天数

迟延交付违约金最高限额为合同价格的 10%。

延迟付款违约金＝延迟付款金额 ×0.08%× 延迟付款天数

迟延付款违约金的总额不得超过合同价格的 10%。

◆**考法 1：材料采购合同文件组成及优先解释顺序**

【例题·2024 年真题·单选题】根据《标准材料采购招标文件》，材料采购合同文件包括：① 供货要求；② 通用合同条款；③ 专用合同条款；④ 中标通知书。仅就上述合同文件而言。优先解释顺序是（　　）。

    A. ④－③－②－①　　　　　　　　B. ①－②－③－④

    C. ③－②－①－④　　　　　　　　D. ②－③－④－①

【答案】A

【解析】材料采购合同文件组成及优先解释顺序如下：（1）合同协议书；（2）中标通知书；（3）投标函；（4）商务和技术偏差表；（5）专用合同条款；（6）通用合同条款；（7）供货要求；（8）分项报价表；（9）中标材料质量标准的详细描述；（10）相关服务计划。

◆**考法 2：合同价格与支付**

【例题 1·单选题】根据《标准材料采购招标文件》，除专用合同条款另有约定外，材料采购合同价采用固定价格的，合同供货周期一般不超过（　　）个月。

    A. 24　　　　　　　　　　　　　　B. 18

    C. 12　　　　　　　　　　　　　　D. 6

【答案】C

【解析】供货周期不超过 12 个月的签约合同价通常为固定价格。

【例题 2·单选题】根据《标准材料采购招标文件》，除专用合同条款另有约定外，材料采购合同生效后，买方应在约定时间内向卖方支付签约合同价的（　　）作为预付款。

    A. 30%　　　　　　　　　　　　　B. 20%

    C. 15%　　　　　　　　　　　　　D. 10%

【答案】D

【解析】合同价款支付。（1）预付款：签约合同价的 10%。（2）进度款：支付至该批次合同材料价格的 95%。（3）结清款：签约合同价的 5%。

核心考点二：设备采购合同管理

1. 合同价格。设备采购合同签约合同价通常为固定价格。

2. 价款支付。预付款 10%，交货款 60%，验收款 25%，结清款 5%。

3. 开箱检验。合同设备交付后应进行开箱检验，即合同设备数量及外观检验。

4. 考核。因买方原因未能达到技术性能考核指标时，为买方进行考核的机会不超过三次。

5. 质量保证期。合同设备整体质量保证期为验收之日起 12 个月。

6. 违约责任

卖方迟延交付违约金计算方法如下：

① 迟交第一周到第四周，每周迟延交付违约金为迟交合同设备价格的 0.5%。

② 迟交第五周到第八周，每周迟延交付违约金为迟交合同设备价格的 1%。

③ 迟交第九周起，每周迟延交付违约金为迟交合同设备价格的 1.5%。

买方迟延付款的，应向卖方支付延迟付款违约金。迟延付款违约金的计算基数为迟延付款金额，比例、时间的规定与延迟交付违约金一致。

◆ **考法 1：价款支付**

【例题·单选题】根据《标准设备采购招标文件》中的通用合同条款，除专用合同条款另有约定外，买方应向卖方支付合同价格的（   ）作为验收款。

　　A. 25%　　　　　　　　　　　B. 30%

　　C. 40%　　　　　　　　　　　D. 60%

【答案】A

【解析】设备采购合同预付款 10%，交货款 60%，验收款 25%，结清款 5%。

◆ **考法 2：开箱检验**

【例题·2024 年真题·多选题】根据《标准设备采购招标文件》，合同设备交付后进行开箱检验的主要内容有（   ）。

　　A. 设备内部缺陷　　　　　　　B. 设备性能

　　C. 设备运行效率　　　　　　　D. 设备数量

　　E. 设备外观

【答案】D、E

【解析】合同设备交付后应进行开箱检验，即合同设备数量及外观检验。

2.3　施工承包风险管理及担保保险

核心考点提纲

$$
2.3 \quad \text{施工承包风险管理及担保保险}
\begin{cases}
2.3.1 \quad \text{施工承包风险管理} \\
2.3.2 \quad \text{工程担保} \\
2.3.3 \quad \text{工程保险}
\end{cases}
$$

核心考点剖析

2.3.1 施工承包风险管理

核心考点一：施工承包常见风险

1. 施工项目本身的风险

包括施工组织管理风险、进度延误风险、质量安全风险、工程分包风险、工程款支付及结算风险。

2. 施工项目外部环境风险

包括市场风险、政策风险、社会风险、自然环境风险。

◆**考法：施工承包两类风险的区别**

【例题·单选题】下列常见的施工风险中，不属于施工项目本身风险的有（   ）。

    A. 工程分包风险   B. 施工组织管理风险

    C. 工程款支付和结算风险   D. 工程项目主要原材料价格变化风险

【答案】D

【解析】选项A、B、C属于施工项目本身的风险，选项D属于施工项目外部环境风险。

核心考点二：施工承包风险管理计划

施工风险管理计划内容

内容：（1）风险管理目标；（2）风险管理范围；（3）可使用的风险管理方法、措施、工具和数据；（4）风险跟踪要求；（5）风险管理责任和权限；（6）必需的资源和费用预算。

◆**考法：施工风险管理计划内容**

【例题·多选题】下列选项中，属于施工风险管理计划内容的有（   ）。

    A. 风险管理范围

    B. 风险跟踪的要求

    C. 风险管理责任和权限

    D. 风险识别方法

    E. 可使用的风险管理方法、措施、工具和数据

【答案】A、B、C、E

【解析】施工风险管理计划内容：（1）风险管理目标；（2）风险管理范围；（3）可使用的风险管理方法、措施、工具和数据；（4）风险跟踪要求；（5）风险管理责任和权限；（6）必需的资源和费用预算。

核心考点三：施工承包风险管理程序

施工承包风险管理程序

风险识别	（1）识别方法：专家调查法、财务报表法、初始清单法、流程图法、统计资料法。 （2）风险识别报告内容：①风险源类型、数量；②风险发生的可能性；③风险可能发生的部位及风险的相关特征

风险评估	（1）评估方法：① 风险概率：主观推断法、专家估计法、会议评审法；② 风险损失量：专家预测、趋势外推法预测、敏感性分析、盈亏平衡分析、决策树法。 （3）风险评估报告内容：① 风险发生的概率；② 可能造成的损失量和风险等级；③ 风险相关的条件因素
风险应对	（1）规避：彻底断绝风险来源，如否决放弃某一施工方案、彻底改变原方案。 （2）减轻：如以联合体形式承包工程，降低风险概率、降低风险发生可能性。 （3）转移：保险转移和非保险转移（工程分包、明确计价方式如签总价合同、第三方担保）。 （4）自留：建立应急储备，包括预算储备和时间储备
风险监控	收集分析与施工风险相关的各种信息，获取风险信号，预测未来风险和提出预警

将风险发生的概率（P）和风险损失量（O）分别划分为大（H）、中（M）、小（L）三个区间，可形成如下图所示的 9 个区域。

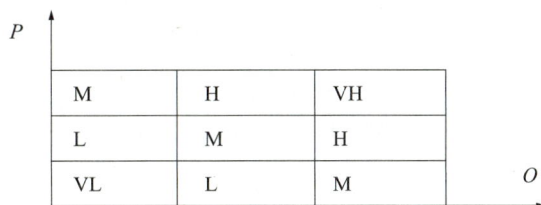

M	H	VH
L	M	H
VL	L	M

风险等级图

风险分为 5 个等级：很小（VL）、小（L）、中等（M）、大（H）、很大（VH）。

（1）风险等级为大、很大：不可接受的风险；（2）风险等级中等：不希望有的风险；（3）风险等级为小：可接受风险；（4）风险等级很小：可忽略风险。

◆ 考法 1：施工风险识别

【例题 1·单选题】下列选项中，不属于施工风险识别报告内容的有（　　　）。

A. 风险源的类型、数量

B. 风险量和风险等级

C. 风险发生的可能性

D. 风险可能发生的部位及风险的相关特征

【答案】B

【解析】风险识别报告内容：（1）风险源类型、数量；（2）风险发生的可能性；（3）风险可能发生的部位及风险的相关特征。

【例题 2·2024 年真题·多选题】进行施工风险识别时，可采用的方法有（　　　）。

A. 财务报表法　　　　　　　　B. 初始清单法

C. 决策树法　　　　　　　　　D. 盈亏平衡分析法

E. 流程图法

【答案】A、B、E

【解析】施工风险识别可采用专家调查法、财务报表法、初始清单法、流程图法、统计资料法等方法。

◆ **考法 2：施工风险评估**

【例题·多选题】下列属于施工风险评估报告的内容有（　　　）。

　　A. 各类风险发生的概率　　　　　B. 可能造成的损失量和风险等级

　　C. 风险源的类型、数量　　　　　D. 风险相关的条件因素

　　E. 风险可能发生的部位

【答案】A、B、D

【解析】施工风险评估报告内容：（1）风险发生的概率；（2）可能造成的损失量和风险等级；（3）风险相关的条件因素。

◆ **考法 3：施工风险应对**

【例题·2024 年真题·单选题】施工单位选择与其他单位组成联合体承包工程，共同承担风险。这种做法属于风险应对策略中的（　　　）。

　　A. 风险减轻　　　　　　　　　　B. 风险规避

　　C. 风险转移　　　　　　　　　　D. 风险自留

【答案】A

【解析】典型的施工承包风险减轻策略是以联合体形式承包工程，联合体各方共担风险。

2.3.2　工程担保

核心考点：工程担保

工程担保

种类	目的／作用	保护谁	形式	特点
投标担保	保证① 不撤销投标文件；② 中标签订合同；③ 签合同不提附加条件；④ 按要求提交履约担保	发包人	投标保函 投标保证金	投标保证金不超过项目估算价 2%，保证金有效期与投标有效期一致
履约担保	保证履行合同义务和责任	发包人	银行履约保函 履约担保书 履约保证金	履约保证金不超过中标合同金额 10%，工程接收证书颁发前一直有效
预付款担保	保证偿还发包人的预付款	发包人	预付款保函	与预付款等值，相应递减
工程款支付担保	保证履行工程款支付义务	承包人	银行保函 担保公司担保	发包要求承包提供履约担保，发包应向承包提供支付担保
工程质量保证金	保证缺陷责任期内维修质量缺陷	发包人	银行保函	质量保证金不超过工程结算总额 3%

细节知识点：

（1）工程担保大多采用第三方担保方式，称为保证担保。

（2）招标人应自收到投标人书面撤回投标文件通知之日起 5 日内退还投标保证金。投标截止后投标人撤销投标文件的，可以不退还投标保证金。

（3）联合体中标的，由联合体牵头人提交履约担保。发包人在工程接收证书颁发后

28 天内退还履约担保。

（4）预付款一般在开工前 7 天支付，承包人在收到预付款的同时向发包人提交预付款保函。

（5）发包人应在签订合同时向承包人提交支付担保。发包人在收到承包人要求提供资金来源证明的书面通知后 28 天内提供资金来源证明。

（6）工程竣工前，承包人已缴纳履约保证金的，发包人不得同时预留质量保证金；采用工程质量保证担保、工程质量保险等方式的，发包人不得再预留质量保证金。

◆ **考法 1：投标担保**

【例题·单选题】某招标项目结算价 1000 万元，投标截止日为 10 月 30 日，投标有效期为 11 月 25 日，则该项目投标保证金数额及其有效期分别是（　　）。

  A. 最高不超过 30 万元，有效期为 11 月 25 日

  B. 最高不超过 30 万元，有效期为 10 月 30 日

  C. 最高不超过 20 万元，有效期为 10 月 30 日

  D. 最高不超过 20 万元，有效期为 11 月 25 日

【答案】D

【解析】根据《中华人民共和国招标投标法实施条例》，投标保证金不得超过招标项目估算价的 2%。投标保证金有效期应当与投标有效期一致。

◆ **考法 2：履约担保**

【例题 1·2023 年真题·单选题】发包人与承包人签订一份金额为 800 万元的承包合同，则承包人应交的履约保证金为（　　）万元。

  A. 80   B. 40

  C. 24   D. 16

【答案】A

【解析】履约保证金不超过中标合同金额 10%。

【例题 2·多选题】我国履约担保可以采用的担保方式有（　　）。

  A. 银行保函   B. 信用证

  C. 履约担保书   D. 抵押

  E. 履约保证金

【答案】C、E

【解析】履约担保的担保方式有银行履约保函、履约担保书、履约保证金。

◆ **考法 3：预付款担保**

【例题·2021 年真题·单选题】根据《标准施工招标文件》，担保金额在担保有效期内随着工程款支付可以逐期减少的担保是（　　）。

  A. 投标担保   B. 履约担保

  C. 预付款担保   D. 支付担保

【答案】C

【解析】预付款一般逐月从工程付款中扣除，预付款担保的担保金额也相应逐月减少。

◆**考法 4：支付担保**

【例题·2019/2023年真题·单选题】根据《建设工程施工合同（示范文本）》GF—2017—0201，招标人要求中标人提供履约担保时，招标人应同时向中标人提供的担保是（　　　）。

A. 履约担保　　　　　　　　　　B. 工程款支付担保

C. 预付款担保　　　　　　　　　D. 资金来源证明

【答案】B

【解析】工程款支付担保是中标人要求招标人提供的保证工程款支付义务的担保。

◆**考法 5：工程质量保证金**

【例题·单选题】根据《建设工程质量保证金管理办法》，工程质量保证金总预留比例不得高于工程价款结算总额的（　　　）。

A. 3%　　　　　　　　　　　　　B. 5%

C. 10%　　　　　　　　　　　　D. 2%

【答案】A

【解析】工程质量保证金总预留比例不得高于工程价款结算总额的3%。

2.3.3　工程保险

核心考点：工程保险

工程保险

建筑工程一切险	（1）承包人以发包人、承包人共同名义投保。 （2）被保险人：包括发包人、承包人、分包人、监理人、与工程有密切关系的单位或个人，如贷款银行等。 （3）保险期限：从投保工程动工之日起直至工程验收之日止。 （4）责任范围：包括工程项目的物质损失部分，即保险单中列明的各种自然灾害和意外事故，如洪水、风暴、水灾、暴雨、地陷、冰雹、雷电、火灾、爆炸等多项，同时承保盗窃、工人或技术人员过失等人为风险，以及因原材料缺陷或工艺不善引起的事故。此外，还可在基本保险责任项下附加特别保险条款，以利于被保险人全面转移风险
安装工程一切险	（1）投保人、被保险人和保险期限同建筑工程一切险。 （2）免责范围：除建筑工程一切险中所提及事项外，安装工程一切险还会免赔因超负荷、超电压、碰线等电气原因造成的电气设备或电气用具本身的损失
第三者责任险	（1）承包人以承包人和发包人的共同名义投保第三者责任险，一般附加在工程一切险中。 （2）责任范围仅限于赔偿工地及邻近地区的第三者因工程实施而蒙受人身伤亡、疾病或财产损失
施工人员工伤保险	承包人应为其履行合同所雇佣的全部人员缴纳工伤保险费，并要求分包人也进行此项保险。发包人应为其现场机构雇佣的全部人员缴纳工伤保险费，并要求监理人也进行此项保险（法定强制性保险）
意外伤害保险	建筑施工企业鼓励企业为从事危险作业的职工办理意外伤害保险，支付保险费

◆**考法 1：建筑工程一切险**

【例题 1·单选题】按照我国保险制度，建筑工程一切险（　　　）。

A. 由承包人投保　　　　　　　　B. 包含职业责任险

C. 包含人身意外伤害险　　　　　　D. 投保人应以双方名义共同投保

【答案】D

【解析】《标准施工招标文件》通用条款规定，承包人应以发包人和承包人的共同名义向双方同意的保险人投保建筑工程一切险、安装工程一切险和第三者责任险。

【例题2·单选题】按照我国保险制度，建筑工程一切险的保险期限为（　　）。

A. 从投保工程动工之日起直至工程验收之日终止

B. 从投保之日起直至工程验收之日终止

C. 从投保之日起直至缺陷责任期终止

D. 从投保工程动工之日起直至缺陷责任期终止

【答案】A

【解析】建筑工程一切险保险期限从投保工程动工之日起直至工程验收之日止。

【例题3·2024年真题·多选题】下列建设工程施工过程发生的损失中，属于建筑工程一切险承保范围的有（　　）。

A. 非人为火灾事故造成的损失　　　　B. 工艺不善引发事故造成的损失

C. 设计错误造成的损失　　　　　　　D. 货物盘点时发生的盘亏损失

E. 工地库房被盗造成的损失

【答案】A、B、E

【解析】同上题。

◆ **考法2：安装工程一切险**

【例题·2024年真题·单选题】下列安装工程损失费用中属于安装工程一切险免责范围的是（　　）。

A. 因安装人员技术不精引起的事故损失

B. 因突降冰雹造成已安装设备损坏的损失

C. 因遭遇雷击造成电气设备损坏的损失

D. 因超负荷造成电气用具本身的损失

【答案】D

【解析】除建筑工程一切险中所提及事项外，安装工程一切险还会免赔因超负荷、超电压、碰线等电气原因所造成的电气设备或电气用具本身的损失。

◆ **考法3：第三者责任险**

【例题·单选题】根据我国保险制度，关于第三者责任险的说法，正确的是（　　）。

A. 承包人应以承包人名义投保第三者责任险

B. 赔偿范围包括承包商在工地的财产损失

C. 第三者责任险一般附加在工程一切险中

D. 赔偿范围包括承包商在现场从事与工作有关的职工伤亡

【答案】C

【解析】承包人应以承包人和发包人的共同名义投保第三者责任险，一般附加在工程一切险中。责任范围仅限于赔偿工地及邻近地区的第三者因工程实施而蒙受人身伤亡、疾病或财产损失。

◆考法 4：施工人员工伤保险

【例题·单选题】根据《中华人民共和国建筑法》及相关规定，施工企业应交纳的强制性保险是（　　）。

    A. 人身意外伤害险　　　　　　B. 工伤保险

    C. 工程一切险　　　　　　　　D. 第三者责任险

【答案】B

【解析】养老保险、工伤保险、失业保险、医疗保险、生育保险是强制性保险。

本章经典真题回顾

一、单项选择题（每题 1 分。每题的备选项中，只有 1 个最符合题意）

1. 与公开招标相比，邀请招标的特点是（　　）。

    A. 资格预审工作量大　　　　　B. 投标竞争性强

    C. 招标周期短　　　　　　　　D. 评标难度大

【答案】C

【解析】与公开招标方式相比，采用邀请招标方式的优点是不需要发布招标公告和设置资格预审程序，可节约招标费用、缩短招标时间。

2. 某工程招标过程中，投标人甲踏勘现场后，按规定以书面形式向招标人提出问题要求澄清。此时招标人澄清的正确做法是（　　）。

    A. 以电话形式通知甲投标人

    B. 以书面形式通知所有获取招标文件的潜在投标人

    C. 以书面形式通知进行了踏勘现场的潜在投标

    D. 以电话形式通知所有获取招标文件的潜在投标人

【答案】B

【解析】根据《中华人民共和国招标投标法实施条例》，招标人对招标文件进行澄清或者修改的内容可能影响投标文件编制的，招标人应在投标截止时间至少 15 日前，以书面形式通知所有获取招标文件的潜在投标人

3. 对于工期不超过 1 年、工程规模较小、技术简单成熟、招标时已有施工图设计文件的中小型工程，一般宜采用的合同计价方式是（　　）。

    A. 可调总价合同　　　　　　　B. 固定单价合同

    C. 固定总价合同　　　　　　　D. 可调单价合同

【答案】C

【解析】固定总价合同一般适用于下列情形：

（1）招标时已有施工图设计文件，施工任务和发包范围明确，合同履行中不会出现较大设计变更。

（2）工程规模较小、技术不太复杂的中小型工程或承包工作内容较为简单的工程部

位，施工单位可在投标报价时合理地预见施工过程中可能遇到的各种风险。

（3）工程量小、工期较短（一般为年之内），合同双方可不必考虑市场价格浮动对承包价格的影响。

4. 工程设计深度是选择施工合同计价方式需要考虑的重要因素。下列合同计价方式中，对工程设计深度要求最高的是（　　）。

  A. 可调单价合同   B. 固定单价合同

  C. 成本加酬金合同   D. 固定总价合同

【答案】D

【解析】工程设计深度是选择合同计价方式的重要因素。对于已完成施工图设计的工程，施工图纸和工程量清单详细而明确，可选择总价合同；对于实际工程量与预计工程量可能有较大出入的工程，应优先选择单价合同；对于只完成初步设计，工程量清单不够明确的工程，可选择单价合同或成本加酬金合同。

5. 基于工程量清单投标报价时，应列入"规费项目"清单中的费用是（　　）。

  A. 社会保险费   B. 安全文明施工费

  C. 教育费附加   D. 现场管理费

【答案】A

【解析】规费项目清单应按照下列内容列项：社会保险费，包括养老保险费、失业保险费、医疗保险费、工伤保险费、生育保险费；住房公积金。

6. 关于投标人其他项目清单报价的说法，正确的是（　　）。

  A. 计算综合单价时，应结合市场价格修改材料暂估价

  B. 计日工应按全费用综合单价报价

  C. 总承包服务费应根据工程规模大小填报

  D. 暂列金额应按照招标工程量清单中的金额填写，不得变动

【答案】D

【解析】其他项目应按下列规定计价：

（1）暂列金额应按招标工程量清单中列出的金额填写。

（2）暂估价中的材料、工程设备单价应按招标工程量清单中列出的单价计入综合单价，暂估价中的专业工程金额应按招标工程量清单中列出的金额填写。

（3）计日工应按招标工程量清单中列出的项目，根据工程特点和有关计价依据确定综合单价计算。

（4）总承包服务费应根据招标工程量清单列出的内容和要求估算。

7. 作为控制合同工程进度依据的进度计划指的是（　　）。

  A. 承包人投标时拟定的施工进度计划

  B. 根据招标文件修改的施工进度计划

  C. 开工前承包人自行拟定的施工进度计划

  D. 经监理人批准的施工进度计划

【答案】D

【解析】经监理人批准的施工进度计划称为合同进度计划，是控制合同工程进度的依据。

8. 根据《标准施工招标文件》通用合同条款，除专用合同条款另有约定外，经验收合格工程的实际竣工日期是（ ）之日。

    A. 提交竣工验收申请报告　　　　　B. 工程实际移交

    C. 组织工程竣工验收　　　　　　　D. 工程实际投入使用

【答案】A

【解析】除专用合同条款另有约定外，经验收合格工程的实际竣工日期，以提交竣工验收申请报告的日期为准，并在工程接收证书中写明。

9. 根据《标准施工招标文件》，承包人提出索赔的期限自（ ）时终止。

    A. 颁发工程接收证书　　　　　　　B. 通过工程竣工验收

    C. 缺陷责任期届满　　　　　　　　D. 接受最终结清证书

【答案】D

【解析】承包人按合同约定接受了竣工付款证书后，应被认为已无权再提出在合同工程接收证书颁发前所发生的任何索赔。承包人按合同约定提交的最终结清申请单中，只限于提出工程接收证书颁发后发生的索赔。提出索赔的期限自接受最终结清证书时终止。

10. 根据《标准施工招标文件》，在施工合同履行过程中，承包人有权同时向发包人提出工期、费用和利润索赔的情形是（ ）。

    A. 因遭遇不可抗力造成损失　　　　B. 发包人增加合同工作内容

    C. 发包人根据合同要求延长质保期　D. 因物价波动引起价格调整

【答案】B

【解析】在履行合同过程中，由于发包人的下列原因造成工期延误的，承包人有权要求发包人延长工期和（或）增加费用，并支付合理利润：（1）增加合同工作内容；（2）改变合同中任何一项工作的质量要求或其他特性；（3）发包人迟延提供材料、工程设备或变更交货地点；（4）因发包人原因导致的暂停施工；（5）提供图纸延误；（6）未按合同约定及时支付预付款、进度款。

11. 根据《建设工程施工专业分包合同（示范文本）》GF—2003—0213，分包人应按分包合同专用条款约定的时间，将已完工程量报告提交给（ ）。

    A. 发包人　　　　　　　　　　　　B. 项目监理机构

    C. 承包人　　　　　　　　　　　　D. 造价咨询机构

【答案】C

【解析】分包人应按分包工程专用合同条款约定的时间向承包人提交已完工程量报告，承包人接到报告后 7 天内自行按设计图纸计量或报经监理人计量。

12. 承包人按合同约定覆盖了由劳务分包人完成的工程隐蔽部位后，监理人对质量有疑问，要求承包人对已覆盖的部位重新检验，经检验证明工程质量符合合同要求的，由此增加的费用和延误的工期应由（ ）承担。

    A. 监理人　　　　　　　　　　　　B. 发包人

C. 承包人 D. 劳务分包人

【答案】B

【解析】承包人按合同约定覆盖工程隐蔽部位后，监理人对质量有疑问的，可要求承包人对已覆盖的部位进行钻孔探测或揭开重新检验，承包人应遵照执行，并在检验后重新覆盖恢复原状。经检验证明工程质量符合合同要求的，由发包人承担由此增加的费用和（或）工期延误，并支付承包人合理利润

13. 根据《建设工程施工劳务分包合同（示范文本）》GF—2003—0214，运至施工场地用于劳务施工的材料，应由（   ）办理或获得保险。

　　A. 材利供应商 　　　　　　　　B. 工程发包人

　　C. 工程承包人 　　　　　　　　D. 劳务分包人

【答案】C

【解析】运至施工场地用于劳务施工的材料和待安装设备，由工程承包人办理或获得保险，且不需劳务分包人支付保险费用。

14. 关于与劳务分包人有关的保险办理的说法，正确的是（   ）。

　　A. 运至施工现场用于劳务施工的材料由劳务分包人办理并承担保险费用

　　B. 工程承包人提供给劳务分包人使用的施工机械的保险费用由劳务分包人承担

　　C. 工程承包人应获得发包人为施工场地内的自有人员办理的保险，劳务分包人不需要支付这部分保费

　　D. 工程承包人为劳务分包人租赁的施工机械的保险费用由劳务分包人承担

【答案】C

【解析】选项A，运至施工现场用于劳务施工的材料由承包人办理并承担保险费用。选项B工程承包人提供给劳务分包人使用的施工机械的保险费用由承包人承担。选项D，工程承包人为劳务分包人租赁的施工机械的保险费用由承包人承担。

15. 根据《标准材料采购招标文件》，材料采购合同文件包括：① 供货要求；② 通用合同条款；③ 专用合同条款；④ 中标通知书。仅就上述合同文件而言，优先解释顺序是（   ）。

　　A. ④ - ③ - ② - ① 　　　　　　B. ① - ② - ③ - ④

　　C. ③ - ② - ① - ④ 　　　　　　D. ② - ③ - ④ - ①

【答案】A

【解析】材料采购合同文件组成及优先解释顺序如下：（1）合同协议书；（2）中标通知书；（3）投标函；（4）商务和技术偏差表；（5）专用合同条款；（6）通用合同条款；（7）供货要求；（8）分项报价表；（9）中标材料质量标准的详细描述；（10）相关服务计划。

16. 施工单位选择与其他单位组成联合体承包工程，共同承担风险。这种做法属于风险应对策略中的（   ）。

　　A. 风险减轻 　　　　　　　　　B. 风险规避

　　C. 风险转移 　　　　　　　　　D. 风险自留

【答案】A

【解析】典型的施工承包风险减轻策略是以联合体形式承包工程，联合体各方共担风险。在工程施工中，可通过降低施工方案的复杂性降低风险事件发生的概率；通过增加那些可能出现风险的施工方案的安全冗余度来降低风险事件发生后可能带来的负面效果。

17. 施工承包人将施工项目中风险较大的部分工程进行分包的行为属于风险应对策略中的（ ）。

  A. 风险承受   B. 保险转移

  C. 非保险转移   D. 风险规避

【答案】C

【解析】施工承包风险的非保险转移主要有三种方式：一是工程分包，二是签订合同时明确计价方式，三是第三方担保。

18. 建设工程施工招标文件中要求中标人提交履约保证金的，履约保证金不得超过中标合同金额的比例是（ ）。

  A. 3%   B. 10%

  C. 5%   D. 15%

【答案】B

【解析】招标文件要求中标人提交履约保证金的，中标人应按照招标文件的要求提交。履约保证金不得超过中标合同金额的10%。

二、多项选择题（每题 2 分，每题的备选项中，有 2 个或 2 个以上符合题意，至少有 1 个错项。错选，本题不得分；少选，所选的每个选项得 0.5 分）

1. 建设单位采用邀请招标方式选择施工单位的优点有（ ）。

  A. 投标人数量较少，可以减少评标工作量，降低费用

  B. 投标人范围较广，有利于获得在技术上有竞争力的报价

  C. 不需要设置资格预审环节，可以缩短招标时间

  D. 可以在一定程度上减少合同履行中的承包商违约风险

  E. 可以在较大程度上避免招标过程中的串标行为

【答案】C、D

【解析】

公开招标与邀请招标

	公开招标（无限竞争）	邀请招标（有限竞争，≥3 家）
优点	（1）可在较广范围内选择承包商； （2）有利于找到可靠的承包商； （3）有利于获得有竞争性的报价； （4）较大程度上避免招标过程中的贿标行为	（1）不需发布招标公告和设置资格预审程序，可节约招标费用、缩短招标时间。 （2）比较了解邀请对象，可减少合同履行过程中承包商违约的风险
缺点	（1）准备招标、资格预审、评标工作量大； （2）招标时间长、费用高	（1）邀请对象的选择面窄、范围较小，有可能排除某些潜在投标人； （2）邀请对象少，可能提高中标合同价

2. 招标中，投标人资格预审可分为初步审查和详细审查两个环节，其中初步审查的

内容有（　　）。

    A. 申请人名称是否与资质证书一致

    B. 联合体申请人是否已提交联合体协议书

    C. 资格预审申请文件证明材料是否齐全

    D. 类似工程业绩是否符合招标要求的条件

    E. 资格预审申请文件格式是否符合要求

【答案】A、C、E

【解析】初步审查标准通常包括：申请人名称是否与营业执照、资质证书及安全生产许可证一致；申请函是否有法定代表人或其委托代理人签字并加盖单位章；申请文件格式是否符合要求；联合体申请人是否提交联合体协议书并明确联合体牵头人；资格预审申请文件证明材料是否齐全有效等。

3. 根据《标准施工招标资格预审文件》，资格预审文件的内容包括（　　）。

    A. 项目建设概况

    B. 工程采用的技术标准和要求

    C. 拟采用的合同条款

    D. 资格审查办法

    E. 招标人对资格预审文件的澄清、修改

【答案】A、D、E

【解析】资格预审文件包括下列内容：资格预审公告；申请人须知；资格审查办法；资格预审申请文件格式；项目建设概况等。此外，招标人对资格预审文件所作的澄清、修改，也构成资格预审文件的组成部分。

4. 根据《标准施工招标文件》，下列工作中，属于承包人主要义务的有（　　）。

    A. 组织合同工程的竣工验收   B. 组织设计交底

    C. 负责施工现场内外的交通道路   D. 编制工程实施的各项措施计划

    E. 查勘施工现场

【答案】D、E

【解析】选项A、B属于发包人的义务，选项C，施工场地外的交通由发包人办理取得出入施工场地的专用和临时道路的通行权。

5. 施工承包人在向监理人报送的工程质量保证措施文件中，应包括的内容有（　　）。

    A. 质量检测报告   B. 质量检查机构的组织

    C. 质量检查程序   D. 质量检查人员的组成

    E. 质量检查实施细则

【答案】B、C、D、E

【解析】承包人应在施工场地设置专门的质量检查机构，配备专职质量检查人员，建立完善的质量检查制度。在合同约定期限内，提交工程质量保证措施文件，包括质量检查机构的组织和岗位责任、质检人员的组成、质量检查程序和实施细则等，报送监理人审批。

6. 根据《标准设备采购招标文件》，合同设备交付后进行开箱检验的主要内容有（　　）。

  A. 设备内部缺陷   B. 设备性能

  C. 设备运行效率   D. 设备数量

  E. 设备外观

【答案】D、E

【解析】合同设备交付后应进行开箱检验，即合同设备数量及外观检验。

7. 下列建设工程施工过程发生的损失中，属于建筑工程一切险承保范围的有（　　）。

  A. 非人为火灾事战造成的损失 B. 工艺不善引发事故造成的损失

  C. 设计错误造成的损失   D. 货物盘点时发生的盘亏损失

  E. 工地库房被盗造成的损失

【答案】A、B、E

【解析】建筑工程一切险的责任范围包括工程项下的物质损失部分，即工程标的有形财产的损失和相关费用的损失，一般会在保险单中列明具体的保险项目：建筑工程（包括永久和临时工程及物料）、所有人提供的物料及项目、安装工程项目、建筑用机器、装置及设备（需另附清单）、场地清理费、工地内现成的建筑物、所有人或承包人在工地上的其他财产（需列明名称）。

物质损失部分的保险责任主要有保险单中列明的各种自然灾害和意外事故，如洪水、风暴、水灾、暴雨、地陷、冰雹、雷电、火灾、爆炸等多项，同时还承保盗窃、工人或技术人员过失等人为风险，以及原材料缺陷或工艺不善引起的事故。此外，还可在基本保险责任项下附加特别保险条款，以利于被保险人全面转移风险。

本章模拟强化练习

2.1　施工招标投标

1. 建设单位通过发布招标公告提出施工招标条件，这一行为从性质上属于合同订立法定阶段中的（　　）。

  A. 要约邀请   B. 要约承诺

  C. 书面确认   D. 合同确立

2. 采用公开招标方式的施工项目，资格预审程序的第一个环节是（　　）。

  A. 发售资格预审文件   B. 发布资格预审公告

  C. 发布招标公告   D. 发出投标邀请书

3. 根据《中华人民共和国招标投标法实施条例》，招标人对招标文件进行澄清或者修改的内容可能影响投标文件编制的，招标人应在投标截止时间至少（　　）日前，以书面形式通知所有获取招标文件的潜在投标人。

  A. 3   B. 5

  C. 15   D. 30

4. 招标人和中标人订立书面合同的时间最迟应在中标通知书发出之日起（　　）日内。

    A. 5
               B. 10

    C. 15
             D. 30

5. 某工程招标时已有施工图设计文件，技术比较简单，施工任务和发包范围明确，工期为10个月，预计合同履行中不会出现较大设计变更，招标方为了控制总造价，适宜采用的合同计价方式是（　　）。

    A. 可调单价合同
         B. 可调总价合同

    C. 固定总价合同
         D. 固定单价合同

6. 某工期长、技术复杂、实施过程中发生各种不可预见因素较多的大型工程，建设单位为缩短工程建设周期，初步设计完成后就进行招标。从施工单位的角度来看，适用于该工程的承担风险相对较小的合同计价方式是（　　）。

    A. 可调单价合同
         B. 可调总价合同

    C. 固定总价合同
         D. 固定单价合同

7. 某工程施工中有较大部分采用新技术、新工艺的工程，建设单位和施工单位缺乏经验，又无国家标准的，最适宜采用的合同计价方式是（　　）。

    A. 固定单价合同
         B. 可调单价合同

    C. 成本加酬金合同
         D. 固定总价合同

8. 根据《建设工程工程量清单计价规范》GB 50500—2013，招标工程量清单应以（　　）为单位编制。

    A. 整个建设项目
         B. 单位或单项工程

    C. 分部或分项工程
         D. 独立施工的工程

9. 投标时，当招标工程量清单中描述的项目特征与设计图纸不符时，投标人应以（　　）为依据确定综合单价。

    A. 设计规范

    B. 招标工程量清单中描述的项目特征

    C. 设计图纸

    D. 预计施工时所采用图纸的项目特征

10. 某施工单位拟投标一项工程，在招标工程量清单中已列明的甲分项工程的工程量为600m^3。施工单位结合招标工程量清单中的项目特征描述和自身拟定的施工方案，计算出甲分项工程的实际施工工程量为720m^3，施工的工料机费用合计为36000元。企业管理费按工料机费用的15%计取，利润及风险费用合并考虑，以工料机费用和企业管理费为基数按5%计算。不考虑其他因素，投标时甲分项工程的综合单价应为（　　）元/m^3。

    A. 60.00
         B. 60.38

    C. 72.00
         D. 72.45

11. 下列成本加酬金合同计价方式中，有利于鼓励施工单位降低成本和缩短工期，同时建设单位和施工单位都不会承担太大风险的合同计价方式有（　　）。

A. 成本加固定百分比酬金　　B. 成本加固定酬金

C. 成本加浮动酬金　　D. 目标成本加奖罚

E. 直接成本加固定基本酬金

12. 根据《建设工程工程量清单计价规范》GB 50500—2013，下列措施项目中，属于"总价项目"的是（　　）。

A. 已完工程及设备保护　　B. 脚手架

C. 文明施工和安全防护　　D. 工程定位复测

E. 施工降水

13. 根据《建设工程工程量清单计价规范》GB 50500—2013，下列保险费中，属于规费项目的有（　　）。

A. 工伤保险费　　B. 失业保险费

C. 意外伤害保险费　　D. 生育保险费

E. 养老保险费

14. 下列施工单位准备投标的工程中，报价可以偏高一些的有（　　）。

A. 施工条件差、工期又紧的工程

B. 有特殊要求的港口码头工程

C. 支付条件不理想的地下开挖工程

D. 投标对手多、竞争激烈的工程

E. 专业要求高的技术密集型工程且施工单位在这方面有专长，声望也较高

2.2　合同管理

1. 组成施工合同的文件包括：① 中标通知书；② 合同协议书；③ 已标价工程量清单；④ 专用合同条款；⑤ 图纸。当这些文件中出现约定不一致的内容时，则解释合同文件的优先顺序为（　　）。

A. ①②⑤④③　　B. ②①③⑤④

C. ①②④③⑤　　D. ②①④⑤③

2. 根据《标准施工招标文件》通用合同条款，由承包人负责运输的超大件或超重件，应由（　　）负责向交通运输管理部门办理申请手续。

A. 承包人　　B. 监理人

C. 发包人　　D. 发包人的上级机构

3.《标准施工招标文件》通用合同条款中设定的投标基准日期为（　　）。

A. 投标截止日前第 42 天　　B. 投标截止日前第 28 天

C. 投标截止日前 28 天所属的月份　　D. 投标截止日当天

4. 根据《标准施工招标文件》通用合同条款，由于发包人原因引起的暂停施工造成工期延误的，承包人有权要求发包人（　　）。

A. 延长工期和（或）增加费用，但不能要求支付利润

B. 延长工期和（或）增加费用，并支付合理利润

C. 延长工期，但不能要求补偿费用和支付利润

D. 增加费用，但不能要求延长工期和支付利润

5. 根据《标准施工招标文件》通用合同条款，承包人应在收到变更指示后的（　　）天内，向监理人提交变更报价书。

    A. 7　　　　　　　　　　　　　B. 14

    C. 21　　　　　　　　　　　　D. 28

6. 根据《建设工程工程量清单计价规范》GB 50500—2013，某工程招标工程量清单中现浇混凝土工程量为 3000m³，综合单价为 600 元 /m³，在施工过程中因设计变更导致混凝土的实际工程量为 4000m³。合同中约定，当工程变更导致清单项目的工程量增加 15% 以上时，超过 15% 部分的工程量的综合单价应调低为原综合单价的 0.90。不考虑其他因素，则该现浇混凝土的工程量价款为（　　）万元。

    A. 21.60　　　　　　　　　　B. 23.40

    C. 23.67　　　　　　　　　　D. 24.00

7. 根据《标准施工招标文件》通用合同条款，发包人在收到承包人竣工验收申请报告 56 天后未进行验收的，视为验收合格，该工程的实际竣工日期应以（　　）为准。

    A. 承包人实际完成所有工程的日期

    B. 承包人提交竣工验收申请报告的日期

    C. 发包人在收到承包人竣工验收申请报告的第 56 天

    D. 承包人提交竣工验收申请报告的次日

8. 根据《标准施工招标文件》通用合同条款，承包人应在知道或应当知道索赔事件发生后 28 天内，首先向监理人递交（　　）。

    A. 索赔意向通知书　　　　　　B. 索赔金额计算及证明材料

    C. 索赔报告　　　　　　　　　D. 索赔事件连续影响的情况及记录

9. 关于分包人与发包人关系的说法，正确的是（　　）。

    A. 在紧急情况下，分包人可以直接致函发包人

    B. 分包人须服从承包人转发的发包人或监理人与分包工程有关的指令

    C. 在承包人不在场的情况下，分包人直接接受监理人的指令

    D. 分包人在特殊情况下与发包人或监理人发生直接工作联系的，不属于违约

10. 根据《标准材料采购招标文件》通用合同条款，卖方未能按时交付合同材料的，应向买方支付迟延交货违约金，迟延交付违约金的最高限额为合同价格的（　　）。

    A. 1%　　　　　　　　　　　　B. 3%

    C. 5%　　　　　　　　　　　　D. 10%

11. 根据《标准施工招标文件》通用合同条款，下列工作中，属于发包人义务的有（　　）。

    A. 向承包人提供施工场地及施工场地内的地下管线资料，但并不保证资料的准确、完整

    B. 应协助承包人办理法律规定的有关施工证件和批件

    C. 根据合同进度计划，组织设计单位向承包人和监理人进行设计交底

D. 应按合同约定的条件、时间和方式向承包人及时支付合同价款

E. 委托监理人发出开工通知

12. 根据《标准施工招标文件》通用合同条款，应由承包人负责投保并支付保险费用的险种有（　　）。

A. 建筑工程一切险　　　　　　　B. 设计责任险

C. 职业责任险　　　　　　　　　D. 安装工程一切险

E. 第三者责任保险

13. 根据《标准施工招标文件》通用合同条款，下列不可抗力导致的人员伤亡、财产损失、费用增加和（或）工期延误等后果分担的原则，正确的有（　　）。

A. 因工程损害造成的第三者人员伤亡和财产损失由发包人承担

B. 承包人设备的损坏由承包人承担

C. 施工现场的人员伤亡和财产损失及其相关费用由发包人承担

D. 承包人停工期间应监理人要求照管工程的金额由发包人承担

E. 不能按期竣工的，承包人应按合同约定支付逾期竣工违约金

14. 下列专业分包合同中涉及的工作，一般属于承包人义务的有（　　）。

A. 为分包人从事危险作业的职工办理意外伤害保险，并支付保险费用

B. 向分包人提供具备施工条件的施工场地

C. 向分包人进行设计图纸交底

D. 协调分包人与同一施工场地的其他分包人之间的交叉配合

E. 为运至施工场地内用于分包工程的材料和待安装设备办理保险

15. 根据《建设工程施工劳务分包合同（示范文本）》GF—2003—0214，下列工作中，属于工程承包人义务的有（　　）。

A. 就劳务分包范围内的工作内容，组织具有相应资格证书的熟练工人投入工作

B. 负责编制施工组织设计，统一制定各项管理目标

C. 安排劳务分包人独立使用的生产、生活临时设施等

D. 负责工程测量定位、沉降观测、技术交底

E. 向劳务分包人提供相应的工程地质和地下管网线路资料

2.3　施工承包风险管理及担保保险

1. 根据《建设工程项目管理规范》GB/T 50326—2017，风险评估内容包括风险发生的概率、风险损失量以及（　　）。

A. 风险应对方法　　　　　　　　B. 风险等级

C. 风险源的类型　　　　　　　　D. 风险转移的可能性

2. 根据《建设工程项目管理规范》GB/T 50326—2017，风险等级评定结果为不可接受的风险，其风险等级一般为（　　）。

A. 大、很大　　　　　　　　　　B. 大、中等

C. 中、小　　　　　　　　　　　D. 小、很小

3. 某施工项目管理机构通过评估认为采用某种施工方案存在很大风险，于是决定彻

底改变原施工方案，该做法属于风险应对中的（　　）。

    A. 风险转移　　　　　　　　　　B. 风险减轻

    C. 风险自留　　　　　　　　　　D. 风险规避

4. 根据《中华人民共和国建筑法》，建筑施工企业鼓励企业为从事危险作业的职工办理的保险是（　　）。

    A. 养老保险　　　　　　　　　　B. 意外伤害保险

    C. 失业保险　　　　　　　　　　D. 工伤保险

5. 下列施工承包风险中，属于施工项目本身风险的有（　　）。

    A. 自然环境风险　　　　　　　　B. 工程款支付及结算风险

    C. 施工组织管理风险　　　　　　D. 市场风险

    E. 工程分包风险

6. 下列施工企业的风险应对措施中，属于风险转移的有（　　）。

    A. 放弃某个成本较低的施工方案

    B. 要求业主工程款支付担保

    C. 购买价格可能上涨的材料时签订总价合同

    D. 将施工项目中风险较大的部分工作内容分包给其他施工单位

    E. 购买建筑工程一切险和第三者责任险

7. 关于建设工程履约担保的说法，正确的有（　　）。

    A. 联合体中标的，应由联合体各方独立向发包人提交履约担保

    B. 履约担保形式只能是银行履约保函或履约保证金

    C. 中标人无正当理由不与招标人订立合同，投标保证金不予退还

    D. 履约保证金不得超过中标合同金额的 10%

    E. 承包人应保证其履约担保在发包人颁发工程接收证书前一直有效

8. 关于工程保险中的第三者责任险的说法，正确的有（　　）。

    A. 第三者责任险一般是建筑工程一切险和安装工程一切险的附加险种

    B. 承包人应以承包人自己的名义投保第三者责任险

    C. 第三者责任险的责任范围不能超过保险单列明的赔偿限额

    D. 第三者责任险的责任范围包括赔偿保险标的工程的工地及邻近地区的第三者因工程实施而蒙受人身伤亡、疾病或财产损失

    E. 第三者责任险的责任期间与建筑工程一切险和安装工程一切险的责任期间相同

本章模拟强化练习答案及解析

2.1　施工招标投标

1. 【答案】A

（1）要约邀请：建设单位发布招标公告或投标邀请书；（2）要约：施工单位提交投标

文件；（3）承诺：建设单位发出中标通知书。选项 A 正确。

2. 【答案】B

3. 【答案】C

4. 【答案】D

5. 【答案】C

6. 【答案】A

固定总价合同适用于：招标时已有施工图设计文件，施工任务和发包范围明确，合同履行中不会出现较大设计变更的工程；工程规模较小、技术不太复杂的中小型工程或承包工作内容较为简单的工程部位，施工单位可在投标报价时合理地预见施工过程中可能遇到的各种风险；工程量小、工期较短（一般为 1 年之内），合同双方可不必考虑市场价格浮动对承包价格的影响的工程。可调总价合同在固定总价合同的基础上，因合同履行过程中市场价格变动、工程变更及其他工程条件变化而使工程成本增加时，可按合同约定对合同总价进行调整。

单价合同大多用于工期长、技术复杂、实施过程中发生各种不可预见因素较多的大型工程，以及建设单位为缩短工程建设周期，初步设计完成后就进行招标的工程。采用固定单价合同时，无论发生哪些影响价格的因素，都不对合同约定的单价进行调整。这对施工单位而言，存在着一定风险。采用可调单价合同时，合同双方可以估算工程量为基准，约定实际工程量的变化超过一定比例时合同单价的调整方式。合同双方也可约定，当市场价格变化达到一定程度或国家政策发生变化时，可以对哪些工程内容的单价进行调整，以及如何进行调整。由此可见，采用可调单价合同时，施工单位的风险相对较小。选项 A 正确。

7. 【答案】C

8. 【答案】B

9. 【答案】B

10. 【答案】D

甲分项工程的综合单价为：$36000 \times （1 + 15\%） \times （1 + 5\%） \div 600 = 72.45$ 元 $/m^3$

11. 【答案】C、D

12. 【答案】A、C、D

措施项目可划分为两类：一类是"总价项目"，如文明施工和安全防护、临时设施、已完工程及设备保护、工程定位复测等，此类项目在现行国家计量规范中无工程量计算规则，应以总价（或计算基础乘费率）计算，以"项"计价；另一类是"单价项目"，如脚手架、施工降水工程等，可根据工程图纸（含设计变更）和国家相关工程计量规范规定的工程量计算规则进行计量，以"量"计价。本题考查的就是这两类措施项目的划分。选项 A、C、D 正确。

13. 【答案】A、B、D、E

14. 【答案】A、B、C、E

2.2 合同管理

1.【答案】D

组成施工合同的各项文件应互相解释，互为说明。除专用合同条款另有约定外，解释合同文件的优先顺序如下：（1）合同协议书；（2）中标通知书；（3）投标函及投标函附录；（4）专用合同条款；（5）通用合同条款；（6）技术标准和要求；（7）图纸；（8）已标价工程量清单；（9）其他合同文件。结合本题中的内容，选项D正确。

2.【答案】A

3.【答案】B

4.【答案】B

5.【答案】B

6.【答案】C

因设计变更增加了混凝土工程量，其中超出清单工程量3000m³的15%以外的部分为 $4000-3000\times(1+15\%)=550m^3$，这一部分混凝土执行新的综合单价 $600\times0.9=540$ 元/m³，因此，混凝土工程量价款为 $3000\times(1+15\%)\times600+550\times540=2367000$ 元 $=23.67$ 万元。选项C正确。

7.【答案】B

8.【答案】A

9.【答案】B

10.【答案】D

11.【答案】B、C、D、E

12.【答案】A、D、E

13.【答案】A、B、D

不可抗力导致的人员伤亡、财产损失、费用增加和（或）工期延误等后果，由合同双方按以下原则承担：（1）永久工程，包括已运至施工场地的材料和工程设备的损害，以及因工程损害造成的第三者人员伤亡和财产损失由发包人承担；（2）承包人设备的损坏由承包人承担；（3）发包人和承包人各自承担其人员伤亡和其他财产损失及其相关费用；（4）承包人的停工损失由承包人承担，但停工期间应监理人要求照管工程和清理、修复工程的金额由发包人承担；（5）不能按期竣工的，应合理延长工期，承包人不需支付逾期竣工违约金。选项A、B、D正确。

14.【答案】B、C、D、E

15.【答案】B、D、E

2.3 施工承包风险管理及担保保险

1.【答案】B

2.【答案】A

3.【答案】D

4.【答案】B

5.【答案】B、C、E

6.【答案】B、C、D、E

7.【答案】C、D、E

8.【答案】A、C、D、E

建筑工程一切险和安装工程一切险通常还会包括一项附加条款，即第三者责任险。承包人应以承包人和发包人的共同名义投保第三者责任险。第三者责任险的责任期间与建筑工程一切险和安装工程一切险的责任期间相同，只是责任范围仅限于赔偿保险标的工程的工地及邻近地区的第三者因工程实施而蒙受人身伤亡、疾病或财产损失。第三者责任险的责任范围不能超过保险单列明的赔偿限额。

第3章 施工进度管理

本章考情分析

2024年核心考点及分值分布（单位：分）

本章节次	本章条目	试卷一		试卷二		试卷三		试卷四	
		单选	多选	单选	多选	单选	多选	单选	多选
3.1	3.1.1 施工进度影响因素							1	
	3.1.2 施工进度计划系统及表达形式					1			
3.2	3.2.1 流水施工特点及表达方式				2			1	
	3.2.2 流水施工参数		2	1		1			2
	3.2.3 流水施工基本方式	3	2	2		1	2	1	
3.3	3.3.1 工程网络计划类型和编制程序	1	2	2		1		1	
	3.3.2 时间参数及其相互关系	2		2	4		2	2	2
	3.3.3 关键工作及关键线路确定方法	1	2			1		1	
3.4	3.4.1 施工进度计划实施中的检查与分析			1		2			2
	3.4.2 实际进度与计划进度比较方法				2		2		
	3.4.3 施工进度计划调整方法及措施					1		1	
合计		7	8	8	8	8	6	8	6
		15		16		14		14	

本章核心考点分析

3.1 施工进度影响因素与进度计划系统

核心考点提纲

3.1 施工进度影响因素与进度计划系统 ┤ 3.1.1 施工进度影响因素
3.1.2 施工进度计划系统及表达形式

核心考点剖析

3.1.1 施工进度影响因素

核心考点：施工进度影响因素

1. 相关单位影响

相关单位影响

建设单位原因	建设单位要求设计变更，不及时提供施工场地或场地不满足需要；建设资金不到位，不及时付款等
勘察设计单位原因	勘察资料不准确；设计内容不完善，设计有缺陷或错误；设计方案可施工性差或考虑不周；图纸供应不及时等
工程监理单位原因	监理指令延迟发布或有误，施工进度协调不力，进场材料、设备质量检查或已完工程质量检查验收不及时等
材料、设备供应单位原因	材料、设备及构配件等供应有差错，品种、规格、质量、数量、时间不能满足施工需要等

2. 有关协作部门及社会环境影响

有关协作部门及社会环境影响

有关协作部门原因	协作部门协作配合不够或支持力度不够等
社会环境原因	临近工程施工干扰；节假日交通、市容整顿限制；临时停水、停电、断路；国外的法律制度变化，经济制裁，战争、骚乱、罢工、企业倒闭，汇率浮动和通货膨胀等

3. 自然条件影响

复杂的工程地质条件；不明的水文气象条件；地下文物的保护处理；不可抗力等。

4. 施工单位自身因素影响

施工单位自身因素影响

施工技术因素	施工方案、施工工艺或施工安全措施不当；特殊材料及新材料使用不合理；施工设备不配套、选型失当；不成熟的技术应用等
组织管理因素	各种申请审批手续延误；合同签订时遗漏条款、表达失当；计划安排不周密，组织协调不力；指挥不力等

◆**考法：施工进度影响因素**

【例题1·多选题】下列建设工程进度影响因素中，属于业主因素的有（   ）。

    A. 提供的场地不能满足工程正常需要

    B. 施工计划安排不周密导致相关作业脱节

    C. 临时停水、停电、断路

    D. 不能及时向施工承包单位付款

    E. 外单位临近工程施工干扰

【答案】A、D

【解析】选项 B 属于施工单位自身因素影响，选项 C、E 属于社会环境原因影响。

【例题 2·单选题】下列影响工程进度的因素中，属于施工单位组织管理因素的是（   ）。

    A. 资金不到位   B. 计划安排不周密

    C. 外单位临近工程施工干扰   D. 业主使用要求改变

【答案】B

【解析】选项 A、D 属于建设单位原因影响，选项 C 属于社会环境原因影响。

【例题 3·多选题】下列建设工程进度影响因素中，属于施工单位组织管理因素的有（   ）。

    A. 业主使用要求改变而变更设计   B. 向有关部门提出各种审批手续的延误

    C. 计划安排不周密导致停工待料   D. 施工图纸供应不及时和不配套

    E. 资金不到位

【答案】B、C

【解析】选项 A、E 属于建设单位原因影响，选项 D 属于勘察设计单位原因影响。

3.1.2　施工进度计划系统及表达形式

核心考点一：施工进度计划的分类

1. 按项目组成编制的施工进度计划

按项目组成编制的施工进度计划

施工总进度计划	是对所有单位工程作出时间上的安排，目的在于确定各单位工程及全工地性工程的施工期限及开竣工日期
单位工程施工进度计划	是对单位工程中各施工过程作出时间和空间上的安排，是编制各种资源需求量计划和进行施工准备的依据
分部分项工程进度计划	是针对工程量较大或施工技术比较复杂的分部分项工程，对各施工过程作出时间上的安排

2. 按进展时间编制的施工进度计划

包括：年度施工计划、季度施工计划和月（旬）作业计划。

◆考法：施工进度计划的分类

【例题·单选题】下列（   ）的编制，目的在于确定各单位工程及全工地性工程的施工期限及开竣工日期。

    A. 单位工程施工进度计划   B. 施工总进度计划

    C. 全场性施工进度计划   D. 年度施工进度计划

【答案】B

【解析】按项目组成编制的施工进度计划分为施工总进度计划、单位工程施工进度计划和分部分项工程进度计划。施工总进度计划是对所有单位工程作出时间上的安排，目的在于确定各单位工程及全工地性工程的施工期限及开竣工日期。

核心考点二：施工进度计划表达形式

1. 横道图

横道图也称甘特图，下图即为某桥梁工程施工进度横道计划。

序号	工作名称	持续时间（天）	施工进度安排（天）									
			5	10	15	20	25	30	35	40	45	50
1	施工准备	5	▬									
2	现场预制梁	20		▬▬▬▬								
3	东侧桥台基础	10		▬▬								
4	东侧桥台	8				▬						
5	东侧桥台后填土	5						▬				
6	西侧桥台基础	20		▬▬▬▬								
7	西侧桥台	8						▬				
8	西侧桥台后填土	5							▬			
9	架梁	7									▬	
10	与路基连接	5										▬

某桥梁工程施工进度横道计划

横道图优缺点

优点	直观（直观地表明工作的开始时间、完成时间、持续时间、总工期），编制简单、使用方便，被广泛应用
缺点	（1）不能明确反映工作之间的相互联系、相互制约关系。 （2）不能反映关键工作和关键线路。 （3）不能反映工作的机动时间（时差）。 （4）不能反映费用与工期之间的关系，不便于进度计划的优化。特别是大型项目，因工作构成及逻辑关系复杂、无法利用计算机进行计算分析，有一定局限性

2. 网络图

网络图由节点和箭线组成，用来表示各项工作及其逻辑联系。在网络图上加注工作的时间参数编制而成的进度计划称为网络计划。网络计划的表示方法有双代号网络计划、单代号网络计划、双代号时标网络计划、单代号搭接网络计划、多级网络计划系统等。下图即为某桥梁工程施工进度双代号网络计划。

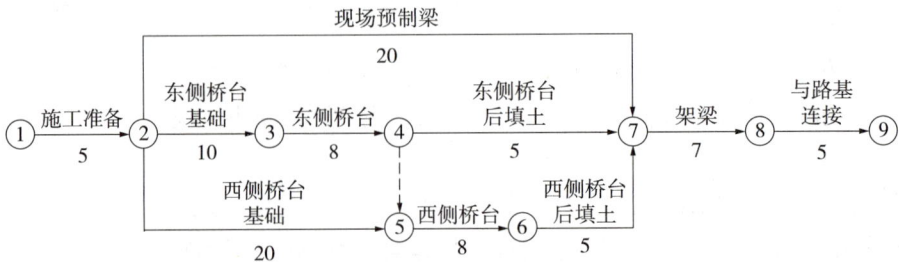

某桥梁工程施工进度双代号计划

下图即为某桥梁工程施工进度单代号网络计划。

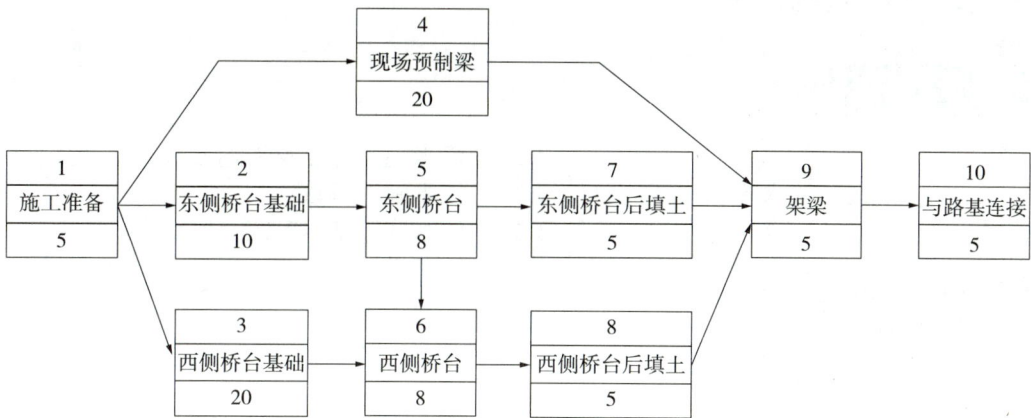

某桥梁工程施工进度单代号计划

网络图优缺点

优点	（1）能够明确表达各项工作之间的逻辑关系。 （2）能够通过时间参数计算，找出影响工期的关键工作和关键线路。 （3）能够通过时间参数计算，确定各项工作的机动时间（即时差）。 （4）能够利用项目管理软件进行计算、优化和调整，是最有效的进度控制方法
缺点	不够简单明了、形象直观，但可通过编制时标网络计划弥补

◆ **考法：横道图的优缺点**

【例题1·2021年真题·单选题】关于横道图进度计划的说法，正确的是（　　）。

　　A. 每行只能容纳一项工作　　　　B. 可以表达工作间的逻辑关系

　　C. 可以表示工作的时差　　　　　D. 可以直接表达出关键线路

【答案】B

【解析】选项 A 错误，一行上可容纳多项工作。选项 C、D 错误，没有通过严谨的进度计划时间参数计算，不能确定计划的关键工作、关键路线与时差。

【例题2·2023年真题·单选题】关于横道图计划中横道表示的说法，正确的是（　　）。

　　A. 横道图中的每一行只能有一项工作

　　B. 所有横道必须与时间坐标相对应

　　C. 横道上下不能加文字或符号说明

　　D. 能够反映工作的机动时间

【答案】B

【解析】选项 A 错误，横道图中一行可以有多项工作。选项 C 错误，文字或符号可以标在横道上。选项 D 错误，不能反映工作的机动时间。

3.2 流水施工进度计划

核 心 考 点 剖 析

3.2.1 流水施工特点及表达方式

核心考点一：三种施工组织方式特点的比较

三栋住宅楼的基础工程分别采用不同施工组织方式的比较如下图所示。

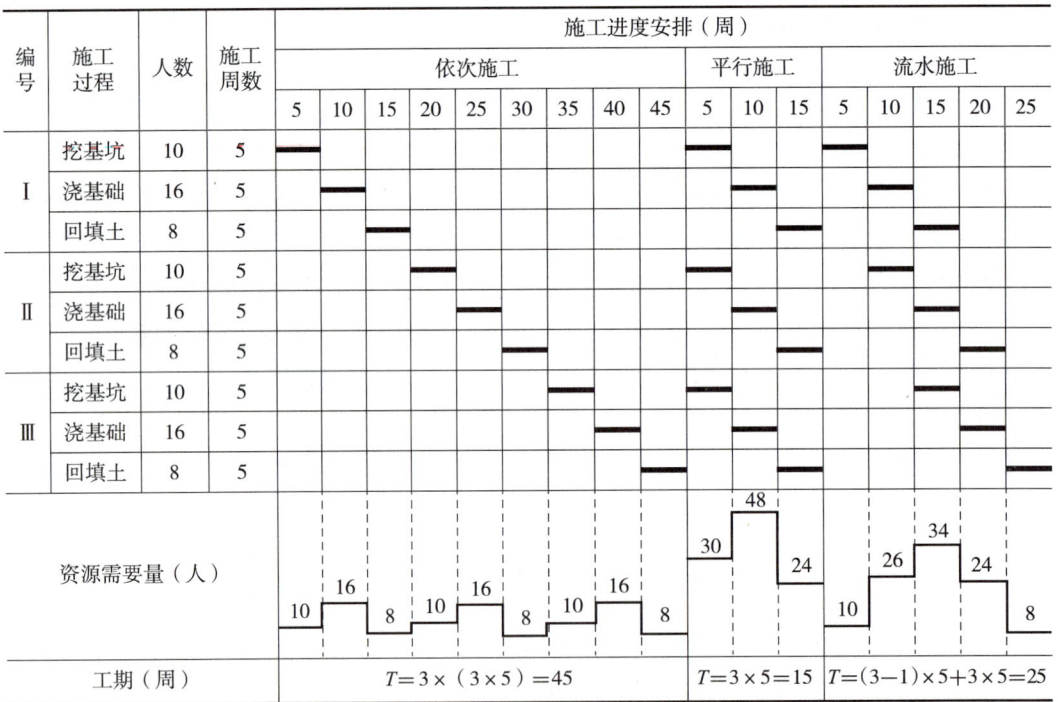

编号	施工过程	人数	施工周数	施工进度安排（周）																	
				依次施工									平行施工			流水施工					
				5	10	15	20	25	30	35	40	45	5	10	15	5	10	15	20	25
I	挖基坑	10	5	▬									▬			▬				
	浇基础	16	5		▬									▬			▬			
	回填土	8	5			▬									▬			▬		
II	挖基坑	10	5				▬						▬				▬			
	浇基础	16	5					▬						▬				▬		
	回填土	8	5						▬						▬				▬	
III	挖基坑	10	5							▬			▬					▬		
	浇基础	16	5								▬			▬					▬	
	回填土	8	5									▬			▬					▬
资源需要量（人）				10	16	8	10	16	8	10	16	8	30	48	24	10	26	34	24	8
工期（周）				$T = 3 \times (3 \times 5) = 45$									$T = 3 \times 5 = 15$			$T = (3-1) \times 5 + 3 \times 5 = 25$				

三种施工组织方式的比较

三种施工组织方式特点

特点	施工组织		
	依次施工	平行施工	流水施工
工作面、工期	没有充分利用、较长	能够充分利用、最短	尽可能利用、较短
能否连续施工	若按专业组建工作队，不能连续	若按专业组建工作队，不能连续	专业工作队能够连续，尽量搭接

特点	施工组织		
	依次施工	平行施工	流水施工
资源投入是否均衡；资源供应组织	少，无法均衡；有利	成倍增加，无法均衡；不利	较少，较为均衡；有利
专业化、生产率	不能实现，不利于提高	不能实现，不利于提高	能实现，提高
现场组织管理	简单	复杂	文明施工、科学管理

◆考法：三种施工组织方式特点的比较

【例题1·单选题】根据工程项目的施工特点、工艺流程及平面或空间布置等要求，可采用不同的施工组织方式，其中依次施工方式的特点包括（　　）。

　　A. 没有充分利用工作面，工期长

　　B. 如果按专业成立工作队，则各专业工作队不能连续作业

　　C. 施工现场的组织管理比较复杂

　　D. 单位时间内投入的劳动力、施工机具等资源较为均衡

　　E. 有利于施工段的划分

【答案】A、B

【解析】选项C错误，施工现场的组织管理比较简单。选项D错误，单位时间内投入的劳动力、施工机具等资源少，无法均衡。选项E错误，无此特点。

【例题2·单选题】建设工程组织平行施工的特点有（　　）。

　　A. 能够充分利用工作面进行施工

　　B. 单位时间内投入的资源量较为均衡

　　C. 不利于资源供应的组织

　　D. 施工现场的组织管理比较简单

　　E. 不利于提高劳动生产率

【答案】A、C、E

【解析】选项B错误，单位时间内投入的资源成倍增加，无法均衡。选项D错误，施工现场的组织管理比较复杂。

【例题3·多选题】与依次施工、平行施工方式相比，流水施工方式的特点有（　　）。

　　A. 施工现场组织管理简单

　　B. 有利于实现专业化施工

　　C. 相邻专业工作队的开工时间能最大限度的搭接

　　D. 单位时间内投入的资源量较为均衡

　　E. 施工工期最短

【答案】B、C、D

【解析】选项A错误，施工现场组织管理实现文明施工和科学管理。选项E错误，施工工期较短，工期最短的是平行施工。

核心考点二：流水施工表达方式

流水施工表达方式：网络图、横道图和垂直图。

1. 横道图表示法

横道图表示法

施工过程	施工进度安排（天）						
	2	4	6	8	10	12	14
挖基槽	①	②	③	④			
铺垫层		①	②	③	④		
砌基础			①	②	③	④	
回填土				①	②	③	④

横坐标表示流水施工持续时间；纵坐标表示施工过程；水平线段表示施工过程或专业工作队的施工进度；①②③④表示不同的施工段。

2. 垂直图表示法

垂直图表示法

空间位置或里程		东段	中段	西段
施工进度安排（天）	14			
	12	附属工程		
	10		路面工程	
	8			
	6		路基工程	
	4			
	2			

横坐标表示施工过程所处的空间位置或里程；纵坐标表示流水施工时间安排。斜向线段表示施工过程或专业工作队的施工进度。

横道图和垂直图的优点

表示法	优点
横道图	（1）施工过程及其先后顺序表达清楚。 （2）时间和空间状况形象直观。 （3）绘图简单，使用方便，被广泛用于工程实践中
垂直图	（1）施工过程及其先后顺序表达清楚。 （2）时间和空间状况形象直观。 （3）斜向进度线的斜率可直观反映各施工过程的进展速度。 铁路、公路、地铁、输电线路、天然气管道等线性工程施工进度计划，更适合采用垂直图表示法

◆**考法：两种流水施工表示方式优点的比较**

【例题·单选题】下列选项中，不属于流水施工的垂直图表示法的优点是（　　　　）。

A. 施工过程及其先后顺序表达清楚

B. 时间和空间状况形象直观

C. 绘图简单，使用方便

D. 斜向进度线的斜率可表示各施工过程的进展速度

【答案】C

【解析】横道图的优点之一是绘图简单，所以选项 C 不属于垂直图表示法的优点。

3.2.2　流水施工参数

核心考点：流水施工参数

1. 工艺参数

工艺参数

施工过程	将工程对象划分为若干个施工过程，施工过程数用 n 表示
流水强度	也称流水能力或生产能力，是指某施工过程（或专业工作队）在单位时间内完成的工程量

2. 空间参数

空间参数

工作面	供某专业工种的工人或某种施工机械进行施工的活动空间
施工段	将拟建工程在平面上划分成若干个劳动量相等或大致相等的施工区段，划分施工段的目的是为了充分利用工作面组织流水施工，施工段数用 m 表示

施工段划分原则：

（1）各施工段劳动量大致相等，相差幅度不宜超过 15%。

（2）每个施工段要有足够的工作面。

（3）施工段的界限尽可能与结构界限（如沉降缝、伸缩缝）吻合，或设在对建筑结构整体性影响小的部位，以保证建筑结构的整体性。

（4）施工段数目要满足合理组织流水施工的要求。

（5）对于多层建构筑物或需要分层施工的工程，应既分施工段，又分施工层

3. 时间参数

时间参数

流水节拍	某一个专业作业队在一个施工段上的施工时间，用 t 表示
流水步距	相邻两个施工过程（或专业作业队）相继开始施工的最小间隔时间，用 K 表示。确定流水步距的基本要求：① 始终保持工艺先后顺序；② 专业工作队尽可能连续作业；③ 能最大限度地实现合理搭接
流水施工工期	从第一个专业作业队投入施工开始，到最后一个专业作业队完成施工为止的整个持续时间，用 T 表示

◆考法：流水施工参数

【例题 1·单选题】组织建设工程流水施工时，相邻两个施工过程相继开始施工的最

小间隔时间称为（　　）。

  A. 流水节拍   B. 时间间隔

  C. 间歇时间   D. 流水步距

【答案】D

【解析】相邻两个施工过程相继开始施工的最小间隔时间称为流水步距。

【例题2·单选题】在流水施工中，用来表达流水施工在空间布置上开展状态的参数是（　　）。

  A. 流水强度   B. 施工过程

  C. 施工段   D. 流水节拍

【答案】C

【解析】工艺参数：施工过程、流水强度；空间参数：工作面、施工段；时间参数：流水节拍、流水步距、流水工期。选项A、B属于工艺参数，选项D属于时间参数。

【例题3·多选题】建设工程组织流水施工时，划分施工段原则有（　　）。

  A. 每个施工段需要有足够工作面

  B. 施工段数要满足合理组织流水施工要求

  C. 施工段界限要尽可能与结构界限相吻合

  D. 同一专业工作队在同施工段劳动量相等

  E. 施工段必须在同一平面内划分

【答案】A、B、C

【解析】施工段划分原则：（1）各施工段劳动量大致相等；（2）每个施工段要有足够的工作面；（3）施工段的界限尽可能与结构界限吻合；（4）施工段数目要满足合理组织流水施工的要求；（5）对于多层建构筑物或需要分层施工的工程，应既分施工段，又分施工层。

3.2.3　流水施工基本方式

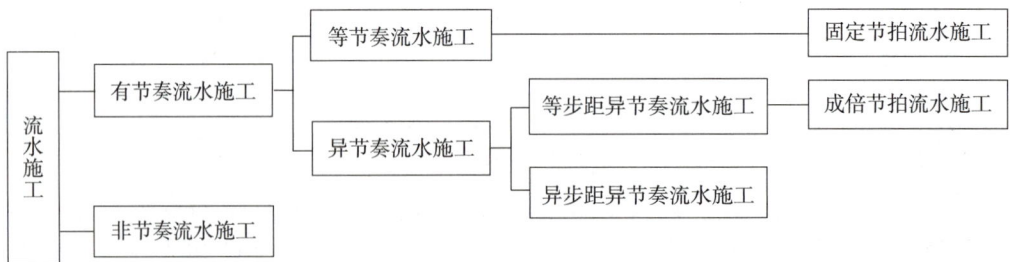

流水施工基本方式

核心考点一：等节奏流水施工特点和计算

等节奏流水施工是指在有节奏流水施工中，各施工过程的流水节拍都相等的流水施工，也称为固定节拍流水施工或全等节拍流水施工。

施工过程	施工进度安排（天）													
	2	4	6	8	10	12	14	16	18	20	22	24	26	28
I		①		②		③		④						
II				①		②		③		④				
III						①		②		③		④		
IV								①		②		③		④

等节奏流水施工

1. 基本特点

（1）所有施工过程在各个施工段上的流水节拍 t 均相等。

（2）相邻施工过程的流水步距 K 相等，且等于流水节拍 t。

（3）专业工作队数 N 等于施工过程数 n，即每个施工过程组建一个专业工作队。

（4）各专业工作队在各施工段上能够连续作业，施工段之间没有空闲时间。

2. 工期计算

基本计算公式为：$T = \sum K + \sum t_n = (n-1)K + mt = (m+n-1)K$

式中　$\sum K$——各施工过程之间流水步距之和；

　　　$\sum t_n$——最后一个施工过程在各施工段上的流水节拍之和。

在考虑技术间歇时间和提前插入（或称平行搭接）的情形下，计算公式为：

$$T = \sum K + \sum t_n + \sum Z - \sum C = (m+n-1)K + \sum Z - \sum C$$

式中　$\sum Z$——技术间歇时间之和；

　　　$\sum C$——提前插入（或称平行搭接）之和。

上图中，$T = (m+n-1)K = (4+4-1)\times 4 = 28$ 天

若在施工过程 I 与 II 之间有 2 天提前插入时间，III 与 IV 之间有 1 天技术间歇时间，则

$T = (m+n-1)K + \sum Z - \sum C = (4+4-1)\times 4 + 1 - 2 = 27$ 天

考虑间歇和插入后，流水施工进度计划如下图所示：

施工过程	施工进度安排（天）													
	2	4	6	8	10	12	14	16	18	20	22	24	26	28
I		①		②		③		④						
II			①		②		③		④					
III					①		②		③		④			
IV							①		②		③		④	

流水施工进度计划

◆**考法：等节奏流水施工特点和计算**

【例题1·单选题】某工程有5个施工过程，划分为3个施工段组织固定节拍流水施工，流水节拍为2天，施工过程之间的技术间歇合计为4天。该工程的流水施工工期是（　　）天。

　　A. 12　　　　　　　　　　　　B. 18

　　C. 20　　　　　　　　　　　　D. 26

【答案】B

【解析】$T=(m+n-1)×K+\sum Z-\sum C=(3+5-1)×2+4=18$天。

【例题2·单选题】某工程由5个施工过程组成，分为3个施工段组织固定节拍流水施工，在不考虑技术间歇和提前插入时间的情况下，要求流水施工工期不超过44天，则流水节拍的最大值为（　　）天。

　　A. 4　　　　　　　　　　　　B. 5

　　C. 6　　　　　　　　　　　　D. 7

【答案】C

【解析】$T=(m+n-1)×K+\sum Z-\sum C=(5+3-1)×K<44$，固定节拍流水施工的流水节拍$t$等于流水步距$K$，故流水节拍的最大值为6天。

【例题3·2024年真题·多选题】建设工程组织固定节拍流水施工的特点有（　　）。

　　A. 相邻施工过程的流水步距相等　　B. 专业工作队数等于施工过程数

　　C. 各施工段的流水节拍不全相等　　D. 施工段之间可能有空闲时间

　　E. 各专业工作队能够连续作业

【答案】A、B、E

【解析】固定节拍流水施工是一种最理想的流水施工方式，具有以下特点：（1）所有施工过程在各个施工段上的流水节拍均相等；（2）相邻施工过程的流水步距相等，且等于流水节拍；（3）专业工作队数等于施工过程数，即每一个施工过程组建一个专业工作队；（4）各专业工作队在各施工段上能够连续作业，施工段之间没有空闲时间。

核心考点二：异节奏流水施工特点和计算

异节奏流水施工是指在有节奏流水施工中，同一施工过程各施工段的流水节拍相等，而不同施工过程各施工段的流水节拍不尽相等的流水施工，可采用等步距和异步距两种方式。

若不同施工过程各施工段的流水节拍为倍数关系，按比例成立相应数量的专业工作队进行流水施工，称为等步距异节奏流水施工，或成倍节拍流水施工或加快的成倍节拍流水施工。

若不同施工过程各施工段的流水节拍不为倍数关系，每个施工过程成立一个专业工作队，由其完成各施工段任务的流水施工，称为异步距异节奏流水施工。

1. 等步距异节奏流水施工

（1）基本特点

① 同一施工过程在各个施工段上流水节拍均相等，不同施工过程流水节拍为倍数

关系。

②相邻施工过程的流水步距相等，且等于流水节拍的最大公约数。

③专业工作队数大于施工过程数；对流水节拍大的施工过程，按其倍数增加专业工作队。

④各专业工作队在施工段上能够连续作业，施工段之间没有空闲时间。

（2）工期计算

计算公式为：$T=(m+N-1)K+\sum Z-\sum C$

式中　K——流水步距，取各施工过程流水节拍的最大公约数；

　　　　N——专业作业队数，$N=\sum$（流水节拍/流水步距）。

2. 异步距异节奏流水施工

流水施工工期计算公式为：$T=\sum K+\sum t_n+\sum Z-\sum C$

采用"累加数列错位相减取大差法"计算流水步距。

【例 3.2-1】某工程由 4 幢相同的装配式单体建筑组成，每幢建筑可视为一个施工段，划分为基础工程、结构安装、室内装修和室外工程 4 个施工过程，各施工过程流水节拍分别为 5 周、10 周、10 周、5 周，分别确定组织等步距异节奏流水施工和异步距异节奏流水施工的流水施工工期。

【解】（1）计算等步距异节奏流水施工工期

①计算流水步距

流水步距等于各施工过程流水节拍的最大公约数，$K=[5，10，10，5]$ 的最大公约数 $=5$ 周

②确定专业工作队数

专业工作队数 $N=\sum$（流水节拍/流水步距）$=(5/5)+(10/5)+(10/5)+(5/5)=1+2+2+1=6$ 个

③计算流水施工工期

$T=(m+N-1)K+\sum Z-\sum C=(4+6-1)\times 5=45$ 周

（2）计算异步距异节奏流水施工的流水施工工期

①采用"累加数列错位相减取大差法"计算流水步距

$$
\begin{array}{cccc}
5, & 10, & 15, & 20 \\
-) & 10, & 20, & 30, & 40 \\
\hline
\end{array}
$$
$K_{1,2}=\max\{5,\ 0,\ -5,\ -10,\ -40\}=5$

$$
\begin{array}{cccc}
10, & 20, & 30, & 40 \\
-) & 10, & 20, & 30, & 40 \\
\hline
\end{array}
$$
$K_{2,3}=\max\{10,\ 10,\ 10,\ 10,\ -40\}=10$

$$
\begin{array}{cccc}
10, & 20, & 30, & 40 \\
-) & 5, & 10, & 15, & 20 \\
\hline
\end{array}
$$
$K_{3,4}=\max\{10,\ 15,\ 20,\ 25,\ -20\}=25$

② 计算流水施工工期 $T = \sum K + \sum t_n + \sum Z - \sum C = (5 + 10 + 25) + (5 + 5 + 5 + 5) = 60$ 周

◆ 考法：**异节奏流水施工特点和计算**

【例题1·单选题】某工程有 3 个施工过程，划分为 5 个施工段组织加快的成倍节拍流水施工，各施工过程的流水节拍分别为 4 天、6 天和 4 天，则参加流水施工的专业工作队总数为（　　）个。

A. 4
B. 5
C. 6
D. 7

【答案】D

【解析】本题考查的是等步距异节奏即成倍节拍流水施工。流水步距等于流水节拍的最大公约数，$K = [4，6，4]$ 的最大公约数 = 2 天；专业工作队数 $N = \sum$（流水节拍 / 流水步距）= $(4/2) + (6/2) + (4/2) = 7$ 个。

【例题2·单选题】某分部工程有 3 个施工过程，分为 4 个施工段组织加快的成倍节拍流水施工，各施工过程流水节拍分别是 6 天、6 天、9 天，则该工程的流水施工工期是（　　）天。

A. 24
B. 30
C. 36
D. 54

【答案】B

【解析】本题考查的是等步距异节奏即成倍节拍流水施工。施工段数 $m = 4$，施工过程数 $n = 3$，流水步距等于流水节拍的最大公约数，$K = [6，6，9]$ 的最大公约数 = 3 天，专业工作队数 $N = \sum$（流水节拍 / 流水步距）= $(6/3) + (6/3) + (9/3) = 7$ 个，流水施工工期 $T = (m + N - 1)K + \sum Z - \sum C = (4 + 7 - 1) \times 3 = 30$ 天。

【例题3·多选题】采用加快的成倍节拍流水施工方式的特点有（　　）。

A. 相邻专业工作队之间的流水步距相等
B. 不同施工过程的流水节拍成倍数关系
C. 专业工作队数等于施工过程数
D. 流水步距等于流水节拍的最大值
E. 各专业工作队能够在施工段上连续作业

【答案】A、B、E

【解析】成倍节拍流水施工的特点：（1）同一施工过程在各个施工段上流水节拍均相等，不同施工过程流水节拍为倍数关系；（2）相邻施工过程的流水步距相等，且等于流水节拍的最大公约数；（3）专业工作队数大于施工过程数；对流水节拍大的施工过程，按其倍数增加专业工作队；（4）各专业工作队在施工段上能够连续作业，施工段之间没有空闲时间。

核心考点三：非节奏流水施工特点和计算

1. 基本特点

（1）各施工过程在各施工段上流水节拍不全相等。

（2）相邻施工过程的流水步距不尽相等。

（3）专业作业队数等于施工过程数。

（4）各专业作业队在施工段上连续作业，但有的施工段之间可能有空闲时间。

2. 工期计算

流水施工工期 $T = \sum K + \sum t_n + \sum Z - \sum C$

小结：

三种流水施工的总结（一）

等节奏（固定/全等节拍）	等步距异节奏（加快的成倍节拍）	非节奏
所有施工过程流水节拍 t 均相等	同一施工过程流水节拍相等，不同施工过程流水节拍为倍数关系	各施工过程流水节拍不全相等
流水步距 K 相等，且等于流水节拍 t	流水步距相等，且等于流水节拍的最大公约数	流水步距不尽相等
专业工作队数 N 等于施工过程数 n	专业工作队数大于施工过程数（$N = \sum$（流水节拍/流水步距））	专业工作队数等于施工过程数
各专业工作队在各施工段连续作业，施工段之间没有空闲时间	各专业工作队在各施工段连续作业，施工段之间没有空闲时间	各专业工作队在各施工段连续作业，但施工段之间可能有空闲时间

三种流水施工的总结（二）

组织形式		流水施工工期步骤
等节奏		第一步，确定施工段 m、施工过程 n、流水节拍 t、流水步距 $K = t$、间歇 $\sum Z$、提前插入 $\sum C$。 第二步，计算流水工期 T，$T = (m+n-1)K + \sum Z - \sum C$
异节奏	等步距	第一步，确定施工段 m、施工过程 n、流水节拍 t、间歇 $\sum Z$、提前插入 $\sum C$。 第二步，计算流水步距 K，取各施工过程流水节拍的最大公约数。 第三步，计算专业作业队数 N，$N = \sum$（流水节拍/流水步距）。 第四步，计算流水工期 T，$T = (m+N-1)K + \sum Z - \sum C$
	异步距	第一步，确定施工段 m、施工过程 n、流水节拍 t、间歇 $\sum Z$、提前插入 $\sum C$。 第二步，累加数列错位相减取大差法计算流水步距 K。 第三步，计算流水工期 T，$T = \sum K + \sum t_n + \sum Z - \sum C$
非节奏		与异步距异节奏相同

【例题 3.2-2】某工程建设中，为安装 4 台规格型号和基础条件均不相同的设备，需要修筑相应基础工程，施工过程包括基坑开挖、基础处理和浇筑混凝土，各施工过程流水节拍见下表，试计算流水施工工期并编制该设备基础工程流水施工进度计划。

各施工过程流水节拍（单位：周）

施工过程	施工段			
	设备 A	设备 B	设备 C	设备 D
基坑开挖	2	3	3	2
基础处理	4	4	3	3
浇筑混凝土	2	3	2	2

【解】 采用"累加数列错位相减取大差法"确定流水步距：

$$2, \ 5, \ 8, \ 10$$
$$-) \qquad 4, \ 8, \ 11, \ 14$$

$$K_{1,2} = \max\{2, \ 0, \ 0, \ -1, \ -14\} = 2$$

$$4, \ 8, \ 11, \ 14$$
$$-) \qquad 2, \ 5, \ 7, \ 9$$

$$K_{2,3} = \max\{4, \ 6, \ 6, \ 7, \ -9\} = 7$$

流水施工工期 $T = \sum K + \sum t_n + \sum Z - \sum C = (2+7)+(2+3+2+2) = 18$ 周

非节奏流水施工进度计划如下图所示：

非节奏流水施工进度计划

施工过程	施工进度安排（周）																	
	1	2	3	4	5	6	7	8	9	10	11	12	13	14	15	16	17	18
基坑开挖	A			B			C		D									
基础处理				A			B				C			D				
浇筑混凝土									A			B		C			D	

◆ **考法：非节奏流水施工特点和计算**

【例题1·单选题】 某工程组织非节奏流水施工，两个施工过程在4个施工段上的流水节拍分别为5天、8天、4天、4天和7天、2天、5天、3天，则该工程的流水施工工期是（ ）天。

A. 16

B. 21

C. 25

D. 28

【答案】 C

【解析】 采用"累加数列错位相减取大差法"确定流水步距：

$$5, \ 13, \ 17, \ 21$$
$$-) \qquad 7, \ 9, \ 14, \ 17$$

$$K_{1,2} = \max\{5, \ 6, \ 8, \ 7, \ -17\} = 8$$

故流水施工工期 $T = \sum K + \sum t_n + \sum Z - \sum C = 8 + (7+2+5+3) = 25$ 天

【例题2·多选题】 建设工程组织非节奏流水施工的特点有（ ）。

A. 各专业工作队不能在施工段上连续作业

B. 相邻施工过程的流水步距不尽相等

C. 各施工段的流水节拍相等

D. 专业工作队数等于施工过程数

E. 施工段之间没有空闲时间

【答案】 B、D

【解析】非节奏流水施工的特点有：（1）各施工过程在各施工段上流水节拍不全相等；（2）相邻施工过程的流水步距不尽相等；（3）专业作业队数等于施工过程数；（4）各专业作业队在施工段上连续作业，但有的施工段之间可能有空闲时间。

3.3 工程网络计划技术

核心考点提纲

3.3 工程网络计划技术 { 3.3.1 工程网络计划类型和编制程序
 3.3.2 时间参数及其相互关系
 3.3.3 关键工作及关键线路确定方法

核心考点剖析

3.3.1 工程网络计划类型和编制程序

核心考点一：工程网络计划类型

工程网络计划类型

按工作持续时间的性质	肯定型（如关键线路法）、非肯定型（如计划评审技术）、随机型（如图示评审技术、风险评审技术）网络计划
按表达形式	双代号、单代号网络计划
按计划目标	单目标、多目标网络计划
按有无时间坐标	时标、非时标网络计划
按网络计划层级	单级、多级网络计划
按工作搭接关系	普通、搭接、流水网络计划

建设工程施工进度管理主要应用肯定型网络计划，最常用的是双代号网络计划、单代号网络计划及双代号时标网络计划。

◆考法：工程网络计划类型

【例题1·单选题】按照工作持续时间的性质不同划分的工程网络计划，不包括（　　）。

A. 肯定型网络计划　　　　　　　B. 非肯定型网络计划

C. 双代号网络计划　　　　　　　D. 随机型网络计划

【答案】C

【解析】按照工作持续时间的性质不同，工程网络计划分为肯定型、非肯定型、随机型三种网络计划。

【例题2·单选题】按照工作持续时间的性质不同，在工程网络计划中，属于肯定型网络计划的是（　　）。

A. 计划评审技术　　　　　　　　B. 关键线路法

C. 图示评审技术　　　　　　　　D. 搭接技术法

【答案】B

【解析】按照工作持续时间的性质不同，网络计划分为肯定型（如关键线路法）、非肯定型（如计划评审技术）、随机型（如图示评审技术、风险评审技术）网络计划。

核心考点二：工程网络计划编制程序

工程网络计划编制程序

编制程序	主要工作
计划编制准备阶段	（1）调查研究。 （2）确定网络计划目标。 ①时间目标，即工期目标；②时间—资源目标；③时间—成本目标
网络图绘制阶段	（1）工程项目分解：是编制网络计划的前提。 （2）确定逻辑关系：依据施工方案、资源供应和施工经验。 （3）绘制网络图
时间参数计算阶段	（1）计算时间参数。 （2）确定关键工作和关键线路
网络计划优化阶段	（1）优化网络计划（包括工期优化、费用优化、资源优化）。 （2）编制正式网络计划

◆ 考法：工程网络计划编制程序

【例题1·单选题】应用工程网络计划技术编制施工进度计划，主要包括以下几个阶段：①网络图绘制阶段；②网络计划优化阶段；③时间参数计算阶段；④计划编制准备阶段。正确的编制程序为（   ）。

A. ④①③②
B. ④③①②
C. ①④③②
D. ③②④①

【答案】A

【解析】应用工程网络计划技术编制施工进度计划，可分为以下四个阶段：计划编制准备阶段、网络图绘制阶段、时间参数计算阶段、网络计划优化阶段。

【例题2·单选题】在工程网络计划编制程序中，计划编制准备阶段主要包括（   ）工作。

A. 确定网络计划目标和绘制网络图　　B. 调查研究和确定网络计划目标
C. 工程项目分解和调查研究　　D. 绘制网络图和确定逻辑关系

【答案】B

【解析】计划编制准备阶段主要包括调查研究和确定网络计划目标；网络图绘制阶段主要包括工程项目分解、确定逻辑关系和绘制网络图；时间参数计算阶段主要包括计算时间参数、确定关键工作和关键线路；网络计划优化阶段主要包括优化网络计划和编制正式网络计划。

【例题3·多选题】在计划编制准备阶段，主要包括调查研究和确定网络计划目标等工作，其中，确定网络计划目标一般可分为（   ）。

A. 时间目标
B. 资源目标
C. 时间—资源目标
D. 成本目标

E. 时间—成本目标

【答案】 A、C、E

【解析】 在计划编制准备阶段确定网络计划目标包括：（1）时间目标，即工期目标；（2）时间—资源目标；（3）时间—成本目标。

核心考点三：网络图绘图规则

1. 双代号网络图的绘图规则

（1）网络图必须按照已定逻辑关系绘制。在双代号网络图中，虚工作既不消耗时间，也不消耗资源。虚工作主要用来表示相邻两项工作之间的逻辑关系。节点编号严禁重复，并应使每一条箭线上箭尾节点编号小于箭头节点编号。

（2）网络图中严禁出现循环回路。下图所示即为存在循环回路（C→E→F→D）。

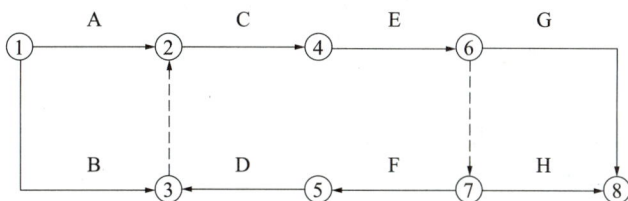

存在循环回路的错误网络图

（3）网络图的箭线应自左向右，不应出现逆向箭线。

（4）网络图中严禁出现双向箭头和无箭头的连线。下图所示为错误的工作箭线画法。

错误的工作箭线画法

（5）网络图中严禁出现没有箭尾节点的箭线和没有箭头节点的箭线。下图所示即为没有节点的工作箭线错误画法。

没有节点的工作箭线错误画法

（6）严禁在箭线上引入或引出箭线。下图所示即为箭线上引入或引出箭线的错误画法。

箭线上引入或引出箭线的错误画法

（7）应尽量避免箭线交叉。当交叉不可避免时，可以采用过桥法或指向法处理。箭线交叉的表示方法如下图所示。

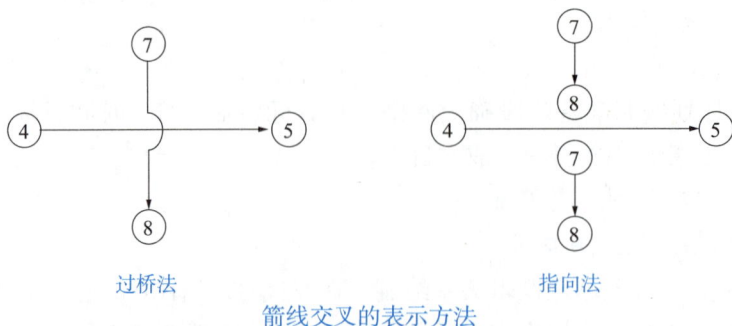

过桥法   指向法

箭线交叉的表示方法

（8）网络图应只有一个起点节点和一个终点节点。

2. 单代号网络图的绘图规则

单代号网络图的绘图规则与双代号网络图的绘图规则基本相同，主要区别在于：

（1）当网络图中有多项开始或结束工作时，应分别增设一项虚工作作为起点或终点节点。

（2）由于单代号箭线仅表达逻辑关系，因此不能用虚箭线。

◆**考法 1：双代号网络图绘图规则**

【例题 1·2019 年真题·单选题】下图所示网络图中，存在的绘图错误是（   ）。

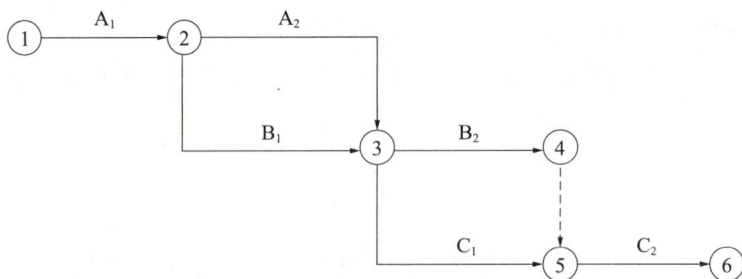

网络图

A. 节点编号错误   B. 存在多余节点

C. 有多个终点节点   D. 工作编号重复

【答案】D

【解析】A_2 工作与 B_1 工作编号（工作名称）重复。

【例题 2·2017 年真题·单选题】根据下表逻辑关系绘制的双代号网络图如下，存在的绘图错误是（   ）。

逻辑关系表

工作名称	A	B	C	D	E	G	H
紧前工作	—	—	A	A	A、B	C	E

A. 节点编号不对   B. 逻辑关系不对

C. 有多个起点节点   D. 有多个终点节点

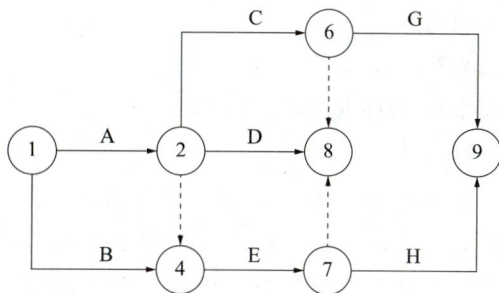
双代号网络图

【答案】D

【解析】双代号网络图中应只有一个起点节点和一个终点节点。

【例题3·2021年真题·单选题】关于双代号网络图中节点编号的说法，正确的是（　　）。

A. 起点节点的编号为0

B. 箭头节点编号要小于箭尾节点编号

C. 各节点应连续编号

D. 每一个节点都必须编号

【答案】D

【解析】双代号网络图中，节点应用圆圈表示，并在圆圈内编号。一项工作应当只有唯一的一条箭线和相应的一对节点，且要求箭尾节点的编号小于其箭头节点的编号网络图节点的编号顺序应从小到大，可不连续，但不允许重复。

【例题4·2023年真题·单选题】下列网络图中，存在绘图错误的有（　　）。

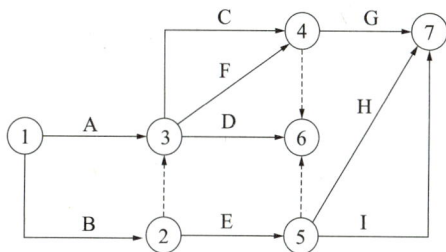
网络图

A. 存在双向箭头

B. 工作编号重复

C. 有多个起点节点

D. 有循环回路

E. 有多个终点节点

【答案】B、E

【解析】选项B错误，C、F工作的代号均为③→④。选项E错误，节点⑥、⑦存在两个终点节点。

◆ **考法2：单代号网络图绘图规则**

【例题1·2024年真题·单选题】关于单代号网络计划绘图规则的说法，正确的是（　　）。

A. 可以有多个起点节点，但只能有一个终点节点

B. 不允许出现循环回路

C. 所有箭线不允许交叉

D. 可以绘制没有箭尾节点的箭线

【答案】B

【解析】选项 A 错误，网络图应只有一个起点节点和一个终点节点。选项 C 错误，应尽量避免网络图中工作箭线的交叉。当交叉不可避免时，可以采用过桥法或指向法处理。选项 D 错误，除网络图的起点节点和终点节点外，不允许出现没有外向箭线的节点和没有内向箭线的节点。

【例题 2·单选题】某单代号网络图如下图所示，存在的错误有（　　　）。

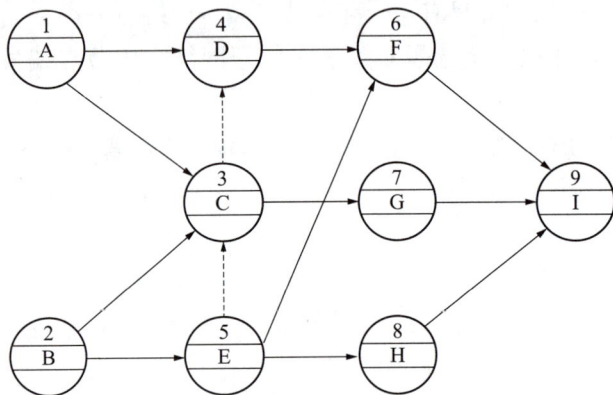

某单代号网络图

A. 多个起点节点　　　　　　　　B. 有多余虚箭线

C. 出现交叉箭线　　　　　　　　D. 没有终点节点

E. 出现循环回路

【答案】A、B、C

【解析】选项 B 正确，单代号网络图不能用虚箭线。选项 D 错误，I 为终点节点。选项 E 错误，没有出现循环回路。

3.3.2　时间参数及其相互关系

核心考点一：双代号网络计划时间参数的计算

1. 六时法

（1）最早开始 ES，工作有可能开始的最早时刻。

（2）最早完成 EF，工作有可能完成的最早时刻。

（3）最迟开始 LS，工作必须开始的最早时刻。

（4）最迟完成 LF，工作必须完成的最早时刻。

（5）总时差 TF，不影响总工期的前提下，本工作可以利用的机动时间。

（6）自由时差 FF，不影响紧后工作最早开始的前提下，本工作可以利用的机动时间。

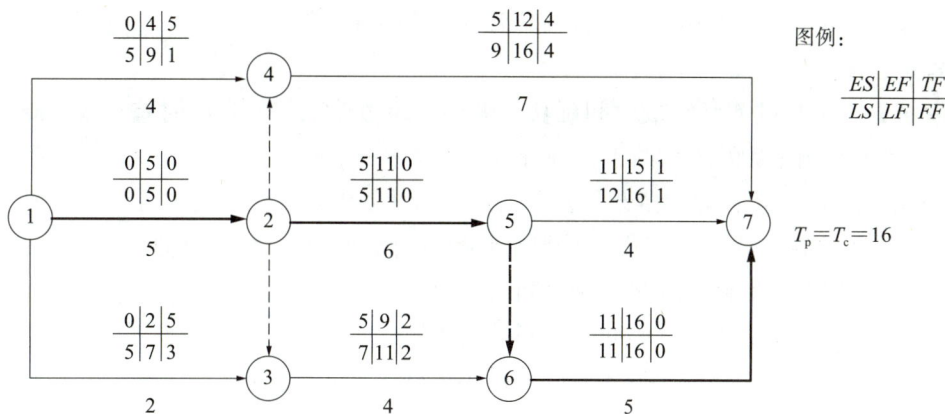

双代号网络计划时间参数计算结果（六时法）

图例：
$$\frac{ES \mid EF \mid TF}{LS \mid LF \mid FF}$$

$T_p = T_c = 16$

计算思路：ES、EF，从前往后取最大值；LS、LF、TF、FF，从后往前取最小值。

计算公式：

（1）最早开始时间＝各紧前工作最早完成时间的最大值

（2）最早完成时间＝最早开始时间加上持续时间

（3）最迟完成时间＝各紧后工作最迟开始时间的最小值

（4）最迟开始时间＝最迟完成时间减去持续时间

（5）总时差＝最迟开始时间－最早开始时间＝最迟完成时间－最早完成时间

（6）自由时差＝各紧后工作最早开始时间的最小值－本工作最早完成时间

◆ **考法1：时间参数的基本概念**

【**例题1·2016年真题·单选题**】某网络计划中，已知工作M的持续时间为6天，总时差和自由时差分别为3天和1天；检查中发现该工作实际持续时间为9天，则其对工程的影响是（　　）。

　　A. 既不影响总工期，也不影响其紧后工作的正常进行

　　B. 不影响总工期，但使其紧后工作的最早开始时间推迟2天

　　C. 使其紧后工作的最迟开始时间推迟3天，并使总工期延长1天

　　D. 使其紧后工作的最早开始时间推迟1天，并使总工期延长3天

【**答案**】B

【**解析**】本题考查的是总时差和自由时差基本概念的区别。总时差是在不影响总工期的前提下，本项工作的机动时间。自由时差是在不影响紧后工作的最早开始时间的前提下，本工作的机动时间。

【**例题2·2024年真题·单选题**】在工程网络计划中，已知某工作总时差和自由时差分别为7天和5天，如果该工作的实际完成时间延长了3天，则该工作对网络计划的影响是（　　）。

　　A. 使总工期延长3天，但不影响其后续工作的正常进行

　　B. 不影响总工期，但使其后续工作的开始时间推迟3天

　　C. 使后续工作的开始时间推迟3天，且总工期延长2天

D. 既不影响总工期，也不影响其后续工作的正常进行

【答案】D

【解析】该工作的实际完成时间延长3天，未超过该工作的自由时差，所以既不影响总工期，也不影响其后续工作的正常进行。

【例题3·2021年真题·多选题】在工程网络计划中，工作的自由时差等于（ ）。

A. 完成节点最早时间减去开始节点最早时间减去本工作持续时间

B. 最迟开始时间与最早开始时间的差值

C. 与所有紧后工作之间间隔时间的最小值

D. 所有紧后工作最早开始时间的最小值减去本工作的最早完成时间

E. 在不影响其紧后工作最早开始时间的前提下可以利用的机动时间

【答案】C、D、E

【解析】选项A错误，无此说法，选项B为工作的总时差，选项C、D、E为工作的自由时差。故选项C、D、E正确。

◆ **考法2：最迟完成时间的计算**

【例题1·2021年真题·单选题】工作最早第4天开始，总时差为2天，持续时间为6天，该工作的最迟完成时间是第（ ）天。

A. 9   B. 11

C. 10   D. 12

【答案】D

【解析】本工作最迟开始时间－最早开始时间＋总时差＝6，由于持续时间6天，则最迟完成时间为第12天。

【例题2·2016年真题·单选题】某网络计划中，工作A有两项紧后工作C和D，工作C、D的持续时间分别为12天、7天，工作C、D的最迟完成时间分别为第18天、第10天，则工作A的最迟完成时间是第（ ）天。

A. 3   B. 5

C. 6   D. 8

【答案】A

【解析】最迟完成时间取 $\min = 18 - 12，10 - 7 = 3$。

◆ **考法3：最迟开始时间的计算**

【例题·2020年真题·单选题】网络计划中，某项工作的最早开始时间是第4天，持续2天，两项紧后工作的最迟开始时间是第9天和第11天，该项工作的最迟开始时间是第（ ）天。

A. 7   B. 6

C. 8   D. 9

【答案】A

【解析】最迟完成时间＝紧后工作的最迟开始时间的最小值＝ $\min\{9，11\} = 9$，本工作最迟开始时间＝本工作最迟完成时间－本工作持续时间＝ $9 - 2 = 7$。

◆ 考法 4：总时差的计算

【例题·2022 年真题·单选题】在工程网络计划中，工作 M 的最迟完成时间为第 28 天，其持续时间为 6 天。该工作有两项紧前工作，它们的最早完成时间分别为第 12 天和第 15 天，则工作 M 的总时差为（　　）天。

A. 5　　　　　　　　　　　　B. 6

C. 7　　　　　　　　　　　　D. 8

【答案】C

【解析】本工作的最早开始时间 = 紧前工作最早完成的最大值 = max{12，15} = 15，总时差 = 最迟开始时间 − 最早开始时间 = 22 − 15 = 7。

◆ 考法 5：自由时差的计算

【例题 1·2017 年真题·单选题】某双代号网络计划中，工作 M 的最早开始时间和最迟开始时间分别为第 12 天和第 15 天，其持续时间为 5 天；工作 M 有 3 项紧后工作，它们的最早开始时间分别为第 21 天、第 24 天和第 28 天，则 M 的自由时差为（　　）天。

A. 4　　　　　　　　　　　　B. 1

C. 8　　　　　　　　　　　　D. 11

【答案】A

【解析】自由时差 = 紧后工作最早开始的最小值 − 本工作最早完成时间 = 21 − (12 + 5) = 4 天。

【例题 2·2020 年真题·单选题】网络计划中，某项工作的持续时间是 4 天，最早第 2 天开始，两项紧后工作分别最早在第 8 天和第 12 天开始，该项工作的自由时差是（　　）天。

A. 4　　　　　　　　　　　　B. 6

C. 8　　　　　　　　　　　　D. 2

【答案】D

【解析】本工作的最早完成时间 = 最早开始 + 持续时间 = 2 + 4 = 6，自由时差 = 紧后工作最早开始时间的最小值 − 本工作最早完成时间 = min{8，12} − 6 = 2 天。

【例题 3·2022 年真题·单选题】若工作 A 持续 4 天，最早第 2 天开始，有两个紧后工作：工作 B 持续 1 天，最迟第 10 天开始，总时差 2 天；工作 C 持续 2 天，最早第 9 天完成，则工作 A 的自由时差是（　　）天。

A. 0　　　　　　　　　　　　B. 1

C. 2　　　　　　　　　　　　D. 3

【答案】B

【解析】工作 A 最早完成时间是第 6 天，工作 B 最早开始时间是第 8 天，工作 C 最早开始时间是第 7 天，自由时差 = 紧后工作最早开始的最小值 − 本工作最早完成时间 = 7 − 6 = 1 天。

【例题 4·2023 年真题·单选题】工作 N 的最早开始时间是第 12 天，持续时间是 5 天，N 后有三项紧后工作，他们的最早开始时间分别为第 20 天、第 21 天、第 23 天，工作 N

的自由时差为（　　）天。

    A. 0　　　　　　　　　　　　　　B. 1

    C. 2　　　　　　　　　　　　　　D. 3

【答案】D

【解析】因为工作 N 的最早开始时间是第 12 天，持续时间是 5 天，所以最早完成时间为第 17 天。因为三项紧后工作的最早开始时间分别为第 20 天、第 21 天、第 23 天，所以工作 N 的自由时差＝紧后工作最早开始的最小值－本工作最早完成时间＝20－17＝3 天。

2. 标号法

所谓标号法，是指对网络计划中的每一个节点按顺序进行标号，然后利用标号值确定网络计划的计算工期和关键线路的方法。

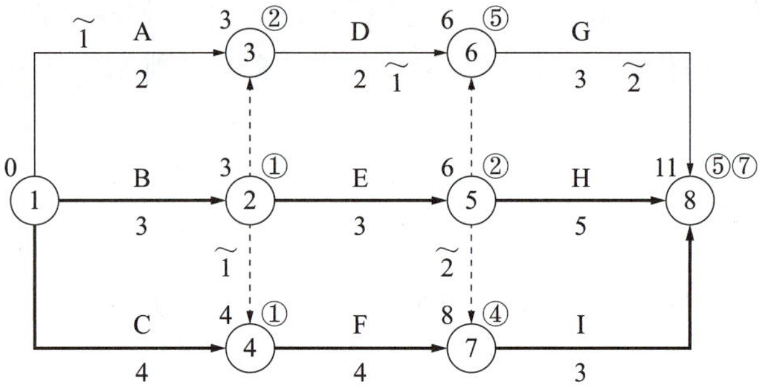

标号法

看图技巧示例：（1）总时差。该工作及后续线路上波形线长度之和的最小值。

（2）自由时差。

① 双代号 / 双代号时标：该工作的波形线长度。

② 单代号：该工作与紧后工作之间波形线长度的最小值。

◆ 考法 1：计算工期

【例题 1·2021 年真题·单选题】某双代号网络计划如下图所示（时间单位：天），计算工期是（　　）天。

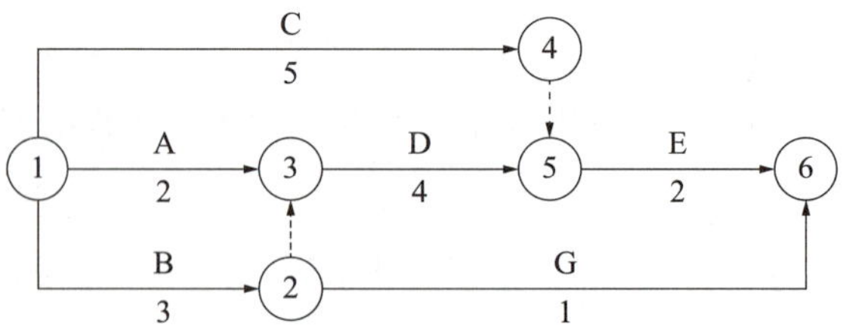

某双代号网络计划

    A. 8　　　　　　　　　　　　　　B. 9

    C. 10　　　　　　　　　　　　　D. 11

【答案】B

【解析】关键线路①→②→③→⑤→⑥，持续时间为 9 天。

【例题 2·2019 年真题·单选题】某双代号网络计划如下图所示（时间单位：天），

其计算工期是（　　）天。

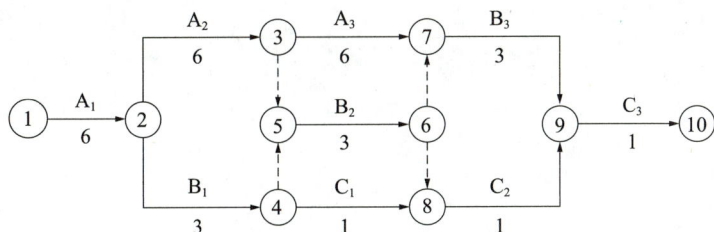

某双代号网络计划

　　A. 12　　　　　　　　　　　　B. 14

　　C. 22　　　　　　　　　　　　D. 17

【答案】C

【解析】在双代号网路计划中，全部由关键工作组成的线路为关键线路，或线路上总的工作持续时间最长的线路为关键线路。在本题中即为①→②→③→⑦→⑨→⑩，工期22天。

　　◆ 考法 2：寻找关键线路和关键工作

【例题 1·2023 年真题·多选题】某工程网络计划如下图所示，其关键工作有（　　）。

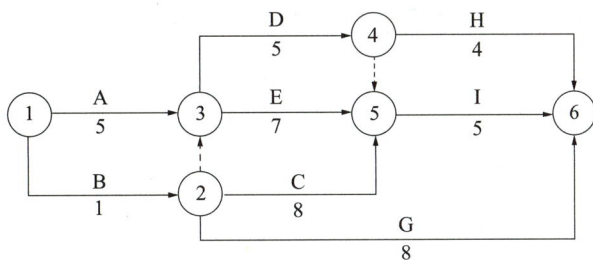

某工程网络计划

　　A. 工作 A　　　　　　　　　　B. 工作 E

　　C. 工作 C　　　　　　　　　　D. 工作 D

　　E. 工作 I

【答案】A、B、E

【解析】关键线路为 A → E → I，故关键工作为 A、E、I（见下图）。

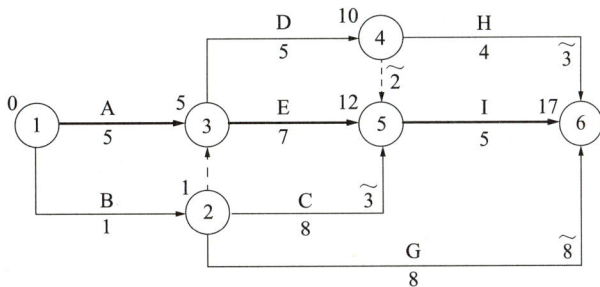

标号法

【例题2·2020年真题·多选题】某双代号网络计划如下图所示，关键线路有（　　）。

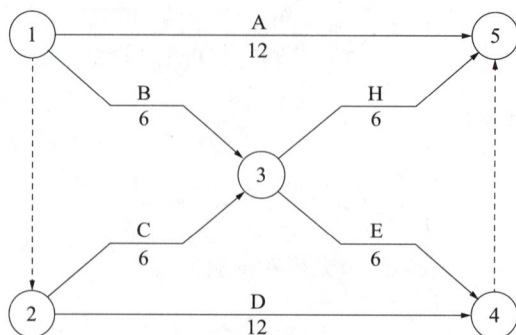

某双代号网络计划

A. ①→⑤

B. ①→③→⑤

C. ②→③→⑤

D. ①→③→④

E. ②→③→④

【答案】A、B

【解析】关键线路为：①→⑤、①→③→⑤、①→③→④→⑤、①→②→③→⑤、①→②→③→④→⑤、①→②→④→⑤。

【例题3·2023年真题·多选题】某工程双代号网络计划如下图所示，关键线路有（　　）条。

A. 3

B. 1

C. 2

D. 4

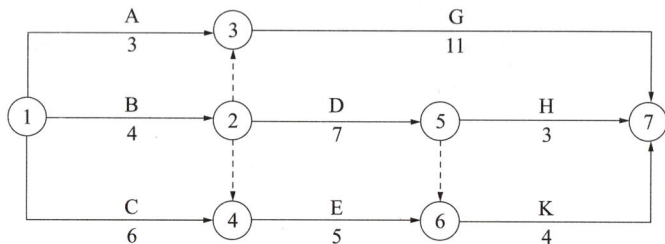

某工程双代号网络计划

【答案】A

【解析】存在3条关键线路：B→G、B→D→K、C→E→K（见下图）。

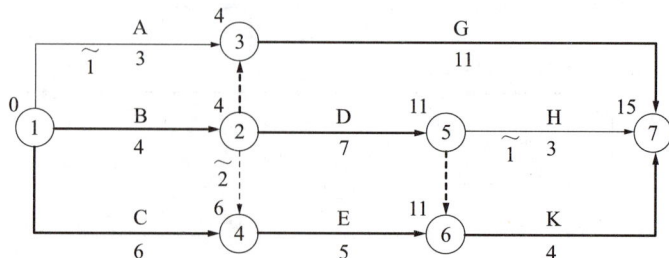

标号法

◆考法 3：计算时间参数

【例题 1 · 2023 年真题 · 单选题】某双代号网络计划如下图所示（时间单位：天），工作 D 的最早完成时间为第（　　）天。

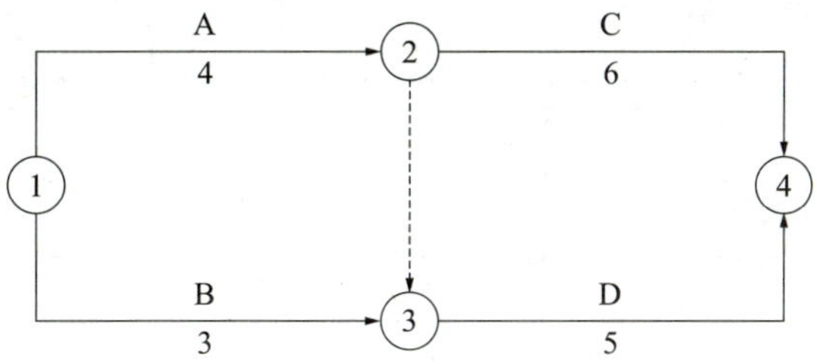

某双代号网络计划

A. 9　　　　B. 7

C. 8　　　　D. 10

【答案】A

【解析】由图可知，工作 D 最早开始为第 4 天，持续时间为 5 天，所以最早完成时间为 4 + 5 = 9。

【例题 2 · 单选题】某双代号网络计划如下图所示（时间单位：天），其中工作 G 的总时差和自由时差分别是（　　）。

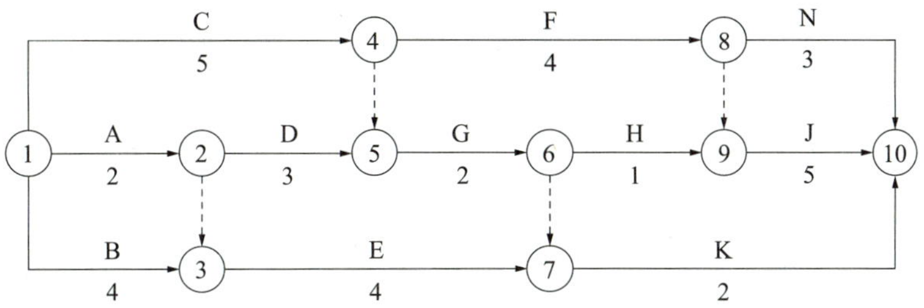

某双代号网络计划

A. 4 天，1 天　　　　B. 1 天，0

C. 1 天，1 天　　　　D. 0，1 天

【答案】B

【解析】运用标号法解题，见下图。

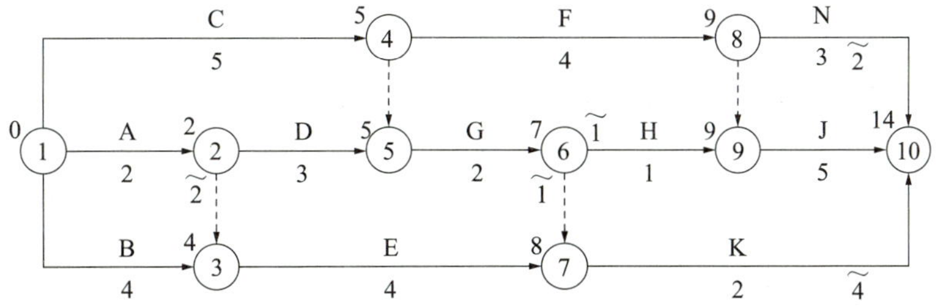

标号法

【例题3·单选题】关于下列双代号网络图，错误的是（　　　）。

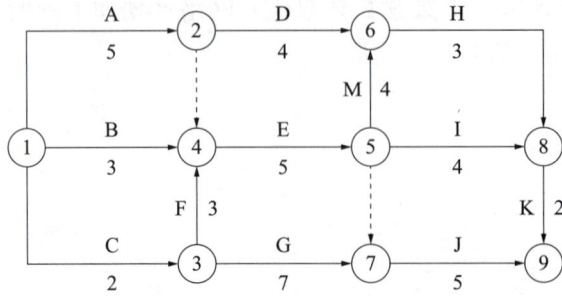

双代号网络图

A. 工作 I 的最早开始时间为第 10 天

B. 该网络图存在两条关键线路

C. 工作 D 的自由时差为 5 天

D. 工作 B 的总时差为 1 天

【答案】D

【解析】运用标号法解题，见下图。

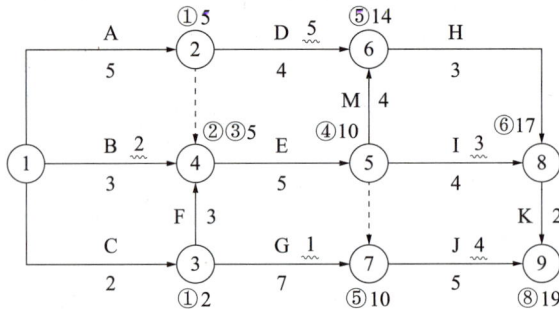

标号法

3. 节点法和二时法

（1）节点法

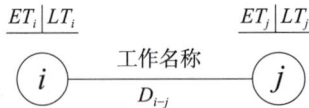

节点法

ET_i：该工作的最早开始时间。LT_j：该工作的最迟完成时间。

◆ 考法：节点法

【例题·单选题】某工程双代号网络计划中工作 M 如下图所示（时间单位：天），则工作 M 的总时差为（　　　）天。

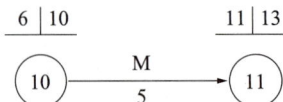

某工程双代号网络计划

A. 1   B. 2

C. 4   D. 5

【答案】B

【解析】工作 M 最早开始时间为第 6 天，最迟完成时间为第 13 天，则最早完成时间＝6＋5＝11，总时差最迟完成时间－最早完成时间＝13－11＝2 天。

（2）二时法

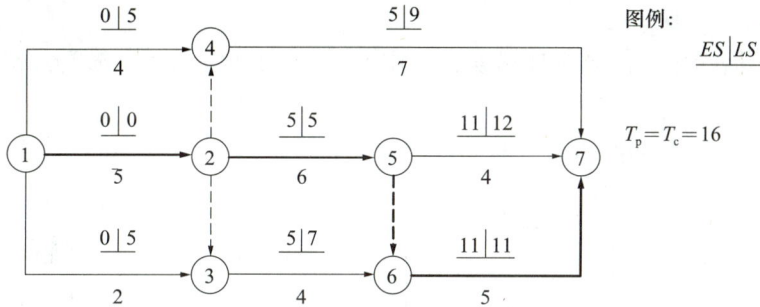

二时法

◆ **考法：二时法**

【例题 1・单选题】某工程双代号网络计划如下图所示，工作 E 的最迟完成时间为第（   ）天。

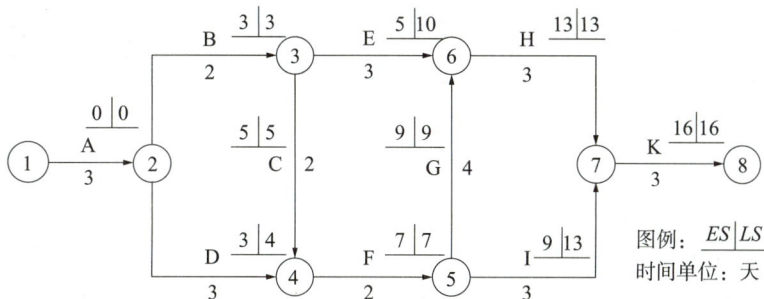

A. 5   B. 8

C. 10   D. 13

【答案】D

【解析】工作 E 最早开始时间为第 5 天，最迟开始时间为第 10 天，最早完成时间＝5＋3＝8，总时差＝最迟开始时间－最早开始时间＝10－5＝5 天，则最迟完成时间＝最早完成时间＋总时差＝8＋5＝13。

【例题 2・2024 年真题・多选题】某工程双代号网络计划如下图所示（单位：天），图中箭线上方数字依次为相同工作的最早开始时间和最迟开始时间，该网络计划显示的正确信息有（   ）。

A. 工作 1-5 的总时差为 3 天   B. 工作 1-2 的自由时差为 1 天

C. 工作 3-4 为关键工作   D. 工作 2-6 的总时差为 1 天

E. 工作 5-7 为关键工作

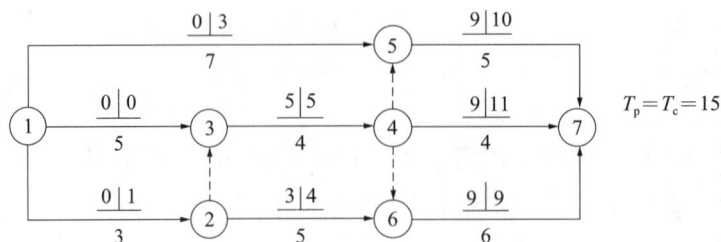

【答案】A、C、D

【解析】根据标号法，选项 B 错误，工作 1-2 的自由时差为 0。选项 E 错误，工作 5-7 不在关键线路上，为非关键工作。

核心考点二：单代号网络计划时间参数的计算

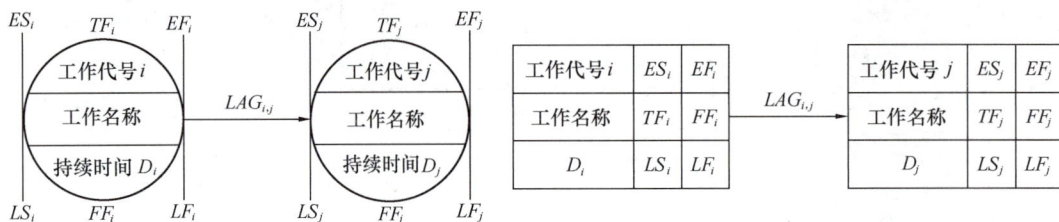

单代号网络计划时间参数的标注形式

1. 计算相邻两项工作之间的时间间隔

相邻两项工作 i 和 j 之间的时间间隔 $LAG_{i,j}$ 等于紧后工作 j 的最早开始时间 ES_j 和本工作的最早完成时间 EF_i 之差，即：$LAG_{i,j} = ES_j - EF_i$。

2. 计算工作的总时差

工作的总时差 TF_i 等于该工作的各个紧后工作 j 的总时差 TF_j 加该工作与其紧后工作之间的时间间隔 $LAG_{i,j}$ 之和的最小值，即：$TF_i = \min\{TF_j + LAG_{i,j}\}$。

3. 计算工作的自由时差

当工作 i 有紧后工作 j 时，其自由时差 FF_i 等于该工作与其紧后工作 j 之间的时间间隔 $LAG_{i,j}$ 的最小值，即：$FF_i = \min\{LAG_{i,j}\}$。

◆ **考法 1：时间间隔的概念和计算**

【例题 1·2018 年真题·单选题】单代号网络计划时间参数计算中，关于相邻两项工作之间的时间间隔（LAG_{i-j}），下列说法正确的是（ ）。

    A. 紧后工作最早开始时间和本工作最早开始时间之差

    B. 紧后工作最早完成时间和本工作最早开始时间之差

    C. 紧后工作最早开始时间和本工作最早完成时间之差

    D. 紧后工作最迟完成时间和本工作最早完成时间之差

【答案】C

【解析】$LAG_{i,j} = ES_j - EF_i$

【例题 2·2021 年真题·单选题】某单代号网络计划中，相邻两项工作的部分时间参数如下图所示（时间单位：天），此两项工作的间隔时间是（ ）天。

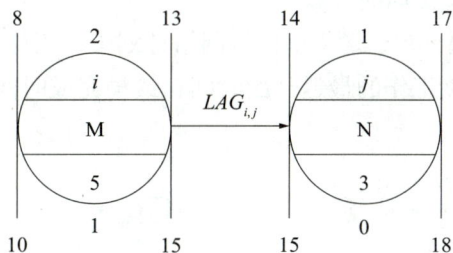

相邻两项工作的部分时间参数

A. 0 　　　　　　　　　　B. 2

C. 3 　　　　　　　　　　D. 1

【答案】D

【解析】此两项工作的间隔时间＝14－13＝1天。

【例题3·2023年真题·单选题】某单代号网络计划中，工作 i 的最早开始时间是第2天，耗时时间是1天，其后工作 j 的最迟开始时间是第7天，总时差是3天，则工作 i、j 的间隔时间是（　　）天。

A. 2 　　　　　　　　　　B. 1

C. 4 　　　　　　　　　　D. 5

【答案】B

【解析】j 工作的最迟开始时间是第7天，总时差是3天，所以最早开始时间是第4天，i 工作的最早开始时间是第2天，耗时1天，所以最早完成时间是第3天，则工作 i、j 的间隔时间是4－3＝1天。

◆ 考法2：总时差的计算

【例题1·2019年真题·单选题】某工作有2个紧后工作，紧后工作的总时差分别为3天和5天，该工作与其两项紧后工作的间隔时间分别是4天和3天，则该工作的总时差是（　　）天。

A. 6 　　　　　　　　　　B. 8

C. 9 　　　　　　　　　　D. 7

【答案】D

【解析】$TF_i = \min\{TF_j + LAG_{i,j}\} = \min\{(3+4),(5+3)\} = 7$ 天

【例题2·2017年真题·单选题】某网络计划中，工作F有且仅有两项并行的紧后工作G和H，G工作的最迟开始时间为第12天，最早开始时间为第8天，H工作的最迟完成时间为第14天，最早完成时间为第12天，工作F与工作G、H的时间间隔分别为4天和5天，则工作F的总时差为（　　）天。

A. 4 　　　　　　　　　　B. 5

C. 8 　　　　　　　　　　D. 7

【答案】D

【解析】$TF_i = \min\{TF_j + LAG_{i,j}\} = \min\{(4+4),(2+5)\} = 7$ 天

◆ **考法 3：时间参数和工期的计算**

【**例题 1·2019 年真题·单选题**】单代号网络计划中，工作 C 的已知时间参数（单位：天）标注如下图所示，则该工作的最迟开始时间、最早完成时间和总时差分别是（　　）。

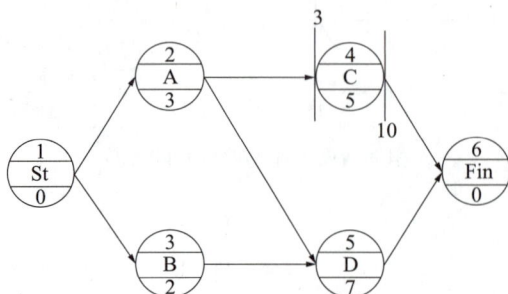

工作 C 的已知时间参数标注

A. 第 3 天、第 10 天、5 天　　　　B. 第 5 天、第 8 天、2 天

C. 第 3 天、第 8 天、5 天　　　　D. 第 5 天、第 10 天、2 天

【**答案**】B

【**解析**】工作 C 的最早开始时间是第 3 天，最迟完成时间是第 10 天，工作的持续时间为 5 天。

【**例题 2·2015 年真题·单选题**】某单代号网络计划如下图所示（时间单位：天），其计算工期是（　　）天。

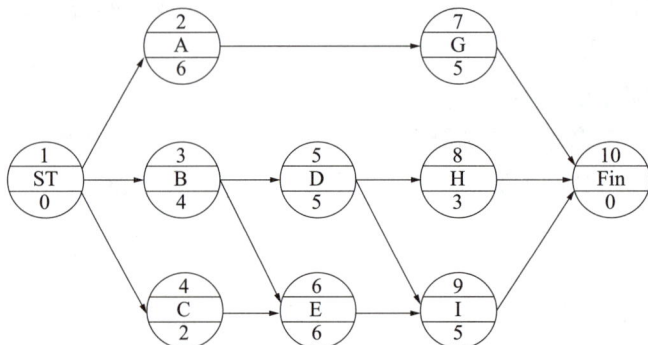

某单代号网络计划

A. 15　　　　　　　　　　　　B. 12

C. 11　　　　　　　　　　　　D. 10

【**答案**】A

【**解析**】采用标号法。由题图可知，计算工期为 15 天。

◆ **考法 4：时间参数之间的关系**

【**例题·2021 年真题·单选题**】关于总时差、自由时差和间隔时间相互关系的说法，正确的是（　　）。

A. 自由时差一定不超过其与紧后工作的间隔时间

B. 与其紧后工作间隔时间均为 0 的工作，总时差一定是 0

C. 工作的自由时差是 0，总时差一定是 0

D. 关键节点间的工作，总时差和自由时差不一定相等

【答案】A

【解析】选项 B 错误，当计划工期＝计算工期时，总时差一定等于 0。选项 C 错误，自由时差和总时差没有直接关系。选项 D 错误，关键节点间的工作，前后都是关键节点，总时差和自由时差一定相等。

核心考点三：双代号时标网络计划时间参数的计算

1. 基本概念

双代号时标网络计划（简称时标网络计划）是指以时间坐标为尺度（h、天、周、月或季度等）表示工作进度安排的双代号网络计划，如下图所示。

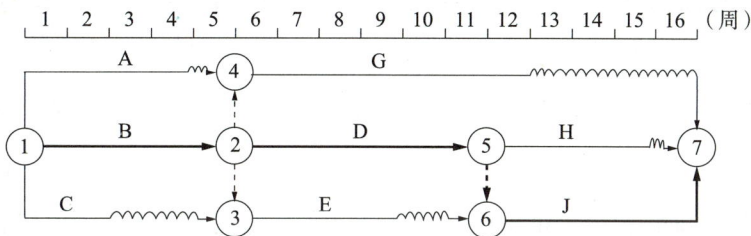

双代号时标网络计划

（1）宜按各项工作的最早开始时间编制，以实箭线表示工作，实箭线的水平投影长度表示该工作的持续时间。

（2）以虚箭线表示虚工作，由于虚工作的持续时间为零，故虚箭线只能垂直画。

（3）以波形线表示该工作与其紧后工作之间的时间间隔（波形线的水平投影长度即该工作的自由时差）。

2. 常规计算

（1）最早开始时间＝实箭头起点。

（2）最早完成时间＝实箭头终点。

（3）最迟开始时间＝最早开始时间＋总时差。

（4）最迟完成时间＝最早完成时间＋总时差。

（5）计算工期＝起点节点到终点节点的时间跨度。

（6）关键线路：无波形线的通路。

（7）总时差＝该工作及后续线路上波形线长度之和的最小值。

（8）自由时差＝该工作的波形线长度。

◆考法：时间参数的常规计算

【例题 1·单选题】已知某基础工程双代号时标网络计划如下图所示（单位：周），如果工作 E 实际进度延误了 4 周，则施工进度计划工期延误（　　）周。

A. 2　　　　　　　　　　　　B. 3

C. 4　　　　　　　　　　　　D. 5

159

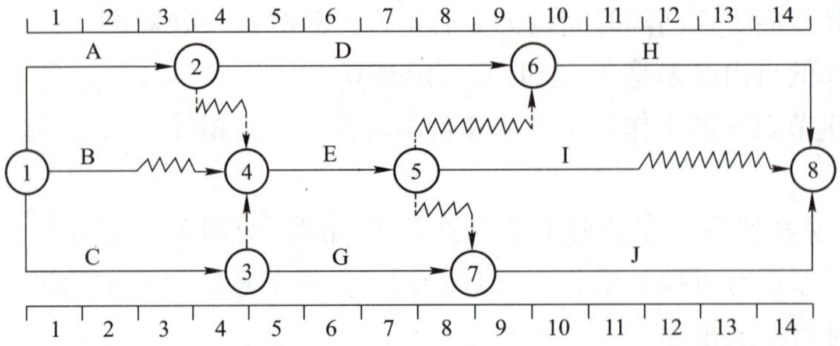

某基础工程双代号时标网络计划

【答案】B

【解析】工作E总时差为EH、EI、EJ三条线路波形线长度的最小值＝min｛2，3，1｝＝1周，所以工期延误时间＝4－1＝3周。

【例题2·单选题】某双代号时标网络计划如下图所示（单位：天），工作G的最迟开始时间是第（　　　）天。

A. 4

B. 5

C. 6

D. 7

【答案】B

【解析】工作G的最迟开始时间＝最早开始时间＋总时差＝4＋min｛1，2，2｝＝5。

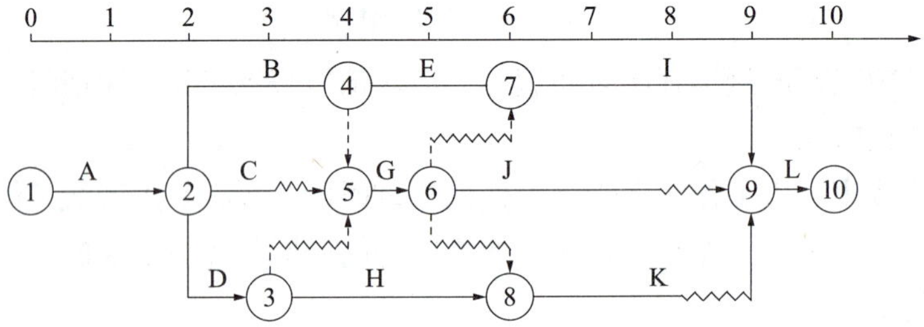

某双代号时标网络计划

【例题3·2024年真题·多选题】某工程的双代号网络时标计划如下图所示（单位：周），图中显示的正确信息有（　　　）。

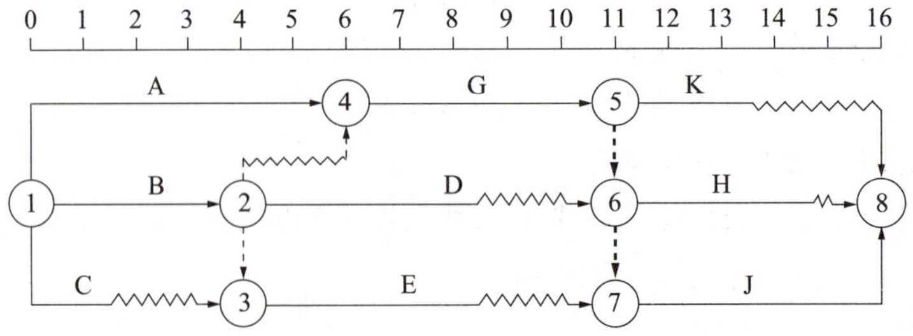

某工程的双代号网络时标计划

A. 工作A属于关键工作

B. 工作D的总时差为3周

C. 工作G的自由时差为2周

D. 工作C的自由时差为2周

E. 工作K的总时差等于自由时差

160

【答案】A、D、E

【解析】选项B错误，工作D的总时差为2周。选项C错误，工作G的自由时差为0。

【例题4·多选题】某分部工程双代号时标网络计划如下图所示（单位：天），该计划所提供的正确信息有（　　　）。

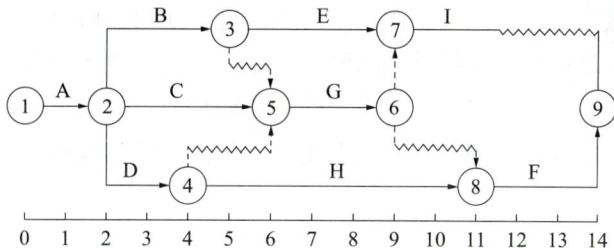

某分部工程双代号时标网络计划

A. 工作B的总时差为3天　　　　　　B. 工作C的总时差为2天

C. 工作D为关键工作　　　　　　　　D. 工作E的总时差为3天

E. 工作G的自由时差为2天

【答案】A、B、C、D

【解析】选项E错误，工作G的自由时差＝该工作的波形线长度＝0。

3.3.3　关键工作及关键线路确定方法

核心考点：关键工作及关键线路的确定

1. 关键工作

（1）在工程网络计划中，总时差最小（可能为0、正、负）的工作为关键工作。

（2）当计划工期等于计算工期，总时差为0的工作为关键工作。

2. 关键线路

关键线路

双代号	双代号时标	单代号
（1）总持续时间最长的线路。 （2）全部由关键工作组成的线路	（1）总持续时间最长的线路。 （2）全部由关键工作组成的线路。 （3）无波形线的线路	（1）总持续时间最长的线路。 （2）相邻两项工作之间时间间隔为零的线路

3. 三种网络计划共性特点

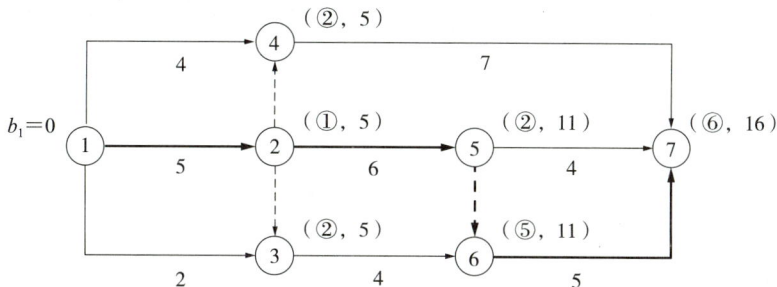

网络计划图

（1）关键线路上的节点称为关键节点，关键工作两端的节点必为关键节点，但两端为关键节点的工作不一定是关键工作。

（2）开始节点和完成节点均为关键节点的工作，不一定是关键工作。由于其两端为关键节点，机动时间不可能为其他工作所利用，故其总时差和自由时差必然相等。

（3）以关键节点为完成节点的工作，总时差一定等于自由时差。

（4）关键节点的最迟时间与最早时间的差值最小。当计划工期等于计算工期，关键节点的最迟时间与最早时间必然相等，关键工作的总时差＝自由时差＝0。

（5）关键节点必然处在关键线路上，但由关键节点组成的线路不一定是关键线路。

（6）关键线路上可能存在虚工作。

◆ 考法1：关键工作的概念

【例题·2022年一建真题·多选题】工程网络计划中，关键工作是指（　　　）的工作。

　　A. 最早开始时间与最迟开始时间相差最小

　　B. 总时差最小

　　C. 时标网络计划中无波形线

　　D. 双代号网络计划中两端节点均为关键节点

　　E. 单代号网络计划中与紧后工作之间时间间隔为零

【答案】A、B

【解析】总时差最小的工作为关键工作，所以选A、B。

◆ 考法2：关键线路的概念

【例题1·单选题】双代号网路计划中的关键线路是指（　　　）。

　　A. 总时差为零的线路

　　B. 总的工作持续时间最短的线路

　　C 一经确定，不会发生转移的线路

　　D. 自始至终全部由关键工作组成的线路

【答案】D

【解析】双代号网络图中，自始至终全部由关键工作组成的线路是关键线路，故选项D正确。选项A，关键线路上工作的总时差不一定为0，只有计划工期等于计算工期时关键工作的总时差才为0。选项B，关键线路应该是总的工作持续时间最长的线路，而不是最短。选项C，关键线路在执行过程中，可能发生转移。

【例题2·2021年真题·单选题】关于双代号网络计划关键线路的说法，正确的是（　　　）。

　　A. 一个网络计划可能有几条关键线路

　　B. 在网络计划执行中，关键线路始终不会改变

　　C. 关键线路是总的工作持续时间最短的线路

　　D. 关键线路上的工作总时差为零

【答案】A

【解析】选项B错误，在网络计划执行中，关键线路可能转移。选项C错误，关键线

路是总的工作持续时间最长的线路。选项 D 错误，关键线路上的工作总时差最小。

【例题 3·2022 年真题·单选题】关于网络计划中关键线路的说法，正确的是（　　）。

　　A. 一个网络计划只能有一条关键线路

　　B. 全部由关键工作组成的线路是关键线路

　　C. 全部由关键节点组成的线路是关键线路

　　D. 总持续时间最长的线路是关键线路

【答案】D

【解析】选项 A 错误，一个网络计划可能有多条关键线路。选项 B 错误，全部由关键工作组成的线路是关键线路只适用于双代号网络计划。选项 C 错误，全部由关键节点组成的线路不一定是关键线路。

【例题 4·2023 年真题·单选题】在双代号网络计划中，关键线路是指（　　）的线路。

　　A. 自始至终全部由关键节点组成　　　　B. 自始至终不存在虚工作

　　C. 自始至终时间间隔全部最小　　　　　D. 自始至终全部由关键工作组成

【答案】D

【解析】双代号中自始至终全部由关键工作组成的线路为关键线路，或线路上总的工作持续时间最长的线路为关键线路。

◆ **考法 3：关键工作和关键线路混合出题**

【例题 1·多选题】关于双代号网络计划的说法，正确的有（　　）。

　　A. 可能没有关键线路

　　B. 至少有一条关键线路

　　C. 由关键节点组成线路是关键线路

　　D. 在网络计划执行过程中，关键线路不能转移

　　E. 在计划工期等于计算工期时，关键工作为总时差为零的工作

【答案】B、E

【解析】关键线路是总的工作持续时间最长的线路，一个网络计划可能有一条，或几条关键线路，在执行过程中，关键线路有可能转移。因此选项 A、C、D 错误。

【例题 2·2024 年真题·单选题】已知某工程网络计划的计划工期等于计算工期，其中工作 M 的开始节点和结束节点均为关键节点，则该工作（　　）。

　　A. 为关键工作　　　　　　　　　B. 自由时差为 0

　　C. 总时差等于自由时差　　　　　D. 总时差为 0

【答案】C

【解析】开始节点和完成节点均为关键节点的工作，不一定是关键工作。由于其两端为关键节点，机动时间不可能被其他工作所利用，故其总时差和自由时差必然相等。

3.4 施工进度控制

核 心 考 点 剖 析

3.4.1 施工进度计划实施中的检查与分析

核心考点：施工进度计划的监测与调整

施工进度计划的监测与调整

施工进度监测系统过程	（1）实施施工进度计划。 （2）收集整理实际进度数据（收集方式：施工进度报表、现场实地检查、施工进度协调会议）。 （3）实际进度与计划进度比较分析。 （4）判断是否有进度偏差。 （5）施工任务是否完成
施工进度调整系统过程	（1）分析进度偏差产生原因（施工单位自身原因、施工单位以外原因）。 （2）分析进度偏差对后续工作及总工期的影响。 ①当实际进度拖后未超过自由时差，既不影响后续工作，也不影响总工期。 ②当实际进度拖后超过自由时差但未超过总时差，影响后续工作，但不影响总工期。 ③当实际进度拖后超过总时差，既影响后续工作，也影响总工期。 （3）确定后续工作及总工期的限制条件。 （4）调整施工进度计划

◆**考法：施工进度计划的监测与调整**

【例题1·单选题】下列选项中，不属于施工进度监测系统过程内容的是（ ）。

    A. 实施施工进度计划   B. 收集整理实际进度数据

    C. 调整施工进度计划   D. 实际进度与计划进度比较分析

【答案】C

【解析】选项C，调整施工进度计划属于施工进度调整系统过程的内容。

【例题2·2024真题·单选题】利用施工网络进度计划，分析某项工作的进度偏差对总工期影响的时间参数是（ ）。

    A. 总时差   B. 工作的最早完成时间

    C. 间隔时间   D. 节点的最早时间

【答案】A

【解析】对总工期影响的时间参数是总时差，对后续工作影响是时间参数是自由时差。

【例题3·单选题】在施工进度计划实施过程中，应经常地、定期地对进度计划执行情况进行动态监测，并进行实际进度与计划进度的比较分析，以便发现问题，及时采取措施调整计划，其中施工进度调整系统过程包括：① 分析进度偏差产生原因；② 调整施工进度计划；③ 分析进度偏差对后续工作及总工期的影响；④ 确定后续工作及总工期的限制条件，正确的顺序为（　　　）。

A. ①②③④　　　　　　　　B. ①③④②

C. ①④③②　　　　　　　　D. ①③②④

【答案】B

【解析】施工进度调整系统过程：（1）分析进度偏差产生原因；（2）分析进度偏差对后续工作及总工期的影响；（3）确定后续工作及总工期的限制条件；（4）调整施工进度计划。

3.4.2　实际进度与计划进度比较方法

核心考点：实际进度与计划进度比较方法

1. 横道图比较法——最常用

可形象直观地反映各项工作实际进度、计划进度及其偏差。

2. S 曲线比较法

某工程 S 曲线比较图如下图所示。

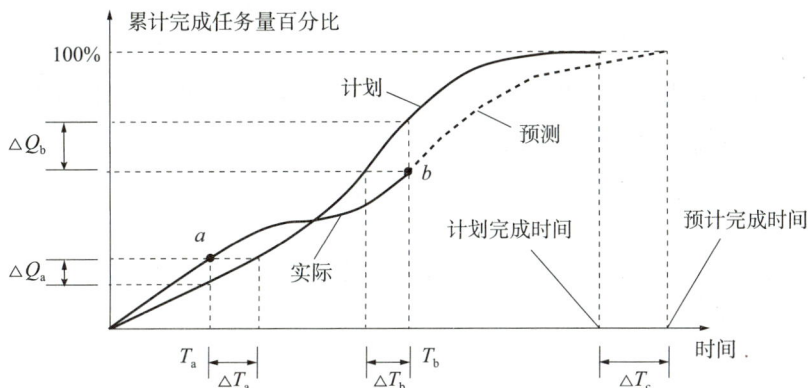

某工程 S 曲线比较图

利用 S 曲线法可以获得：① 工程实际进展状况；② 工程实际进度超前或拖后的时间；③ 工程实际超额完成或拖欠的任务量；④ 后期工程进度的预测。

（1）若工程实际进展点落在计划 S 曲线左侧 / 上方（如 a 点），表明实际进度超前，$\triangle T_a$ 表示超前的时间，$\triangle Q_a$ 表示超额完成的任务量。

（2）若工程实际进展点落在计划 S 曲线右侧 / 下方（如 b 点），表明实际进度拖后，$\triangle T_b$ 表示拖后的时间，$\triangle Q_b$ 表示拖欠的任务量。

（3）若后期工程仍按原计划速度进行，则可作出后期工程计划 S 曲线中的虚线，从而可预计工期拖延 $\triangle T_c$。

3. 前锋线比较法

所谓实际进度前锋线，是指在时标网络计划中，从实际进度检查时刻的时标点出发，用点划线依次将各项工作实际进展位置点连接而成的折线。

当实际进展位置点落在检查时刻左侧，表明实际进度拖后，两者之差即为拖后的时间。

当实际进展位置点落在检查时刻右侧，表明实际进度超前，两者之差即为超前的时间。

【例3.4-1】某工程施工进度时标网络计划如下图所示。该计划执行到第6周末检查实际进度时发现，工作A和B已全部完成，工作D、E分别完成计划任务量的20%和50%，工作C尚需4周完成，试用前锋线比较法分析工作实际进度偏差及其对后续工作及总工期的影响。

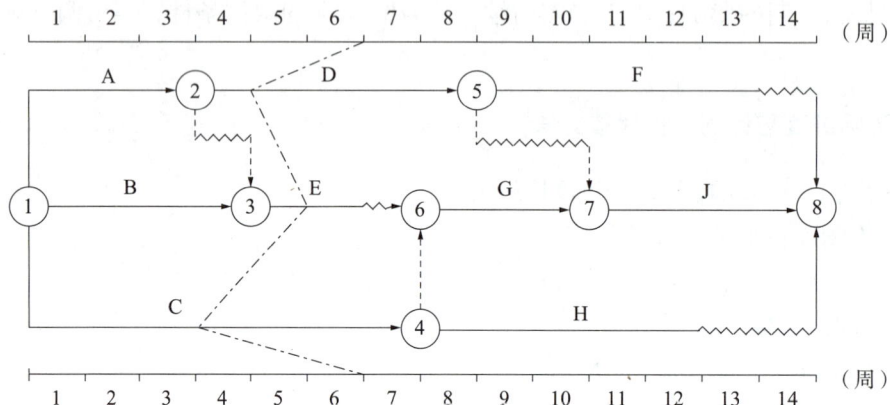

某工程施工进度时标网络计划

【解】根据第6周末实际进度检查结果绘制实际进度前锋线如上图中点划线所示。通过分析实际进度前锋线可获得以下信息：

（1）工作D实际进度拖后2周，将使其后续工作F的最早开始时间推迟2周，并使总工期延长1周。

（2）工作E实际进度拖后1周，既不影响其后续工作的正常进行，也不影响总工期。

（3）工作C实际进度拖后3周，将使其后续工作G、H、J的最早开始时间推迟3周。由于工作C为关键工作，其实际进度拖后3周将会使总工期延长3周。

综上所述，该工程总工期将延长3周。

◆ 考法1：实际进度与计划进度比较方法

【例题1·单选题】实际进度与计划进度比较的方法中，（　　　　）是最常用的。

A. S曲线比较法　　　　　　　　　B. 前锋线比较法

C. 横道图比较法　　　　　　　　　D. 表格法

【答案】C

【解析】横道图比较法是最常用的实际进度与计划进度比较的方法。

【例题2·单选题】实际进度与计划进度比较的方法中，S曲线比较法可以表示出（　　　）。

A. 累计完成工程任务量　　　　　　B. 局部完成工程任务量

C. 累计完成工程成本额　　　　　　D. 局部完成工程成本额

【答案】A

【解析】采用 S 曲线比较法，可在同一坐标系中表示整个工程在不同时点计划累计任务量、实际累计完成任务量及其偏差情况。

◆ **考法 2：实际进度前锋线**

【例题 1·多选题】双代号时标网络计划执行到第 4 周末及第 10 周末时，检查其进度如下图前锋线所示，检查结果表明（　　）。

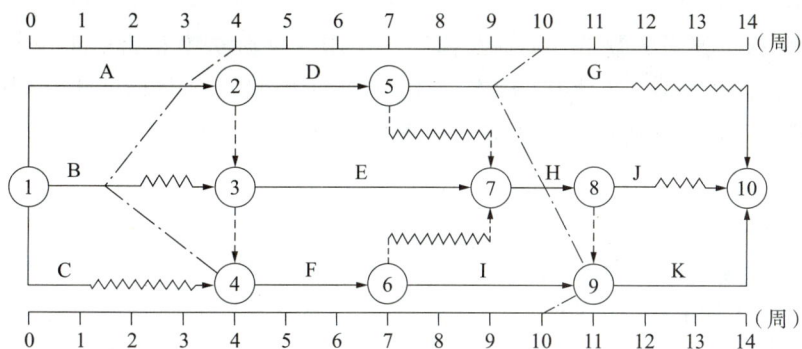

某双代号时标网络计划

A. 第 4 周末检查时工作 B 拖后 1 周，但不影响工期

B. 第 4 周末检查时工作 A 拖后 1 周，影响工期 1 周

C. 第 10 周末检查时工作 I 提前 1 周，可使工期提前 1 周

D. 第 10 周末检查时工作 G 拖后 1 周，但不影响工期

E. 在第 5 周到第 10 周内，工作 F 和工作 I 的实际进度正常

【答案】B、D

【解析】解题步骤：（1）先沿着时点画竖直线，便于判断工作是提前还是拖后；（2）再找出所有的关键线路；（3）判断选项正误。选项 A 错误，工作 B 拖后 2 周，影响工期 1 周。选项 C 错误，工作 I 提前 1 周，但工期正常。选项 E 错误，工作 F 实际进度正常，工作 I 进度太快，3 周时间干了 4 周的活。

【例题 2·多选题】某分部工程时标网络计划如下图所示，当执行到第 3 周末及第 6 周末时，检查得到的实际进度如下图的实际进度前锋线所示，该图表明（　　）。

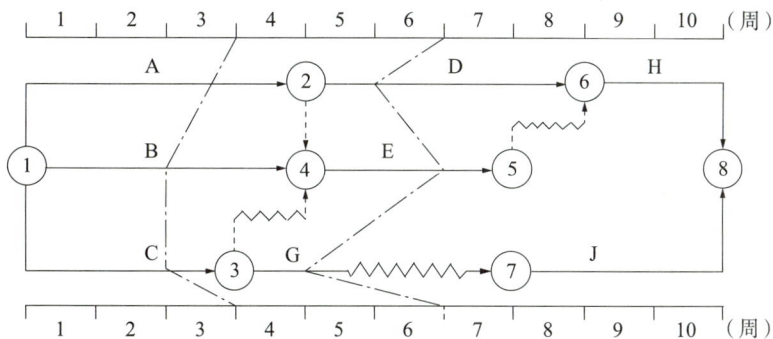

某分部工程时标网络计划

A．工作 A 和工作 D 在第 4 周至第 6 周内实际进度正常

B．工作 B 和工作 E 在第 4 周至第 6 周内实际进度正常

C．第 3 周末检查时预计工期拖后 1 周

D．第 6 周末检查时工作 G 实际进度拖后 1 周

E．第 6 周末检查时预计工期拖后 1 周

【答案】C、E

【解析】解题步骤同例题 1。选项 A 错误，工作 A 实际进度正常；工作 D 进度太慢，2 周时间只干了 1 周的活。选项 B 错误，工作 B 要加快进度，1 周时间干 2 周的活；工作 E 实际进度正常。选项 D 错误，第 6 周末检查时预计工期拖后 2 周。

3.4.3　施工进度计划调整方法及措施

核心考点一：施工进度计划调整的方法

1. 压缩某些工作的持续时间

不改变工作之间逻辑关系，通过增加资源投入、提高劳动效率等措施，压缩关键工作或超过计划工期的非关键线路上工作的持续时间，达到加快进度、缩短工期的目的。

2. 改变某些工作间的逻辑关系

当工作之间逻辑关系允许改变时，不改变工作的持续时间，通过改变工作的开始时间和完成时间，即通过改变逻辑关系，将顺序作业改为平行作业、搭接作业或分段组织流水作业，达到加快进度、缩短工期的目的。

◆考法：施工进度计划调整的方法

【例题 1·单选题】下列选项中属于改变工作间逻辑关系的进度计划调整方法的是（　　）。

　　A．增加资源投入　　　　　　　　B．改变工作的开始时间和完成时间

　　C．提高劳动效率　　　　　　　　D．压缩关键工作的持续时间

【答案】B

【解析】当工作之间逻辑关系允许改变时，不改变工作的持续时间，通过改变工作的开始时间和完成时间，即属于改变逻辑关系的调整方法。

【例题 2·多选题】当工程实际进度偏差影响到后续工作、总工期而需要调整施工进度计划时，调整方法主要有（　　）。

　　A．压缩某些工作的持续时间来缩短工期

　　B．调整资源配置

　　C．改变某些工作的逻辑关系来缩短工期

　　D．调整施工方法

　　E．组织未完工作顺序作业

【答案】A、C

【解析】当工程实际进度偏差影响到后续工作、总工期而需要调整施工进度计划时，调整方法主要有两种：一是通过压缩某些工作的持续时间来缩短工期；二是通过改变某些

工作的逻辑关系来缩短工期。

核心考点二：施工进度计划调整的措施

施工进度计划调整的措施

组织措施	组织机构、人员配备、职责分工、任务分工、工作流程、协同工作、权利责任、项目经理责任制、沟通机制、考评机制、规章制度、绩效考核；编制工作计划、生产要素优化配置；强化激励，调动员工积极性和创造性；增加工作面，组织更多施工队伍；增加施工时间，采用加班或多班制施工方式；增加劳动力数量；增加施工机械数量
技术措施	改进施工方法、施工方式、施工方案、施工过程、技术间歇；采用先进的施工机械、施工机具、施工设备、施工工艺、施工技术；采用网络计划、价值工程、挣值分析、"四新"技术、数字化技术、智能化技术；编制施工组织设计；通过材料比选代用、改变配合比使用外加剂；进行技术经济分析，确定最佳的施工方案
经济措施	明确责任成本、落实资金；做好增减账，落实业主签证；施工成本节约奖励，包干奖励，提高奖金数额；对技术措施给予经济补偿；办理结算和支付手续；对成本管理目标进行风险分析；对工程变更方案进行技术经济分析
合同措施	分析施工承包风险，合理处置工程变更，确定合同条款，做好合同交底，跟踪合同执行，利用好施工合同索赔
其他措施	进度一章特有：改善外部配合条件；改善施工作业环境；实施组织调度

◆ **考法 1：组织措施**

【例题·2020 年真题·单选题】下列施工进度控制措施中，属于组织措施的是（ ）。

    A. 选择适合进度目标的合同结构　　B. 编制进度控制的工作流程

    C. 编制资金使用计划　　　　　　　D. 编制和论证施工方案

【答案】B

【解析】选项 A 属于合同措施，选项 C 属于经济措施，选项 D 属于技术措施。

◆ **考法 2：技术措施**

【例题·2024 真题·单选题】通过缩短关键工作的持续时间来调整建设工程施工进度计划时，可采用的技术措施是（ ）。

    A. 组织更多施工队伍　　　　　　　B. 采用更先进的施工方式

    C. 改善外部配合条件　　　　　　　D. 增加每天施工时间

【答案】B

【解析】选项 A、D 属于组织措施，选项 C 属于其他措施。

◆ **考法 3：经济措施**

【例题·单选题】下列施工进度计划调整的措施中，属于经济措施的是（ ）。

    A. 重视信息技术在进度控制中的应用

    B. 采用网络计划方法编制进度计划

    C. 分析工程设计变更的必要性和可能性

    D. 编制与进度相适应的资金使用计划

【答案】D

【解析】选项 A、B、C 均属于技术措施。

◆ 考法 4：其他措施

【例题·单选题】下列施工进度计划调整的措施中，属于其他措施的是（　　　）。

    A. 改进施工工艺　　　　　　　　B. 提高奖金数额

    C. 增加工作面，组织更多施工队伍　　D. 改善外部配合条件

【答案】D

【解析】选项 A 属于技术措施，选项 B 属于经济措施，选项 C 属于组织措施。

本章经典真题回顾

一、单项选择题（每题 1 分。每题的备选项中，只有 1 个最符合题意）

1. 下列影响施工进度的不利因素中，属于自然条件因素的是（　　　）。

    A. 临时停水、停电、断路　　　　B. 地下埋藏文物的处理

    C. 地质勘察资料不准确　　　　　D. 不成熟的施工技术应用

【答案】B

【解析】自然条件因素如复杂的工程地质条件；不明的水文气象条件；地下埋藏文物的保护、处理；洪水、地震、台风等不可抗力等。选项 A 属于社会环境原因，选项 C 属于勘察设计单位原因，选项 D 属于施工技术因素。

2. 与依次施工和流水施工相比，平行施工的特点是（　　　）。

    A. 单位时间内投入的资源量较少　　B. 能够使各专业工作队连续作业

    C. 施工现场的组织管理较为简单　　D. 能够充分利用工作面进行施工

【答案】D

【解析】平行施工组织方式具有以下特点：

（1）能够充分利用工作面进行施工，工期短。

（2）如果每一施工对象均按专业组建工作队，则各专业工作队不能连续作业，工作出现间歇，劳动力和施工机具等资源无法均衡使用。

（3）如果由一个工作队完成一个施工对象的全部施工任务，则不能实现专业化施工，不利于提高劳动生产率和工程质量。

（4）单位时间内投入的劳动力、施工机具等资源成倍增加，不利于资源供应的组织。

（5）有多个专业工作队在现场施工，施工现场组织管理比较复杂。

3. 某工程有三个施工过程，组织全等节拍流水施工，流水节拍均为 2 周，如果要求流水施工工期是 12 周，则应划分的施工段个数是（　　　）段。

    A. 4　　　　　　　　　　　　　B. 3

    C. 5　　　　　　　　　　　　　D. 6

【答案】A

【解析】$T=(m+n-1)\times K$；$m=T/K+1-n=12/2+1-3=4$。

4. 某工程有 3 个施工过程，分 3 个施工段组织分别流水施工，流水参数见下表（单位：天），该工程流水工期是（　　　）天。

流水参数

施工过程	施工段		
	施工段 I	施工段 II	施工段 III
A	4	4	4
B	1	1	1
C	2	2	2

A. 17　　　　　　　　　　B. 7

C. 11　　　　　　　　　　D. 21

【答案】A

【解析】由流水节拍表可知本题为异节奏流水施工组织方式，用大差法求流水步距 $K_{AB} = 10$，$K_{BC} = 1$。$T = (10 + 1) + (2 + 2 + 2) = 17$ 天。

5. 关于非节奏流水施工的说法，正确的是（　　）。

　　A. 专业工作队数和施工过程数不相等

　　B. 专业工作队连续作业，施工段之间没有空闲时间

　　C. 相邻施工过程的流水步距完全相同

　　D. 相同施工过程的流水节拍可能不同

【答案】D

【解析】非节奏流水施工具有以下特点：

（1）各施工过程在各施工段上的流水节拍不全相等。

（2）相邻施工过程的流水步距不尽相等。

（3）专业工作队数等于施工过程数。

（4）各专业工作队能够在施工段上连续作业，但有的施工段之间可能有空闲时间。

6. 某分部工程有 3 个施工过程，划分为 4 个施工段组织非节奏流水施工，流水节拍见下表，该分部工程流水施工工期是（　　）天。

流水节拍

施工过程	流水节拍（天）			
	施工段 1	施工段 2	施工段 3	施工段 4
I	3	5	4	3
II	4	3	4	4
III	5	3	3	5

A. 23　　　　　　　　　　B. 24

C. 25　　　　　　　　　　D. 26

【答案】C

【解析】采用累加数列错位相减取大差法求流水步距 K。根据表格，施工过程 I 的累

加数列为（3，8，12，15），施工过程Ⅱ的累加数列为（4，7，11，15），施工过程Ⅲ的累加数列为（5，8，11，16），因此，$K_{Ⅰ, Ⅱ} = 5$，$K_{Ⅱ, Ⅲ} = 4$，$T = \sum K + \sum t_n = (5 + 4) + (5 + 3 + 3 + 5) = 25$ 天。

7. 建设工程施工进度管理主要应用的网络计划是（   ）。

　　A. 随机型网络计划　　　　　　　　B. 风险型网络计划

　　C. 确定型网络计划　　　　　　　　D. 均衡型网络计划

【答案】C

【解析】在通常情况下，建设工程施工进度管理主要应用确定型网络计划。最常用的是双代号网络计划、单代号网络计划及双代号时标网络计划，这些也是工程网络计划最基本的表现形式。

8. 关于单代号网络计划绘图规则的说法，正确的是（   ）。

　　A. 可以有多个起点节点，但只能有一个终点节点

　　B. 不允许出现循环回路

　　C. 所有箭线不允许交叉

　　D. 可以绘制没有箭尾节点的箭线

【答案】B

【解析】选项 A 错误，网络图应只有一个起点节点和一个终点节点（任务中部分工作需要分期完成的网络计划除外）。选项 C 错误，应尽量避免网络图中工作箭线的交叉。当交叉不可避免时，可以采用过桥法或指向法处理。选项 D 错误，除网络图的起点节点和终点节点外，不允许出现没有外向箭线的节点和没有内向箭线的节点。

9. 在工程网络计划中，工作的自由时差是指在不影响（   ）的前提下，选该工作可以利用的机动时间。

　　A. 其紧后工作最早开始时间　　　　B. 其后续工作最迟开始时间

　　C. 其最迟开始时间　　　　　　　　D. 其最迟完成时间

【答案】A

【解析】自由时差是指不影响其紧后工作最早开始的前提下，工作可以利用的机动时间。

10. 某工程网络计划中，经检查发现仅有工作 M 的实际进度拖后 5 天，已知该工作原计划总时差和自由时差分别为 6 天和 3 天，则工作 M 的实际进度拖后造成的影响是（   ）。

　　A. 不影响总工期，但会影响后续工作的最迟开始时间

　　B. 既不影响总工期，也不影响紧后工作的最早开始时间

　　C. 不影响总工期，但会影响紧后工作的最早开始时间

　　D. 影响总工期，但不影响后续工作的最早开始时间

【答案】C

【解析】总时差 6 天，实际进度拖后 5 天，不影响工期；自由时差 3 天，实际进度拖后 5 天，影响紧后工作最早开始时间 2 天。

11. 在工程网络计划中，已知某工作总时差和自由时差分别为 7 天和 5 天，如果该工

作的实际完成时间延长了 3 天，则该工作对网络计划的影响是（ ）。

    A. 使总工期延长 3 天，但不影响其后续工作的正常进行

    B. 不影响总工期，但使其后续工作的开始时间推迟 3 天

    C. 使后续工作的开始时间推迟 3 天，且总工期延长 2 天

    D. 既不影响总工期，也不影响其后续工作的正常进行

【答案】D

【解析】该工作的实际完成时间延长 3 天，未超过该工作的自由时差，所以既不影响总工期，也不影响其后续工作的正常进行。

12. 单代号网络计划中，应标注在箭线上方的时间参数是（ ）。

    A. 总时差

    B. 最早开始时间

    C. 工作的持续时间

    D. 间隔时间

【答案】D

【解析】单代号网络计划中，应标注在箭线上方的时间参数是间隔时间。

13. 在双代号时标网络计划中，关键线路是指自始至终（ ）的线路。

    A. 由关键节点组成

    B. 不出现波形线

    C. 不出现虚箭线

    D. 流水步距均最小

【答案】B

【解析】时标网络计划中的关键线路可从网络计划的终点节点开始，逆着箭线方向进行判定。凡自始至终不出现波形线的线路即为关键线路。

14. 已知某工程网络计划的计划工期等于计算工期，其中工作 M 的开始节点和结束节点均为关键节点，则该工作（ ）。

    A. 为关键工作

    B. 自由时差为 0

    C. 总时差等于自由时差

    D. 总时差为 0

【答案】C

【解析】开始节点和完成节点均为关键节点的工作，不一定是关键工作。由于其两端为关键节点，机动时间不可能为其他工作所利用，故其总时差和自由时差必然相等。

15. 通过缩短关键工作的持续时间来调整建设工程施工进度计划时，可采取的组织措施是（ ）。

    A. 改善施工作业环境

    B. 增加施工机械数量

    C. 改进施工工艺

    D. 采用更先进的施工机械

【答案】B

【解析】组织措施：增加工作面，组织更多施工队伍；增加每天施工时间，采用加班或多班制施工方式；增加劳动力和施工机械数量等。

二、多项选择题（每题 2 分，每题的备选项中，有 2 个或 2 个以上符合题意，至少有 1 个错项。错选，本题不得分；少选，所选的每个选项得 0.5 分）

1. 建设工程组织流水施工时，用以表达施工工艺方面进展状态的参数（工艺参数）有（ ）。

A. 流水强度　　　　　　　　B. 施工段

C. 施工过程　　　　　　　　D. 流水节拍

E. 工作面

【答案】A、C

【解析】工艺参数是指在组织流水施工时，用以表达流水施工在施工工艺方面进展状态的参数，通常包括施工过程和流水强度两个参数。

2. 在编制流水施工进度计划时，划分施工段应遵循的原则有（　　　）。

A. 各施工段的劳动量应大致相等

B. 施工段的界限应尽可能与结构界限相吻合

C. 各施工段要有足够的工作面

D. 多层建筑物应既分施工段，又分施工层

E. 施工段数目要少于施工过程数

【答案】A、B、C、D

【解析】为合理划分施工段，应遵循下列原则：

（1）各施工段的劳动量应大致相等，相差幅度不宜超过15%，以保证施工在连续、均衡的条件下进行。

（2）每个施工段要有足够的工作面，以保证相应数量的工人、主导施工机械的生产效率。

（3）施工段的界限应尽可能与结构界限（如沉降缝、伸缩缝等）相吻合，或设在对建筑结构整体性影响小的部位，以保证建筑结构的整体性。

（4）施工段数目要满足合理组织流水施工的要求。施工段数目过多，会降低施工速度，延长工期；施工段过少，不利于充分利用工作面，可能造成窝工。

（5）对于多层建筑物、构筑物或需要分层施工的工程，应既分施工段，又分施工层，各专业工作队依次完成第一施工层中各施工段任务后，再转入第二施工层的施工段上作业，依此类推，以确保相应专业队在施工段与施工层之间，组织连续、均衡、有节奏的流水施工。

3. 建设工程组织固定节拍流水施工的特点有（　　　）。

A. 相邻施工过程的流水步距相等　　B. 专业工作队数等于施工过程数

C. 各施工段的流水节拍不全相等　　D. 施工段之间可能有空闲时间

E. 各专业工作队能够连续作业

【答案】A、B、E

【解析】全等节拍流水施工是一种最理想的流水施工方式，具有以下特点：

（1）所有施工过程在各个施工段上的流水节拍均相等。

（2）相邻施工过程的流水步距相等，且等于流水节拍。

（3）专业工作队数等于施工过程数，即每一个施工过程组建一个专业工作队。

（4）各专业工作队在各施工段上能够连续作业，施工段之间没有空闲时间。

4. 某工程双代号网络计划如下图所示，存在的绘图错误有（　　　）。

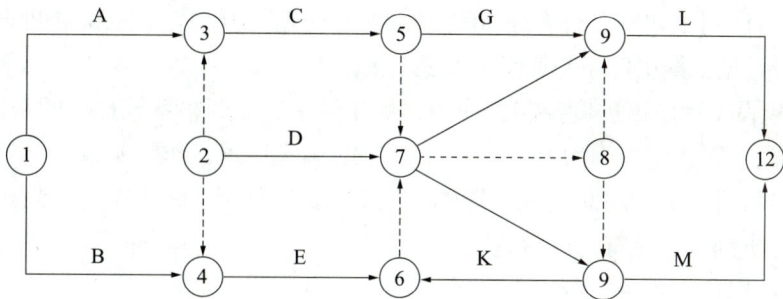

某工程双代号网络计划

A. 有多个起点节点   B. 有多个终点节点

C. 节点编号有误   D. 有多余虚工作

E. 存在循环回路

【答案】A、C、D、E

【解析】选项 A ①②两个起点。选项 C 两个⑨，节点编号错误。选项 D ⑦→⑧是多余虚工作。选项 E ⑦⑥⑨循环回路。

5. 某工程双代号网络计划如下图所示，图中箭线上方数字依次为相同工作的最早开始时间和最迟开始时间，该网络计划显示的正确信息有（　　　）。

A. 工作 1－5 的总时差为 3   B. 工作 1－2 的自由时差为 1

C. 工作 3－4 为关键工作   D. 工作 2－6 的总时差为 1

E. 工作 5－7 为关键工作

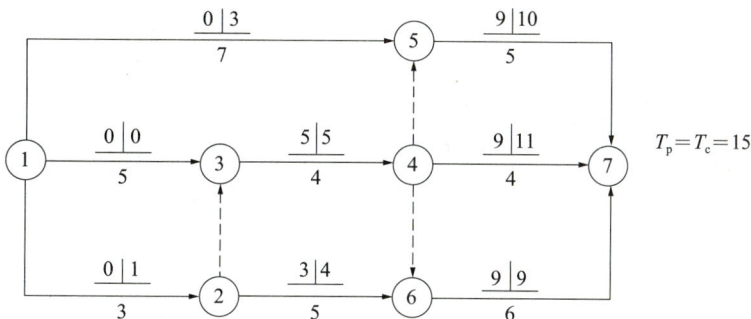

某工程双代号网络计划

【答案】A、C、D

【解析】选项 B 错误，工作 1－2 的自由时差 $=\min\{(5，3)-(0+3)\}=0$。选项 E 错误，工作 5－7 总时差 $=10-9=1$，为非关键工作。

6. 下列网络计划的时间参数中，应以计划工期作为约束条件计算确定的有（　　　）。

A. 最早完成时间   B. 总时差

C. 自由时差   D. 间隔时间

E. 最迟完成时间

【答案】B、E

【解析】当计划工期等于计算工期的时候，总时差为 0，最早完成时间＋总时差＝最迟完成时间。计划工期决定了总时差和最迟完成时间。

7. 下列建设工程施工进度控制工作中，属于施工进度调整系统过程的有（　　）。

A. 分析进度偏差产生原因　　　　B. 确定后续工作限制条件

C. 分析进度偏差对总工期的影响　D. 比较分析实际进度与计划进度

E. 分析判断是否有进度偏差

【答案】A、B、C

【解析】施工进度调整系统过程：分析进度偏差产生原因，分析进度偏差对后续工作及总工期的影响，确定后续工作及总工期的限制条件，调整施工进度计划。

本章模拟强化练习

3.1　施工进度影响因素与进度计划系统

1. 影响建设工程进度的不利因素有很多，其中最大的干扰因素是（　　）。

A. 人为因素　　　　　　　　　　B. 资金因素

C. 设备因素　　　　　　　　　　D. 技术因素

2. 施工图纸供应不及时、不配套，属于影响施工进度的（　　）。

A. 建设单位原因　　　　　　　　B. 勘察设计原因

C. 协作部门原因　　　　　　　　D. 监理单位原因

3. 下列影响建设工程进度的情况中，属于施工单位组织管理因素的是（　　）。

A. 合同签订时遗漏条款、表达失当　B. 由于特殊节假日的施工限制

C. 有关方拖欠资金、资金不到位　　D. 不成熟技术的应用

4. 关于横道图进度计划的说法，正确的是（　　）。

A. 横道图中的工作均无机动时间　　B. 横道图中工作的时间参数无法计算

C. 计划的资源需要量无法计算　　　D. 计划的关键工作无法确定

3.2　流水施工进度计划

1. 下列流水参数中，不属于时间参数的是（　　）。

A. 流水节拍　　　　　　　　　　B. 流水步距

C. 流水工期　　　　　　　　　　D. 流水强度

2. 流水施工工艺参数包括（　　）。

A. 施工过程和施工工期　　　　　B. 施工段和施工过程

C. 施工过程和流水强度　　　　　D. 流水强度和流水节拍

3. 下列流水参数中，同时表明流水施工速度和节奏性的是（　　）。

A. 流水节拍　　　　　　　　　　B. 流水步距

C. 施工过程数　　　　　　　　　D. 流水强度

4. 区别流水施工组织方式特征的参数是（　　）。

A. 流水步距　　　　　　　　　　B. 流水强度

C. 流水节拍　　　　　　　　　　　D. 施工过程

5. 某工程3个施工过程，按支模板→扎钢筋→浇筑混凝土顺序施工，钢筋和混凝土之间存在1天的间隙时间。现分3个施工段分别组织流水施工，各施工过程在不同施工段上的施工时间分别是支模：3天、2天、4天；扎钢筋：1天、2天、3天；浇筑混凝土：3天、2天、1天。完成该工程的工期应是（　　　　）天。

　　A. 10　　　　　　　　　　　　　B. 13

　　C. 14　　　　　　　　　　　　　D. 21

6. 某工程基础分3个施工段组织流水施工，包含基槽开挖、浇筑混凝土垫层、砌筑砖基础3项工作，每项工作均由一个专业班组施工，他们在各施工段上的流水节拍分别是4天、1天和2天，混凝土垫层和砖基础之间有1天的技术间歇，在保证各专业队伍连续施工的情况下，完成该工程基础施工的工期是（　　　　）天。

　　A. 8　　　　　　　　　　　　　 B. 12

　　C. 18　　　　　　　　　　　　　D. 22

7. 某工程有Ⅰ、Ⅱ、Ⅲ、Ⅳ共4个施工过程，4个施工段，各施工过程的流水节拍均为4天，其中施工Ⅰ和Ⅱ之间有1天的搭接时间，Ⅲ和Ⅳ之间有3天的间歇时间，按全等节拍组织流水施工，该工程的流水施工工期是（　　　　）天。

　　A. 18　　　　　　　　　　　　　B. 24

　　C. 28　　　　　　　　　　　　　D. 30

8. 某工程安装4台规格型号和基础条件均不相同的设备，需要修筑相应基础，施工过程包括基坑开挖、基础处理和浇筑混凝土，各施工过程流水节拍（单位：周）见下表。该工程的流水施工工期是（　　　　）周。

各施工过程流水节拍（单位：周）

施工过程	施工段			
	设备A	设备B	设备C	设备D
基坑开挖	2	2	3	2
基础处理	2	3	4	2
浇筑混凝土	2	3	3	2

　　A. 12　　　　　　　　　　　　　B. 14

　　C. 16　　　　　　　　　　　　　D. 18

9. 在组织流水施工时，需要满足的基本条件有（　　　　）。

　　A. 所有施工施工队在所有施工段上的工作时间全相同

　　B. 一个施工过程只能组织一支专业工作队施工

　　C. 各施工队需要保持连续作业

　　D. 将拟建工程施工对象分解为若干施工过程

　　E. 各专业工作队在空间上互不干扰

3.3 工程网络计划技术

1. 在单代号网络计划中，设工作 A 的紧后工作有工作 B、C，工作 B、C 的总时差分别为 3 天和 5 天，工作 A、B 之间的间隔时间为 8 天，工作 A、C 之间的间隔时间为 7 天，则工作 A 的总时差为（　　）天。

A. 9   B. 10

C. 11   D. 12

2. 某工程网络计划中，某工作自由时差为 3 天，总时差为 7 天。进度检查时发现该工作持续时间延长了 5 天，则该工作实际进度（　　）。

A. 将使总工期延长 5 天，但不影响其后续工作的正常进行

B. 不影响总工期，但将其紧后工作的最早开始时间推迟 2 天

C. 既不影响总工期，也不影响其后续工作的正常进行

D. 将其后续工作的开始时间推迟 2 天，并使总工期延长 1 天

3. 某工程双代号时标网络计划如下图所示（单位：天），工作 A 的总时差为（　　）天。

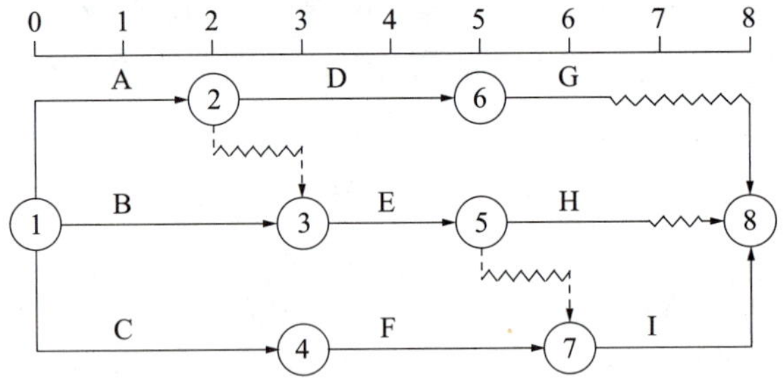

某工程双代号时标网络计划

A. 0   B. 1

C. 2   D. 3

4. 某工作有两个紧前工作，最早完成时间分别是第 2 天和第 4 天，该工作持续时间是 5 天，则其最早完成时间是第（　　）天。

A. 6   B. 7

C. 9   D. 11

5. 某双代号网络计划如下图所示（单位：天），则工作 E 的自由时差为（　　）天。

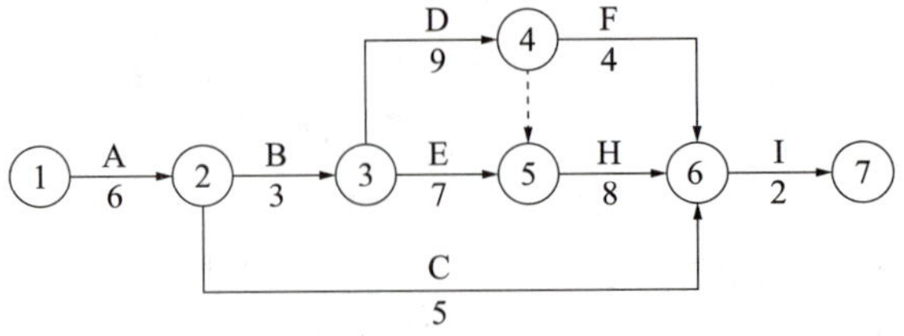

某双代号网络计划

A. 0   B. 4

C. 2   D. 15

6. 在网络计划中，工作 N 最迟完成时间为第 25 天，其持续时间为 6 天。该工作三项紧前工作的最早完成时间分别为第 10 天、第 12 天和第 13 天，则工作 N 的总时差为（ ）天。

    A. 6   B. 9

    C. 12   D. 15

7. 在网络计划中，工作 N 最早完成时间为第 17 天，其持续时间为 5 天。该工作三项紧后工作的最早开始时间分别为第 25 天、第 27 天和第 30 天，则工作 N 的自由时差为（ ）天。

    A. 3   B. 8

    C. 10   D. 13

8. 某单代号网络计划如下图所示（时间单位：天），该网络计划的计算工期是（ ）天。

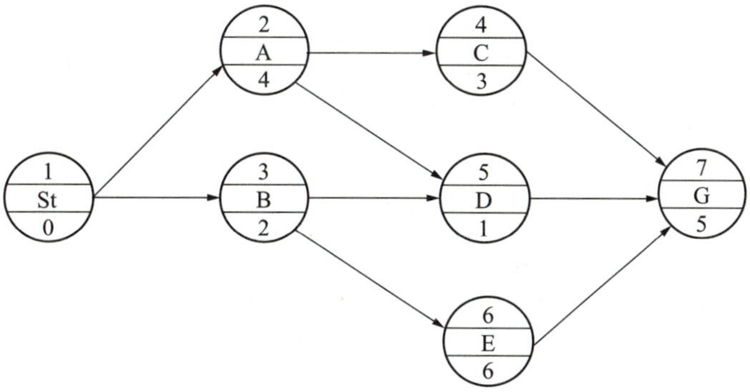

某单代号网络计划

    A. 8   B. 10

    C. 12   D. 13

9. 在双代号时标网络计划中，关键线路是指（ ）。

    A. 各项工作持续时间之和最小的线路

    B. 自始至终不出现波形线的线路

    C. 自始至终不出现虚工作的线路

    D. 节点编号依次连续的线路

10. 某双代号网络计划如下图所示，关键路线有（ ）条。

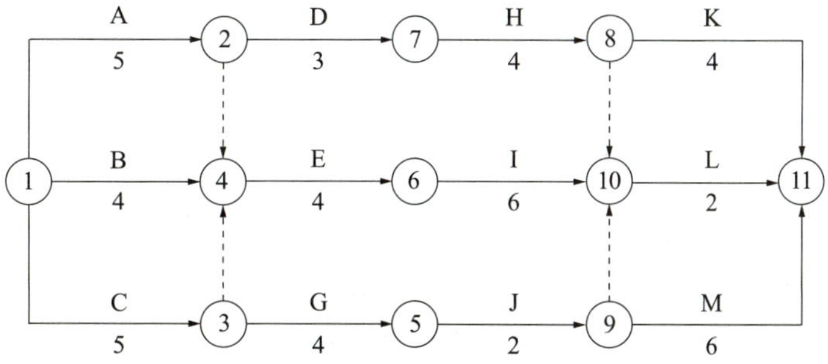

某双代号网络计划

A. 1   B. 2
C. 3   D. 4

11. 关于双代号网络计划关键线路的说法，正确的是（   ）。

    A. 可能没有关键线路

    B. 在网络计划执行过程中，关键线路可能转移

    C. 关键线路就是由关键节点组成的线路

    D. 总时差为 0 的工作即为关键工作

12. 某单代号网络图如下图所示，该图存在的错误有（   ）。

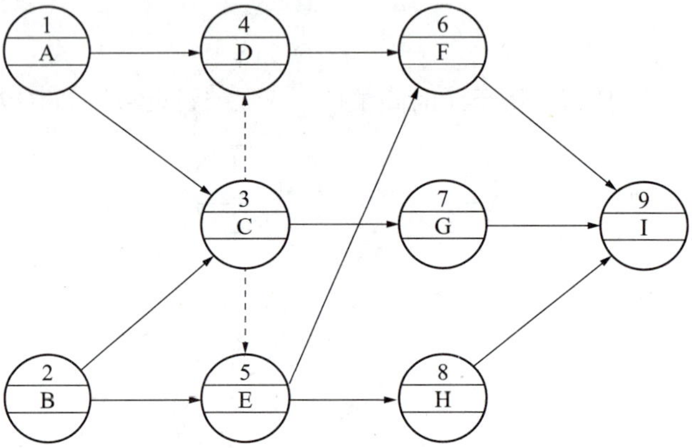

某单代号网络图

    A. 多个起点节点   B. 出现循环回路

    C. 虚箭线用法错误   D. 箭线交叉不规范

    E. 没有终点节点

13. 某双代号网络计划如下图所示，绘图的错误有（   ）。

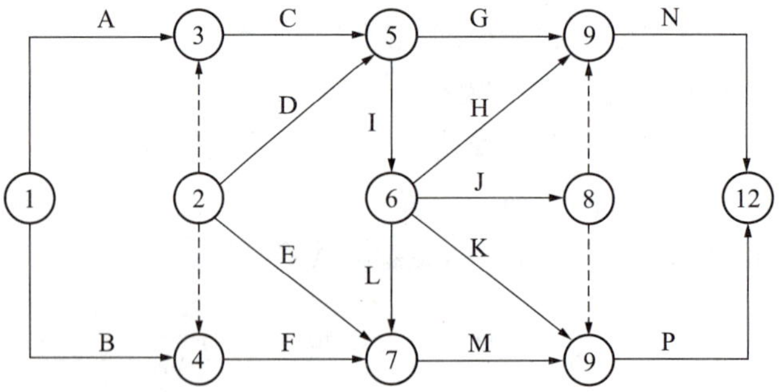

某双代号网络计划

    A. 有多个起点节点   B. 有多个终点节点

    C. 节点编号有误   D. 存在循环回路

    E. 有多余虚工作

14. 某双代号网络计划如下图所示（时间单位：周），正确的有（   ）。

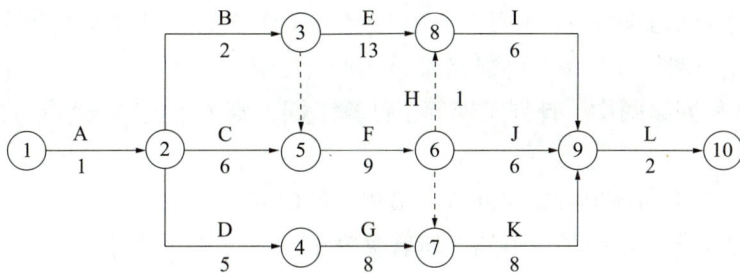

某双代号网络计划

A. 工作 F 最早开始时间为第 7 周周末

B. 工作 D 的总时差为 1 周

C. 工作 G 的总时差为 2 周

D. 工作 D + G 的总时差为 4 周

E. 整个计划的总工期为 26 周

15. 在如下双代号时标网络图中，正确的有（   ）。

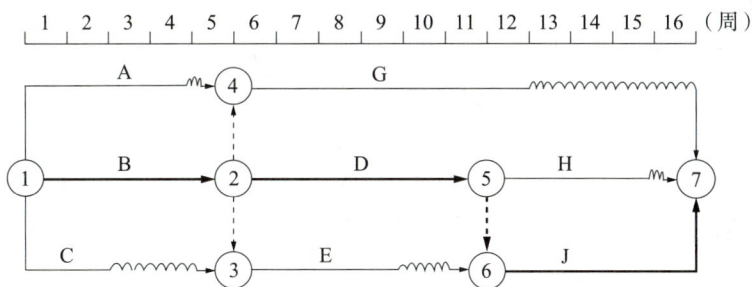

双代号时标网络图

A. 时标网络计划的计算工期为 16 周

B. 工作 G 的自由时差与总时差均为 4 周

C. 工作 A 的最迟完成时间为第 9 周周末

D. 工作 A 的最迟完成时间为第 5 周周末

E. 工作 B、D、J 的自由时差均为 0

16. 在如下双代号网络计划图中（时间单位：月），正确的有（   ）。

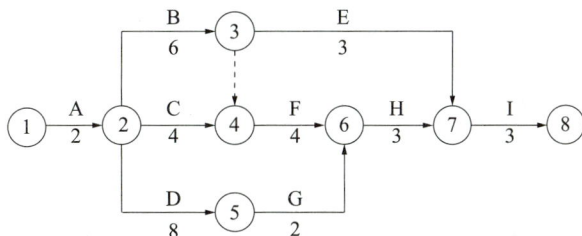

双代号网络计划图

A. 工作 C 的总时差为 2 个月　　　　B. 关键线路工作没有总时差

C. 该计划总工期为 16 个月　　　　D. 工作 E 的总时差为 4 个月

E. 该计划图仅有一条关键线路

17. 在双代号网络图中，计划工期等于计算工期，则关于关键线路上工作的说法，正确的有（　　）。

A. 关键工作的最早开始时间等于最迟开始时间

B. 总工期等于某一关键线路上所有关键工作的总持续时间

C. 关键工作的最早完成时间小于最迟完成时间

D. 该计划中关键工作的自由时差有可能不等于 0

E. 该计划中关键工作的总时差等于 0

3.4　施工进度控制

1. 当工程施工出现实际进度偏离计划进度时，依据施工进度监测和调整的系统过程，首先要（　　）。

A. 确定后续工作及总工期的限制条件

B. 收集整理实际进度数据

C. 采取赶工措施加快施工进度

D. 分析进度偏差产生原因

2. 分析某项工作的实际进度偏差对后续工作及总工期影响的时间参数是（　　）。

A. 自由时差和总时差　　　　　　　B. 实际工程量的完成情况

C. 单项工作的施工时长　　　　　　D. 实际进度偏差造成的经济损失

3. 常用的进度比较方法中，可形象直观地反映各项工作的实际进度、计划进度及其偏差情况的是（　　）。

A. 横道图比较法　　　　　　　　　B. S 曲线比较法

C. 香蕉曲线比较法　　　　　　　　D. 前峰线比较法

4. 某工程施工进度检查运用 S 曲线比较法，某检查日期实际进展点落在了计划 S 曲线的右侧，则该点与 S 曲线纵坐标的距离表示（　　）。

A. 实际进度拖后的时间　　　　　　B. 实际进度超前的时间

C. 实际进度拖后的工作量　　　　　D. 实际进度超前的工作量

5. 建设工程项目进度控制的组织措施包括（　　）。

A. 进度控制任务分工表和管理职能分工表的编制

B. 进行进度控制会议的组织设计

C. 编制项目施工资源需求计划

D. 设置专门的工作部门和配备专门的控制人员

E. 制定进度控制的工作流程

6. 下列建设工程项目进度控制措施中，属于技术措施的有（　　）。

A. 选择适用的网络计划方法　　　　B. 选择更多的施工队伍

C. 采用加班施工方式　　　　　　　D. 重视信息技术的应用

E. 考虑项目技术的风险

本章模拟强化练习答案及解析

3.1　施工进度影响因素与进度计划系统

1.【答案】A

2.【答案】B

3.【答案】A

4.【答案】D

横道图的缺点：（1）不能明确反映各项工作之间的相互联系、相互制约关系；（2）不能反映影响工期的关键工作和关键线路；（3）不能反映工作所具有的机动时间（时差）；（4）不能反映工程费用与工期之间的关系，因而不便于施工进度计划的优化。事实上，当改变某些组织关系时，横道图中的工作可以机动；在横道图中可以计算部分工作的时间参数；在计划中，各种资源的需要量也可以按时间段统计。选项 D 正确。

3.2　流水施工进度计划

1.【答案】D

2.【答案】C

3.【答案】A

4.【答案】C

5.【答案】C

6.【答案】C

虽然本题各施工过程的流水节拍互为倍数，但由于施工队伍数目的限制，只能组织异步距异节奏流水施工，其工期计算同非节奏流水施工，具体如下：

（1）累加数列：其中，基槽开挖累加数列是 4、8、12；浇筑混凝土垫层累加数列是 1、2、3；砌筑砖基础累加数列是 2、4、6。

（2）错位相减：

$$
\begin{array}{r}
\;1\quad 2\quad 3\quad 0 \\
-)\;0\quad 2\quad 4\quad 6 \\
\hline
1\quad 0\;\;-1\;\;-6
\end{array}
\qquad
\begin{array}{r}
\;4\quad 8\quad 12\quad 0 \\
-)\;0\quad 1\quad 2\quad 3 \\
\hline
4\quad 7\quad 10\;\;-3
\end{array}
$$

（3）取最大差：$K_{1,2}=10$；$K_{2,3}=1$。

（4）计算工期：$T=\sum K_i+\sum t_n+\sum Z-\sum C=(10+1)+(2+2+2)+1=18$ 天。

7.【答案】D

8.【答案】C

9.【答案】C、D、E

3.3　工程网络计划技术

1.【答案】C

本题主要考查单代号网络图中工作总时差的计算方法。由于某工作的总时差等于其紧后工作的总时差与其紧后工作的时间间隔之和的最小值，因而本题总时差 $TF=\min\{3+8,\ 5+7\}=11$。选项 C 正确。

2. 【答案】B

3. 【答案】C

由该双代号时标网络图可以看出，C→F→I为关键线路，工作A最早完成时间 $EF_A = 2$，最迟完成时间 $LF_A = \min\{LS_D, LS_E\} = \min(4, 4) = 4$，所以 $TF_A = 4-2 = 2$ 天。选项C正确。

4. 【答案】C

最早开始时间等于各紧前工作的最早完成时间的最大值，即该工作最早开始时间 = 4；最早完成时间等于最早开始时间加上其持续时间，即该工作最早完成时间 = 4 + 5 = 9。选项C正确。

5. 【答案】C

6. 【答案】A

工作的总时差是指在不影响紧后工作的最迟开始时间的前提下，本工作可以利用的机动时间，因此 $TF_N = 25-6-\max\{10, 13\} = 6$ 天。选项A正确。

7. 【答案】B

工作的自由时差是指在不影响紧后工作的最早开始时间的前提下，本工作可以利用的机动时间，因此 $FF_N = \min\{25, 30\} - 17 = 8$ 天。选项B正确。

8. 【答案】D

经过计算，网络计划的关键线路：①→③→⑥→⑦，其长度为：2 + 6 + 5 = 13 天，即工期为 13 天。选项D正确。

9. 【答案】B

10. 【答案】C

11. 【答案】B

12. 【答案】A、C、D

13. 【答案】A、C

14. 【答案】A、C、E

15. 【答案】A、B、C、E

网络计划的计算工期应等于终点节点所对应的时标值与起点节点所对应的时标值之差：16-0 = 16 周，选项A正确。

以终点节点为完成节点的工作，其自由时差与总时差相等，等于计划工期与本工作最早完成时间之差，故工作G的自由时差与总时差为：16-12 = 4 周，工作J的自由时差为：16-16 = 0，工作B、D的自由时差为各自工作箭线中波形线的水平投影长度0，选项B、E正确。

工作A的总时差为其紧后工作G的总时差加上工作A与其紧后工作G之间的时间间隔：4 + 1 = 5 周，工作A的最迟完成时间等于其最早完成时间与其总时差之和：4 + 5 = 9，选项C正确，选项D错误。

16. 【答案】A、B、D

17. 【答案】A、B、E

3.4　施工进度控制

1.【答案】D

2.【答案】A

3.【答案】A

4.【答案】C

5.【答案】A、B、D、E

6.【答案】A、D

第4章 施工质量管理

本章考情分析

2024年核心考点及分值分布（单位：分）

本章节次	本章条目	试卷一		试卷二		试卷三		试卷四	
		单选	多选	单选	多选	单选	多选	单选	多选
4.1	4.1.1 工程质量形成过程及影响因素	1		1		1			
	4.1.2 质量管理体系的建立和运行	1	2	1		1		2	2
	4.1.3 施工质量保证体系	1			2		2		
4.2	4.2.1 施工质量抽样检验方法			1		1		1	2
	4.2.2 施工质量统计分析方法	1		1		1	2	1	
4.3	4.3.1 施工准备质量控制	1				1			
	4.3.2 施工过程质量控制				2				
	4.3.3 施工质量检查验收	1	2	2		1		1	
4.4	4.4.1 施工质量事故分类	1		1		1		1	
	4.4.2 施工质量事故预防		2			1			
	4.4.3 施工质量事故调查处理	1		1	2			1	
合计		9	6	9	6	8	4	8	4
		15		15		12		12	

本章核心考点分析

4.1 施工质量影响因素及管理体系

核 心 考 点 提 纲

4.1 施工质量影响因素及管理体系 ┤ 4.1.1 工程质量形成过程及影响因素
4.1.2 质量管理体系的建立和运行
4.1.3 施工质量保证体系

核心考点剖析

4.1.1　工程质量形成过程及影响因素

核心考点一：工程质量形成过程

1. 建设工程固有特性

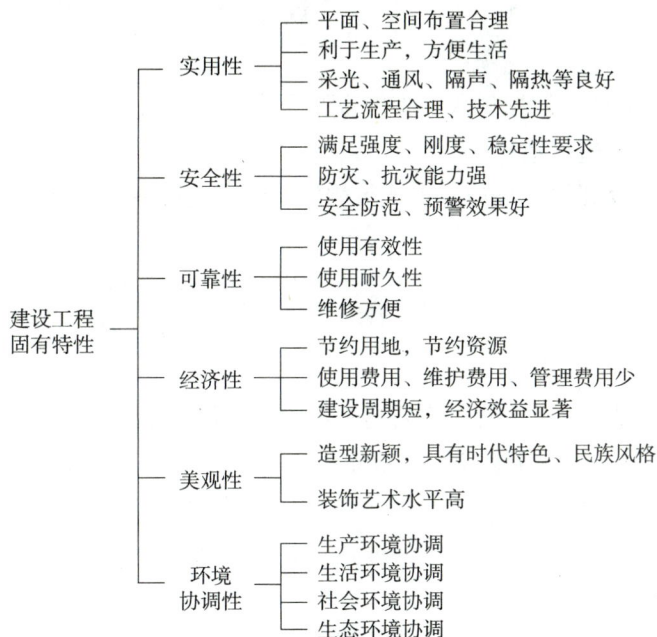

建设工程固有特性

2. 工程质量形成过程

建设工程投资决策和建设实施过程，就是工程质量的形成过程。

工程质量形成过程

工程投资决策	确定建设工程应达到的质量目标及水平
工程勘察设计	影响工程质量的决定性阶段
工程施工	形成工程实体、进行工程质量控制的关键阶段
工程竣工验收	影响工程能否最终形成生产能力，体现工程质量水平的最终结果
工程保修	保修期内，质量缺陷由施工单位负责维修，由责任单位负责赔偿

◆ 考法 1：建设工程固有特性

【例题 1·单选题】建设工程要满足平面、空间布置合理，利于生产、方便生活，也要满足良好的采光、通风、隔声、隔热等，这体现了建设工程的（　　）。

A. 实用性　　　　　　　　　　　　B. 安全性

C. 可靠性　　　　　　　　　　　　D. 经济性

【答案】A

【解析】满足平面、空间布置合理，利于生产、方便生活，也要满足良好的采光、通风、隔声、隔热等特点体现了实用性。

【例题2·单选题】建设工程既要使用有效性，又要耐久，还要维修方便，这体现了建设工程的（　　）。

　　A. 实用性　　　　　　　　　　　B. 安全性

　　C. 可靠性　　　　　　　　　　　D. 经济性

【答案】C

【解析】使用有效性、使用耐久、维修方便等特点，体现了可靠性。

◆考法2：工程质量形成过程

【例题1·单选题】建设工程质量形成过程中，确定应达到的质量目标及水平在（　　）阶段。

　　A. 工程保修　　　　　　　　　　B. 工程竣工验收

　　C. 工程施工　　　　　　　　　　D. 工程投资决策

【答案】D

【解析】建设工程投资决策阶段主要是确定建设工程应达到的质量目标及水平。

【例题2·单选题】影响工程质量的决定性阶段是（　　）阶段。

　　A. 工程勘察设计　　　　　　　　B. 工程保修

　　C. 工程竣工验收　　　　　　　　D. 工程施工

【答案】A

【解析】勘察设计阶段是影响工程质量的决定性阶段。

核心考点二：工程质量影响因素——4M1E

4M1E

影响因素	具体内容
人因影响（M）	（1）工程质量影响因素中可变性最大的因素，起决定性作用。 （2）工程质量管理应以控制人的因素为基本出发点。 （3）我国实行的执业资格制度及作业人员持证上岗制度，就是对施工人员素质和能力进行必要的控制
工程材料影响（M）	工程材料是指构成工程实体的原材料、半成品、成品、构配件和周转材料等。加强材料质量控制，是控制工程质量的重要基础
机械设备影响（M）	分为两类：一类是构成工程实体及配套的工艺设备和各类机具，如用于生产产品的设备、电梯、智能控制及暖通设备等；另一类是指施工机具，即施工过程中使用的各类机械设备，如垂直运输设备，各类操作工具、测量仪器和计量器具，各种施工安全设施等
方法或工艺影响（M）	指施工方法、施工工艺、施工方案和技术措施等
环境影响（E）	（1）自然环境包括地质、水文、气象条件和周边建筑、地下障碍物及其他不可抗力等。 （2）技术环境包括施工所依据的规范、规程、设计图纸、质量评价标准等。 （3）管理环境包括质量检验、监控制度、质量管理制度等

◆ **考法 1：人因影响**

【例题 1·2018 年真题·单选题】下列影响建设工程施工质量的因素中，作为施工质量控制基本出发点的因素是（　　）。

A. 人　　　　　　　　　　　B. 机械

C. 材料　　　　　　　　　　D. 环境

【答案】A

【解析】在施工质量管理中，人的因素起决定性的作用。所以，施工质量控制应以控制人的因素为基本出发点。

【例题 2·2023 年真题·单选题】在施工质量管理中，以控制人的因素为基本出发点而建立的管理制度是（　　）。

A. 见证取样制度　　　　　　B. 专项施工方案论证制度

C. 执业资格注册制度　　　　D. 建设工程质量监督管理制度

【答案】C

【解析】我国实行执业资格注册制度及作业人员持证上岗制度等，从本质上说，就是对从事施工活动的人的素质和能力进行必要的控制。

◆ **考法 2：工程材料影响**

【例题·2017 年真题·多选题】下列影响施工质量的因素中，属于材料因素的有（　　）。

A. 建筑构配件　　　　　　　B. 新型模板

C. 计量器具　　　　　　　　D. 工程设备

E. 施工安全设施

【答案】A、B

【解析】材料的因素，包括原材料、半成品、成品、构配件和周转材料等。

◆ **考法 3：机械设备影响**

【例题·2021 年真题·多选题】施工机械设备是指施工过程中使用的各类机具设备，包括（　　）等。

A. 运输设备和操作工具　　　B. 测量仪器和计量器具

C. 工程实体配套的工艺设备　D. 电梯、泵机、通风空调设备

E. 施工安全设施

【答案】A、B、E

【解析】施工机械设备是指施工过程中使用的各类机具设备，包括运输设备、操作工具、测量仪器、计量器具以及施工安全设施等。

◆ **考法 4：方法或工艺影响**

【例题 1·2020 年真题·单选题】在影响施工质量的五大因素中，建设主管部门推广的高性能混凝土技术，属于（　　）的因素。

A. 方法　　　　　　　　　　B. 环境

C. 材料　　　　　　　　　　D. 机械

【答案】A

【解析】方法工艺的因素，指施工方法、施工工艺、施工方案和技术措施等。

【例题2·2019年真题·单选题】为消除施工质量通病而采用新型脚手架应用技术的做法，属于质量影响因素中对（　　）因素的控制。

  A. 材料   B. 机械

  C. 方法   D. 环境

【答案】C

【解析】同上题。

◆考法5：环境影响

【例题1·多选题】影响建设工程施工质量的环境因素包括（　　）。

  A. 施工现场自然环境   B. 施工质量管理环境

  C. 施工所在地政策环境   D. 施工所在地市场环境

  E. 施工技术环境

【答案】A、B、E

【解析】环境的因素主要包括施工现场自然环境、管理环境和技术环境因素。

【例题2·单选题】下列影响施工质量的环境因素中，属于管理环境因素的是（　　）。

  A. 施工现场地下障碍物   B. 施工现场地质情况

  C. 施工参建单位的质量管理制度   D. 施工依据的设计图纸

【答案】C

【解析】管理环境的因素，指质量检验、监控制度、质量管理制度等。

4.1.2 质量管理体系的建立和运行

核心考点一：质量管理七项原则

（1）以顾客为关注焦点。

（2）领导作用。

（3）全员积极参与。

（4）过程方法。

（5）改进。

（6）循证决策。基于数据和信息的分析和评价的决策。

（7）关系管理。

◆考法：质量管理的原则

【例题1·2021年真题·单选题】根据《质量管理体系　基础和术语》GB/T 19000—2016，循证决策原则要求施工企业质量管理时应基于（　　）作出相关决策。

  A. 与相关方的关系   B. 满足顾客的要求

  C. 功能连贯的过程组成的体系   D. 数据和信息的分析和评价

【答案】D

【解析】循证决策是基于数据和信息的分析和评价的决策。

【例题 2·2020 年真题·多选题】根据《质量管理体系 基础和术语》GB/T 19000—2016，施工企业质量管理应遵循的原则有（　　）。

  A. 以内控体系为关注焦点   B. 过程方法

  C. 循证决策   D. 全员积极参与

  E. 领导作用

【答案】B、C、D、E

【解析】质量管理的七项原则内容如下：（1）以顾客为关注焦点；（2）领导作用；（3）全员积极参与；（4）过程方法；（5）改进；（6）循证决策；（7）关系管理。

核心考点二：质量管理体系文件

质量管理体系文件

质量手册	（1）质量手册是企业战略管理的纲领性文件，也是企业开展各项质量活动的指导性、法规性文件。 （2）由企业最高领导人批准发布，是取得用户和第三方信任的手段。 （3）主要内容：质量方针和质量目标；组织机构和质量职责；引用文件；质量管理体系的描述；质量手册的评审、批准和修订
程序文件	（1）程序文件是质量手册的支持性文件，是企业各职能部门为落实质量手册要求而规定的细则。 （2）主要内容：文件控制程序、质量记录管理程序、内部审核程序、不合格品控制程序、预防措施控制程序和纠正措施控制程序
作业指导书	作业指导书是程序文件的支持性文件，是保证过程质量的最基础文件，并为开展纯技术性质量活动提供指导
质量计划	主要内容：质量计划的范围；产品或项目的质量要求；组织机构和管理职责；质量活动的控制；增补岗位文件和相应的质量记录；检测的安排；异常情况处理等
质量记录	质量记录是记载过程状态和过程结果的文件，质量记录应完整地反映质量活动实施、验证和评审的情况，并记载关键活动的过程参数，具有可追溯性

 ◆**考法 1：质量管理体系文件的组成**

【例题·单选题】企业质量管理体系文件应由（　　）等构成。

  A. 质量目标、质量手册、作业指导书、质量计划和质量记录

  B. 质量方针、质量手册、作业指导书、程序文件和质量记录

  C. 质量手册、质量计划、作业指导书、程序记录和质量评审

  D. 质量手册、程序文件、作业指导书、质量计划和质量记录

【答案】D

【解析】企业质量管理体系文件应由质量手册、程序文件、作业指导书、质量计划和质量记录等构成。

 ◆**考法 2：质量管理体系文件的性质**

【例题 1·2019 年真题·单选题】施工企业实施和保持质量管理体系应遵循的纲领性文件是（　　）。

  A. 质量计划   B. 质量记录

  C. 质量手册   D. 程序文件

【答案】C

【解析】质量手册是实施和保持质量体系过程中长期遵循的纲领性文件。

【例题2·单选题】下列项目施工质量管理体系文件中，记载过程状态和过程结果的文件是（   ）。

    A. 质量记录   B. 质量手册

    C. 程序文件   D. 质量计划

【答案】A

【解析】质量记录是记载过程状态和过程结果的文件，质量记录应完整地反映质量活动实施、验证和评审的情况，并记载关键活动的过程参数，具有可追溯性。

【例题3·2018年真题·单选题】关于施工企业质量管理体系文件构成的说法，正确的是（   ）。

    A. 质量计划是纲领性文件

    B. 质量记录应阐述企业质量目标和方针

    C. 质量手册应阐述项目各阶段的质量责任和权限

    D. 程序文件是质量手册的支持性文件

【答案】D

【解析】选项A错误，质量手册是纲领性文件。选项B错误，质量手册应阐述企业质量目标和方针。选项C错误，质量计划应阐述项目各阶段的质量责任和权限。

核心考点三：质量管理体系的建立和运行

1. 质量管理体系的建立

建立质量管理体系一般要经历质量管理体系策划与设计、质量管理体系文件编制、质量管理体系试运行、质量管理体系审核和评审四个阶段。

企业最高管理者应对质量管理体系进行策划。

试运行的目的是检验质量管理体系文件的有效性和协调性。

其中，质量管理体系策划与设计主要工作如下：

质量管理体系策划与设计

工作程序	工作内容
教育培训，统一认识	第一层次，决策层，包括党、政、技术领导。 第二层次，管理层，重点是管理、技术和生产部门负责人，以及与建立质量管理体系有关的工作人员。 第三层次，执行层以及与产品质量形成全过程有关的作业人员
组织落实，拟定计划	第一层次，成立以最高管理者（厂长、总经理等）为组长，质量主管领导为副组长的质量管理体系建设领导小组（或委员会）。 第二层次，成立由各职能部门领导（或代表）参加的工作班子。 第三层次，成立要素工作小组
确定质量方针，制定质量目标	质量方针是指由组织的最高管理者正式发布的该组织总的质量宗旨和方向，是企业管理者对质量的指导思想和承诺，是企业经营总方针的重要组成部分

工作程序	工作内容
现状调查和分析	（1）体系情况分析；（2）产品特点分析；（3）组织结构分析；（4）生产设备和检测设备能否适应体系的有关要求；（5）技术、管理和操作人员的组成、结构及水平状况的分析；（6）管理基础工作情况分析
调整组织结构，配备资源	根据质量管理需求和活动进行组织结构的适当调整和资源的合理配备

2. 质量管理体系运行

质量管理体系文件编制工作结束后，通过一定的形式（会议或下达文件等）发布企业管理者指令，宣布质量管理体系文件开始生效，便投入运行实施。

质量管理体系运行控制机制包括：组织协调、质量监控、质量信息管理、质量体系审核和评审等。其中，质量监控分为由第二方或第三方进行外部质量监控和企业自身进行内部质量监控两种。

◆考法：质量管理体系的建立

【例题1·2024真题·单选题】建立和完善质量管理体系一般要经历：① 质量管理体系策划与设计；② 质量管理体系审核和评审；③ 质量管理体系文件编制；④ 质量管理体系试运行。正确的顺序是（　　）。

  A.①③②④   B.①③④②

  C.③①②④   D.①②③④

【答案】B

【解析】建立、完善质量管理体系一般要经历质量管理体系策划与设计、质量管理体系文件编制、质量管理体系试运行、质量管理体系审核和评审四个阶段。

【例题2·单选题】质量管理体系策划与设计工作包括：① 组织落实，拟定计划；② 教育培训，统一认识；③ 确定质量方针，制定质量目标；④ 现状调查和分析；⑤ 调整组织结构，配备资源。正确的顺序是（　　）。

  A.②①③④⑤   B.①②③④⑤

  C.③②①④⑤   D.⑤②①③④

【答案】A

【解析】质量管理体系策划与设计工作包括教育培训，统一认识；组织落实，拟定计划；确定质量方针，制定质量目标；现状调查和分析；调整组织结构，配备资源等。

【例题3·单选题】质量管理体系策划与设计工作中教育培训对象的第一层次是（　　）。

  A. 党政、技术领导   B. 管理部门负责人

  C. 生产部门负责人   D. 作业人员

【答案】A

【解析】第一层次是党、政、技术领导；第二层次是管理、技术和生产部门负责人；第三层次是执行层以及作业人员。

核心考点四：质量管理体系认证与监督

1. 质量管理体系认证

质量管理体系认证是指由取得质量管理体系认证资格的第三方认证机构，依据正式发布的质量管理体系标准，对申请认证企业质量管理体系的质量保证能力依据质量保证模式标准进行检查和评价。

质量管理体系认证是一种外部审核活动。

质量管理体系认证按申请、检查和评定、审批与注册发证等程序进行。

其中，检查和评定环节的基本任务是：申请文件的详细审查、申请方现场检查前的准备、申请方的现场检查和评定、提出检查报告。检查组人数一般由2～4人组成。现场检查和评定工作分为：首次会见、现场参观、现场检查、评定、总结会议五个步骤。

2. 获准认证后的监督管理

企业质量管理体系获准认证的有效期为3年。获准认证后，企业应通过经常性的内部审核，并接受认证机构的监督管理。监督管理工作包括企业通报、监督检查、认证注销、认证暂停、认证撤销、复评及重新换证等。

（1）企业通报。认证机构接到通报后，将视情况采取必要的监督检查措施。

（2）监督检查。认证机构监督性现场检查，包括定期和不定期的监督检查。定期监督检查通常每年1次，不定期监督检查视需要临时安排。

（3）认证暂停。认证暂停是认证机构对获证企业管理质量体系发生不符合认证要求的情况时采取的警告措施。在认证暂停期间，企业不得使用质量管理体系认证证书进行宣传。

（4）认证撤销。当获证企业发生质量管理体系存在严重不符合规定，或在认证暂停的规定期限未予整改的，认证机构做出撤销认证的决定。企业不服的，可提出申诉。撤销认证的企业1年后可重新提出认证申请。

（5）复评。认证合格有效期满前，企业愿继续延长的，可向认证机构提出复评申请。

（6）重新换证。在认证有效期内，出现体系认证标准变更、体系认证范围变更、体系认证证书持有者变更情形的，可按规定重新换证。

◆ 考法1：质量管理体系认证

【例题1·2023年真题·单选题】施工企业质量管理体系获准认证的有效期是（　　）年。

　　A. 1　　　　　　　　　　　　B. 2
　　C. 4　　　　　　　　　　　　D. 3

【答案】D

【解析】企业获准认证的有效期为3年。

【例题2·2020年真题·单选题】企业质量管理体系的认证应由（　　）进行。

　　A. 企业最高管理层　　　　　　B. 政府相关主管部门
　　C. 企业所属的行业协会　　　　D. 取得认证资格的第三方认证机构

【答案】D

【解析】企业质量管理体系的认证应由取得认证资格的第三方认证机构进行。

◆ **考法 2：获准认证后的监督管理**

【例题 1·2017/2024 年真题·单选题】关于质量管理体系认证与监督的说法，正确的是（   ）。

A. 企业获准认证后应经常性的进行内部审核

B. 企业质量管理体系由国家认证认可的监督委员会认证

C. 企业获准领证的有效期为 6 年

D. 企业获准认证后第 3 年接受认证机构的监督管理

【答案】A

【解析】选项 B 错误，应是由公正的第三方认证机构认证。选项 C 错误，有效期应为 3 年。选项 D 错误，每年一次接受认证机构的监督管理。

【例题 2·2016/2023 年真题·单选题】第三方认证机构对施工企业质量管理体系实施的监督管理应每（   ）进行一次。

A. 1 年   B. 3 个月

C. 半年   D. 3 年

【答案】A

【解析】企业获准认证后，应经常性的内部审核，每年 1 次接受认证机构的监督管理。

4.1.3 施工质量保证体系

核心考点一：施工质量保证体系的作用

施工质量保证体系是指为确保建设工程施工质量，以控制和保证施工产品质量为目标，在施工准备、施工生产至竣工投产全过程中运用系统理论和方法，由全体人员参与建立和实施的一套严密、协调、高效的全方位管理体系。

施工质量保证体系的作用：（1）确保质量目标实现；（2）规范施工行为；（3）提升施工管理水平；（4）增强质量稳定性；（5）预防质量问题；（6）提高质量意识；（7）增强客户满意度；（8）促进持续改进；（9）保障工程安全；（10）提高企业竞争力。

◆ **考法：施工质量保证体系的作用**

【例题·单选题】施工质量保证体系是指为确保建设工程施工质量，以（   ）为目标，由全体人员参与建立和实施的一套严密、协调、高效的全方位管理体系。

A. 确保质量目标实现   B. 预防质量问题

C. 增强质量稳定性   D. 控制和保证施工产品质量

【答案】D

【解析】施工质量保证体系是指为确保建设工程施工质量，以控制和保证施工产品质量为目标，在施工准备、施工生产至竣工投产全过程中运用系统理论和方法，由全体人员参与建立和实施的一套严密、协调、高效的全方位管理体系。

核心考点二：施工质量保证体系的内容

施工质量保证体系的内容

施工质量目标	施工质量目标是施工质量保证体系的核心导向，它明确了施工项目在质量方面的具体期望结果
	施工质量目标以工程承包合同为基本依据
	（1）从时间维度展开，实现质量目标的全过程控制。 （2）从空间维度展开，实现质量目标的全方位和全员管理
施工质量计划	施工质量计划是施工企业根据自身的质量方针和目标，针对特定的工程项目，为确保施工质量而制定的具体规划和行动方案。 　　施工质量计划的内容：（1）工程特点及施工条件分析；（2）质量目标和要求；（3）质量管理组织和职责；（4）施工工艺和流程；（5）资源需求计划；（6）质量控制措施；（7）检验和验收计划；（8）质量问题的预防和处理；（9）质量记录和文档管理；（10）培训计划
思想保证体系	思想保证体系是施工质量保证体系的基础。要运用全面质量管理的思想、观点和方法，使全体人员树立"质量第一"的观点
组织保证体系	组织保证体系的内容：成立质量管理领导小组，明确各职能部门的质量责任，设置专门的质量监督岗位
工作保证体系	主要是明确工作任务和建立工作制度
	（1）施工准备阶段：建立测量控制网，建立施工场地、材料机械等管理制度。 （2）施工阶段：建立质量检查制度，严格实行自检、交接检和专检，开展群众性 QC 活动。 （3）竣工验收阶段：全面质量检查，发现问题及时整改，成品保护，整理验收资料
制度保证体系	制度保证体系的内容： （1）明确各方质量责任义务。 （2）包含一系列具体的质量管理制度，如施工组织设计审批制度、材料设备进场检验制度、工序质量检验制度、质量验收制度。 （3）质量监督和考核机制。 （4）质量教育培训制度。 （5）质量信息反馈和处理制度

◆ **考法 1：施工质量目标**

【例题·单选题】关于施工质量目标的说法，正确的是（　　　）。

A. 施工质量目标以施工质量计划为基本依据

B. 施工质量目标从空间维度展开可以实现全方位的质量目标管理

C. 施工质量目标从时间维度展开可以实现全员的质量目标管理

D. 施工质量目标的分解仅需从空间维度展开

【答案】B

【解析】项目施工质量目标以工程承包合同为基本依据，从时间维度展开，实施全过程的控制；从空间维度展开，实现全方位和全员的质量目标管理。

◆ **考法 2：施工质量计划**

【例题·多选题】施工质量计划的内容包括（　　　）。

A. 质量目标和要求　　　　　　　　B. 安全问题的预防和处理

C. 质量记录和文档管理　　　　　　D. 安全控制措施

E. 质量管理组织和职责

【答案】A、C、E

【解析】施工质量计划的内容：（1）工程特点及施工条件分析；（2）质量目标和要求；（3）质量管理组织和职责；（4）施工工艺和流程；（5）资源需求计划；（6）质量控制措施；（7）检验和验收计划；（8）质量问题的预防和处理；（9）质量记录和文档管理；（10）培训计划。

◆ 考法3：组织保证体系

【例题·多选题】下列建设工程施工质量保证体系的内容中，属于组织保证体系的有（　　　）。

A. 建立质量培训制度　　　　　　B. 成立质量管理小组

C. 编制施工质量计划　　　　　　D. 分解施工质量目标

E. 设置质量监督岗位

【答案】B、E

【解析】组织保证体系的内容：成立质量管理领导小组，明确各职能部门的质量责任，设置专门的质量监督岗位。

◆ 考法4：工作保证体系

【例题·单选题】下列施工质量保证体系的内容中，属于工作保证体系的是（　　　）。

A. 建立质量检查制度　　　　　　B. 建立质量管理制度

C. 树立"质量第一"的观点　　　D. 建立质量考核机制

【答案】A

【解析】工作保证体系主要是明确工作任务和建立工作制度。（1）施工准备阶段：建立测量控制网，建立施工场地、材料机械等管理制度。（2）施工阶段：建立质量检查制度，严格实行自检、交接检和专检，开展群众性 QC 活动。（3）竣工验收阶段：全面质量检查，发现问题及时整改，成品保护，整理验收资料。

核心考点三：施工质量保证体系的建立和"三全控制"

1. 施工质量保证体系的建立

施工质量保证体系建立的过程如下：（1）确定质量方针和目标；（2）完善组织架构；（3）制定质量计划；（4）强化人员培训；（5）建立质量管理制度；（6）明确施工过程控制要点；（7）建立质量信息管理系统；（8）开展内部审核和管理评审。

2. 施工质量的"三全控制"

（1）全面质量控制

全面质量控制不仅包括对工程实体质量控制，还应包括工程建设各参与主体工作质量的全面控制。

（2）全过程质量控制

全过程质量控制是指对工程项目从开始策划到最终交付使用以及后续保修的整个过程进行全面系统的质量管控。

（3）全员参与质量控制

全员参与的质量控制强调工程项目相关的所有人员都要积极主动的参与到工程质量控制工作中来。

◆**考法：施工质量的"三全控制"**

【例题·单选题】工程项目的全面质量控制是指对（　　）的全面控制。

    A. 工程质量形成过程   B. 工程建设各参与方

    C. 工程质量和工作质量   D. 工程建设所需的材料、设备

【答案】C

【解析】全面质量控制不仅包括对工程实体质量控制，还应包括工程建设各参与主体工作质量的全面控制。

4.2　施工质量抽样检验和统计分析方法

核心考点提纲

    4.2　施工质量抽样检验和统计分析方法   4.2.1　施工质量抽样检验方法
                                   4.2.2　施工质量统计分析方法

核心考点剖析

4.2.1　施工质量抽样检验方法

核心考点一：抽样检验方法

1. 抽样检验缘由

由于下列原因，工程实践中必须采用抽样检验方式：

（1）破坏性检验，无法采取全数检验方式。

（2）全数检验有时会耗时长，在经济上也未必合算。

（3）采取全数检验方式，未必能绝对保证100%的合格品。

2. 随机抽样方法

随机抽样方法

简单随机抽样	借助随机数骰子或随机数表，逐个抽取样本的方法。广泛用于原材料、构配件进货检验和分项工程、分部工程、单位工程完工后检验
系统随机抽样	将总体中的抽样单元按某种次序排列，在规定范围内随机抽取一个或一组初始单元，然后按一套规则确定其他样本单元的抽样方法。如每隔一定时间或空间抽取一个样本，又称机械随机抽样。主要用于工序质量检验
分层随机抽样	将总体分割成互不重叠的子总体（层），在每层中按给定的样本量进行随机抽样。 如由不同班组生产的同一种产品组成一个批，将整批产品按不同班组分成若干层，可使同一层的产品质量均匀整齐，然后在各层内再分别抽取样本
分级随机抽样	指第一级抽样从总体中抽取初级抽样单元，以后每一级抽样是在上一级抽样单元中抽取次一级的抽样单元。如对批量很大的砖的抽样
整群随机抽样	将总体分成若干互不重叠的群，每个群由若干个体组成

3. 抽样检验分类

抽样检验分类

按检验目的不同	监督检验和验收检验
按产品质量特征不同	（1）计数抽样检验：样本中不合格品个数。具有使用简便、运用范围广泛等优点。 （2）计量抽样检验：样本均值或标准差。具有信息利用充分、需要的样本量较小等优点
按抽取样本次数不同	（1）一次抽样检验。合格判定数 C，不合格品数 d。$d \leqslant C$，合格；$d > C$，不合格。 （2）二次抽样检验。$d_1 \leqslant C_1$，合格；$d_2 > C_2$，不合格。若 $C_1 < d_1 \leqslant C_2$，再抽，$d_1 + d_2 \leqslant C_2$，合格；$d_1 + d_2 > C_2$，不合格。 （3）多次抽样检验。与二次抽样检验类似
按抽样方案可否调整	调整型抽样检验和非调整型抽样检验
按是否可组成批	逐批检验和连续抽样检验

◆ **考法 1：抽样检验缘由**

【例题·多选题】由于（　　）的原因，工程实践中必须采用抽样检验方式。

    A. 破坏性检验　　　　　　　　　B. 隐蔽工程多

    C. 耗时长、检验费用高　　　　　D. 检验样品数量少

    E. 采取全数检验方式未必能绝对保证 100% 的合格品

【答案】A、C、E

【解析】由于下列原因，工程实践中必须采用抽样检验方式：（1）破坏性检验，无法采取全数检验方式；（2）全数检验有时会耗时长，在经济上也未必合算；（3）采取全数检验方式未必能绝对保证 100% 的合格品。

◆ **考法 2：随机抽样方法**

【例题 1·单选题】施工质量检验时，将总体分割成互不重叠的子总体（层），在每层中独立地按给定的样本量进行简单随机抽样的方法，称为（　　）。

    A. 系统随机抽样　　　　　　　　B. 分层随机抽样

    C. 分级随机抽样　　　　　　　　D. 整群随机抽样

【答案】B

【解析】系统随机抽样：按一套规则确定样本。分层随机抽样：将总体分割成互不重叠的层。分级随机抽样：分级。整群随机抽样：分成若干互不重叠的群。

【例题 2·单选题】施工质量检验时，将总体中的抽样单元按某种次序排列，在规定范围内随机抽取一个或一组初始单元，然后按一套规则确定其他样本单元的抽样方法，称为（　　）。

    A. 系统随机抽样　　　　　　　　B. 分层随机抽样

    C. 分级随机抽样　　　　　　　　D. 整群随机抽样

【答案】A

【解析】同上题。

【例题 3·2024真题·单选题】某工程承包商从一生产厂家购买了一批相同规格的

预制构件，并将其整齐码放在现场。对这批构件进行进场检验时，宜采用的抽样方法是（   ）。

  A. 简单随机抽样   B. 系统随机抽样

  C. 分层随机抽样   D. 整群随机抽样

【答案】C

【解析】同上题。

◆考法 3：抽样检验分类

【例题 1·单选题】一次抽样检验通常用（N，n，C）表示，从批量为 N 的交验产品中随机抽取 n 件进行检验，并预先规定一个合格判定数 C，如果发现 n 件中有 d 件不合格品，当（   ）时，判定该批产品合格。

  A. $d \leqslant n$ B. $d \geqslant C$

  C. $d \leqslant C$ D. $d \geqslant n$

【答案】C

【解析】一次抽样检验，当 $d \leqslant C$ 时，则判定该批产品合格。

【例题 2·多选题】计数标准型二次抽样检验方案为（N，n_1，n_2，C_1，C_2），其中 C_1 为第一次抽取样本时的不合格判定数，C_2 为第二次抽取样本时的不合格判定数，若 n_1 中有 d_1 个不合格品，n_2 中有 d_2 个不合格品，则可判断送检品合格的情况有（   ）。

  A. $d_1 = C_1$ B. $d_1 < C_1$

  C. $d_2 > C_2$ D. $d_1 + d_2 > C_2$

  E. $d_1 + d_2 < C_2$

【答案】A、B、E

【解析】二次抽样检验，当 $d_1 \leqslant C_1$ 和 $d_1 + d_2 \leqslant C_2$ 时，合格。

核心考点二：施工质量检验方法

施工质量检验方法

感观检验法（视觉、听觉、触觉）	看	对结构表面是否有裂缝、混凝土振捣是否符合要求等进行外观检查
	摸	通过手感触摸进行检查鉴别
	敲	运用敲击方法进行音感检查
	照	通过人工光源或反射光照射检查难以看清的部位
物理检验法	度量检测法	利用工具和设备检测材料、构件的长度、质量、体积、密度
	电性能检测法	利用电工电子仪器和适当的测量方法检测电器设备和材料性能，如电阻值、电流值及电压值
	机械性能检测法	用物理力学仪器对材料、构件等机械性能进行检测，如钢材的抗拉、抗弯、抗剪和焊接性能；混凝土的抗压、抗渗性；水泥砂浆的抗压性能；机砖的抗压、抗拉、抗剪性能
	无损检测法	在不损坏被检物的前提下进行检验的方法，如射线探伤法、超声波探伤法，常用来检测混凝土内部质量和钢材焊接质量。

物理检验法	无损检测法	（1）超声和射线照相方法用于探测内部缺陷。 （2）渗透方法用于探测表面开口缺陷。 （3）磁粉和电磁（涡流）方法用于探测表面和近表面缺陷
化学检验法		利用化学试剂和试验仪器对工程材料的化学成分及含量进行测定，如检测水泥、钢材的化学成分
现场试验法		在施工现场对工程构件、设备等进行试验，如桩基静载试验、设备试运行

◆ **考法 1：感观检验法**

【例题 1·单选题】感观检验法主要是根据质量要求，采用看、摸、敲、照等方法对检查对象进行检查。以下属于"看"的是（   ）。

　　A. 通过反射光照射仔细检查难以看清的部位

　　B. 根据质量标准要求检查结构表面是否有裂缝

　　C. 通过手感触摸进行检查鉴别有无质量问题

　　D. 根据声音虚实、脆闷判断有无质量问题

【答案】B

【解析】选项 A 是"照"，选项 B 是"看"，选项 C 是"摸"，选项 D 是"敲"。

【例题 2·单选题】下列现场质量检查的方法中，属于感观检验法的是（   ）。

　　A. 利用全站仪复查轴线偏差

　　B. 利用酚酞液观察混凝土表面碳化

　　C. 利用磁场磁粉探查焊缝缺陷

　　D. 利用小锤检查面砖铺贴质量

【答案】D

【解析】选项 A 错误，利用全站仪复查轴线偏差是物理检验法中的度量检测法。选项 B 错误，利用酚酞液观察混凝土表面碳化是化学检验法。选项 C 错误，利用磁场磁粉探查焊缝缺陷是物理检验法中的无损检测法。选项 D 正确，利用小锤检查面砖铺贴质量属于感观检验法中的"敲"。

◆ **考法 2：物理检验法**

【例题 1·单选题】工程建设中，利用工具和设备通过检测材料、构件、工程等的长度、质量、体积、密度等来判定工程质量情况的方法是（   ）。

　　A. 度量检测法　　　　　　　　B. 感官检验法

　　C. 无损检测法　　　　　　　　D. 机械性能检测法

【答案】A

【解析】度量检测法是利用工具和设备检测材料、构件等的长度、质量、体积、密度等。

【例题 2·单选题】工程建设中，适用于混凝土的抗压、抗渗性的监测方法是（   ）。

　　A. 机械性能检测法　　　　　　B. 现场试验法

　　C. 度量检测法　　　　　　　　D. 化学检验法

【答案】A

【解析】机械性能检测法包括用物理力学仪器对材料、构件等机械性能进行检测，如钢材的抗拉、抗弯、抗剪和焊接性能；混凝土的抗压、抗渗性；水泥砂浆的抗压性能；机砖的抗压、抗拉、抗剪性能。

【例题3·单选题】物理检验法是指利用物理原理借助各种检测工具和仪器设备对施工质量进行检验的方法，以下属于物理检验中机械性能检测法的是（　　　）。

　　A. 水泥砂浆的抗压性能

　　B. 桩基的静载试验

　　C. 供暖工程的压力试验

　　D. 电器设备的运转电流及电压值

【答案】A

【解析】选项B、C属于现场试验法，选项D属于物理检验中电性能检测法。

【例题4·2024年真题·单选题】仅用于探测被检测物表面开口缺陷的是（　　　）。

　　A. 射线探伤　　　　　　　　　B. 超声波探伤

　　C. 渗透探伤　　　　　　　　　D. 电磁感应检测

【答案】C

【解析】在常规无损检测方法中，超声和射线照相方法主要用于探测被检物的内部缺陷；渗透方法仅用于探测被检物表面开口的缺陷；磁粉和电磁（涡流）方法用于探测被检物的表面和近表面缺陷。

◆ 考法3：化学检验法

【例题·单选题】对钢材成分的测定属于施工质量检验方法中的（　　　）。

　　A. 物理检验法　　　　　　　　B. 感观检验法

　　C. 现场试验法　　　　　　　　D. 化学检验法

【答案】D

【解析】化学检验法是利用化学试剂和试验仪器对工程材料的化学成分及含量进行测定，如检测水泥、钢材的化学成分。

4.2.2　施工质量统计分析方法

核心考点：施工质量统计分析方法

1. 分层法

又称为分类法或分组法，是指将调查收集的原始数据，按某一性质进行分组（层）整理的分析方法。分层的结果是使各层间数据的差异突显出来，然后进行层间、层内比较分析，深入地发现质量问题及其产生原因。分层法是工程质量统计分析中的一种最基本的方法。

2. 调查表法

又称为调查分析法、检查表法，是指利用专门设计的统计表对工程质量数据进行收集和整理，并粗略地进行原因分析的一种方法。采用的调查表有：工序分布检查表、缺陷位置检查表、不良项目检查表、不良原因检查表等。

3. 因果分析图法

又称为质量特性因果图、鱼刺图或树枝图，是一种反映质量特性与质量缺陷产生原因之间关系的图形工具，可用来分析、追溯质量缺陷产生的最根本原因。

应用因果分析图法进行质量特性因果分析时，应注意以下几点：

（1）一个质量特性或一个质量问题使用一张图分析。

（2）通常采用 QC 小组活动的方式进行，集思广益，共同分析。

（3）必要时可邀请 QC 小组以外的有关人员参与，广泛听取意见。

（4）分析时要充分发表意见，层层深入，列出所有可能的原因。

（5）采用投票或其他方式，从中选择 1～5 项最主要原因。

4. 排列图法

又称为主次因素分析法或帕累托图法，是用来分析影响质量主次因素的有效方法。

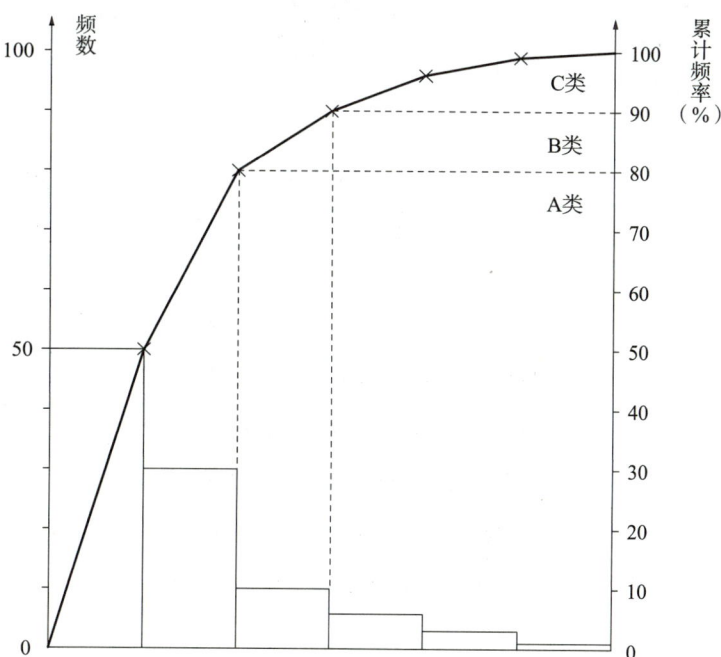

排列图

累计频率 0～80%，A 类因素，即主要因素，需要加强控制、重点管理。

累计频率 80%～90%，B 类因素，即次要因素，常规管理。

累计频率 90%～100%，C 类因素，即一般因素，可放宽管理。

5. 相关图法

又称散布图，用来观察分析两种质量数据之间相关关系的图形方法。相关图中点的集合，反映了两种数据之间的散布状况。几种典型的相关图如下图所示。

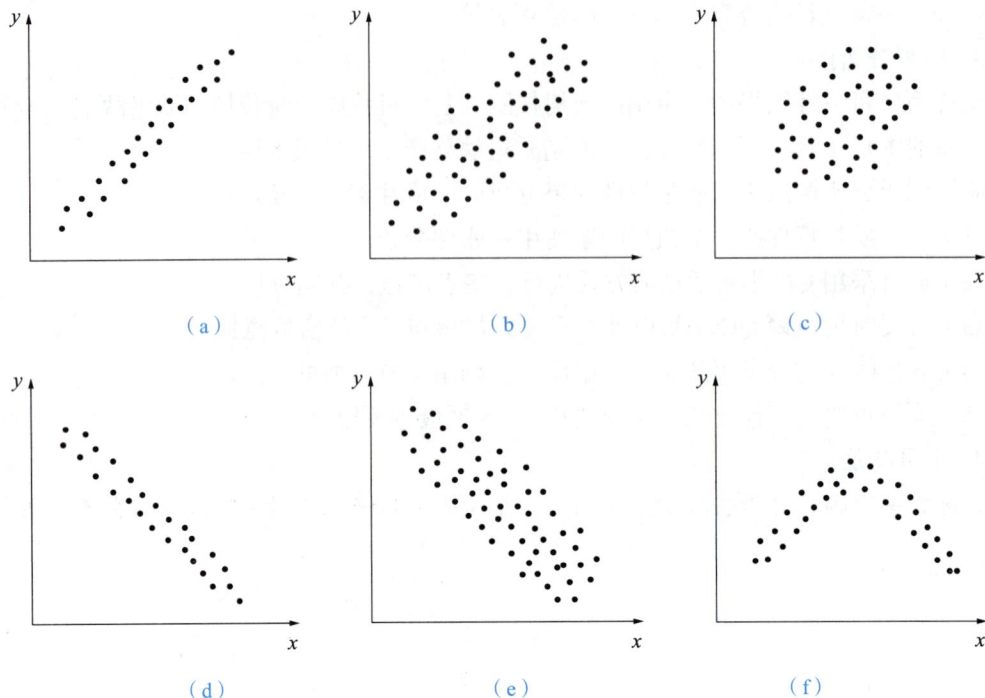

几种典型的相关图

（a）正相关；（b）弱正相关；（c）不相关；（d）负相关；（e）弱负相关；（f）非线性相关

几种典型相关图的特点

相关图	形状
正相关	散布点形成从左至右向上变化的一条直线带
弱正相关	散布点形成从左至右向上较分散的直线带
不相关	散布点形成一团或平行于 x 轴的直线带
负相关	散布点形成从左至右向下的一条直线带
弱负相关	散布点形成从左至右向下较分散的直线带
非线性相关	散布点呈曲线带

6. 直方图法

又称频数分布直方图，是用来反映产品质量数据分布状态和波动规律的统计分析方法。

1）直方图的主要用途

① 判断工序的稳定性；② 推断工序质量规格标准的满足程度；③ 分析不同因素对质量的影响；④ 计算工序能力。

2）直方图观察分析

（1）将直方图分布状态与正态分布图进行对比，判断产品质量状况。常见的直方图形状如下图所示。

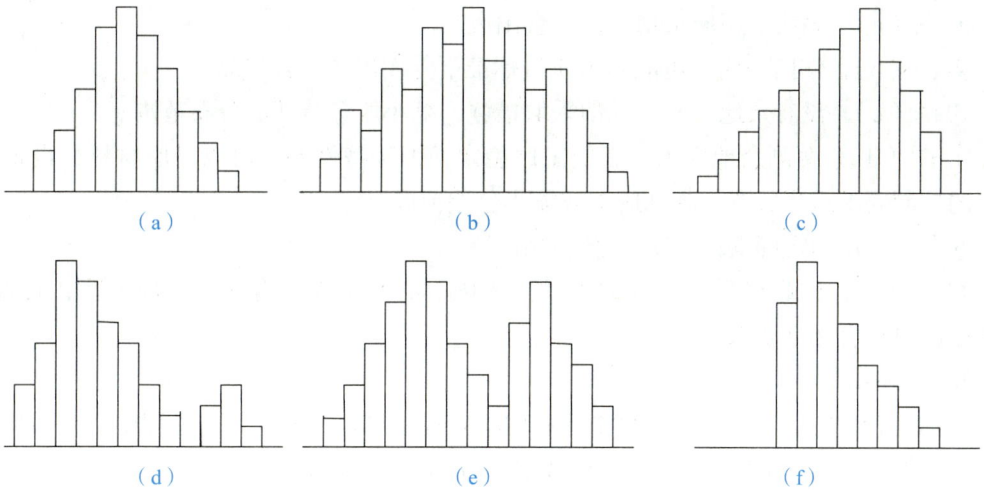

常见的直方图形状

（a）正常型；（b）折齿型；（c）缓坡型；（d）孤岛型；（e）双峰型；（f）峭壁型

① 图（a），正常型：表示工序稳定，只存在随机误差。

② 图（b），折齿型：分组不当或组距确定不当造成。

③ 图（c），缓坡型：操作中对上限（或下限）控制太严造成。

④ 图（d），孤岛型：原材料发生变化，或短时间内工人操作不熟练造成。

⑤ 图（e），双峰型：取样混批所致。

⑥ 图（f），峭壁型：数据收集不正常，可能有意识地去掉下限以下的数据，或是在检测过程中某种人为因素造成。

（2）将直方图与质量标准比较，判断实际生产能力。直方图分布范围与质量标准的比较如下图所示。

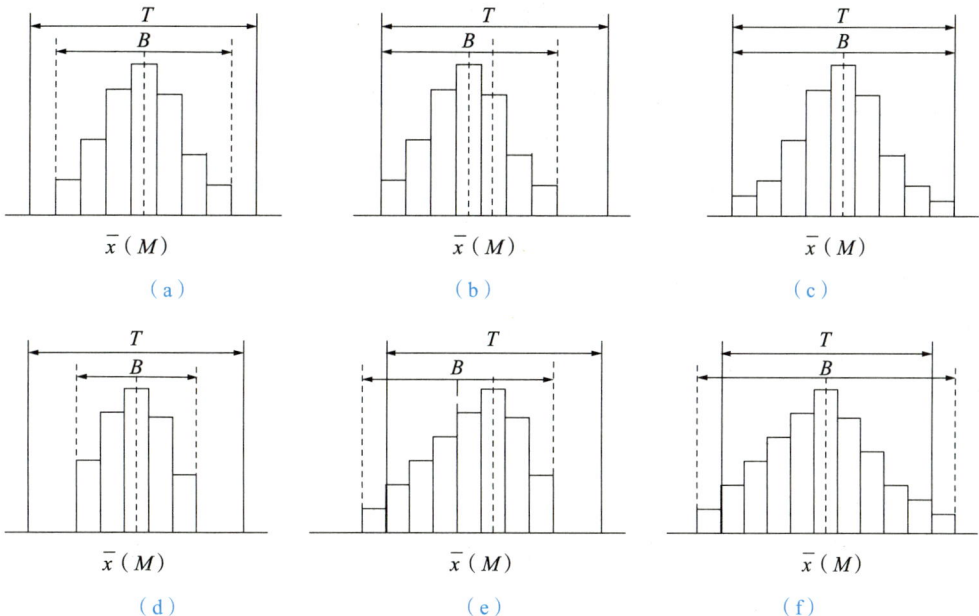

直方图分布范围与质量标准的比较

① 图（a），表明工序质量稳定，不会出废品。

② 图（b），偏向一侧，可能超出质量标准下限而出现不合格品。

③ 图（c），没有余地，必须立即采取措施，缩小质量特性的分布范围。

④ 图（d），两侧余地太大，表明工序稳定，但经济性差。可以对原材料、设备、工艺等的控制要求适当放宽，降低成本或缩小公差范围。

⑤ 图（e），单边超限，出现不合格品。

⑥ 图（f），已超出质量标准的上、下界限，必然出现不合格品。应提高工序能力，使工序质量符合标准要求。

7. 控制图法

又称为管理图，是一种在直角坐标系内画有控制界限，描述生产过程中产品质量波动状态，分析质量波动原因，判明生产过程是否处于稳定状态的方法。

点子随机落在上下控制界限内，表明生产过程正常并处于稳定状态，不会产生不合格品；点子超出控制界限，或排列有缺陷，表明生产状况有异常，生产过程处于失控状态。

（1）控制图种类

① 按用途，分为分析用控制图和管理（控制）用控制图；绘制分析用控制图时，一般需连续抽取 20～25 组样本数据，计算控制界限。

② 按质量数据特点，分为计量值控制图和计数值控制图。

（2）控制图的观察分析

分析用控制图中的点子同时满足以下两个条件，可以认为生产过程基本处于稳定状态：① 连续 25 点中没有 1 点在界限外或连续 35 点中最多 1 点在界限外或连续 100 点中最多 2 点在界限外；② 控制界限内的点子随机排列且没有缺陷。

有异常现象的点子分布如下图所示。属于生产过程有异常的情形有：

① 连续 7 点或更多点在中心线同一侧，如图（a）所示。

② 连续 7 点或更多点呈上升或下降趋势，如图（b）所示。

③ 连续 11 点中至少有 10 点在中心线同一侧，如图（c）所示。

④ 连续 14 点中至少有 12 点在中心线同一侧。

⑤ 连续 17 点中至少有 14 点在中心线同一侧。

⑥ 连续 20 点中至少有 16 点在中心线同一侧。

⑦ 连续 3 点中至少有 2 点和连续 7 点中至少有 3 点落在二倍标准差与三倍标准差控制界限之间，如图（d）所示。

⑧ 点子呈周期性变化，如下图所示。

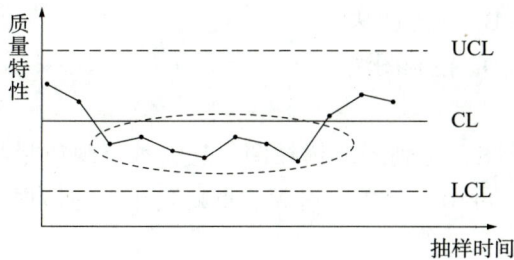

（a）连续 7 点在中心线同一侧

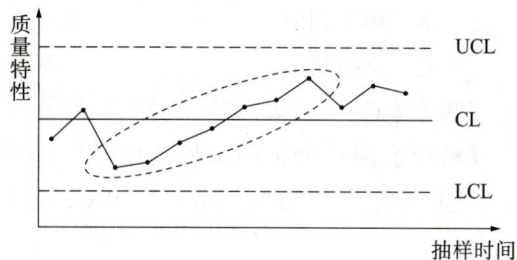

（b）7 点连续上升

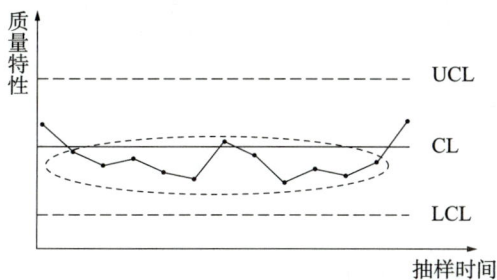

（c）连续 11 点中有 10 点在中心线同一侧

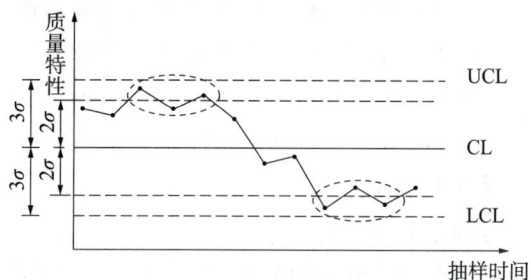

（d）连续 3 点中有 2 点接近控制界限

有异常现象的点子分布

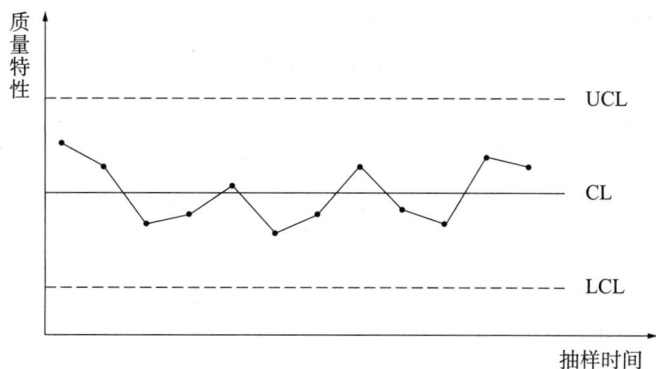

点子呈周期性变化

◆ **考法 1：分层法**

【例题·单选题】将调查收集的原始数据，根据不同的目的和要求，按某一性质进行分组整理的分析方法称为（　　）。

A. 分层法　　　　　　　　　　　B. 调查表法

C. 因果分析图法　　　　　　　　D. 排列图法

【答案】A

【解析】分层法是指将调查收集的原始数据，根据不同的目的和要求，按某一性质进行分组整理的分析方法。

◆ **考法 2：因果分析图法**

【例题 1·单选题】在工程质量统计分析方法中，能够反映质量特性与质量缺陷产生原因之间关系的图形工具，并可用来分析、追溯质量缺陷产生最根本原因的是（　　）。

A. 相关图法　　　　　　　　　　B. 直方图法

C. 鱼刺图法　　　　　　　　　　D. 控制图法

【答案】C

【解析】因果分析图又称为质量特性因果图、鱼刺图或树枝图，是一种反映质量特性与质量缺陷产生原因之间关系的图形工具，可用来分析、追溯质量缺陷产生的最根本原因。

【例题2·单选题】工程质量控制中采用因果分析图法的目的是（　　　）。

A. 找出工程中存在的主要质量问题

B. 找出影响工程质量问题的最根本原因

C. 全面分析工程中可能存在的质量问题

D. 动态地分析工程中的质量问题

【答案】B

【解析】同上题。

【例题3·单选题】下列关于因果分析图法的说法，正确的是（　　　）。

A. 反映产品质量数据分布状态和波动规律

B. 通常采用QC小组活动的方式进行因果分析

C. 可以定量分析影响质量的主次因素

D. 一张因果分析图可以分析多个质量问题

【答案】B

【解析】应用因果分析图法进行质量特性因果分析时，应注意以下几点：（1）一个质量特性或一个质量问题使用一张图分析；（2）通常采用QC小组活动的方式进行，集思广益，共同分析；（3）必要时可邀请QC小组以外的有关人员参与，广泛听取意见；（4）分析时要充分发表意见，层层深入，列出所有可能的原因；（5）采用投票或其他方式，从中选择1~5项最主要原因。

◆考法3：排列图法

【例题1·2024年真题·单选题】施工质量统计分析方法中，用来分析影响质量主次因素的有效方法是（　　　）。

A. 相关图法　　　　　　　　　　B. 排列图法

C. 鱼刺图法　　　　　　　　　　D. 控制图法

【答案】B

【解析】排列图法又称为主次因素分析法或帕累托图法，是用来分析影响质量主次因素的有效方法。

【例题2·多选题】对某模板工程表面平整度、截面尺寸、平面水平度、垂直度、标高等项目进行抽样检查，按照排列图法对抽样数据进行统计分析，发现其质量问题累积频率分别为30%、60%、75%、89%和100%，则A类质量问题包括（　　　）。

A. 表面平整度　　　　　　　　　B. 垂直度

C. 截面尺寸　　　　　　　　　　D. 标高

E. 平面水平度

【答案】A、C、E

【解析】累计频率 0～80% 的因素为 A 类因素，即主要因素，需要重点管理。

◆ **考法 4：相关图法**

【**例题 1·单选题**】采用相关图法分析工程质量时，散布点形成从左至右向下的一条直线带，说明两变量之间的关系为（   ）。

    A. 正相关   B. 负相关

    C. 不相关   D. 弱正相关

【答案】B

【解析】散布点形成从左至右向下的一条直线带，说明负相关。

【**例题 2·单选题**】某相关图点的集合如下图所示，则其表示的类型是（   ）。

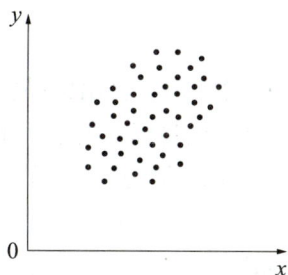

    A. 弱正相关   B. 弱负相关

    C. 非线性相关   D. 不相关

【答案】D

【解析】不相关是指散布点形成一团或平行于 x 轴的直线带。

◆ **考法 5：直方图法**

【**例题 1·单选题**】采用直方图分析法分析工程质量时，出现折齿型直方图的原因是（   ）。

    A. 分组不当或组距确定不当   B. 不同设备生产的数据混合

    C. 原材料发生变化   D. 人为去掉上限下限数据

【答案】A

【解析】折齿型直方图是由于分组不当或组距确定不当而造成的。

【**例题 2·单选题**】进行工程质量统计分析时，检测过程中某种人为因素造成的图形异常的是（   ）直方图。

    A. 折齿型   B. 孤岛型

    C. 双峰型   D. 峭壁型

【答案】D

【解析】峭壁型直方图通常是因数据收集不正常，可能有意识地去掉下限以下的数据，或是在检测过程中某种人为因素造成的。

【**例题 3·单选题**】下列直方图中，表明生产过程处于正常、稳定状态的是（   ）。

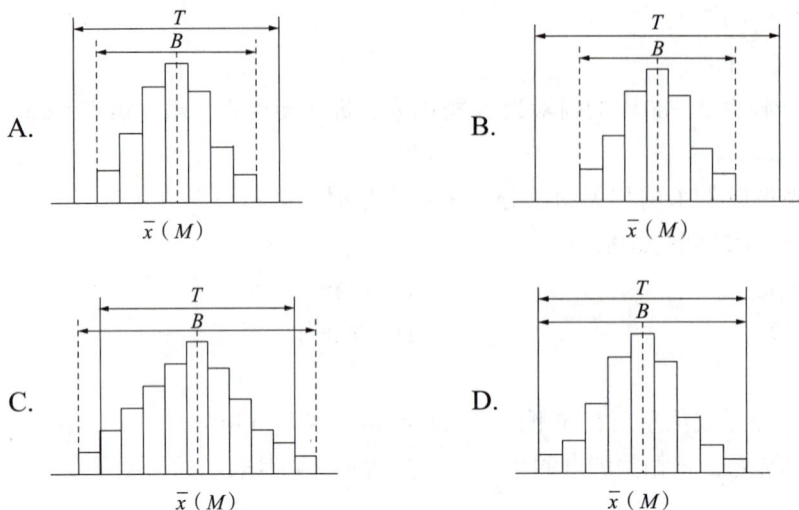

A. $\bar{x}(M)$ B. $\bar{x}(M)$

C. $\bar{x}(M)$ D. $\bar{x}(M)$

【答案】A

【解析】选项 A，表明工序质量稳定，不会出废品。选项 B，两侧余地太大，表明工序稳定，但经济性差。选项 C，已超出质量标准的上、下界限，必然出现不合格品。选项 D，没有余地，必须立即采取措施，缩小质量特性的分布范围。

◆ **考法 6：控制图法**

【例题 1·单选题】当质量控制图满足（　　　　）时，则表明生产过程正常并处于稳定状态，不会产生不合格品。

    A. 点子随机落在上、下控制界限内　　B. 点子排列有缺陷

    C. 点子超出控制界限　　　　　　　　D. 点子多次同侧

【答案】A

【解析】如果点子随机落在上、下控制界限内，则表明生产过程正常并处于稳定状态，不会产生不合格品；如果点子超出控制界限，或点子排列有缺陷，则表明生产状况有异常，生产过程处于失控状态。

【例题 2·多选题】在工程质量统计分析的方法中，控制图按用途可以分为（　　　　）。

    A. 统计用控制图　　　　　　　　　　B. 计数值控制图

    C. 计量值控制图　　　　　　　　　　D. 分析用控制图

    E. 管理用控制图

【答案】D、E

【解析】按控制图的用途分为分析用控制图和管理（控制）用控制图。

【例题 3·多选题】工程质量统计分析中，应用控制图分析判断生产过程是否处于稳定状态时，可判断生产过程为异常的情形有（　　　　）。

    A. 点子几乎全部落在控制界限内

    B. 中心线一侧出现 7 点连续上升

    C. 中心线两侧有 5 点连续上升

    D. 点子呈周期性变化

E. 连续 11 点中有 10 点在中心线同侧

【答案】B、D、E

【解析】属于生产过程有异常的情形有：（1）连续 7 点或更多点在中心线同一侧；（2）连续 7 点或更多点呈上升或下降趋势；（3）连续 11 点中至少有 10 点在中心线同一侧；（4）连续 14 点中至少有 12 点在中心线同一侧；（5）连续 17 点中至少有 14 点在中心线同一侧；（6）连续 20 点中至少有 16 点在中心线同一侧；（7）连续 3 点中至少有 2 点和连续 7 点中至少有 3 点落在二倍标准差与三倍标准差控制界限之间；（8）点子呈周期性变化。

4.3 施工质量控制

核 心 考 点 提 纲

$$
4.3\quad 施工质量控制
\begin{cases}
4.3.1\quad 施工准备质量控制\\
4.3.2\quad 施工过程质量控制\\
4.3.3\quad 施工质量检查验收
\end{cases}
$$

核 心 考 点 剖 析

4.3.1 施工准备质量控制

核心考点一：施工质量控制的环节

施工质量控制的环节

事前控制	制定质量计划，并按质量计划进行质量活动前准备工作状态的控制，如编制施工组织设计、施工方案，进行施工现场准备和施工部署等
事中控制	对各项作业技术活动操作者的行为约束和对质量活动过程和结果监督控制
事后控制	对质量活动结果的评价认定和对质量偏差的纠正

◆考法 1：事前质量控制

【例题·单选题】下列施工质量控制工作中，属于事前控制的是（　　）。

　　A. 编制施工质量计划　　　　　　B. 约束质量活动的行为

　　C. 监督质量活动过程　　　　　　D. 处理施工质量的缺陷

【答案】A

【解析】事前质量控制：编制施工质量计划，明确质量目标，制定施工方案，设置质量管理点，落实质量责任，分析可能导致质量目标偏离的各种影响因素，针对这些影响因素制定有效的预防措施，防患于未然。选项 B、C 属于事中控制，选项 D 属于事后控制。

◆考法 2：事中质量控制

【例题·2019 年真题·单选题】下列质量控制活动中，属于事中质量控制的是（　　）。

　　A. 设置质量控制点　　　　　　　B. 明确质量责任

C. 评价质量活动结果　　　　　　D. 约束质量活动行为

【答案】D

【解析】事中质量控制首先是对质量活动的行为约束，其次是对质量活动过程和结果的监督控制。事中控制的关键是坚持质量标准，控制的重点是工序质量、工作质量和质量控制点的控制。

◆ **考法 3：事后质量控制**

【例题·2023 年真题·单选题】下列施工质量控制工作中，属于事后质量控制的是（　　　）。

　　A. 检查施工质量缺陷　　　　　　B. 编制施工质量计划

　　C. 设置质量控制点　　　　　　　D. 监督质量活动过程

【答案】A

【解析】事后控制包括对质量活动结果的评价、认定和对质量偏差的纠正，发现施工质量缺陷，提出施工质量改进的措施。选项 B、C 属于事前质量控制，选项 D 属于事中质量控制。

核心考点二：施工准备质量控制

施工准备质量控制

施工技术准备	（1）熟悉与会审图纸：施工图会审会议由建设单位主持，设计单位和施工单位、工程监理单位参加。 （2）编制和报审施工组织设计：施工单位在完成施工组织设计的编制及内部审批工作后，报请项目监理机构审查，由总监理工程师审核签认
施工现场准备	（1）测量控制网的控制；（2）施工平面布置的控制
材料、构配件质量控制	（1）材料、构配件需要量计划；（2）材料、构配件采购订货；（3）进场材料、构配件检验；（4）材料、构配件的现场储存和使用。混凝土预制构件出厂时的混凝土强度不得低于设计混凝土强度等级值的 75%
施工机械配置的控制	主要围绕施工机械设备的选型、机械设备性能参数的确定、机械设备数量、使用操作等方面进行

◆ **考法 1：施工技术准备的质量控制**

【例题 1·单选题】施工图会审会议由（　　　）主持，（　　　）和施工单位、工程监理单位参加。

　　A. 勘察单位，设计单位　　　　　B. 建设单位，设计单位

　　C. 设计单位，建设单位　　　　　D. 设计单位，勘察单位

【答案】B

【解析】施工图会审会议由建设单位主持，设计、施工、监理单位参加。

【例题 2·单选题】下列施工准备质量控制工作中，属于施工技术准备的是（　　　）。

　　A. 复核原始坐标　　　　　　　　B. 规划施工场地

　　C. 报审施工组织设计　　　　　　D. 布置施工机械

【答案】C

【解析】技术准备是指在施工作业前进行的技术准备工作，主要在室内进行。

◆**考法 2：施工现场准备的质量控制**

【例题·2021 年真题·单选题】下列工程测量放线成果中，应由施工单位建立的是（　　）。

    A. 测量控制网　　　　　　　B. 原始坐标点
    C. 基准线　　　　　　　　　D. 标高基准点

【答案】A

【解析】选项 A，测量控制网由施工单位负责建立。选项 B、C、D，原始坐标点、基准线、标高基准点均由建设单位提供给施工单位。故选项 A 正确。

◆**考法 3：材料的质量控制**

【例题·2020/2023 年真题·单选题】混凝土预制构件出厂时的混凝土强度不宜低于设计混凝土强度等级值的（　　）。

    A. 50%　　　　　　　　　　B. 75%
    C. 65%　　　　　　　　　　D. 90%

【答案】B

【解析】混凝土预制构件出厂强度不宜低于设计混凝土强度等级值的 75%。

4.3.2　施工过程质量控制

核心考点一：作业技术准备状态的控制

1. 质量控制点的设置

（1）质量控制点的设置原则

① 施工过程中的关键工序、关键环节及隐蔽工程，例如预应力结构的张拉工序、钢筋混凝土结构中的钢筋架立。

② 施工中的薄弱环节或质量不稳定的工序、部位或对象，例如地下防水层施工。

③ 对后续工程施工或对后续工序质量或安全有重大影响的工序、部位或对象，例如预应力结构中的预应力钢筋质量、模板的支撑与固定。

④ 采用新技术、新工艺、新材料的部位或环节。

⑤ 施工无足够把握、施工困难或技术难度大的工序或环节，例如复杂曲线模板的放样。

（2）质量控制点的重点控制对象

① 人的行为。

② 材料质量与性能。如钢结构工程中使用的高强度螺栓、某些特殊焊接使用的焊条，又如水泥进场必须检查核对其出厂合格证，并按要求进行强度和安定性复试等。

③ 施工方法与关键操作。如预应力钢筋的张拉过程及张拉力控制，装配式建筑构件吊装过程中的稳定问题。

④ 施工技术参数。如混凝土的外加剂掺量、水胶比、坍落度、抗压强度、回填土含水量、防水混凝土抗渗等级、大体积混凝土内外温差、混凝土冬期施工受冻临界强度、装

配式混凝土预制构件出厂强度等。

⑤施工顺序。如对冷拉钢筋应当先焊接后冷拉。

⑥技术间歇。如砌筑与抹灰之间，混凝土浇筑与模板拆除之间，留一定的时间。

⑦易发生质量通病的施工过程。例如混凝土工程的蜂窝、麻面、空洞，防水工程渗水、漏水、空鼓、起砂、裂缝等。

2. 作业技术交底控制

施工单位要做好技术交底，每一分项工程开始实施前均要进行交底，技术交底书由项目技术人员编制，并经项目技术负责人批准。技术交底书的主要内容：施工方法、质量要求和验收标准、施工过程中需注意的问题、可能出现意外情况的应急方案等。

3. 进场材料、构配件质量控制

（1）凡运到施工现场的原材料、半成品或构配件，必须附有产品出厂合格证及技术说明书。

（2）进口材料设备的检查、验收，应会同国家商检部门进行。

（3）某些当地材料及现场配制的制品，施工单位事先要进行试验，达到标准方准施工。

4. 作业环境状态控制

（1）施工作业环境控制。作业环境条件是指水电供应、施工照明、安全防护设备、施工场地空间条件和通道、交通运输和道路条件等。

（2）施工质量管理环境控制。施工质量管理环境主要是指施工单位的质量管理体系，项目管理组织结构、管理制度、检测制度。

（3）现场自然环境条件控制。自然环境条件，如严寒季节的防冻、夏季防高温、细砂地基防止流砂、施工场地防洪与排水、风浪对水上打桩或沉箱施工质量影响的防范等。

◆ 考法1：质量控制点的重点控制对象

【例题·2015年真题·单选题】下列质量控制点的重点控制对象中，属于施工技术参数类的是（ ）。

　　A. 水泥的安全性　　　　　　　　B. 预应力钢筋的张拉

　　C. 砌体砂浆的饱满度　　　　　　D. 混凝土浇筑后的拆模时间

【答案】C

【解析】施工技术参数包括：混凝土的外加剂掺量、水胶比、坍落度、抗压强度、回填土的含水量、砌体的砂浆饱满度、防水混凝土的抗渗等级、大体积混凝土内外温差及混凝土冬期施工受冻临界强度、装配式混凝土预制构件出厂时的强度等。

◆ 考法2：作业技术交底控制

【例题·单选题】项目开工前的技术交底书应由施工项目技术人员编制，经（ ）批准实施。

　　A. 项目经理　　　　　　　　　　B. 总监理工程师

　　C. 项目技术负责人　　　　　　　D. 专业监理工程师

【答案】C

【解析】技术交底书项目技术人员编制，项目技术负责人批准。

◆ **考法 3：进场材料、构配件质量控制**

【例题·2024 年真题·单选题】工程施工中，凡运至施工现场的原材料、半成品或构配件，必须附有的文件是（　　　）。

A. 质量保证书及技术说明书　　　　B. 出厂合格证及采购合同

C. 质量保证书及采购合同　　　　　D. 出厂合格证及技术说明书

【答案】D

【解析】凡运到施工现场的原材料、半成品或构配件，必须附有产品出厂合格证及技术说明书。

◆ **考法 4：作业环境状态控制**

【例题·单选题】施工过程质量控制是指对工程实体质量形成过程的控制，下列属于施工作业环境控制的是（　　　）。

A. 质量管理体系　　　　　　　　　B. 施工场地防洪与排水

C. 细砂地基防止流砂　　　　　　　D. 施工照明

E. 安全防护设备

【答案】D、E

【解析】选项 A 属于施工质量管理环境控制，选项 B、C 属于现场自然环境条件控制，选项 D、E 属于施工作业环境控制。故选 D、E。

核心考点二：作业技术活动过程和结果质量控制

作业技术活动过程和结果质量控制

作业技术活动过程质量控制	施工单位"三检"制度	作业结束后，作业者必须自检；不同工序交接，相关人员必须交接检；施工单位专职质检员的专检
	技术复核工作	凡涉及施工作业技术活动基准和依据的技术工作，都应严格进行专人负责的复核性检查，复核结果应报送项目监理机构复验确认
	见证取样、送检	施工单位在对进场材料、试块、试件、钢筋接头等实施见证取样前，要通知负责见证取样的监理人员，由监理人员进行全程见证
	工程变更控制	如果工程变更涉及结构主体及安全，该工程变更还要按有关规定报送施工图原审查单位进行审查
	质量记录资料	质量记录资料详细记录了工程施工阶段质量控制活动的全过程
作业技术活动结果质量控制	工序质量检验	主要包括：（1）标准具体化；（2）度量；（3）比较；（4）判定；（5）处理；（6）记录
	隐蔽工程验收	隐蔽工程验收是对一些已完分项、分部工程质量的最后一道检查。隐蔽工程施工完毕，施工单位自检合格后，项目监理机构在合同规定的时间内到现场检查，确认质量符合隐蔽要求，才能进入下一道工序施工
	工序交接验收	作业活动中一种必要的技术停顿、作业方式转换及作业活动效果的中间确认

◆ **考法 1：质量"三检"制度**

【例题·单选题】施工质量检查中工序交接检查的"三检"制度是指（　　　）。

A. 质量员检查、技术负责人检查、项目经理检查

B. 施工单位检查、监理单位检查、建设单位检查

C. 自检、交接检、专检

D. 施工单位内部检查、监理单位检查、建设单位检查

【答案】C

【解析】必须加强工序管理，建立质量检查制度，严格实行自检、互检、专检。

◆ **考法 2：作业技术活动结果质量控制**

【例题·2024 年真题·多选题】施工过程质量控制中，作业技术活动结果控制的主要内容包括（   ）。

A. 工序质量检验   B. 工程变更控制

C. 单位工程验收   D. 隐蔽工程验收

E. 工序交接验收

【答案】A、D、E

【解析】选项 B 属于作业技术活动过程质量控制，选项 C 属于施工质量检查验收。

4.3.3 施工质量检查验收

核心考点：施工质量检查验收

1. 施工质量验收层次和验收要求

施工质量验收层次和验收要求

层次	划分标准	质量验收合格规定
检验批	工程量、楼层、施工段	（1）主控项目和一般项目的确定应符合国家现行强制性工程建设标准和现行相关标准的规定。 （2）主控项目的质量经抽样检验应全部合格。 （3）一般项目的质量应符合国家现行相关标准的规定。 （4）应具有完整的施工操作依据和质量验收记录
分项工程	工种、材料、施工工艺、设备类别	（1）所含检验批的质量应验收合格。 （2）所含检验批的质量验收记录应完整、真实
分部工程	专业性质、工程部位	（1）所含分项工程的质量应验收合格。 （2）质量控制资料应完整、真实。 （3）有关安全、节能、环境保护和主要使用功能的抽样检验结果应符合要求。 （4）观感质量应符合要求
单位工程	独立使用功能的建（构）筑物	（1）所含分部工程的质量应全部验收合格。 （2）质量控制资料应完整、真实。 （3）所含分部工程中有关安全、节能、环境保护和主要使用功能的检验资料应完整。 （4）主要使用功能的抽查结果应符合国家现行强制性工程建设标准规定。 （5）观感质量应符合要求

2. 验收不符合质量标准的处理

（1）检验批施工质量不符合验收标准时，应按下列规定进行处理：

① 经返工或返修的检验批，应重新进行验收。

② 经有资质的检测机构检测能够达到设计要求的检验批，应予以验收。

③ 经有资质的检测机构检测达不到设计要求，但经原设计单位核算认可能够满足安全和使用功能的检验批，应予以验收。

（2）经返修或加固处理的分项工程、分部工程，确认能够满足安全及使用功能要求时，按技术处理方案和协商文件的要求予以验收。

（3）经返修或加固处理仍不能满足安全或重要使用功能要求的分部工程及单位工程，严禁验收。

3. 施工质量验收组织

（1）检验批由专业监理工程师组织施工单位项目专业质检员、专业工长等进行验收。

（2）分项工程由专业监理工程师组织施工单位项目专业技术负责人等进行验收。

（3）分部工程由总监理工程师组织施工单位项目负责人和项目技术负责人等进行验收。勘察、设计单位项目负责人和施工单位技术、质量部门负责人应参加地基与基础分部工程的验收，设计单位项目负责人和施工单位技术、质量部门负责人应参加主体结构、节能分部工程的验收。

（4）单位工程由建设单位按下列要求组织工程竣工验收：

① 勘察单位编制勘察工程质量检查报告，并向建设单位提交。

② 设计单位编制设计工程质量检查报告，并向建设单位提交。

③ 施工单位编制工程竣工报告，并向建设单位提交。

④ 项目监理机构组织工程竣工预验收，编制工程质量评估报告，并向建设单位提交。

⑤ 建设单位在竣工预验收合格后组织监理、施工、设计、勘察单位等相关单位项目负责人进行工程竣工验收。

◆ **考法 1：工程项目划分的原则**

【例题·2019/2024 年真题·单选题】建设工程施工质量验收时，分部工程的划分一般按（　　）确定。

A. 施工工艺、设备类别　　　　B. 专业类别、工程规模

C. 专业性质、工程部位　　　　D. 材料种类、施工程序

【答案】C

【解析】

划分原则

检验批	楼层、施工段、工程量
分项工程	主要工种、材料、施工工艺、设备类别
分部工程	专业性质、工程部位
单位工程	具备独立施工条件并能形成独立使用功能的建（构）筑物

◆ **考法 2：检验批质量验收**

【例题·单选题】在建设工程施工过程的质量验收中，检验批的合格质量主要取决于（　　）。

A. 主控项目的检验结果

B. 资料检查完整、合格和主控项目的检验结果

C. 主控项目和一般项目的检验结果

D. 资料检查完整、合格和一般项目的检验结果

【答案】C

【解析】检验批的合格质量主要取决于对主控项目和一般项目的检验结果。

◆ 考法3：分部工程质量验收

【例题1·2023年真题·单选题】施工过程中的质量验收时，需要进行观感质量验收的是（　　）。

A. 分部工程验收　　　　　　　　　B. 检验批验收

C. 分项工程验收　　　　　　　　　D. 隐蔽工程质量验收

【答案】A

【解析】需要进行观感质量验收的是分部工程和单位工程。

【例题2·多选题】关于施工项目分部工程质量验收的说法，正确的有（　　）。

A. 分部工程应由总监理工程师组织施工单位项目负责人和项目技术负责人等进行验收

B. 施工单位技术、质量部门负责人应参加地基与基础分部工程验收

C. 设计单位项目负责人应参加地基与基础分部工程验收

D. 勘察单位项目负责人应参加主体结构、节能分部工程的验收

E. 分部工程验收需要对观感质量进行验收

【答案】A、B、C、E

【解析】分部工程由总监理工程师组织施工单位项目负责人和项目技术负责人等进行验收。勘察、设计单位项目负责人和施工单位技术、质量部门负责人应参加地基与基础分部工程的验收，设计单位项目负责人和施工单位技术、质量部门负责人应参加主体结构、节能分部工程的验收。

◆ 考法4：单位工程质量验收

【例题·多选题】根据《建筑工程施工质量验收统一标准》GB 50300—2013，单位工程质量验收合格的规定有（　　）。

A. 单位工程所含分部工程的质量均应验收合格

B. 质量控制资料应完整

C. 单位工程所含分部工程有关安全和功能的检测资料应完整

D. 主要功能项目的抽查结果应符合相关专业质量验收规范的规定

E. 单位工程的工程监理质量评估记录应符合各项要求

【答案】A、B、C、D

【解析】单位工程质量验收应符合下列规定：（1）单位工程所含分部工程的质量均应验收合格；（2）质量控制资料应完整；（3）单位工程所含分部工程有关安全功能的检测资料应完整；（4）主要功能项目的抽查结果应符合相关专业质量验收规范的规定；（5）观感

质量验收符合要求。

◆**考法 5：质量验收不符要求的处理**

【**例题·2020 年真题·单选题**】根据《建筑工程施工质量验收统一标准》GB 50300—2013，对施工单位采取相应措施消除一般项目缺陷后的检验批验收，应采取的做法是（　　）。

  A. 经原设计单位复核后予以验收

  B. 经检测单位鉴定后予以验收

  C. 按验收程序重新组织验收

  D. 按技术处理方案和协商文件进行验收

【**答案**】C

【**解析**】一般的缺陷通过返修或更换器具、设备予以处理，应允许在施工单位采取相应的措施消除缺陷后重新验收。

◆**考法 6：竣工质量验收**

【**例题·2024 年真题·单选题**】在工程预验收合格后，组织相关单位项目负责人进行工程竣工验收的单位应为（　　）。

  A. 监理单位   B. 施工企业

  C. 建设单位   D. 质量监督机构

【**答案**】C

【**解析**】竣工验收由建设单位组织，验收组由建设、勘查、设计、施工、监理和其他有关方面的专家组成。

4.4　施工质量事故预防与调查处理

核心考点提纲

4.4　施工质量事故预防与调查处理
- 4.4.1　施工质量事故分类
- 4.4.2　施工质量事故预防
- 4.4.3　施工质量事故调查处理

核心考点剖析

4.4.1　施工质量事故分类

核心考点：施工质量事故分类

1. 按事故责任分类

按事故责任分类

指导责任事故	由于指导或领导失误造成的质量事故，如工程负责人不按规范规程组织施工、盲目赶工、强令他人违章作业、降低质量标准等
操作责任事故	由于操作人员违规操作造成的质量事故，如土方工程中不按规定的填土含水率和碾压遍数施工；浇筑混凝土时随意加水；工序操作中不按操作规程进行操作等

2. 按事故产生原因分类

按事故产生原因分类

技术原因引发的质量事故	由于设计、施工在技术上失误而造成的质量事故。如地质情况估计错误；结构设计计算错误；采用不适宜的施工方法或工艺等
管理原因引发的质量事故	由于管理不完善或失误而引发的质量事故。如施工单位的质量管理体系不完善；质量检验制度不严密，质量控制不严；质量管理措施落实不力；检测仪器设备管理不善而失准；进料检验不严格等
社会、经济原因引发的质量事故	由于社会、经济因素及社会上存在的弊端和不良风气引起建设中的错误行为

3. 按事故严重程度分类——313\151\151，往严重的靠

按事故严重程度分类

	死亡（人）（或）	重伤（人）（或）	（质量事故）直接经济损失（万元）	（安全事故）直接经济损失（万元）
一般事故	$R < 3$	$R < 10$	$100 \leqslant M < 1000$	$M < 1000$
较大事故	$3 \leqslant R < 10$	$10 \leqslant R < 50$	$1000 \leqslant M < 5000$	$1000 \leqslant M < 5000$
重人事故	$10 \leqslant R < 30$	$50 \leqslant R < 100$	$5000 \leqslant M < 10000$	$5000 \leqslant M < 10000$
特大事故	$R \geqslant 30$	$R \geqslant 100$	$M \geqslant 10000$	$M \geqslant 10000$

◆ 考法 1：按事故责任分类

【例题 1·2019 年真题·单选题】某工程施工中，操作工人不听从指导，在浇筑混凝土时随意加水造成混凝土质量事故，按事故责任分类，该事故属于（　　）。

　　A. 操作责任事故　　　　　　　　B. 自然责任事故

　　C. 指导责任事故　　　　　　　　D. 一般责任事故

【答案】A

【解析】本题考查的是质量事故按照事故的责任分类。指导责任事故：指导或领导失误。操作责任事故：操作者不按规程和标准实施操作。

【例题 2·2021 年真题·单选题】根据事故责任分类，"由于工程负责人不按质量标准进行控制和检验，降低施工质量标准而造成的质量事故"属于（　　）。

　　A. 技术原因引发的质量事故　　　B. 管理原因引发的质量事故

　　C. 操作责任事故　　　　　　　　D. 指导责任事故

【答案】D

【解析】同上题。

【例题 3·2023 年真题·单选题】某工程因工期紧，项目部采用了标准要求低但可缩短工期的施工工艺，造成了工程质量事故。按照事故责任分类，该事故属于（　　）。

　　A. 指导责任事故　　　　　　　　B. 操作责任事故

　　C. 技术原因事故　　　　　　　　D. 管理原因事故

【答案】A

【解析】同上题。

◆ **考法 2：按事故产生原因分类**

【例题 1·2021 年真题·单选题】下列工程质量事故中，属于技术原因引发的质量事故是（　　）。

A. 检测仪器设备管理不善而失准引起的质量事故

B. 采用了不适宜的施工工艺引发的质量事故

C. 质量管理措施落实不力引起的质量事故

D. 设备事故导致连带发生的质量事故

【答案】B

【解析】技术原因引发的质量事故：指在工程项目实施中由于设计、施工在技术上的失误而造成的质量事故。例如，结构设计计算错误、对地质情况估计错误、采用了不适宜的施工方法或施工工艺等引发质量事故。

【例题 2·2016 年真题·多选题】下列引发工程质量事故的原因中，属于管理原因的有（　　）。

A. 施工方法选用不当　　　　B. 盲目追求利润而不顾质量

C. 质量控制不严格　　　　　D. 特大暴雨导致质量不合格

E. 检测制度不严密

【答案】C、E

【解析】本题主要是考查关于工程质量事故原因的分类：（1）技术原因；（2）管理原因；（3）社会经济原因。选项 A 属于技术原因，选项 B 属于社会经济原因，选项 D 属于其他。

◆ **考法 3：按事故严重程度分级**

【例题 1·2024 年真题·单选题】施工质量事故等级划分正确的是（　　）。

A. 特别重大事故、重大事故、较大事故、一般事故 4 个等级

B. 等级特别重大事故、重大事故、一般事故 3 个等级

C. 重大事故、较大事故、较小事故 3 个等级

D. 特别重大事故、重大事故、一般事故、较小事故 4 个等级

【答案】A

【解析】施工质量事故分为以下 4 个等级：特别重大事故、重大事故、较大事故、一般事故。

【例题 2·2019 年真题·多选题】根据工程质量事故造成损失的程度分级，属于重大事故的有（　　）。

A. 50 人以上 100 人以下重伤

B. 5000 万元以上 1 亿元以下直接经济损失

C. 3 人以上 10 人以下死亡

D. 1 亿元以上直接经济损失

E. 1000 万元以上 5000 万元以下直接经济损失

【答案】A、B

【解析】选项 A 属于重大事故，选项 B 属于重大事故，选项 C 属于较大事故，选项 D 属于特别重大事故，选项 E 属于较大事故。

【例题 3·2023 年真题·多选题】某工程因片面追求施工进度，放松质量监控，在浇筑楼面混凝土时脚手架坍塌，造成 10 人死亡，15 人受伤。按照事故造成的损失及事故责任分类，则该工程质量事故应判定为（　　　）。

A. 特别重大事故   B. 较大质量事故

C. 重大质量事故   D. 指导责任事故

E. 操作责任事故

【答案】C、D

【解析】追求施工进度，放松质量监控属于指导责任事故，10 人死亡属于重大质量事故。

4.4.2　施工质量事故预防

核心考点：施工质量事故的成因及预防措施

施工质量事故的成因及预防措施

施工质量事故的成因	施工质量事故预防措施
（1）违背工程建设基本规律： ①违反工程建设程序； ②违反法规和合同规定。 （2）工程地质勘察失误或地基处理失误。 （3）设计计算失误。 （4）材料构配件不合格。 （5）施工与管理失控。 （6）自然条件影响	（1）坚持按工程建设程序办事（是提高工程质量和经济效果的必要保证）。 （2）做好必要的技术复核（如图纸会审或设计交底，工程定位复测，钢筋安装位置规格数量连接及锚固情况复核）、技术核定（施工过程中技术更改如方案修改、实物量变动、位置变化）。 （3）严格把好建筑材料及制品的质量关。 （4）加强质量培训教育，提高全员质量意识。 （5）加强施工过程组织管理。 （6）做好应对不利施工条件和各种灾害的预案。 （7）加强施工安全与环境管理（预防施工质量事故的主要措施）

◆**考法：施工质量事故的成因及预防措施**

【例题 1·单选题】施工质量事故预防措施中，提高工程质量和经济效果的必要保证是（　　　）。

A. 严格把好建筑材料及制品的质量关

B. 坚持按工程建设程序办事

C. 加强质量培训教育，提高全员质量意识

D. 加强施工过程组织管理

【答案】B

【解析】严格遵循和坚持按工程建设程序办事是提高工程建设质量和经济效果的必要保证。

【例题 2·2024 年真题·单选题】为保证工程质量满足设计需求和合同约定是需要进

行必要的技术复核工作。下列工作内容中属于技术复核工作的是（   ）。

    A. 施工方案论证   B. 施工设备验收

    C. 施工图纸会审   D. 建筑材料检测

【答案】C

【解析】工程实施全过程中的关键过程、关键工序和特殊过程及容易发生质量问题的部位，进行技术复核是保证工程质量、满足设计和合同规定的重要手段。如图纸会审或设计交底，工程定位引测点的复测，钢筋混凝土结构中钢筋的安装位置、规格、数量、连接及锚固情况的复核等，都属于技术复核的工作内容。

4.4.3　施工质量事故调查处理

核心考点一：施工质量事故处理基本要求

（1）事故处理要达到安全可靠、不留隐患、满足生产和使用要求、施工方便、经济合理的目的。

（2）要重视消除造成质量事故的原因，注意综合治理。

（3）要合理确定处理范围和正确选择处理的时机和方法。

（4）要加强事故处理的检查验收工作，认真复查事故处理的实际情况。

（5）要确保事故处理期间的安全。

◆考法：施工质量事故处理基本要求

【例题·2024年真题·多选题】施工质量事故处理的基本要求包括（   ）。

    A. 尽快提交事故处理报告

    B. 确保事故处理期间的安全

    C. 加强事故处理的检查验收工作

    D. 重视消除质量事故的原因，注意综合治理

    E. 合理确定事故处理范围和正确选择处理的时机及方法

【答案】B、C、D、E

【解析】选项A属于施工质量事故调查处理程序。

核心考点二：施工质量事故处理程序

1. 事故报告

（1）工程质量事故发生后，事故现场有关人员应当立即向本单位负责人报告；单位负责人接到报告后，应于1h内向事故发生地县级以上人民政府住房和城乡建设主管部门及有关部门报告。

情况紧急时，事故现场有关人员可直接向事故发生地县级以上人民政府住房和城乡建设主管部门报告。

（2）住房和城乡建设主管部门接到事故报告后，应当依照下列规定上报事故情况，并同时通知公安、监察机关等有关部门：

①较大、重大及特别重大事故逐级上报至国务院住房和城乡建设主管部门，一般事故逐级上报至省级人民政府住房和城乡建设主管部门，必要时可以越级上报事故情况。

② 住房和城乡建设主管部门上报事故情况，应当同时报告本级人民政府；国务院住房和城乡建设主管部门接到重大和特别重大事故的报告后，应当立即报告国务院。

③ 住房和城乡建设主管部门逐级上报事故情况时，每级上报时间不得超过 2h。

④ 事故报告后出现新情况，以及事故发生之日起 30 日内伤亡人数发生变化的，应当及时补报。

（3）事故报告的内容：① 事故发生单位概况；② 事故发生的时间、地点以及事故现场情况；③ 事故的简要经过；④ 事故已经造成或者可能造成的伤亡人数（包括下落不明的人数）和初步估计的直接经济损失；⑤ 已经采取的措施；⑥ 其他应当报告的情况。

2. 事故调查

（1）特别重大事故由国务院或国务院授权有关部门组织事故调查组进行调查。重大事故、较大事故、一般事故分别由事故发生地省级人民政府、设区的市级人民政府、县级人民政府负责调查。省级人民政府、设区的市级人民政府、县级人民政府可以直接组织事故调查组进行调查，也可以授权或委托有关部门组织事故调查组进行调查。

未造成人员伤亡的一般事故，县级人民政府也可以委托事故发生单位组织事故调查组进行调查。

（2）事故调查报告的内容：① 事故发生单位概况；② 事故发生经过和事故救援情况；③ 事故造成的人员伤亡和直接经济损失；④ 事故发生的原因和事故性质；⑤ 事故责任认定和事故责任者处理建议；⑥ 事故防范和整改措施。

3. 事故处理

工程质量缺陷及事故处理的基本方法：

工程质量缺陷及事故处理的基本方法

返修处理	质量存在一定缺陷，但经过返修后可以达到质量标准，又不影响使用功能或外观要求。例如，混凝土结构表面出现蜂窝、麻面；混凝土结构出现局部损伤，如结构受撞击、局部未振实、冻害、火灾、酸类腐蚀、碱集料反应等；混凝土结构出现裂缝，当裂缝宽度不大于 0.2mm 时，采用表面密封法；当裂缝宽度大于 0.3mm 时，采用嵌缝密闭法；当裂缝较深时，采取灌浆修补的方法
返工处理	质量缺陷经过返修处理后仍不能满足质量标准要求，或不具备补救可能性。例如，防洪堤坝填筑压实后，土的干密度未达到规定值。公路桥梁预应力张拉系数按规定为 1.3，而实际仅为 0.8。工厂设备基础混凝土浇筑时掺入木质素磺酸钙减水剂，28 天的混凝土实际强度不到规定强度的 30%
不作处理	（1）不影响结构安全、生产工艺和使用要求。例如，工业建筑物放线定位偏差；混凝土表面裂缝属于表面养护不够的干缩微裂。 （2）下一道工序可以弥补。例如，混凝土结构表面轻微麻面，混凝土现浇楼面的平整度偏差达到 10mm。 （3）法定检测单位鉴定合格的工程。 （4）出现质量缺陷的工程，经检测鉴定达不到设计要求，但经原设计单位核算，仍能满足结构安全和使用功能的
加固处理	主要针对危及承载力的质量缺陷。 混凝土结构加固方法主要有：增大截面加固法、外包角钢加固法、粘钢加固法、增设支点加固法、增设剪力墙加固法和预应力加固法等
限制使用	质量缺陷，经过返修处理后无法满足，又无法返工处理，不得已做出的决定
报废处理	出现质量事故的工程，采取上述处理方法后仍不能满足规定的质量要求或标准

4. 事故处理的鉴定验收

质量事故的处理是否达到预期目的，是否仍留有隐患，应通过检查鉴定和验收作出确认。

5. 提交处理报告

事故处理结束后，还必须向主管部门和相关单位提交事故处理报告。

◆ **考法 1：质量事故报告的期限**

【例题·2021 年真题·单选题】根据《关于做好房屋建筑和市政基础设施工程质量事故报告和调查处理工作的通知》，工程建设单位负责人接到施工质量事故发生报告后，向事故发生地县级以上人民政府住房和城乡建设主管部门及有关部门报告应在（　　）h 内。

A. 2　　　　　　　　　　　　　　B. 3

C. 1　　　　　　　　　　　　　　D. 6

【答案】C

【解析】工程质量事故发生后，事故现场有关人员应当立即向本单位负责人报告；单位负责人接到报告后，应于 1h 内向事故发生地县级以上人民政府住房和城乡建设主管部门及有关部门报告。

◆ **考法 2：质量事故处理的程序**

【例题·2020/2024 年真题·单选题】施工质量事故的处理工作包括：① 事故报告；② 事故处理的鉴定验收；③ 事故调查；④ 事故处理；⑤ 提交处理报告，正确的顺序是（　　）。

A. ①→③→④→②→⑤　　　　　　B. ①→②→③→④→⑤

C. ①→③→②→④→⑤　　　　　　D. ③→①→②→④→⑤

【答案】A

【解析】施工质量事故处理的一般程序：（1）事故调查；（2）事故报告；（3）事故处理；（4）事故处理的鉴定验收；（5）提交处理报告。

◆ **考法 3：质量事故调查报告的内容**

【例题·多选题】建设工程施工质量事故调查报告的主要内容包括（　　）。

A. 事故发生单位概况　　　　　　B. 事故造成的人员伤亡

C. 事故发生的原因和事故性质　　D. 事故的处理方法

E. 事故防范和整改措施

【答案】A、B、C、E

【解析】事故调查报告主要内容包括：（1）事故发生单位概况；（2）事故发生经过和事故救援情况；（3）事故造成的人员伤亡和直接经济损失；（4）事故发生的原因和事故性质；（5）事故责任认定和事故责任者处理建议；（6）事故防范和整改措施。

◆ **考法 4：事故处理的鉴定验收**

【例题·2018 年 /2024 年真题·单选题】施工质量事故处理过程中，确定质量事故的处理是否达到预期目的、是否仍留有隐患，属于（　　）环节的工作。

A. 事故调查　　　　　　　　　　B. 事故原因分析

C. 事故处理技术方案确定 　　　　　D. 事故处理的鉴定验收

【答案】D

【解析】质量事故的处理是否达到预期目的、是否仍留有隐患，应通过检查鉴定和验收作出确认。

◆ 考法 5：质量事故处理的基本方法

【例题 1·2022/2023 年真题·多选题】某工程的混凝土结构出现较深裂缝，但经分析判定其不影响结构的安全和使用，正确的处理方法是（　　　）。

A. 表面密封 　　　　　B. 嵌缝密封

C. 灌浆修补 　　　　　D. 限制使用

【答案】C

【解析】混凝土结构出现裂缝，当裂缝宽度不大于 0.2mm 时，采用表面密封法；当裂缝宽度大于 0.3mm 时，采用嵌缝密闭法；当裂缝较深时，采取灌浆修补的方法。

【例题 2·多选题】下列工程质量问题中，可不做专门处理的是（　　　）。

A. 某高层住宅施工中，底部二层的混凝土结构误用安定性不合格的水泥

B. 某防洪堤坝填筑压实后，压实土的干密度未达到规定值

C. 某检验批混凝土试块强度不满足规范要求，但混凝土实体强度检测后满足设计要求

D. 某工程主体结构混凝土表面裂缝大于 0.5mm

【答案】C

【解析】以下质量问题中，可不做专门处理：（1）不影响结构安全、生产工艺和使用要求。例如，工业建筑物放线定位偏差；混凝土表面裂缝属于表面养护不够的干缩微裂。（2）下一道工序可以弥补。例如，混凝土结构表面轻微麻面；混凝土现浇楼面的平整度偏差达到 10mm；（3）法定检测单位鉴定合格的工程。（4）出现质量缺陷的工程，经检测鉴定达不到设计要求，但经原设计单位核算，仍能满足结构安全和使用功能的。

【例题 3·单选题】工程质量缺陷按返修方案处理后，仍无法保证达到规定的使用和安全要求，而又无法返工处理的，其正确的处理方式是（　　　）。

A. 不作处理 　　　　　B. 报废处理

C. 加固处理 　　　　　D. 限制使用

【答案】D

【解析】质量缺陷按返修处理后无法保证使用要求和安全要求，又无法返工的情况下，不得已使用限制使用的决定。

【例题 4·2023 年真题·多选题】混凝土结构加固处理的常用方法有（　　　）。

A. 增大截面加固法 　　　　　B. 表面密封加固法

C. 外包角钢加固法 　　　　　D. 嵌缝密封加固法

E. 增设支点加固法

【答案】A、C、E

【解析】混凝土结构常用加固的方法主要有：增大截面加固法、外包角钢加固法、粘

钢加固法、增设支点加固法、增设剪力墙加固法和预应力加固法等。

本章经典真题回顾

一、单项选择题（每题 1 分。每题的备选项中，只有 1 个最符合题意）

1. 工程建设活动中，形成工程实体质量的关键性阶段是（　　）。

　　A. 工程决策　　　　　　　　　　B. 工程设计

　　C. 工程施工　　　　　　　　　　D. 工程竣工验收

【答案】C

【解析】工程施工阶段是工程质量控制的关键阶段。

2. 施工企业建立质量管理体系时，应成立以（　　）为组长的质量管理体系建设领导小组。

　　A. 企业技术负责人　　　　　　　B. 企业质量管理部门负责人

　　C. 企业最高管理者　　　　　　　D. 企业质量主管领导

【答案】C

【解析】成立以最高管理者（厂长、总经理等）为组长，质量主管领导为副组长的质量管理体系建设领导小组（或委员会）。

3. 关于质量管理体系认证与监督的说法，正确的是（　　）。

　　A. 企业获准认证的有效期为 6 年

　　B. 企业获准认证后第 3 年接受认证机构的监督管理

　　C. 企业获准认证后应经常性进行内部审核

　　D. 企业质量管理体系由国家认证认可的监督委员会认证

【答案】C

【解析】企业质量管理体系获准认证的有效期为 3 年。获准认证后，企业应通过经常性的内部审核，维持质量管理体系的有效性，并接受认证机构对企业质量管理体系实施的监督管理。

4. 已取得质量管理体系认证证书的施工企业存在不符合认证体系的情况时，认证机构应采取的措施是（　　）。

　　A. 作出认证撤销的决定　　　　　B. 作出认证暂停的决定

　　C. 加强不定期的监督检查　　　　D. 提高申请复评的条件

【答案】B

【解析】监督检查中发现企业质量管理体系存在不符合有关要求的情况，但尚不需要立即撤销认证，认证机构将作出认证暂停的决定

5. 检验施工工序质量时，抽取检验样本宜运用的方法是（　　）。

　　A. 简单随机抽样法　　　　　　　B. 分层随机抽样法

　　C. 分级随机抽样法　　　　　　　D. 系统随机抽样法

【答案】D

【解析】系统随机抽样是指将总体中的抽样单元按某种次序排列，在规定范围内随机抽取一个或一组初始单元，然后按一套规则确定其他样本单元的抽样方法。主要用于工序质量检验。

6. 最能形象、直观、定量反映影响质量主次因素的施工质量统计分析方法是（　　）。

A. 相关图法
B. 直方图法
C. 控制图法
D. 排列图法

【答案】D

【解析】排列图法又称为主次因素分析法或帕累托图法，是用来分析影响质量主次因素的有效方法。

7. 施工单位在完成施工组织设计的编制及内部审批工作后，应由（　　）审核签认并报送建设单位。

A. 总监理工程师
B. 专业监理工程师
C. 项目技术负责人
D. 监理单位技术负责人

【答案】A

【解析】施工单位在完成施工组织设计的编制及内部审批工作后，报请项目监理机构审查，由总监理工程师审核签认。

8. 工程施工中，凡运至施工现场的原材料、半成品或构配件，必须附有的文件是（　　）。

A. 质量保证书及技术说明书
B. 出厂合格证及采购合同
C. 质量保证书及采购合同
D. 出厂合格证及技术说明书

【答案】D

【解析】凡运到施工现场的原材料、半成品或构配件，必须附有产品出厂合格证及技术说明书。

9. 若工程变更涉及结构主体及安全，该工程变更应按有关规定报送（　　）进行审查，否则变更不能实施。

A. 建设行政主管部门
B. 施工图原审查机构
C. 工程质量监督机构
D. 建设单位主管部门

【答案】B

【解析】如果工程变更涉及结构主体及安全，该工程变更还要按有关规定报送施工图原审查单位进行审查，否则变更不能实施。

10. 根据《建筑工程施工质量验收统一标准》GB 50300—2013，进行施工质量验收时分部工程应按（　　）划分。

A. 工程量、楼层、施工段
B. 专业性质、工程部位
C. 能形成独立使用功能的部位
D. 工种、材料、施工工艺、设备类别

【答案】B

【解析】分部工程应根据专业性质、工程部位划分。

11. 进行单位工程竣工验收时，编制单位工程竣工报告的主体是（　　）。

A. 建设单位   B. 项目监理机构

C. 施工单位   D. 项目验收小组

【答案】C

【解析】施工单位应自检合格，并应编制工程竣工报告，按规定程序审批后向建设单位提交。

12. 建设工程施工质量事故等级划分的依据是（   ）。

     A. 工程项目的规模

     B. 人员伤亡数量和直接经济损失额度

     C. 违法违章行为的严重程度

     D. 质量缺陷对结构安全的影响程度

【答案】B

【解析】按照住房和城乡建设部《关于做好房屋建筑和市政基础设施施工质量事故报告和调查处理工作的通知》，施工质量事故分为以下 4 个等级：

（1）特别重大事故，是指造成 30 人及以上死亡，或者 100 人及以上重伤，或者 1 亿元及以上直接经济损失的事故。

（2）重大事故，是指造成 10 人及以上 30 人以下死亡，或者 50 人及以上 100 人以下重伤，或者 5000 万元及以上 1 亿元以下直接经济损失的事故。

（3）较大事故，是指造成 3 人及以上 10 人以下死亡，或者 10 人及以上 50 人以下重伤，或者 1000 万元及以上 5000 万元以下直接经济损失的事故。

（4）一般事故，是指造成 3 人以下死亡，或者 10 人以下重伤，或者 100 万元及以上 1000 万元以下直接经济损失的事故。

13. 工程质量事故发生后，事故现场有关人员应立即向（   ）报告。

     A. 本单位负责人   B. 项目技术负责人

     C. 质量监督机构   D. 项目监理机构

【答案】A

【解析】工程质量事故发生后，事故现场有关人员应当立即向本单位负责人报告。

二、多项选择题（每题 2 分，每题的备选项中，有 2 个或 2 个以上符合题意，至少有 1 个错项。错选，本题不得分；少选，所选的每个选项得 0.5 分）

1. 施工企业质量管理体系策划与设计阶段需要进行的工作有（   ）。

     A. 进行教育培训   B. 编制质量手册

     C. 调整组织架构   D. 提出质量管理体系认证申请

     E. 制定质量目标

【答案】A、C、E

【解析】企业的最高管理者应对质量管理体系进行策划，以满足企业确定的质量目标要求及质量管理体系总体要求。该阶段主要是做好各种准备工作，包括教育培训，统一认识；组织落实，拟定计划；确定质量方针，制定质量目标；现状调查和分析；调整组织结构，配备资源等。

2. 质量管理体系认证的程序包括（　　　）。

    A. 认证申请　　　　　　　　　　　B. 检查和评定

    C. 审批　　　　　　　　　　　　　D. 内部审核

    E. 注册发证

【答案】A、B、C、E

【解析】质量管理体系认证按申请、检查和评定、审批与注册发证等程序进行。

3. 施工质量抽样检验工作中，与计量抽样检验相比，计数抽样检验的优点有（　　　）。

    A. 使用简便　　　　　　　　　　　B. 所需样本量较小

    C. 样本信息利用充分　　　　　　　D. 运用范围广泛

    E. 检验结果可信度高

【答案】A、D

【解析】计数抽样检验具有使用简便、运用范围广泛等优点。缺点是所需要的样本量较大，样本信息利用也不充分。

4. 下列分部工程中，需要设计单位项目负责人参加施工质量验收的有（　　　）。

    A. 电梯分部工程　　　　　　　　　B. 地基与基础分部工程

    C. 主体结构工程　　　　　　　　　D. 节能分部工程

    E. 屋面分部工程

【答案】B、C、D

【解析】勘察、设计单位项目负责人和施工单位技术、质量部门负责人应参加地基与基础分部工程的验收，设计单位项目负责人和施工单位技术、质量部门负责人应参加主体结构、节能分部工程的验收。

5. 下列措施中，属于施工质量事故预防措施的有（　　　）。

    A. 坚持按工程建设程序办事

    B. 做好必要的技术复核和技术核定工作

    C. 及时做好质量事故的处理工作

    D. 加强施工安全与环境管理

    E. 加强质量培训教育，提高全员质量意识

【答案】A、B、D、E

【解析】施工质量事故预防措施：（1）坚持按工程建设程序办事；（2）做好必要的技术复核、技术核定工作；（3）严格把好建筑材料及制品的质量关；（4）加强质量培训教育，提高全员质量意识；（5）加强施工过程组织管理；（6）做好应对不利施工条件和各种灾害的预案；（7）加强施工安全与环境管理。

本章模拟强化练习

4.1　施工质量影响因素及管理体系

1. "将活动作为相互关联、功能连贯的过程组成的体系来理解和管理时，可更加有

效和高效地得到一致的、可预知的结果"。这属于质量管理原则中的（　　　）。

    A. 改进
    B. 过程方法

    C. 询证决策
    D. 关系管理

2. 质量管理体系文件主要由质量手册、程序文件、质量计划、作业指导书和（　　　）等构成。

    A. 质量方针
    B. 质量目标

    C. 质量记录
    D. 质量评审

3. 质量管理体系文件中，由企业最高管理者批准发布的是（　　　）。

    A. 质量手册
    B. 程序文件

    C. 质量计划
    D. 作业指导书

4. 关于企业质量管理体系文件构成的说法，正确的是（　　　）。

    A. 质量计划是纲领性文件

    B. 质量记录应阐述企业质量方针和目标

    C. 程序文件是质量手册的支持性文件

    D. 质量手册应阐述工程各阶段的质量责任和权限

5. 关于质量管理体系认证与监督的说法，正确的是（　　　）。

    A. 企业质量管理体系由国家认证认可的监督委员会认证

    B. 企业获准认证的有效期为 6 年

    C. 企业获准认证后第 3 年接受认证机构的监督管理

    D. 企业获准认证后应经常进行内部审核

6. 施工企业通过质量管理体系认证后，由于管理不善，经认证机构调查做出了撤销认证的决定，则该企业（　　　）。

    A. 不能提出申诉，也不能再提出认证申请

    B. 不能提出申诉，但在 1 年后可以重新提出认证申请

    C. 可以提出申诉，并在半年后方可重新提出认证申请

    D. 可以提出申诉，并在 1 年后方可重新提出认证申请

7. 下列影响施工质量的因素中，属于材料因素的有（　　　）。

    A. 计量器具
    B. 建筑构配件

    C. 工程设备
    D. 新型模板

    E. 安全防护设施

8. 下列施工质量保证体系的工作内容中，属于组织保证体系的有（　　　）。

    A. 进行技术培训
    B. 编制施工质量计划

    C. 成立质量管理小组
    D. 设置质量监督岗位

    E. 分解施工质量目标

9. 下列施工质量保证体系的工作内容中，属于工作保证体系的有（　　　）。

    A. 明确工作任务
    B. 编制质量计划

    C. 成立质量管理小组
    D. 分解质量目标

E. 建立工作制度

1. 某工程承包商从一生产厂家购买了相同规格的大批预制构件，进场后码放整齐。对其进行进场检验时，为了使样本更有代表性宜采用（　　）的方法。

A. 全数检验　　　　　　　　　B. 分层抽样

C. 等距抽样　　　　　　　　　D. 简单随机抽样

2. 计数标准型一次抽样方案为（N，n，c），其中 N 为送检批的大小，n 为抽检样本大小，c 为合格判定数。当从 n 中查出有 d 个不合格品时，若（　　），应判定该送检批合格。

A. $d > c$　　　　　　　　　　B. $d \leqslant c$

C. $d = c + 1$　　　　　　　　D. $d > c + 1$

3. 施工质量统计分析方法中，应用分层法的关键是（　　）。

A. 分层的类别和层数　　　　　B. 分层数据的统计和分析

C. 逐层深入的排查和分析　　　D. 调查分析的类别和层次划分

4. 关于因果分析图的说法，正确的是（　　）。

A. 一张因果分析图可以分析多个质量问题

B. 通常采用 QC 小组活动的方式进行

C. 具有直观、主次分明的特点

D. 可以了解质量数据的分布特征

5. 在质量管理排列图中，对应于累计频率曲线 80%～90% 部分的，属于（　　）影响因素。

A. 一般　　　　　　　　　　　B. 次要

C. 主要　　　　　　　　　　　D. 其他

6. 下列直方图中，属于孤岛型直方图的是（　　）。

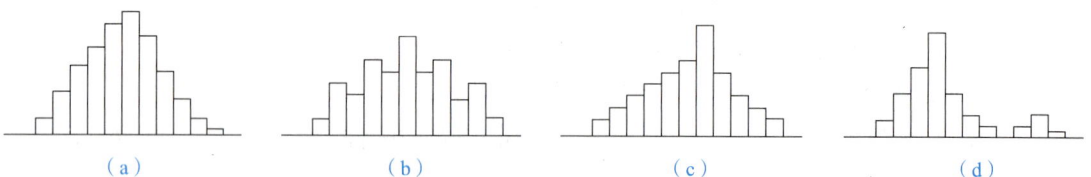

（a）　　　　　　　（b）　　　　　　　（c）　　　　　　　（d）

A.（a）　　　　　　　　　　　B.（b）

C.（c）　　　　　　　　　　　D.（d）

7. 在施工质量控制过程中，通过抽样取得数据，将其描在控制图中，如果点子（　　）则表明生产过程处于稳定状态，不会产生不合格品。

A. 出现七点链　　　　　　　　B. 呈周期性变动

C. 全部落在中心线一侧　　　　D. 随机落在上、下控制界限内

8. 计数值标准型二次抽样方案为（n_1，c_1，r_1；n_2，c_2），其中 c 为合格判定数，r 为不合格判定数，若 n_1 中有 d_1 个不合格品，n_2 中有 d_2 个不合格品，则可判断送检品合格的

情况有（　　）。

　　A. $d_1 = c_1$ 　　　　　　　　　　B. $d_1 < c_2$

　　C. $d_2 < c_2$ 　　　　　　　　　　D. $d_2 = c_2$

　　E. $d_1 + d_2 < c_2$

4.3　施工质量控制

1. 下列施工质量控制的工作中，属于事前质量控制的是（　　）。

　　A. 隐蔽工程的检查验收

　　B. 施工质量事故的处理

　　C. 进场材料抽样检验试验

　　D. 分析可能导致质量问题的因素并制定预防措施

2. 下列施工质量控制点中，属于从施工技术参数角度进行重点控制的是（　　）。

　　A. 预应力钢筋的张拉力控制 　　　B. 大体积混凝土内外温差控制

　　C. 大模板施工时的模板稳定控制 　　D. 装配式构件吊装中的稳定控制

3. 根据《建筑工程施工质量验收统一标准》GB 50300—2013，分项工程的质量验收应由（　　）组织进行。

　　A. 项目负责人 　　　　　　　　　B. 专业监理工程师

　　C. 总监理工程师 　　　　　　　　D. 建设单位项目负责人

4. 分部工程质量验收时，应给出综合质量评价的检查项目是（　　）。

　　A. 观感质量验收 　　　　　　　　B. 质量控制资料验收

　　C. 分项工程质量验收 　　　　　　D. 主体结构功能检测

5. 勘察单位项目负责人应参加（　　）工程的验收。

　　A. 节能分部 　　　　　　　　　　B. 主体结构分部

　　C. 地基与基础分部 　　　　　　　D. 设备安装分部

6. 下列施工准备阶段的质量控制工作中，属于施工技术准备工作内容的有（　　）。

　　A. 图纸会审 　　　　　　　　　　B. 编制施工组织设计

　　C. 工程定位和标高基准测量 　　　D. 施工现场平面布置

　　E. 进场材料检验

7. 施工质量验收中，检验批质量验收的内容包括（　　）。

　　A. 质量资料 　　　　　　　　　　B. 主控项目

　　C. 一般项目 　　　　　　　　　　D. 观感质量

　　E. 允许偏差项目

8. 下列分部工程中，需要设计单位项目负责人参加验收的有（　　）。

　　A. 主体结构分部工程 　　　　　　B. 电梯分部工程

　　C. 建筑节能分部工程 　　　　　　D. 建筑屋面分部工程

　　E. 地基与基础分部工程

4.4　施工质量事故预防与调查处理

1. 某工程因测量仪器未及时进行校验，测量时误差较大导致工程轴线偏差，造成质量事故。按照事故发生的原因划分，该事故属于（　　　）。

    A. 人为原因造成的质量事故　　　　B. 管理原因引起的质量事故

    C. 技术原因引起的质量事故　　　　D. 工艺原因造成的质量事故

2. 某工程发生一起质量事故，导致 3 人死亡，直接经济损失 2000 万元，则该起质量事故属于（　　　）。

    A. 一般事故　　　　　　　　　　　B. 严重事故

    C. 较大事故　　　　　　　　　　　D. 重大事故

3. 某工程在浇筑混凝土时发生支模架坍塌事故，造成 3 人死亡，6 人重伤。经事故调查，系现场技术管理人员未进行技术交底所致。该质量事故应判定为（　　　）。

    A. 操作责任的较大事故　　　　　　B. 操作责任的重大事故

    C. 指导责任的较大事故　　　　　　D. 指导责任的重大事故

4. 当工程质量缺陷经加固、返工处理后仍无法保证达到规定的安全要求，但没有完全丧失使用功能时，适宜采用的处理方法是（　　　）。

    A. 不作处理　　　　　　　　　　　B. 限制使用

    C. 报废处理　　　　　　　　　　　D. 返修处理

5. 下列施工质量事故中，属于指导责任事故的有（　　　）。

    A. 工程负责人放松质量标准造成的质量事故

    B. 混凝土振捣疏漏造成的质量事故

    C. 工程负责人追求施工进度造成的质量事故

    D. 砌筑工人不按操作规程导致墙体倒塌

    E. 混凝土操作工随意加水导致混凝土强度不合格

6. 下列引发施工质量事故的原因中，属于管理原因的有（　　　）。

    A. 施工方法选用不当　　　　　　　B. 质量控制不严格

    C. 检验制度不严密　　　　　　　　D. 盲目追求利润而不顾质量

    E. 特大暴雨导致质量不合格

7. 下列措施中，属于施工质量事故预防的有（　　　）。

    A. 严格按基本建设程序办事　　　　B. 依法进行施工组织管理

    C. 加强施工安全与环境管理　　　　D. 做好质量事故的调查记录

    E. 进行必要的设计复核审查

本章模拟强化练习答案及解析

4.1　施工质量影响因素及管理体系

1.【答案】B

2.【答案】C

3.【答案】A

质量手册是企业战略管理的纲领性文件，也是企业开展各项质量活动的指导性、法规性文件。由企业最高领导人批准发布的、有权威的、实施各项质量管理活动的基本法规和行动准则；对外部实行质量保证时，是证明企业质量体系存在、取得用户和第三方信任的手段。选项 A 正确。

4. 【答案】C

质量手册是企业战略管理的纲领性文件，也是企业开展各项质量活动的指导性、法规性文件。程序文件是质量手册的支持性文件，是企业各职能部门为落实质量手册要求而规定的细则。质量计划提供了一种将某一产品、项目或合同的特定要求与现行的通用质量体系程序联系起来的途径。质量记录是记载过程状态和过程结果的文件，是质量管理体系文件的一个重要组成部分。选项 C 正确。

5. 【答案】D

质量管理体系认证由公正的第三方认证机构认证。依据质量管理体系的要求标准，审核企业质量管理体系要求的符合性和实施的有效性，进行独立、客观、科学、公正的评价，得出结论。企业获准后的有效期为 3 年。获准认证后，企业应通过经常性的内部审核，维持质量管理体系的有效性，并接受认证机构对企业质量管理体系实施的监督管理。选项 D 正确。

6. 【答案】D

当获证企业发生质量管理体系存在严重不符合规定，或在认证暂停的规定期限未予整改的，或发生其他构成撤销体系认证资格情况时，认证机构做出撤销认证的决定。企业不服的，可提出申诉。撤销认证的企业 1 年后可重新提出认证申请。选项 D 正确。

7. 【答案】B、D

8. 【答案】C、D

施工质量保证体系主要包括：施工质量目标、施工质量计划、思想保证体系、组织保证体系、工作保证体系和制度保证体系。组织保证体系的内容：成立质量管理领导小组，明确各职能部门的质量责任，设置专门的质量监督岗位。选项 C、D 正确。

9. 【答案】A、E

工作保证体系主要是明确工作任务和建立工作制度。选项 A、E 正确。

4.2 施工质量抽样检验和统计分析方法

1. 【答案】B

2. 【答案】B

3. 【答案】D

4. 【答案】B

一个质量特性或一个质量问题使用一张因果分析图分析，且通常采用 QC 小组活动的方式进行，集思广益，共同分析。选项 C 为排列图法的特点，而选项 D 为直方图法的特点。选项 B 正确。

5. 【答案】B

6. 【答案】D

7. 【答案】D

8. 【答案】A、B、E

计数值标准型二次抽样检验的程序是：第一次抽检 n_1 后，检出不合格品数为 d_1，则当 $d_1 \leqslant c_1$ 时，接受该检验批；$d_1 \geqslant r_1$ 时，拒绝该检验批；$c_1 < d_1 < r_1$ 时，抽检第二个样本。第二次抽检 n_2 后，检出不合格品数为 d_2，则当 $(d_1 + d_2) \leqslant c_2$，接受该检验批；$(d_1 + d_2) > c_2$ 时，拒绝该检验批。选项 A、B、E 正确。

4.3 施工质量控制

1. 【答案】D
2. 【答案】B
3. 【答案】B
4. 【答案】A
5. 【答案】C
6. 【答案】A、B
7. 【答案】A、B、C
8. 【答案】A、C、E

分部工程应由总监理工程师组织施工单位项目负责人和项目技术负责人等进行验收。勘察、设计单位项目负责人和施工单位技术、质量部门负责人应参加地基与基础分部工程的验收，设计单位项目负责人和施工单位技术、质量部门负责人应参加主体结构、节能分部工程的验收。选项 A、C、E 正确。

4.4 施工质量事故预防与调查处理

1. 【答案】B

按事故产生原因分类，施工质量事故可分为因技术原因引发的质量事故、因管理原因引发的质量事故和社会、经济原因引发的质量事故。该质量事故由检测仪器设备管理不善引起，属于管理原因。选项 B 正确。

2. 【答案】C
3. 【答案】C
4. 【答案】B

当工程质量缺陷按返修方法处理后无法保证达到规定的使用要求和安全要求，而又无法返工处理的情况下，不得已时可作出诸如结构卸荷或减荷以及限制使用的决定。选项 B 正确。

5. 【答案】A、C

指导责任事故是指在工程施工过程中，由于指导或领导失误而造成的质量事故，如工程负责人不按规范规程组织施工、盲目赶工、强令他人违章作业、降低工程质量标准等造成的质量事故。选项 A、C 正确。

6. 【答案】B、C
7. 【答案】A、B、C、E

施工质量事故预防的具体措施包括：

（1）严格按照基本建设程序办事。

（2）认真做好工程地质勘察。

（3）科学地加固处理好地基。

（4）进行必要的设计审查复核。

（5）严格把好建筑材料及制品的质量关。

（6）对施工人员进行必要的技术培训。

（7）依法进行施工组织管理。

（8）做好应对不利施工条件和各种自然灾害的预案。

（9）加强施工安全与环境管理。

故选项 A、B、C、E 正确。

第5章　施工成本管理

本章考情分析

2024年核心考点及分值分布（单位：分）

本章节次	本章条目	试卷一		试卷二		试卷三		试卷四	
		单选	多选	单选	多选	单选	多选	单选	多选
5.1	5.1.1　施工成本分类及影响因素				2	1		1	
	5.1.2　施工成本管理流程	1							
5.2	5.2.1　施工定额的作用和分类							1	
	5.2.2　施工定额编制方法	2	2	3		2		1	
5.3	5.3.1　施工责任成本构成	1		1	2		2		
	5.3.2　施工成本计划编制	1		1		1			2
5.4	5.4.1　施工成本控制过程	1		1					
	5.4.2　施工成本控制方法	1	2	1	2	3		2	2
5.5	5.5.1　施工成本分析	1	2	1		1		1	
	5.5.2　施工成本管理绩效考核	1		1			2		2
合计		9	6	9	6	8	4	8	4
		15		15		12		12	

本章核心考点分析

5.1　施工成本影响因素及管理流程

核心考点提纲

5.1　施工成本影响因素及管理流程 ｛ 5.1.1　施工成本分类及影响因素
5.1.2　施工成本管理流程

核心考点剖析

5.1.1 施工成本分类及影响因素

核心考点一：施工成本分类
1. 按施工成本核算内容划分

按施工成本核算内容划分	
直接成本	施工过程中直接构成工程实体或有助于工程实体形成的各项支出，包括人工费、材料费、施工机具使用费和措施费
间接成本	项目管理机构为准备工程施工、组织和管理施工所发生的全部间接费支出，包括管理人员的工资和工资性津贴、奖金、工资附加费，以及行政管理用固定资产折旧费及修理费、物料消耗、低值易耗品摊销、取暖费、水电费、办公费、差旅费、财产保险费、检验试验费、工程保修费、劳动保护费及其他费用

2. 按施工成本计算标准划分

按施工成本计算标准划分	
计划成本	施工单位根据自身需求，结合施工项目的技术特征，自然地理条件、劳动力素质、设备情况等预计的施工成本
实际成本	施工项目实施过程中实际发生的各项费用总和

3. 按施工成本性态划分

按施工成本性态划分	
固定成本	在一定期间和工程量范围内不受工程量变动影响的成本，如办公费、管理人员工资和固定资产折旧等
变动成本	在一定期间和工程量范围内会随工程量变动而成比例变化的成本，如人工费、材料费等

4. 按施工成本是否可控划分

按施工成本是否可控划分	
可控成本	如工程部门通过控制材料消耗量即可控制施工过程中发生的材料成本
不可控成本	如因市场价格变动引起的材料成本变动

5. 按施工成本要素构成划分

按施工成本要素构成划分	
工期成本	直接成本随工期缩短而增加，间接成本随工期缩短而减少
质量成本	质量成本分为控制成本和损失成本。 （1）控制成本。控制成本又可分为预防成本和鉴定成本。 ① 预防成本是指为防止工程质量缺陷和偏差出现，保证工程质量达到质量标准所采取的各项预防措施所支出的费用，包括质量规划费、工序控制费、新工艺鉴定费、质量培训费、质量信息费等。

质量成本	② 鉴定成本是指为保证工程质量而对工程本身及材料、构配件、设备等进行质量鉴定所支出的费用，包括施工图纸审查费，施工文件审查费，原材料、外购件检验试验费，工序检验费，工程质量验收费等。 （2）损失成本。损失成本又分为内部损失成本和外部损失成本。 ① 内部损失成本是指在施工过程中工程质量缺陷造成的损失，以及处理缺陷发生的费用。包括返工损失、返修损失、停工损失、质量事故处理费用等。 ② 外部损失成本是指工程移交后，在使用过程中发现工程质量缺陷而需支付的费用总和，包括工程保修费、损失赔偿费等
安全成本	分为安全生产保障成本和安全事故损失成本。 （1）安全生产保障成本包括安全防护工程费用、安全防护措施费用、安全教育培训费用等。 （2）安全事故损失成本包括企业内部损失成本和企业外部损失成本
绿色成本	采取的绿色建造措施成本，以及因绿色建造不善造成的损失费用之和

◆ **考法：施工成本分类**

【例题1·单选题】按施工成本核算内容划分，施工成本可分为直接成本和间接成本。下列属于间接成本的是（   ）。

  A. 措施费　　　　　　　　　　B. 施工机具使用费

  C. 工资性津贴　　　　　　　　D. 人工费

【答案】C

【解析】选项A、B、D属于直接成本。人工费、材料费属于变动成本。间接成本包括管理人员的工资和工资性津贴、奖金、工资附加费等。

【例题2·单选题】根据施工成本与工程量的关系（即成本性态）不同，施工成本可分为固定成本和变动成本。下列属于变动成本的是（   ）。

  A. 办公费　　　　　　　　　　B. 固定资产折旧

  C. 管理人员工资　　　　　　　D. 材料费

【答案】D

【解析】选项A、B、C属于固定成本。人工费、材料费属于变动成本。

【例题3·2024年真题·单选题】下列影响施工成本的因素中，属于施工单位工程部门可控的是（   ）。

  A. 施工机械台班租赁费　　　　B. 材料消耗量

  C. 现场管理费　　　　　　　　D. 材料单价

【答案】B

【解析】可控成本是指在特定期间内能够为特定部门的职能权限所控制的成本，否则即为不可控成本。例如，在市场价格不变的前提下，工程部门通过控制材料消耗量即可控制施工过程中发生的材料成本，这就属于工程部门的可控成本。

【例题4·单选题】质量成本可分为控制成本和损失成本两部分，损失成本又分为内部损失成本和外部损失成本。下列属于外部损失成本的是（   ）。

  A. 质量事故处理费用　　　　　B. 返工损失

C. 工程保修费　　　　　　　　D. 违反标准及操作规程造成的损失

【答案】C

【解析】内部损失成本是指在工程施工过程中工程质量缺陷而造成的损失，以及为处理工程质量缺陷而发生的费用，包括返工损失、返修损失、停工损失、质量事故处理费用等；外部损失成本是指工程移交后，在使用过程中发现工程质量缺陷而需支付的费用总和，包括工程保修费、损失赔偿费等。

【例题5·单选题】安全成本是指为保证安全生产而支出的费用和因安全事故而产生的损失费用之和。下列属于安全成本的是（　　　　）。

A. 安全防护工程费用　　　　　B. 质量规划费
C. 施工图纸审查费　　　　　　D. 质量事故处理费用

【答案】A

【解析】选项B、C、D属于质量成本。

核心考点二：施工成本影响因素

施工成本影响因素

（1）劳动力成本影响	① 薪酬水平；② 劳动力供需关系；③ 技能水平
（2）材料成本影响	① 价格波动；② 供应链问题
（3）施工机具设备成本影响	① 租赁费用；② 维护费用；③ 燃料费用
（4）设计要求和规格的影响	① 复杂的设计要求；② 高规格的建筑
（5）施工质量的影响	① 修复和重建成本；② 返工和修正成本；③ 额外监测和测试费用；④ 低效和浪费成本；⑤ 维护和修理成本；⑥ 客户满意度和声誉成本
（6）现场管理能力的影响。（7）施工方法的影响。（8）施工工期的影响。（9）施工安全的影响。（10）环境的影响	

◆ 考法：施工成本影响因素

【例题1·单选题】施工成本受多种因素影响，下列属于施工机具设备成本影响因素的是（　　　　）。

A. 薪酬水平　　　　　　　　　B. 燃料费用
C. 复杂的设计要求　　　　　　D. 修复和重建成本

【答案】B

【解析】选项A属于劳动力成本影响因素，选项C属于设计要求和规格的影响因素，选项D属于施工质量的影响因素。

【例题2·多选题】施工成本受多种因素影响，下列属于劳动力成本影响因素的是（　　　　）。

A. 薪酬水平　　　　　　　　　B. 劳动力供需关系
C. 客户满意度和声誉成本　　　D. 技能水平
E. 高规格的建筑

【答案】A、B、D

【解析】劳动力成本影响因素包括：薪酬水平、劳动力供需关系、技能水平。选项 C 属于施工质量的影响因素，选项 E 属于设计要求和规格的影响因素。

5.1.2 施工成本管理流程

核心考点：施工成本管理流程

施工成本管理是指项目管理机构以责任成本为主线，对施工成本进行计划、控制、分析、考核的过程。

成本计划是开展成本控制和分析的基础，也是成本控制的主要依据。

成本控制能对成本计划的实施进行监督，保证成本计划的实现。

成本分析是对成本计划是否实现进行的检查，并为成本管理绩效考核提供依据。

成本管理绩效考核是实现责任成本目标的保证和手段。

◆**考法：施工成本管理流程**

【例题 1 · 单选题】施工成本管理的主线是（　　）。

    A. 责任成本　　　　　　　　　B. 目标成本

    C. 实际成本　　　　　　　　　D. 建造成本

【答案】B

【解析】施工成本管理是指项目管理机构以责任成本为主线，对施工成本进行计划、控制、分析、考核的过程。

【例题 2 · 2024 年真题 · 单选题】建设工程项目成本管理的任务中，施工成本控制的主要依据是（　　）。

    A. 成本预测　　　　　　　　　B. 成本计划

    C. 成本考核　　　　　　　　　D. 成本分析

【答案】B

【解析】成本计划是开展成本控制和分析的基础，也是成本控制的主要依据。

5.2　施工定额的作用及编制方法

核心考点提纲

    5.2　施工定额的作用   {   5.2.1　施工定额的作用和分类
        及编制方法   5.2.2　施工定额编制方法

核心考点剖析

5.2.1 施工定额的作用和分类

核心考点：施工定额的作用和分类

1. 施工定额的特点

施工定额是以某一施工过程或基本工序作为研究对象，是施工企业内部使用的一种定额，也是分项最细、定额子目最多的定额，是基础性定额。

2. 施工定额的作用

（1）施工定额是施工单位投标报价的依据，也是编制工程项目施工组织设计及施工方案、施工进度计划的依据。

（2）施工定额是确定施工责任成本和编制施工成本计划的依据。

（3）施工定额是组织和指挥施工生产的有效工具。施工项目管理机构通过下达施工任务书和限额领料单来实现组织管理和指挥施工生产。

（4）施工定额是施工成本控制的依据。施工定额为工人劳动报酬、材料及施工机具费用计算提供了衡量标准。

（5）施工定额是施工成本分析和施工成本管理绩效考核的基础。

3. 施工定额的分类

按反映的生产要素消耗内容不同，施工定额可分为人工定额、材料消耗定额和施工机具消耗定额三种。

◆ **考法：施工定额的特点和作用**

【例题 1·2020/2023/2024 年真题·单选题】 施工定额的研究对象是（   ）。

    A. 分项工程   B. 分部工程

    C. 单位工程   D. 工序

【答案】 D

【解析】 施工定额是以某一施工过程或基本工序作为研究对象。

【例题 2·2021 年真题·单选题】 下列建设工程定额中，属于企业定额性质的是（   ）。

    A. 施工定额   B. 预算定额

    C. 概算定额   D. 概算指标

【答案】 A

【解析】 施工定额是施工企业内部使用的一种定额，属于企业定额的性质。

【例题 3·2021 年真题·单选题】 下列建设工程定额中，分项最细、子目最多的定额是（   ）。

    A. 费用定额   B. 概算定额

    C. 施工定额   D. 预算定额

【答案】 C

【解析】 施工定额是分项最细、定额子目最多的一种定额，也是基础性定额。

【例题 4·单选题】 确定施工责任成本和编制施工成本计划的依据是（   ）。

    A. 费用定额   B. 概算定额

    C. 施工定额   D. 预算定额

【答案】 C

【解析】 施工定额是确定施工责任成本和编制施工成本计划的依据。

5.2.2 施工定额编制方法

核心考点一：人工定额的编制

1. 工人工作时间分类

工人工作时间分类如下图所示。

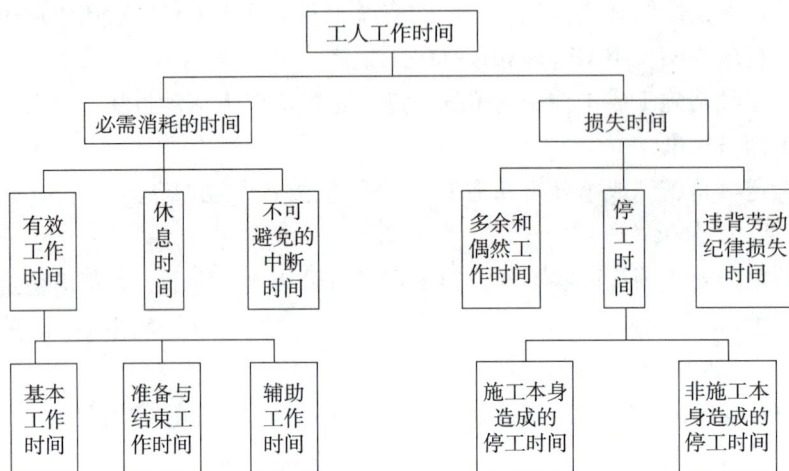

```
                        工人工作时间
                   ┌──────────┴──────────┐
              必需消耗的时间              损失时间
          ┌───────┼───────┐      ┌───────┼───────┐
        有效    休息    不可     多余和    停工    违背劳动
        工作    时间    避免的   偶然工    时间    纪律损失
        时间            中断     作时间            时间
                        时间
      ┌───┼───┐                ┌──────┴──────┐
     基本  准备与  辅助        施工本身      非施工本
     工作  结束工  工作        造成的        身造成的
     时间  作时间  时间        停工时间      停工时间
```

工人工作时间分类

2. 拟定正常的施工作业条件

拟定正常的施工作业条件包括：拟定施工作业的内容；拟定施工作业的方法；拟定施工作业地点的组织；拟定施工作业人员的组织等。

3. 拟定施工作业的定额时间

施工作业的定额时间，是在拟定基本工作时间、辅助工作时间、准备与结束时间、不可避免的中断时间及休息时间的基础上编制。

4. 人工定额种类

（1）按表现形式划分，分为时间定额和产量定额。

（2）按标定对象划分，分为单项工序定额和综合定额。

5. 人工定额编制方法

人工定额编制方法

技术测定法	对施工过程中各工序采用测时法、写实记录法、工作日写实法，测出工时消耗等资料，再对资料进行科学分析，进而编制人工定额
统计分析法	将过去施工生产中的同类工程或同类产品的工时消耗资料，与当前生产技术和施工组织条件的变化因素结合起来，进行统计分析。这种方法适用于施工条件正常、产品稳定、工序重复量大和统计工作制度健全的施工过程
比较类推法	对同类型产品规格多、工序重复、工作量小的施工过程，常用比较类推法。以同类型工序和同类型产品的实耗工时为标准，类推相似项目定额水平
经验估计法	根据定额专业人员、经验丰富的工人和施工技术人员的实际工作经验，对施工管理组织和现场技术条件进行调查分析后编制人工定额

◆**考法 1：施工作业的定额时间**

【**例题 1·2019 年真题·多选题**】编制砌筑工程的人工定额时，应计入时间定额的有（　　）。

　　A. 领取工具和材料的时间　　　B. 制备砂浆的时间
　　C. 修补前一天砌筑工作缺陷的时间　D. 结束工作时清理和返还工具的时间
　　E. 闲聊和打电话的时间

【**答案**】A、B、D

【**解析**】拟定施工作业的定额时间，是在拟定基本工作时间、辅助工作时间、准备与结束时间、不可避免的中断时间，以及休息时间的基础上编制的。

【**例题 2·2023 年真题·多选题**】编制人工定额时，施工作业定额时间包括（　　）。

　　A. 基本工作时间　　　　　　　B. 工序间的间歇时间
　　C. 辅助工作时间　　　　　　　D. 准备与结束的时间
　　E. 不可避免的中断时间

【**答案**】A、C、D、E

【**解析**】施工作业定额时间包括准备与结束时间、基本工作时间、辅助工作时间、不可避免的中断时间及工人必需的休息时间。

◆**考法 2：人工定额的制定方法**

【**例题 1·2021 年真题·多选题**】采用技术测定法时，测定各工序工时消耗的方法有（　　）。

　　A. 理论计算法　　　　　　　　B. 统计分析法
　　C. 测时法　　　　　　　　　　D. 写实记录法
　　E. 工作日写实法

【**答案**】C、D、E

【**解析**】技术测定法对施工过程中各工序采用测时法、写实记录法、工作日写实法，测出各工序的工时消耗等资料，再对所获得的资料进行科学的分析，制定出人工定额的方法。

【**例题 2·2016/2019/2020/2022/2024 年真题·单选题**】编制人工定额时，为了提高编制效率，对于同类型产品规格多、工序重复、工作量小的施工过程，宜采用的编制方法是（　　）。

　　A. 比较类推法　　　　　　　　B. 技术测定法
　　C. 统计分析法　　　　　　　　D. 试验测定法

【**答案**】A

【**解析**】对同类型产品规格多、工序重复、工作量小的施工过程，常用比较类推法。以同类型工序和同类型产品的实耗工时为标准，类推相似项目定额水平。

核心考点二：材料消耗定额的编制

按使用性质、用途和用量大小不同，材料可划分为四类：（1）主要材料，是指直接构成工程实体的材料；（2）辅助材料，是指直接构成工程实体，但比重较小的材料；（3）周转性材料（又称工具性材料），如模板、脚手架等；（4）零星材料，是指用量小、价值不大、不便计算的次要材料。

编制材料消耗定额，主要包括确定直接使用在工程上的材料净用量和在施工现场内运输及操作过程中不可避免的废料和损耗。

1. 材料净用量的确定

材料净用量的确定，一般有以下几种方法：

（1）理论计算法。根据设计、施工验收规范和材料规格等，从理论上计算材料的净用量。

（2）测定法。根据试验情况和现场测定的资料数据确定材料净用量。

（3）图纸计算法。根据选定的图纸，计算材料的体积、面积、延长米或重量。

（4）经验法。根据历史上同类项目经验进行估算。

2. 材料损耗量的确定

材料损耗一般以损耗率表示。材料损耗率可通过观察法或统计法计算确定。

$$损耗率 = \frac{损耗量}{净用量} \times 100\%$$

$$总消耗量 = 净用量 + 损耗量 = 净用量 \times (1 + 损耗率)$$

3. 周转性材料消耗定额的编制

周转性材料消耗与下列因素有关：（1）第一次制造时的材料消耗（一次使用量）；（2）每周转使用一次材料的损耗（第二次使用时需要补充）；（3）周转使用次数；（4）周转材料的最终回收及其回收折价。

周转材料消耗量应采用一次使用量和摊销量两个指标表示。一次使用量是指在不重复使用时的一次使用量，供施工单位组织施工用；摊销量是指分摊到每一计量单位的结构构件周转材料消耗量，供施工单位成本核算或投标报价使用。

◆ 考法 1：材料消耗定额编制的主要内容

【例题·2021 年真题·单选题】编制材料消耗定额时，材料消耗量包括直接使用在工程上的材料净用量和（　　　）。

    A. 在施工现场内运输及保管过程中不可避免的损耗

    B. 在施工现场内运输及操作过程中不可避免的废料和损耗

    C. 从供应地运输到施工现场及操作过程中不可避免的废料和损耗

    D. 从供应地运输到施工现场过程中不可避免的损耗

【答案】B

【解析】编制材料消耗定额，主要包括确定直接使用在工程上的材料净用量和在施工现场内运输及操作过程中的不可避免的废料和损耗。

◆ 考法 2：材料消耗定额指标分类

【例题·2021 年真题·多选题】根据材料使用性质、用途和用量大小划分，材料消耗定额指标的组成有（　　　）。

    A. 主要材料　　　　　　　　　B. 辅助材料

    C. 废弃材料　　　　　　　　　D. 周转性材料

    E. 零星材料

【答案】A、B、D、E

【解析】按使用性质、用途和用量大小不同，材料可划分为四类：（1）主要材料，是指直接构成工程实体的材料；（2）辅助材料，是指直接构成工程实体，但比重较小的材料；（3）周转性材料（又称工具性材料），如模板、脚手架等；（4）零星材料，是指用量小、价值不大、不便计算的次要材料。

◆ 考法 3：周转性材料消耗定额的编制

【例题 1·2024 年真题·多选题】编制材料定额时，计算周转性材料消耗量通常应考虑的因素有（　　　）。

    A. 第一次制造时的材料消耗量　　　B. 每周转使用一次的材料损耗量

    C. 周转使用的次数　　　　　　　　D. 周转一次的辅助材料消耗量

    E. 周转材料的最终回收量及折价

【答案】A、B、C、E

【解析】周转性材料消耗与下列因素有关：（1）第一次制造时的材料消耗（一次使用量）；（2）每周转使用一次材料的损耗（第二次使用时需要补充）；（3）周转使用次数；（4）周转材料的最终回收及其回收折价。

【例题 2·2019 年真题·多选题】施工企业投标报价时，周转材料消耗量应按（　　　）计算。

    A. 一次使用量　　　　　　　　　　B. 摊销量

    C. 每次的补给量　　　　　　　　　D. 损耗量

【答案】B

【解析】一次使用量供施工单位组织施工用；摊销量是指分摊到每一计量单位的结构构件周转材料消耗量，供施工单位成本核算或投标报价使用。

核心考点三：施工机具消耗定额的编制

1. 施工机械工作时间分类

施工机械工作时间消耗分类如下图所示。

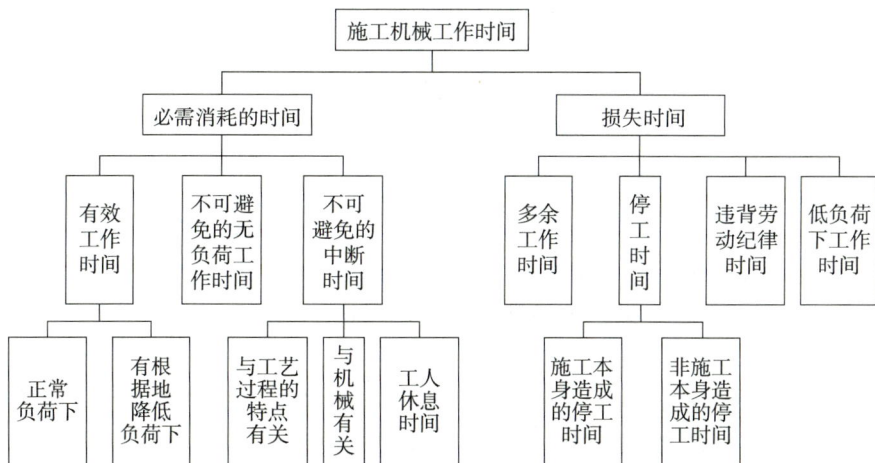

施工机械工作时间分类

（1）有根据地降低负荷下的工时消耗，是指由于技术原因机械在低于其计算负荷下工作的时间。例如，汽车运输重量轻而体积大的货物时，不能充分利用汽车的载重吨位因而不得不降低其计算负荷。

（2）不可避免的无负荷工作时间，是指由施工特点和机械结构特点造成的机械无负荷工作时间。例如，筑路机在工作区末端调头。

（3）低负荷下的工作时间，是指由于工人或技术人员的过错所造成的施工机械在降低负荷的情况下工作的时间。例如，工人装车的砂石数量不足造成汽车在降低负荷的情况下工作所延续的时间。

2. 机械台班消耗定额的编制内容

（1）拟定机械工作的正常施工条件。

（2）确定机械净工作 1h 生产率。

（3）确定施工机械利用系数。

$$施工机械利用系数 = \frac{工作班净工作时间}{机械工作班时间}$$

（4）计算机械台班定额。

$$施工机械台班产量定额 = 机械净工作 1h 生产率 \times 工作班延续时间 \times 机械利用系数$$

$$施工机械时间定额 = \frac{1}{施工机械台班产量定额}$$

（5）拟定工人小组的定额时间。

$$工人小组定额时间 = 施工机械时间定额 \times 工人小组的人数$$
$$= 工人小组的人数 / 施工机械台班产量定额$$

◆ **考法 1：施工机械时间定额的组成**

【例题 1 · 2016 年真题 · 多选题】下列工作时间中，属于施工机械台班使用定额中必需消耗的时间有（　　）。

    A. 机械操作工人加班工作时间

    B. 工序安排不合理造成的机械停工时间

    C. 正常负荷下机械的有效工作时间

    D. 有根据地降低负荷下的有效工作时间

    E. 不可避免的无负荷工作时间

【答案】C、D、E

【解析】本题主要考查的是施工机械台班使用定额必需消耗的时间。必需消耗的工作时间里，包括有效工作时间、不可避免的无负荷工作和不可避免的中断时间。

【例题 2 · 2020/2023 年真题 · 多选题】下列机械消耗时间中，属于施工机械时间定额组成的有（　　）。

    A. 不可避免的中断时间　　　　　B. 机械故障的维修时间

    C. 正常负荷下的工作时间　　　　D. 不可避免的无负荷工作时间

    E. 降低负荷下的工作时间

【答案】A、C、D、E

【解析】施工机械时间定额，是指在合理劳动组织与合理使用机械条件下，完成单位合格产品所必需的工作时间，包括有效工作时间（正常负荷下的工作时间和降低负荷下的工作时间）、不可避免的中断时间、不可避免的无负荷工作时间。

【例题3·2018年真题·单选题】编制施工机械台班使用定额时，工人装车的砂石数量不足导致的汽车在降低负荷下工作所延续的时间属于（　　）。

A. 有效工作时间　　　　　　　　B. 低负荷下的工作时间

C. 有根据地降低负荷下的工作时间　D. 非施工本身造成的停工时间

【答案】B

【解析】低负荷下的工作时间，是由于工人或技术人员的过错所造成的施工机械在降低负荷的情况下工作的时间。例如，工人装车的砂石数量不足引起的汽车在降低负荷的情况下工作所延续的时间。

【例题4·2024年真题·单选题】编制施工机械台班消耗定额时，对于汽车运输重量轻而体积大的货物，不能充分利用载重吨位所消耗的时间，应归为施工机械的（　　）。

A. 多余工作时间　　　　　　　　B. 有根据地降低负荷下的工作时间

C. 低负荷下的工作时间　　　　　D. 不可避免的无负荷工作时间

【答案】B

【解析】有根据地降低负荷下的工时消耗，是指在个别情况下由于技术原因，机械在低于其计算负荷下工作的时间。例如，汽车运输重量轻而体积大的货物时，不能充分利用汽车的载重吨位因而不得不降低其计算负荷。

◆ 考法2：施工机械台班产量定额的计算

【例题1·2021年真题·单选题】某工程需开挖土方量为500m³，人工定额是2.0m³/工日，一班制作业，拟安排10人，则开挖土方的工作持续时间是（　　）天。

A. 25　　　　　　　　　　　　　B. 50

C. 100　　　　　　　　　　　　D. 200

【答案】A

【解析】一个工日的人工定额是2.0m³，则一天10个人可挖土方20m³，500m³需要时间500/20 = 25天。

【例题2·2022年真题·单选题】编制某施工机械台班使用定额，测定该机械纯工作1h的生产率为6m³，机械利用系数平均为80%，工作班延续时间为8h，则该机械的台班产量定额为（　　）m³。

A. 64　　　　　　　　　　　　　B. 60

C. 48　　　　　　　　　　　　　D. 38.4

【答案】D

【解析】本题考查的是施工机械台班使用定额的编制。施工机械台班产量定额＝机械净工作生产率 × 工作班延续时间 × 机械利用系数 ＝ 6×8×80% ＝ 38.4m³。

【例题3·2023年真题·单选题】某斗容量为1m³的正铲挖掘机台班产量480m³，配备两名工人，机械利用系数为 0.8，在正常的工作条件下，机械 1h 纯工作时间可推土（　　）m^3。

    A. 48　　　　　　　　　　　　　B. 75

    C. 60　　　　　　　　　　　　　D. 32.5

【答案】B

【解析】1h 工作量 ×8h× 机械利用系数＝ 480，1h 工作量＝ 480÷8÷0.8 ＝ 75m^3。

◆考法 3：施工机械时间定额的计算

【例题·2016 年真题·单选题】斗容量 1m^3 反铲挖土机，挖三类土，装车，挖土深度 2m 以内，小组成员 2 人，机械台班产量为 4.56（定额单位 100m^3），则用该机械挖土 100m^3 的人工时间定额为（　　）。

    A. 0.22 工日　　　　　　　　　　B. 0.44 工日

    C. 0.22 台班　　　　　　　　　　D. 0.44 台班

【答案】B

【解析】本题考查的是人工定额的形式。人工时间定额＝小组成员总人数／机械台班产量＝ 2/4.56 ＝ 0.44 工日。

5.3　施工成本计划

核心考点提纲

$$5.3 \quad 施工成本计划 \begin{cases} 5.3.1 \quad 施工责任成本构成 \\ 5.3.2 \quad 施工成本计划编制 \end{cases}$$

核心考点剖析

5.3.1　施工责任成本构成

核心考点：施工责任成本构成

施工责任成本是以履行施工合同为前提，依据施工项目预算成本，经过施工单位和项目管理机构协商确定的由项目管理机构控制的成本总额。

预算成本是在既定的市场环境下，根据企业管理水平和管理特点，按企业费用支出标准、资源市场价格信息和工程实际情况，测算的项目各项费用总和。

施工责任成本具有四个条件：（1）可考核性；（2）可预计性；（3）可计量性；（4）可控制性。

施工责任成本由人工费、材料费、施工机具使用费、专业分包费、措施费、间接费、其他费用组成。施工责任成本可采用以下公式进行计算：

施工责任成本＝预计结算收入－税金－项目目标利润

施工责任成本降低额＝施工责任成本－项目实际成本

施工责任成本降低率＝施工责任成本降低额／施工责任成本

中标后，投标负责人组织投标交底。商务部门组织标价分离，完成施工成本测算，协调相关部门编制施工成本降低率；技术部门配合完成施工方案、周转工具用量、机械设备配置的合理化及费用测算；工程部门配合完成工期优化效益测算；物资采购部门配合完成材料费、周转工具费及采购效益测算；安全管理部门配合完成安全文明施工费测算；人力资源部门配合完成项目管理人员配置及岗位薪酬标准测算；财务部门配合完成项目管理费、规费及各项费用标准测算。

◆ **考法 1：施工责任成本和预算成本的区别**

【例题·2024 年真题·单选题】施工企业在既定的市场环境下，根据自身的管理水平和管理特点，按照企业费用支出标准、资源市场价格信息和工程实际情况，测算出的项目各项费用总和。该费用可作为施工项目的（　　　　）。

    A. 预算成本   B. 施工责任成本

    C. 指导性成本   D. 竞争性成本

【答案】A

【解析】预算成本是在既定的市场环境下，根据企业管理水平和管理特点按企业费用支出标准、资源市场价格信息和工程实际情况，测算的项目各项费用总和。

◆ **考法 2：施工责任成本构成**

【例题 1·单选题】责任中心能够计量责任成本的大小，这体现了责任成本的（　　　　）。

    A. 可考核性   B. 可预计性

    C. 可计量性   D. 可控制性

【答案】C

【解析】本题考查施工责任成本可考核性、可预计性、可计量性、可控制性的区别。

【例题 2·单选题】某施工项目在当前周期内预计结算收入 1200 万元，税金 100 万元，项目目标利润 300 万元，项目实际成本 850 万元，则通过计算可知施工责任成本降低率为（　　　　）。

    A. 5.88%   B. −5.88%

    C. 6.25%   D. −6.25%

【答案】D

【解析】施工责任成本＝预计结算收入－税金－项目目标利润＝1200－100－300＝800 万元，施工责任成本降低额＝施工责任成本－项目实际成本＝800－850＝−50 万元，施工责任成本降低率＝施工责任成本降低额／施工责任成本＝−50/800＝−6.25%。

【例题 3·2024 年真题·多选题】施工责任成本分解过程中，关于各部门工作内容的说法，正确的有（　　　　）。

    A. 财务部门配合完成材料费、周转工具费及采购效益核算

    B. 商务部门组织进行标价分离，完成施工成本测算

    C. 技术部门配合完成施工方案及相关费用测算

    D. 安全管理部门配合完成安全文明施工费测算

    E. 人力资源部门配合完成项目管理人员配置及岗位薪酬标准测算

【答案】B、C、D、E

【解析】财务部门配合完成项目管理费、规费及各项费用标准测算。物资采购部门配合完成材料费、周转工具费及采购效益测算。选项 A 错误。

5.3.2 施工成本计划编制

核心考点一：施工成本计划的类型

施工成本计划的类型

类型	编制阶段	编制依据	特点
竞争性成本计划	投标及签订合同阶段	招标文件	是商务标书的基础，带有战略性
指导性成本计划	选派项目经理阶段	合同价	用以确定施工责任成本，是战术安排
实施性成本计划	施工准备阶段	以项目实施方案为依据，以落实项目经理责任目标为出发点，根据企业施工定额编制，是战术安排

◆ **考法 1：三种施工成本计划的区别**

【例题 1·单选题】关于竞争性成本计划、指导性成本计划和实施性成本计划三者区别的说法，正确的是（　　）。

　　A. 指导性成本计划是项目施工准备阶段的施工预算成本计划，比较详细

　　B. 实施性成本计划是选派项目经理阶段的预算成本计划

　　C. 指导性成本计划是以项目实施方案为依据编制的

　　D. 竞争性成本计划是项目投标和签订合同阶段的估算成本计划，比较粗略

【答案】D

【解析】见上表。

【例题 2·2024 年真题·单选题】关于施工企业指导性成本计划的说法，正确的是（　　）。

　　A. 是在施工投标及签订合同阶段的估算成本计划

　　B. 是在工程项目施工准备阶段，以项目实施方案为依据编制的成本计划

　　C. 以落实项目经理责任目标为出发点，根据施工定额编制的成本计划

　　D. 以合同价为依据，按照企业定额标准制定的施工成本计划

【答案】D

【解析】竞争性成本计划是指在施工投标及签订合同阶段的估算成本计划。指导性成本计划是指在选派项目经理阶段的预算成本计划，是项目经理的责任成本目标。指导性成本计划是以合同价为依据，按照企业定额标准制定的施工成本计划，用以确定施工责任成本。实施性成本计划是指在工程项目施工准备阶段，以项目实施方案为依据，以落实项目经理责任目标为出发点，根据企业施工定额编制的施工成本计划。

◆ **考法 2：实施性成本计划的编制依据**

【例题·2020 年真题·单选题】编制施工项目实施性成本计划的主要依据是（　　）。

　　A. 项目投标报价　　　　　　　　　B. 施工预算

C. 项目所在地造价信息　　　　　　D. 施工图预算

【答案】B

【解析】实施性成本计划以项目实施方案主要依据，采用施工定额通过施工预算编制。

核心考点二：施工成本计划的编制依据和程序

1. 施工成本计划的编制依据

编制依据包括：（1）合同文件；（2）项目管理实施规划；（3）相关设计文件；（4）价格信息；（5）相关定额；（6）类似项目成本资料。

2. 施工成本计划的编制程序

施工成本计划的编制以成本预测为基础，关键是确定目标成本。

施工成本计划编制程序：（1）预测项目成本；（2）确定项目总体成本目标；（3）编制项目总体成本计划；（4）项目管理机构与企业职能部门分别确定各自成本目标，并编制相应的成本计划；（5）针对成本计划制定相应的控制措施；（6）由项目管理机构与企业职能部门负责人分别审批相应的成本计划。

◆ **考法 1：成本计划编制的依据**

【例题·单选题】下列选项中，属于成本计划编制的依据有（　　　）。

A. 合同文件　　　　　　　　　　B. 项目管理规划大纲

C. 相关设计文件　　　　　　　　D. 价格信息

E. 相关定额

【答案】A、C、D、E

【解析】成本计划编制的依据有合同文件、相关设计文件、价格信息、相关定额、项目管理实施规划以及类似项目的成本资料。

◆ **考法 2：成本计划编制的程序**

【例题 1·2024 年真题·单选题】施工成本计划编制的关键环节是（　　　）。

A. 确定目标成本　　　　　　　　B. 成本预测

C. 确定施工定额　　　　　　　　D. 进行成本分析

【答案】A

【解析】施工成本计划的编制应以成本预测为基础，关键是确定目标成本。

【例题 2·单选题】根据《建设工程项目管理规范》GB/T 50326—2017，施工成本计划编制过程中，项目管理机构与企业职能部门分别确定各自成本目标，上一步是（　　　）。

A. 预测项目成本　　　　　　　　B. 确定项目总体成本目标

C. 编制项目总体成本计划　　　　D. 针对成本计划制定相应的控制措施

【答案】C

【解析】施工成本计划编制程序：（1）预测项目成本；（2）确定项目总体成本目标；（3）编制项目总体成本计划；（4）项目管理机构与企业职能部门分别确定各自成本目标，并编制相应的成本计划；（5）针对成本计划制定相应的控制措施；（6）由项目管理机构与企业职能部门负责人分别审批相应的成本计划。

核心考点三：施工成本计划编制方法

1. 按成本组成编制

施工成本分为人工费、材料费、施工机具使用费、企业管理费、利润、规费、税金。

2. 按项目结构编制

施工成本由大到小可分为单项工程施工成本、单位工程施工成本、分部工程施工成本、分项工程施工成本。

3. 按工程实施阶段编制

编制步骤：

（1）编制工程项目施工进度时标网络计划。

（2）计算单位时间（月或旬）施工成本，并在时标网络计划中按单位时间（月或旬）编制成本支出计划，如下图所示。

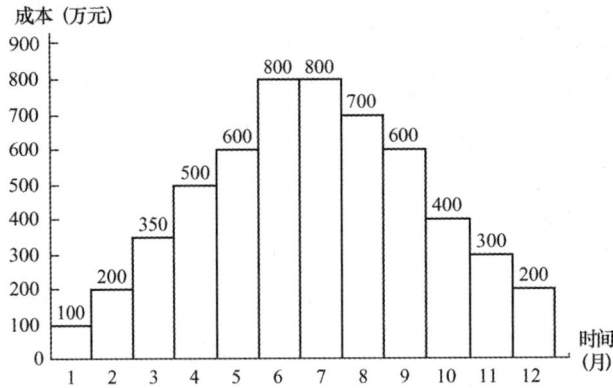

根据时标网络计划按月编制施工成本计划

（3）计算规定时间 t 计划累计支出的成本额 Q。其计算方法为：将各单位时间计划完成的成本额累加求和。

（4）按各规定时间的 Q_t 值绘制 S 曲线，如下图所示。

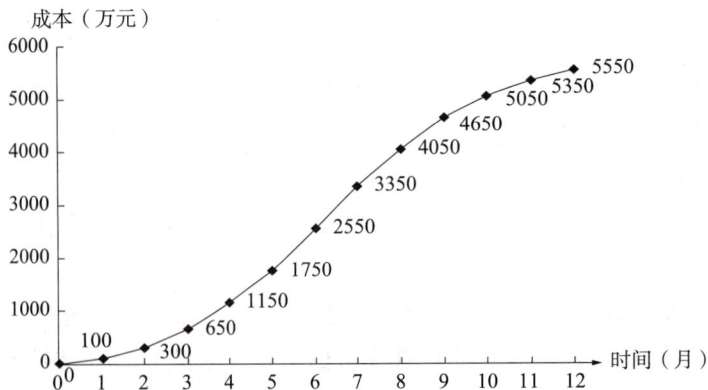

时间—成本累积曲线（S 曲线）

S 曲线必然被包络在由全部工作均按最早开始时间开始和全部工作均按最迟开始时间

开始的两条 S 曲线所组成的"香蕉图"内。

项目管理机构可通过调整非关键路线上的工作开始时间，力争将实际成本支出控制在计划范围内。

对施工单位而言，施工进度网络计划中的所有工作均按最早开始时间开始、按最早完成时间完成，可以尽早获得工程进度款支付，同时也能提高工程按期竣工的保证率，但同时也会占用建设单位大量资金。

◆考法 1：施工成本计划编制方法

【例题·2023 年真题·多选题】施工项目管理机构可按（　　　）编制施工成本计划。

A. 合同计价方式　　　　　　　B. 成本组成

C. 项目结构　　　　　　　　　D. 工程实施阶段

E. 资金来源

【答案】B、C、D

【解析】项目管理机构应通过系统的成本策划，按成本组成、项目结构和工程实施阶段（进度）分别编制施工成本计划。

◆考法 2：按工程实施阶段编制施工成本计划

【例题 1·2021 年真题·单选题】为了提高项目按期竣工的保证率，S 曲线编制成本计划时，可以采取的做法是（　　　）。

A. 非关键线路上的工作都按最迟时间开始

B. 所有工作都按最早时间开始

C. 施工成本大的工作按最迟时间开始

D. 人工消耗量大的工作按最早时间开始

【答案】B

【解析】对施工单位而言，施工进度网络计划中的所有工作均按最早开始时间开始、按最早完成时间完成，可以尽早获得工程进度款支付，同时也能提高工程按期竣工的保证率，但同时也会占用施工单位大量资金。

【例题 2·2017 年真题·单选题】关于用时间—成本累积曲线编制施工成本计划的说法，正确的是（　　　）。

A. 可调整非关键工作的开工时间以控制实际成本支出

B. 全部工作必须按照最早开始时间安排

C. 全部工作必须按照最迟开始时间安排

D. 可缩短关键工作的持续时间以降低成本

【答案】A

【解析】选项 A 正确，项目管理机构可通过调整非关键路线上的工作开始时间，力争将实际成本支出控制在计划范围内。选项 B、C 错误，无此规定。选项 D 错误，可缩短非关键工作的持续时间以降低成本。

5.4　施工成本控制

核心考点剖析

5.4.1　施工成本控制过程

核心考点：施工成本控制过程

施工成本控制过程可分为两类：一是管理行为控制过程；二是指标控制过程。管理行为控制是对施工成本全过程控制的基础，指标控制则是成本控制的重点。两个过程既相对独立又相互联系，既相互补充又相互制约。

成本管理体系的建立是企业自身生存发展的需要，无社会组织来评审和认证。

1. 管理行为控制过程

（1）建立项目成本管理体系的评审组织和评审程序。

（2）建立项目成本管理体系运行的评审组织和评审程序。

（3）目标考核，定期检查。

（4）制定对策，纠正偏差。

2. 指标控制过程

（1）确定成本管理分层次目标。

（2）采集成本数据，监测成本形成过程。

（3）找出偏差，分析原因。

（4）制定对策，纠正偏差。

（5）调整改进成本管理方法。

◆ **考法 1：施工成本控制过程**

【例题·2020 年真题·单选题】项目施工成本的过程控制的程序主要包括（　　）。

　　A. 管理控制程序和评审控制程序

　　B. 管理行为控制程序和指标控制程序

　　C. 管理人员激励程序和指标控制程序

　　D. 管理行为控制程序和目标考核程序

【答案】B

【解析】成本的过程控制两类程序，管理行为控制程序和指标控制程序。

◆ **考法 2：指标控制过程**

【例题·2020/2024 年真题·单选题】项目成本指标控制的工作包括：① 采集成本数据，监测成本形成过程；② 制定对策，纠正偏差；③ 找出偏差，分析原因；④ 确定成本管理分层次目标。其正确的工作程序是（　　　）。

　　A. ④－①－③－②　　　　　　B. ①－②－③－④

　　C. ①－③－②－④　　　　　　D. ②－④－③－①

【答案】A

【解析】指标控制过程：（1）确定成本管理分层次目标；（2）采集成本数据，监测成本形成过程；（3）找出偏差，分析原因；（4）制定对策，纠正偏差；（5）调整改进成本管理方法。

5.4.2　施工成本控制方法

核心考点一：施工成本过程控制方法

1. 人工费的控制

人工费的控制实行"量价分离"的方法。加强劳动定额管理，提高劳动生产率，降低工程耗用人工工日，是控制人工费支出的主要手段。

2. 材料费的控制

材料费控制按照"量价分离"原则，控制材料用量和材料价格。

（1）材料用量的控制

① 定额控制。对于有消耗定额的材料，实行限额领料制度。

② 指标控制。对于没有消耗定额的材料，则实行计划管理和按指标控制的办法。

③ 计量控制。准确做好材料物资的收发计量检查和投料计量检查。

④ 包干控制。对部分小型及零星材料（如钢钉、钢丝等）根据工程量计算出所需材料量，将其折算成费用，由作业者包干使用。

（2）材料价格的控制。材料价格主要由材料采购部门控制。

3. 施工机具使用费的控制

施工机具使用费控制按照"量价分离"原则，由台班数量和台班单价两方面决定。

（1）台班数量

① 制定设备需求计划，充分利用现有机械设备，加强内部调配。

② 保证施工机械设备的作业时间，安排好生产工序的衔接。

③ 核定设备台班定额产量，提高机械设备单位时间的生产效率和利用率。

④ 加强设备租赁计划管理，充分利用社会闲置机械资源。

（2）台班单价

① 加强现场设备的维修、保养工作。

② 加强机械操作人员的培训工作。

③ 加强配件的管理。

④ 做好施工机械配件和工程材料采购计划，降低材料成本。

⑤ 成立设备管理领导小组，负责设备调度、检查、维修、评估等具体事宜。

4. 施工分包费用的控制

对分包费用的控制，主要是做好分包工程的询价、订立平等互利的分包合同、建立稳定的分包关系网络、加强施工验收和分包结算等工作。

◆考法 1：指标控制过程

【例题 1·2017 年真题·单选题】关于施工过程中材料费控制的说法，正确的是（　　）。

A. 没有消耗定额的材料必须包干使用

B. 有消耗定额的材料采用限额发料制度

C. 零星材料应实行计划管理并按指标控制

D. 有消耗定额的材料均不能超过领料限额

【答案】B

【解析】（1）定额控制：对于有消耗定额的材料，实行限额领料制度。（2）指标控制：对于没有消耗定额的材料，则实行计划管理和按指标控制的办法。（3）计量控制：准确做好材料物资的收发计量检查和投料计量检查。（4）包干控制：对部分小型及零星材料由作业者包干使用。

【例题 2·多选题】采用过程控制的方法控制施工成本时，控制的要点有（　　）。

A. 材料费同样采用量价分离原则进行控制

B. 材料价格由项目经理负责控制

C. 对分包费用的控制，重点是做好分包工程询价、验收和结算等工作

D. 实行弹性需求的劳务管理制度

E. 做好施工机械配件和工程材料采购计划

【答案】A、C、D、E

【解析】选项 B 错误，材料价格主要由材料采购部门控制。

核心考点二：挣值法

1. 挣值法的计算

三个基本参数

三个基本参数	已完工程预算费用（$BCWP$）＝已完成工程量 × 预算单价
	拟完工程预算费用（$BCWS$）＝计划工程量 × 预算单价
	已完工程实际费用（$ACWP$）＝已完成工程量 × 实际单价

四个评价指标

四个评价指标	费用偏差（CV）＝$BCWP-ACWP$　　$C＝B-A$ （1）$CV<0$ 时，表示费用超支；（2）$CV>0$ 时，表示费用节支
	进度偏差（SV）＝$BCWP-BCWS$　　$S＝P-S$ （1）$SV<0$ 时，表示进度延误；（2）$SV>0$ 时，表示进度提前
	费用绩效指数（CPI）＝$BCWP/ACWP$　　$C＝B/A$ （1）$CPI<1$ 时，表示费用超支；（2）$CPI>1$ 时，表示费用节支
	进度绩效指数（SPI）＝$BCWP/BCWS$　　$S＝P/S$ （1）$SPI<1$ 时，表示进度延误；（2）$SPI>1$ 时，表示进度提前

2. 挣值法的特点

（1）费用（进度）偏差反映的是绝对偏差，仅适用于对同一项目作偏差分析。费用（进度）绩效指数反映的是相对偏差，可适用于同一项目和不同项目之间的偏差分析。

（2）引入挣值法，可以克服进度、费用分开控制的缺点，可以定量地判断进度、费用的执行效果。

（3）最理想的状态是已完工程实际费用、拟完工程预算费用和已完工作预算费用三条曲线靠得很近、平稳上升，表明项目按预定计划目标进行。

◆ 考法1：挣值法的计算

【例题1·2021年真题·单选题】某清单项目计划工程量为300m³，预算单价为600元/m³，已完工程量为350m³，实际单价为650元/m³。采用挣值法分析该项目成本正确的是（　　）。

A. 费用节约，进度延误　　　　　　　B. 费用节约，进度提前

C. 费用超支，进度延误　　　　　　　D. 费用超支，进度提前

【答案】D

【解析】费用偏差（CV）＝ $BCWP - ACWP$ ＝ 350×600－350×650 ＝ －17500元＜0，费用超支。

进度偏差（SV）＝ $BCWP - BCWS$ ＝ 350×600－300×600 ＝ 30000元＞0，进度提前。

【例题2·2019年真题·单选题】对某建设工程项目进行成本偏差分析，若当月计划完成工作量是100m³，计划单价为300元/m³，当月实际完成工作量是120m³，实际单价为320元/m³，关于该项目当月成本偏差分析的说法，正确的是（　　）。

A. 费用偏差为－2400元，成本超支　　B. 费用偏差为6000元，成本节支

C. 进度偏差为－6000元，进度延误　　D. 进度偏差为2400元，进度超前

【答案】A

【解析】费用偏差（CV）＝ $BCWP - ACWP$ ＝ 120×300－120×320 ＝ －2400，成本超支2400元。进度偏差（SV）＝ $BCWP - BCWS$ ＝ 120×300－100×300 ＝ 6000，进度超前。

【例题3·2022年真题·单选题】某地下工程施工合同约定，3月份计划开挖土方量40000m³，合同单价为90元/m³；3月份实际开发土方量38000m³，实际单价为80元/m³，则至3月底，该工作的进度偏差为（　　）万元。

A. 18　　　　　　　　　　　　　　　B. －16

C. －18　　　　　　　　　　　　　　D. 16

【答案】C

【解析】进度偏差（SV）＝ $BCWP - BCWS$ ＝ 90×38000－90×40000 ＝ －18万元。

【例题4·2024年真题·单选题】某土方工程，计划至2024年3月底完成工程量5.2万/m³，预算单价78元/m³，至3月底实际完成工程量6.6万/m³，实际单价85元/m³，则此时该工程的费用绩效指数是（　　）。

A. 0.778　　　　　　　　　　　　　B. 1.090

C. 1.269   D. 0.918

【答案】D

【解析】费用绩效指数＝已完工作预算费用／已完工作实际费用＝78/85≈0.918。

【例题5·2023年真题·单选题】某项目进行到第6个月时累计费用偏差为−300万元，费用绩效指数为0.9，进度偏差为200万元，由此可以判断该项目的状态是（   ）。

  A. 进度绩效指数大于1，进度提前

  B. 进度绩效指数小于1，进度延迟

  C. 第6个月费用超支，进度延误

  D. 前6个月费用节约，进度提前

【答案】A

【解析】费用偏差＝已完工作预算费用−已完工作实际费用＝−300万元，表示已完工作实际费用＞已完工作预算费用，也就表示实际费用＞预算费用，因此费用超支。

进度偏差＝已完工作预算费用−计划工作预算费用＝200万元，表示已完工作预算费用＞计划工作预算费用，也就表示已完工作＞计划工作，因此进度提前。

◆ 考法2：挣值法的特点

【例题·单选题】关于挣值法及其曲线的说法，正确的有（   ）。

  A. 最理想状态是已完工程实际费用、拟完工程预算费用和已完工程预算费用的三条曲线靠得很近并平稳上升

  B. 进度偏差是相对值指标，相对值越大的项目，表明偏离程度越严重

  C. 如果已完工程实际费用、拟完工程预算费用和已完工程预算费用的三条曲线离散度不断增加，则预示着可能发生关系到项目成败的重大问题

  D. 在费用、进度控制中引入挣得值可以克服将费用、进度分开控制的缺点

  E. 同一项目采用费用偏差和费用绩效指数进行分析，结论是一致的

【答案】A、C、D、E

【解析】（1）费用（进度）偏差反映的是绝对偏差，仅适用于对同一项目作偏差分析。用（进度）绩效指数反映的是相对偏差，可适用于同一项目和不同项目之间的偏差分析。（2）引入挣值法，可以克服进度、费用分开控制的缺点，可以定量地判断进度、费用的执行效果。（3）最理想的状态是已完工程实际费用、拟完工程预算费用和已完工作预算费用三条曲线靠得很近、平稳上升，表明项目按预定计划目标进行。选项B错误。

核心考点三：施工成本偏差的表达方法

施工成本偏差的表达方法

横道图法	优点	能够形象、直观、准确地表达费用的绝对偏差，表明费用偏差的严重性
	缺点	反映的信息量少，一般在项目较高管理层应用
表格法		将项目编号、名称、费用参数及费用偏差综合归纳在一张表格中，直接在表格中进行费用偏差分析

曲线法	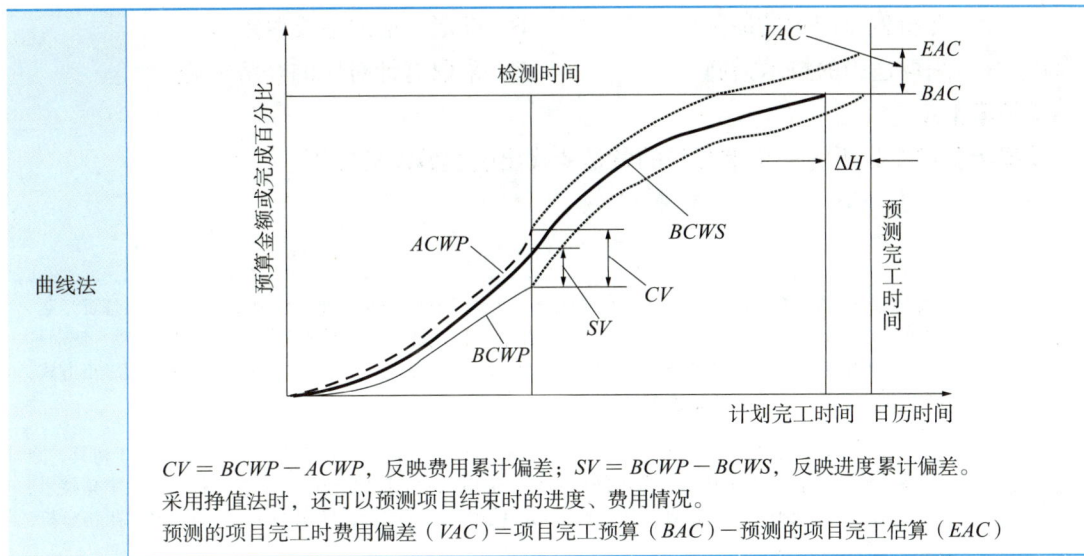 $CV=BCWP-ACWP$，反映费用累计偏差；$SV=BCWP-BCWS$，反映进度累计偏差。 采用挣值法时，还可以预测项目结束时的进度、费用情况。 预测的项目完工时费用偏差（VAC）=项目完工预算（BAC）-预测的项目完工估算（EAC）

偏差分析的一个重要目的就是要找出引起偏差的原因，从而采取有针对性的措施，减少或避免类似问题再次发生。

◆ **考法 1：施工成本偏差的表达方法**

【例题 1·多选题】关于施工成本偏差分析方法的说法，正确的有（　　）。

A. 横道图法表明费用偏差的严重性

B. 横道图法具有形象、直观等优点

C. 曲线法不能用于定量分析

D. 横道图法信息量大

E. 曲线法可以预测项目结束时的费用情况

【答案】A、B、E

【解析】横道图法能够形象、直观、准确地表达费用的绝对偏差，表明费用偏差的严重性，反映的信息量少，一般在项目较高管理层应用。选项 A、B 正确，选项 D 错误。曲线法可以用于定量分析，选项 C 错误。曲线法可以预测项目结束时的进度、费用情况，选项 E 正确。

【例题 2·2011/12/16/19 一建真题·单选题】应用曲线法进行施工成本偏差分析时，已完工作实际成本曲线与已完工作预算成本曲线的竖向距离，表示（　　）。

A. 成本累计偏差　　　　　　　　B. 进度累计偏差

C. 进度局部偏差　　　　　　　　D. 成本局部偏差

【答案】A

【解析】$CV=BCWP-ACWP$，反映费用累计偏差；$SV=BCWP-BCWS$，反映进度累计偏差。

◆ **考法 2：偏差原因分析**

【例题·单选题】对施工成本偏差进行分析的目的是有针对性地采取纠偏措施，而纠偏首先要做的工作是（　　）。

    A. 分析偏差产生的原因   B. 确定纠偏的主要对象

    C. 采取适当的技术措施   D. 采取有针对性的经济措施

【答案】A

【解析】偏差分析的一个重要目的就是要找出引起偏差的原因。

核心考点四：施工成本纠偏措施

施工成本纠偏措施

组织措施	组织机构、人员配备、职责分工、任务分工、工作流程、协同工作、权利责任、项目经理责任制、沟通机制、考评机制、规章制度、绩效考核；编制工作计划、生产要素优化配置；强化激励，调动员工积极性和创造性；增加工作面，组织更多施工队伍；增加施工时间，采用加班或多班制施工方式；增加劳动力数量；增加施工机械数量
技术措施	改进施工方法、施工方式、施工方案、施工过程、技术间歇；采用先进的施工机械、施工机具、施工设备、施工工艺、施工技术；采用网络计划、价值工程、挣值分析、"四新"技术、数字化技术、智能化技术；编制施工组织设计；通过材料比选代用、改变配合比使用外加剂；进行技术经济分析，确定最佳的施工方案
经济措施	明确责任成本、落实资金；做好增减账，落实业主签证；施工成本节约奖励，包干奖励，提高奖金数额；对技术措施给予经济补偿；办理结算和支付手续；对成本管理目标进行风险分析；对工程变更方案进行技术经济分析
合同措施	分析施工承包风险，合理处置工程变更，确定合同条款，做好合同交底，跟踪合同执行，利用好施工合同索赔
其他措施	进度一章特有：改善外部配合条件；改善施工作业环境；实施组织调度

◆ 考法 1：组织措施

【例题 1·2021 年真题·单选题】下列施工成本管理措施中，属于组织措施的是（　　）。

    A. 编制成本控制计划，确定合理的工作流程

    B. 确定合理的施工机械、设备使用方案

    C. 对成本管理目标进行风险分析、并制定防范对策

    D. 选择适合于工程规模、性质和特点的合同构模式

【答案】A

【解析】选项 B 属于技术措施，选项 C 属于经济措施，选项 D 属于合同措施。

【例题 2·2021 年真题·多选题】下列施工成本管理措施中，属于组织措施的有（　　）。

    A. 利用施工组织设计降低材料的库存成本

    B. 确定合理详细的成本管理工作流程

    C. 通过生产要素的优化配置控制成本

    D. 确定施工设备使用方案

    E. 编制成本管理工作计划

【答案】B、C、E

【解析】选项 A、D 属于技术措施。

◆ 考法 2：经济措施

【例题 1·2020 年真题·单选题】下列施工成本管理措施中，属于经济措施的是（　　）。

A. 明确人员的任务分工　　　　　B. 分解成本管理目标

C. 选用合适的合同结构　　　　　D. 确定施工任务单管理流程

【答案】B

【解析】选项 A、D 属于组织措施，选项 C 属于合同措施。

【例题 2·2024 年真题·多选题】下列施工成本的纠偏措施中，属于经济措施的有（　　）。

A. 编制成本管理工作计划并确定合理的工作流程

B. 进行技术经济分析，确定最佳施工方案

C. 做好各项支出的使用计划并在施工中严格控制

D. 分析合同条款，关注业主合同执行情况，寻求索赔机会

E. 对各种变更及时做好增减账，落实业主签证并结算工程款

【答案】C、E

【解析】选项 A 属于组织措施，选项 B 属于技术措施，选项 D 属于合同措施。

◆ 考法 3：技术措施

【例题 1·2020 年真题·多选题】下列施工成本管理措施中，属于技术措施的有（　　）。

A. 明确人员职能分工　　　　　B. 落实业主签证

C. 确定最佳施工方案　　　　　D. 进行材料使用的比选

E. 使用先进的机械设备

【答案】C、D、E

【解析】选项 A 属于组织措施，选项 B 属于经济措施。

【例题 2·2019 年真题·多选题】下列施工成本管理的措施中，属于技术措施的有（　　）。

A. 确定合适的施工机械、设备使用方案

B. 寻求合同索赔的机会

C. 在满足功能要求下，通过改变配合比降低材料消耗

D. 落实成本管理的组织机构和人员

E. 确定合理的成本控制工作流程

【答案】A、C

【解析】选项 B 属于合同措施，选项 D、E 属于组织措施。

5.5　施工成本分析与管理绩效考核

核 心 考 点 提 纲

5.5　施工成本分析 与管理绩效考核 { 5.5.1　施工成本分析　5.5.2　施工成本管理绩效考核

核心考点剖析

5.5.1 施工成本分析

核心考点一：施工成本分析的依据和步骤

1. 施工成本分析的依据

施工成本分析的依据

会计核算	主要是价值核算，具有连续性、系统性、综合性等特点
业务核算	（1）业务核算范围比会计、统计核算要广。 （2）会计和统计核算对已经发生的经济活动进行核算，而业务核算能对尚未发生、正在发生和已经发生的经济活动进行核算。 （3）业务核算的目的在于迅速取得资料，以便及时采取措施进行调整
统计核算	计量尺度比会计宽，可以用货币计算，也可以用实物或劳动量计量。不仅能提供绝对数指标，还能提供相对数和平均数指标，可以计算当前的实际水平，还可以确定变动速度以预测发展的趋势

2. 施工成本分析的内容

成本分析的内容包括：时间节点成本分析、工作任务分解单元成本分析、组织单元成本分析、单项指标成本分析、综合项目成本分析。

3. 施工成本分析的步骤——方信理因果

成本分析的步骤：① 选择成本分析方法；② 收集成本信息；③ 进行成本数据处理；④ 分析成本形成原因；⑤ 确定成本结果。

◆**考法 1：成本分析的依据**

【例题·单选题】关于施工成本分析依据的说法，正确的是（   ）。

A. 统计核算可以用货币计算

B. 业务核算主要是价值核算

C. 统计核算的计量尺度比会计核算窄

D. 会计核算可以对尚未发生的经济活动进核算

【答案】A

【解析】会计核算主要是价值核算，选项 B 错误。统计核算的计量尺度比会计核算宽，选项 C 错误。会计和统计核算对已经发生的经济活动进行核算；业务核算，可以对已经发生的、尚未发生或正在发生的经济活动进行核算，选项 D 错误。

◆**考法 2：成本分析的步骤**

【例题·2021 年真题·单选题】施工成本分析的工作有：① 收集成本信息；② 选择成本分析方法；③ 分析成本形成原因；④ 进行成本数据处理；⑤ 确定成本结果。正确的步骤是（   ）。

A. ①－②－④－⑤－③   B. ②－①－④－③－⑤

C. ②－③－①－⑤－④   D. ①－③－②－④－⑤

【答案】B

【解析】成本分析的步骤：（1）选择成本分析方法；（2）收集成本信息；（3）进行成本数据处理；（4）分析成本形成原因；（5）确定成本结果。

核心考点二：施工成本分析的基本方法

1. 比较法

又称指标对比分析法，是指对比技术经济指标，检查目标的完成情况，分析产生差异的原因，进而挖掘降低成本的方法。

（1）将实际指标与目标指标对比：分析影响目标完成的积极因素和消极因素。

（2）本期实际指标与上期实际指标对比：反映施工管理水平的提高程度。

（3）与本行业平均水平先进水平对比：反映本项目与行业的平均及先进水平的差距。

2. 因素分析法

又称为连环置换法，用来分析各种因素对成本的影响程度。

计算思路：

问：某个因素发生变化对成本有多少影响？

答：前面因素的实际值×（该因素的实际值－计划值）×后面因素的计划值

【例题1·2018年真题·单选题】某单位产品1月份成本相关参数见下表，用因素分析法计算单位产品人工消耗量变动对成本的影响是（　　　）元。

成本相关参数

项目	单位	计划值	实际值
产品产量	件	180	200
单位产品人工消耗量	工日／件	12	11
人工单价	元／工日	100	110

A. －20000　　　　　　　　　　B. －18000

C. －19800　　　　　　　　　　D. －22000

【解】单位产品人工消耗量变动对成本的影响是：

$200×（11－12）×100＝-20000$ 元。

【答案】A

【例题2·单选题】某分项工程的混凝土成本数据见下表。应用因素分析法分析各种因素对成本的影响程度，可得到的正确结论是（　　　）。

成本数据

项目	单位	目标	实际
产量	m³	800	850
单价	元	600	640
损耗率	%	5	3

A. 由于产量增加 50m³，成本增加 21300 元

B. 由于单价提高 40 元，成本增加 35020 元

C. 实际成本与目标成本的差额为 56320 元

D. 由于损耗下降 2%，成本减少 9600 元

【解】选项 A：（850－800）×600×1.05 = 31500 元，所以选项 A 错误。

选项 B：850×（640－600）×1.05 = 35700 元，所以选项 B 错误。

选项 C：850×640×1.03－800×600×1.05 = 56320 元，所以选项 C 正确。

选项 D：850×640×（1.03－1.05）= －10880 元，所以选项 D 错误。

【答案】C

3. 差额计算法

差额计算法是因素分析法的一种简化形式，计算思路与因素分析法相同。

【例题】某施工项目某月的施工成本对比分析表见下表，应用差额计算法分析预算成本和成本降低率对成本降低额的影响程度。

施工成本对比分析表

项目	单位	计划	实际
预算成本	万元	300	320
成本降低率	%	4	4.5

【解】

预算成本增加对成本降低额的影响程度：（320－300）×4% = 0.80 万元

成本降低率提高对成本降低额的影响程度：320×（4.5%－4%）= 1.60 万元

4. 比率法

是指用两个以上指标的比例进行分析的方法。基本特点是：先把对比分析的数值变成相对数，再观察其相互之间的关系。

（1）相关比率法

将两个性质不同且相关的指标加以对比，求出比率，并以此来考查经营成果的好坏。

（2）构成比率法

通过构成比率，考查成本总量的构成情况及各成本项目占总成本的比重，同时也可看出预算成本、实际成本和降低成本的比例关系。

（3）动态比率法

动态比率法是将同类指标不同时期的数值进行对比，求出比率，以分析该项指标的发展方向和发展速度。通常采用基期指数和环比指数两种方法。成本指标动态比较见下表。

成本指标动态比较表

指标	第一季度	第二季度	第三季度	第四季度
降低成本（万元）	45.60	47.80	52.50	64.30

指标	第一季度	第二季度	第三季度	第四季度
基期指数（%）（第一季度＝100）	—	104.82	115.13	141.01
环比指数（%）（上一季度＝100）	—	104.82	109.83	122.48

◆ **考法 1：施工成本分析的基本方法**

【例题 1·2024 年真题·单选题】施工成本分析时，对比技术经济指标，检查成本目标完成情况，分析产生差异的原因，进而挖掘降低成本的方法是（　　）。

A. 比率法　　　　　　　　　B. 因素分析法

C. 比较法　　　　　　　　　D. 差额计算法

【答案】C

【解析】比较法又称指标对比分析法，是指对比技术经济指标，检查目标的完成情况，分析产生差异的原因，进而挖掘降低成本的方法。因素分析法又称为连环置换法，用来分析各种因素对成本的影响程度。差额计算法是因素分析法的一种简化形式，计算思路与因素分析法相同。比率法是指用两个以上指标的比例进行分析的方法。

【例题 2·2023 年真题·多选题】施工成本分析可采用的基本方法有（　　）。

A. 专家意见法　　　　　　　B. 比较法

C. 比率法　　　　　　　　　D. 因素分析法

E. 差额计算法

【答案】B、C、D、E

【解析】成本分析的基本方法包括比较法、因素分析法、差额计算法、比率法。

◆ **考法 2：因素分析法**

【例题 1·单选题】某施工项目经理对商品混凝土的施工成本进行分析，发现其目标成本是 44 万元，实际成本是 48 万元，因此要分析产量、单价、损耗率等因素对混凝土成本的影响程度，最适宜采用的分析方法是（　　）。

A. 比较法　　　　　　　　　B. 构成比率法

C. 因素分析法　　　　　　　D. 动态比率法

【答案】C

【解析】因素分析法，又称连环置换法，可用来分析各种因素对成本的影响程度。

【例题 2·单选题】某施工项目的商品混凝土目标成本是 420000 元（目标产量 500m³，目标单价 800 元/m³，预计损耗率为 5%），实际成本是 511680 元（实际产量 600m³，实际单价 820 元/m³，实际损耗率为 4%）。若采用因素分析法进行成本分析（因素的排列顺序是：产量、单价、损耗量），则由于产量提高增加的成本是（　　）元。

A. 4920　　　　　　　　　　B. 12600

C. 84000　　　　　　　　　　D. 91680

【答案】C

【解析】（600－500）×800×1.05 ＝ 84000 元，故选 C。

◆ **考法 3：比率法**

【例题 1·2021 年真题·单选题】 施工项目成本分析时，可用于分析某项成本指标发展方向和发展速度的方法是（　　）。

　　A. 构成比率法　　　　　　　　　B. 动态比率法

　　C. 因素分析法　　　　　　　　　D. 差额计算法

【答案】 B

【解析】 动态比率法是将同类指标不同时期的数值进行对比，求出比率，以分析该项指标的发展方向和发展速度。动态比率的计算，通常采用基期指数和环比指数两种方法。

【例题 2·2021 年真题·单选题】 某施工项目的成本投标见下表，采用动态比率法进行成本分析时，第四季度的基期指数是（　　）。

某施工项目的成本投标

	第一季度	第二季度	第三季度	第四季度
降低成本（万元）	45.60	47.80	52.50	64.30
基期指数（%）（第一季度＝100）				

　　A. 109.83　　　　　　　　　　　B. 115.13

　　C. 122.48　　　　　　　　　　　D. 141.01

【答案】 D

【解析】 $64.30/45.60 ＝ 141.01$，故选 D。

核心考点三：综合成本分析方法

综合成本分析方法

分部分项 工程成本分析	（1）是项目成本分析的基础。 （2）分析的对象：已完成的分部分项工程。 （3）分析的方法：预算成本、目标成本和实际成本的"三算"对比，分别计算实际偏差和目标偏差，分析偏差产生的原因。 （4）资料来源：预算成本来自投标报价，目标成本来自施工预算，实际成本来自施工任务单。 （5）无法也没有必要对每一个分部分项工程进行成本分析，但主要的分部分项工程必须进行成本分析，且从开工到竣工进行系统分析
月（季）度 成本分析	（1）是对施工项目定期的、经常性的中间成本分析。 （2）月（季）度成本分析的依据：当月（季）的成本报表。 （3）如果属于规定的"政策性"亏损，应从控制支出着手，把超支额压缩到最低限度
年度成本分析	（1）企业成本要求一年结算一次，不得转入下一年度。 （2）项目成本以项目的建设周期为结算期，从开工到竣工直至保修期结束连续计算，最后结算出总成本及其盈亏。 （3）年度成本分析的依据：年度成本报表。 （4）年度成本分析的重点：针对下一年度施工进展情况制定切实可行的成本管理措施
竣工成本综合分析	（1）竣工成本分析以各单位工程竣工成本分析资料为基础。 （2）单位工程竣工成本分析，包括：① 竣工成本分析；② 主要资源节超对比分析；③ 主要技术节约措施及经济效果分析

◆ **考法 1: 分部分项工程成本分析**

【例题 1·2015/2020/2023 年真题·单选题】施工项目综合成本分析的基础是（　　）。

    A. 分部分项工程成本分析   B. 月度成本分析

    C. 年度成本分析   D. 单位工程成本分析

【答案】A

【解析】分部分项工程成本分析是施工项目成本分析的基础。

【例题 2·2024 年真题·多选题】关于分部分项工程成本分析的说法，正确的有（　　）。

    A. 以年度成本报表为依据，分析累计成本降低水平

    B. 进行"三算"对比，计算实际偏差和目标偏差，分析偏差产生原因

    C. 分析采用的实际成本来自施工任务单的实际工程量和实耗量

    D. 通过主要分部分项工程成本的系统分析，可基本了解项目成本形成全过程

    E. 分析采用的预算成本来自施工预算，目标成本来自投标报价

【答案】B、C、D

【解析】选项 A 错误，属于年度成本分析，通过年度成本的综合分析，可以总结一年来成本管理的成绩和不足，为今后的成本管理提供经验和教训，从而可对项目成本进行更有效的管理。选项 E 错误，预算成本来自投标报价成本，目标成本来自施工预算。

◆ **考法 2: 年度成本分析**

【例题 1·2019 年真题·单选题】关于施工企业年度成本分析的说法，正确的是（　　）。

    A. 一般一年结算一次，可将本年度成本转入下一年

    B. 分析应以年度开工建设的项目为对象，不含以前年度开工的项目

    C. 分析的依据是年度成本报表

    D. 分析应以年度竣工验收的项目为对象，不含以前年度开工的项目

【答案】C

【解析】选项 A 错误，不可将本年度成本转入下一年。项目成本以项目的寿命周期为结算期，要求从开工到竣工直至保修期结束连续计算，最后结算出总成本及其盈亏，选项 B、D 错误。

【例题 2·单选题】施工项目年度成本分析的重点是（　　）。

    A. 通过实际成本与目标成本对比，分析目标成本落实情况

    B. 通过对技术组织措施执行效果的分析，寻找更加有效的节约途径

    C. 通过实际成本与计划成本的对比，分析成本降低水平

    D. 针对下一年度进展情况，规划切实可行的成本管理措施

【答案】D

【解析】年度成本分析的重点：针对下一年度施工进展情况，制定切实可行的成本管理措施。

◆ **考法 3: 竣工成本综合分析**

【例题·多选题】单位工程竣工成本分析的内容包括（　　）。

    A. 专项成本分析   B. 竣工成本分析

C. 成本总量构成比例分析　　　　D. 主要资源节超对比分析

E. 主要技术节约措施及经济效果分析

【答案】B、D、E

【解析】单位工程竣工成本分析，包括：（1）竣工成本分析；（2）主要资源节超对比分析；（3）主要技术节约措施及经济效果分析。

核心考点四：成本项目分析方法

1. 人工费分析

2. 材料费分析

（1）主要材料和结构件费用的分析：受价格和消耗数量影响。

（2）周转材料使用费分析：取决于周转率和损耗率。

（3）采购保管费分析：分析保管费率的变化。

（4）材料储备资金分析：采用因素分析法，分析日平均用量、材料单价和储备天数对储备资金的影响程度。

3. 机械使用费分析

4. 管理费分析

◆**考法：成本项目分析方法**

【例题·单选题】下列成本项目的分析中，属于材料费分析的是（　　　）。

A. 分析材料节约将对劳务分包合同的影响

B. 分析材料储备天数对材料储备金的影响

C. 分析施工机械燃料消耗量对施工成本的影响

D. 分析材料检验试验费占企业管理费的比重

【答案】B

【解析】（1）主要材料和结构件费用的分析：受价格和消耗数量影响；（2）周转材料使用费分析：取决于周转率和损耗率；（3）采购保管费分析：分析保管费率的变化；（4）材料储备资金分析：采用因素分析法，分析日平均用量、材料单价和储备天数对储备资金的影响程度。

5.5.2　施工成本管理绩效考核

核心考点一：施工成本管理绩效考核内容和指标

1. 施工成本管理绩效考核内容

（1）企业对项目成本考核：对施工成本目标完成情况和成本管理工作业绩的考核。

（2）企业对项目管理机构可控责任成本的考核。

（3）项目经理对所属部门、施工队和班组的考核。

2. 施工成本管理绩效考核指标

（1）项目成本考核指标

项目施工成本降低额＝项目施工合同成本－项目实际施工成本

项目施工成本降低率＝项目施工成本降低额／项目施工合同成本 ×100%

（2）项目管理机构可控责任成本考核指标

① 项目经理责任目标总成本降低额和降低率；② 施工责任目标成本实际降低额和降低率；③ 施工计划成本实际降低额和降低率。

（3）项目经理对所属各部门、各施工队和班组的考核

① 对各部门的考核内容：本部门、本岗位责任成本的完成情况等。

② 对各施工队的考核内容：专业作业合同规定的承包范围和承包内容的执行情况等。

③ 对各班组的考核内容：以分部分项工程成本作为班组的责任成本，以施工任务单和限额领料单的结算资料为依据，与施工预算进行对比，考核班组责任成本完成情况。

◆ **考法：施工成本管理绩效考核内容和指标**

【例题1·多选题】施工成本管理绩效考核应分层进行，下列属于企业对项目成本考核的内容有（   ）。

　　A. 成本计划的编制和落实情况

　　B. 施工成本目标（降低额）完成情况的考核

　　C. 项目成本目标和阶段成本目标完成情况

　　D. 成本管理工作业绩的考核

　　E. 各部门责任成本的检查和考核情况

【答案】B、D

【解析】企业对项目成本的考核包括：施工成本目标（降低额）完成情况的考核和成本管理工作业绩的考核。

【例题2·多选题】下列施工成本管理绩效考核指标中，属于项目管理机构可控责任成本考核指标的有（   ）。

　　A. 项目经理责任目标总成本降低额和降低率

　　B. 项目施工成本降低额

　　C. 施工责任目标成本实际降低额和降低率

　　D. 施工计划成本实际降低额和降低率

　　E. 项目施工成本降低率

【答案】A、C、D

【解析】项目管理机构可控责任成本考核指标包括：（1）项目经理责任目标总成本降低额和降低率；（2）施工责任目标成本实际降低额和降低率；（3）施工计划成本实际降低额和降低率。

核心考点二：施工成本管理绩效考核方法

施工成本管理绩效考核方法

关键绩效指标（KPIs）	通过设定关键绩效指标，衡量企业成本管理的表现和达成特定目标的程度
	优点：（1）明确管理焦点；（2）提高管理成效；（3）提高考核客观性。 缺点：（1）指标难界定且缺乏弹性；（2）适用范围有限；（3）实施困难
	适用于需要定量化考核且考核周期短的企业，要求具有明确的成本管理目标、健全的成本管理流程、完备的成本控制体系、较强的数据收集和分析能力

360°反馈法（全视角反馈法）	也称为"全视角反馈法"，通过收集不同角色和层级的反馈来考核个人的成本管理绩效，从工作能力、工作态度、执行力、心理素质和岗位胜任能力等各方面对考核对象进行考核	
	优点：（1）提高考核准确性；（2）促进个体发展；（3）增强部门合作。缺点：（1）考核时间和成本较高；（2）考核标准不明确；（3）存在负面影响	
	适用于需要定性化考核的企业，要求企业具有良好的团队文化、完善的考核指标体系以及较强的数据收集和分析能力，同时部门成员之间相互信任、尊重和共享	
PDCA管理循环法	即计划（Plan）、实施（Do）、检查（Check）、处置（Action）	
	优点：（1）提高管理成效；（2）增强部门协作。缺点：（1）投入成本高；（2）过于强调计划性	
	适用于需要周期性考核的企业，要求企业具有良好的团队合作精神和健全的成本管理流程	
平衡积分卡	企业结合平衡积分卡的四个维度设定适当的指标。（1）财务绩效指标；（2）客户满意度指标；（3）内部流程效率指标；（4）学习与成长指标	
	优点：（1）提高考核准确性；（2）提高管理效率；（3）促进长期发展；（4）激发个体积极性。缺点：（1）实施难度大且缺乏弹性；（2）实施周期长	
	适用于需要定量化考核且考核周期长的企业，要求企业具有明确的成本管理目标、健全的成本管理流程、先进的成本管理水平，以及较强的数据收集和分析能力	
目标管理法（MBO）	通过制定明确的施工成本目标来指导项目管理机构和个人的行为和绩效	
	优点：（1）提高管理成效；（2）提高考核客观性；（3）考核成本较低；（4）激发个体积极性；（5）增强部门协作。缺点：（1）目标设定难度大且协调成本高；（2）缺乏过程管理	
	适用于需要定量化考核的企业，要求企业具有明确的成本管理目标、多部门的组织结构、人性化的企业文化，以及较强的数据收集和分析能力	

◆ **考法：施工成本管理绩效考核方法**

【例题1·单选题】下列施工成本管理绩效考核方法中，适用于需要定性化考核的企业，要求企业具有良好的团队文化、完善的考核指标体系以及较强的数据收集和分析能力，同时部门成员之间相互信任、尊重和共享的是（   ）。

A. 360°反馈法　　　　　　　　B. PDCA管理循环法

C. 关键绩效指标　　　　　　　D. 目标管理法

【答案】A

【解析】360°反馈法适用于需要定性化考核的企业，要求企业具有良好的团队文化、完善的考核指标体系以及较强的数据收集和分析能力，部门成员之间相互信任、尊重和共享。

【例题2·单选题】下列施工成本管理绩效考核方法中，适用于需要定量化考核且考核周期长的企业的是（   ）。

A. 关键绩效指标　　　　　　　B. PDCA管理循环法

C. 平衡积分卡　　　　　　　　D. 目标管理法

【答案】C

【解析】关键绩效指标适用于需要定量化考核且考核周期短的企业；360°反馈法适用于需要定性化考核的企业；PDCA管理循环法适用于需要周期性考核的企业；平衡积分卡适用于需要定量化考核且考核周期长的企业；目标管理法适用于需要定量化考核的企业。

【例题3·多选题】平衡积分卡绩效考核方法要求企业具有明确的成本管理目标、健全的成本管理流程、先进的成本管理水平，以及较强的数据收集和分析能力，通常从（   ）维度设定考核指标。

A. 财务绩效指标
B. 内部管理指标
C. 学习与成长指标
D. 领导满意度指标
E. 资源优化指标

【答案】A、C

【解析】四个维度：（1）财务绩效指标；（2）客户满意度指标；（3）内部流程效率指标；（4）学习与成长指标。

【例题4·2024年真题·多选题】采用关键绩效指标法考核施工成本管理绩效的优点有（   ）。

A. 明确管理焦点
B. 提高管理成效
C. 实施容易
D. 适用范围广
E. 提高考核客观性

【答案】A、B、E

【解析】关键绩效指标（KPIs）的优点：（1）明确管理焦点；（2）提高管理成效；（3）提高考核客观性。缺点：（1）指标难界定且缺乏弹性；（2）适用范围有限；（3）实施困难。

本章经典真题回顾

一、单项选择题（每题1分。每题的备选项中，只有1个最符合题意）

1. 下列影响施工成本的因素中，属于施工单位工程部门可控的是（   ）。

A. 施工机械台班租赁费
B. 材料消耗量
C. 现场管理费
D. 材料单价

【答案】B

【解析】可控成本是指在特定期间内能够为特定部门的职能权限所控制的成本，否则即为不可控成本。例如，在市场价格不变的前提下，工程部门通过控制材料消耗量即可控制施工过程中发生的材料成本，这就属于工程部门的可控成本。

2. 施工成本控制的主要依据是（   ）。

A. 成本预测
B. 成本核算
C. 成本分析
D. 成本计划

【答案】D

【解析】施工成本控制的主要依据是成本计划。

3. 以施工过程或基本工序作为研究对象所编制的定额是（　　）。

    A. 预算定额   B. 施工定额

    C. 概算定额   D. 费用定额

【答案】B

【解析】施工定额是以某一施工过程或基本工序作为研究对象，表示生产产品数量与生产要素消耗综合关系的定额。

4. 采用工作日写实法记录施工过程中各工序的工时消耗数据并进行分析，进而编制人工定额的方法属于（　　）。

    A. 统计分析法   B. 比较类推法

    C. 技术测定法   D. 经验估计法

【答案】C

【解析】技术测定法即根据生产技术和施工组织条件，对施工过程中各工序采用测时法、写实记录法、工作日写实法，测出各工序的工时消耗等资料，再对所获得的资料进行科学分析，进而编制人工定额。

5. 下列施工机械工作时间中，属于消耗定额中必需消耗的时间的是（　　）。

    A. 与工艺特点有关的不可避免的中断工作时间

    B. 施工组织不善造成机械低效率的工作时间

    C. 工人的错误操作造成机械低负荷的工作时间

    D. 因特殊气候造成机械被迫降低负荷的工作时间

【答案】A

【解析】必需消耗的时间，包括有效工作时间、不可避免的无负荷工作时间和不可避免的中断工作时间三项。

6. 编制施工机械台班消耗定额时，对于汽车运输重量轻而体积大的货物，不能充分利用载重吨位所消耗的时间，应归为施工机械的（　　）。

    A. 多余工作时间   B. 有根据地降低负荷下的工作时间

    C. 低负荷下的工作时间   D. 不可避免的无负荷工作时间

【答案】B

【解析】有根据地降低负荷下的工时消耗，是指在个别情况下由于技术原因，机械在低于其计算负荷下工作的时间。例如，汽车运输重量轻而体积大的货物时，不能充分利用汽车的载重吨位因而不得不降低其计算负荷。

7. 施工企业在既定的市场环境下，根据自身的管理水平和管理特点，按照企业费用支出标准、资源市场价格信息和工程实际情况，测算的项目各项费用总和。该费用可作为施工项目的（　　）。

    A. 预算成本   B. 施工责任成本

    C. 指导性成本   D. 竞争性成本

【答案】A

【解析】预算成本是在既定的市场环境下，根据企业管理水平和管理特点按企业费用支出标准、资源市场价格信息和工程实际情况，测算的项目各项费用总和。

8. 施工成本计划的编制应以（　　）为基础。

    A. 成本考核   B. 成本预测

    C. 成本分析   D. 成本控制

【答案】B

【解析】施工成本计划的编制应以成本预测为基础，关键是确定目标成本。

9. 关于施工企业实施性成本计划的说法，正确的是（　　）。

    A. 以落实项目经理责任目标为出发点，根据企业施工定额编制

    B. 在工程项目投标及签订合同阶段进行编制

    C. 是选派项目经理时的预算成本计划

    D. 以合同价为依据，是战略性成本计划的深化

【答案】A

【解析】实施性成本计划是指在工程项目施工准备阶段，以项目实施方案为依据，以落实项目经理责任目标为出发点，根据企业施工定额编制的施工成本计划。

10. 将施工成本分解为人工费、材料费、施工机具使用费等编制成本计划所采用的方法是（　　）。

    A. 按项目成本组成编制法   B. 按项目结构编制法

    C. 按项目实施进度编制法   D. 按项目实施阶段编制法

【答案】A

【解析】按成本构成分解，施工成本可分为人工费、材料费、施工机具使用费和企业管理费等。

11. 某土方工程，计划至 2024 年 3 月底完成工程量 5.2 万 /m^3，预算单价 78 元 /m^3，至 3 月底实际完成工程量 6.6 万 /m^3，实际单价 85 元 /m^3，则此时该工程的费用绩效指数是（　　）。

    A. 0.778   B. 1.090

    C. 1.269   D. 0.918

【答案】D

【解析】费用绩效指数＝已完工作预算费用 / 已完工作实际费用＝ 6.6×78/6.6×85 ≈ 0.918。

12. 某工程施工至 2023 年 11 月底时，已完工程预算费用 3800 万元，已完工程实际费用 4800 万元，拟完工程预算费用 4200 万元，关于该工程此时费用和进度状况的说法，正确的是（　　）。

    A. 进度拖后 400 万元   B. 费用节约 1000 万元

    C. 费用绩效指数为 0.90   D. 进度绩效指数为 0.79

【答案】A

【解析】费用偏差＝已完工程预算费用－已完工程实际费用＝ 3800－4800 ＝ －1000，

费用超支；进度偏差＝已完工程预算费用－拟完工程预算费用＝3800－4200＝－400，进度拖后；费用绩效指数＝已完工程预算费用／已完工程实际费用＝3800/4800＝0.79；进度绩效指数（SPI）＝已完工程预算费用／拟完工程预算费用＝3800/4200＝0.9。

13. 某分部分项工程的已完工程预算费用为 2650 万元，拟完工程预算费用为 2780 万元，用挣值法对其成本分析得到的结论是（   ）。

    A. 实际进度提前   B. 实际费用超支

    C. 实际费用节约   D. 实际进度拖后

【答案】D

【解析】进度偏差（SV）＝已完工程预算费用（$BCWP$）－拟完工程预算费用（$BCWS$）＝2650－2780＝－130，当进度偏差 SV 为负值时，表明实际进度拖后；当进度偏差 SV 为正值时，表明实际进度提前；$SV＝0$ 时，表明实际进度正常。

14. 下列施工成本分析方法中，通过技术经济指标对比，检查目标完成情况并分析产生差异的原因，进而挖掘降低成本潜力的方法是（   ）。

    A. 因素分析法   B. 差额计算法

    C. 比较法   D. 比率法

【答案】C

【解析】比较法又称"指标对比分析法"，是指对比技术经济指标，检查目标的完成情况，分析产生差异的原因，进而挖掘降低成本的方法。

15. 施工成本分析的基本方法中，把两个以上对比指标的数值变成相对数，观察其相互之间关系的分析方法是（   ）。

    A. 比较法   B. 因素分析法

    C. 比率法   D. 差额计算法

【答案】C

【解析】比率法是指用两个以上指标的比例进行分析的方法。比率法的基本特点是：先把对比分析的数值变成相对数，再观察其相互之间的关系。

16. 下列施工成本管理绩效考核内容中，属于项目部对各班组考核内容的是（   ）。

    A. 岗位成本管理责任的执行情况   B. 班组任务单的管理情况

    C. 班组完成施工任务后的考核情况   D. 班组责任成本的完成情况

【答案】D

【解析】以分部分项工程成本作为班组的责任成本，以施工任务单和限额领料单的结算资料为依据，与施工预算进行对比，考核班组责任成本完成情况。

二、多项选择题（每题 2 分，每题的备选项中，有 2 个或 2 个以上符合题意，至少有 1 个错项。错选，本题不得分；少选，所选的每个选项得 0.5 分）

1. 编制材料定额时，计算周转性材料消耗量通常应考虑的因素有（   ）。

    A. 第一次制造时的材料消耗量   B. 每周转使用一次的材料损耗量

    C. 周转使用的次数   D. 周转一次的辅助材料消耗量

    E. 周转材料的最终回收量及折价

【答案】A、B、C、E

【解析】周转性材料消耗一般与下列因素有关：

（1）第一次制造时的材料消耗（一次使用量）。

（2）每周转使用一次材料的损耗（第二次使用时需要补充）。

（3）周转使用次数。

（4）周转材料的最终回收及其回收折价。

2. 下列施工成本的纠偏措施中，属于经济措施的有（　　）。

  A. 编制成本管理工作计划并确定合理的工作流程

  B. 进行技术经济分析，确定最佳施工方案

  C. 做好各项支出的使用计划并在施工中严格控制

  D. 分析合同条款，关注业主合同执行情况，寻求索赔机会

  E. 对各种变更及时做好增减账，落实业主签证并结算工程款

【答案】C、E

【解析】选项 A 属于组织措施，选项 B 属于技术措施，选项 D 属于合同措施。

3. 关于分部分项工程成本分析的说法，正确的有（　　）。

  A. 以年度成本报表为依据，分析累计成本降低水平

  B. 进行"三算"对比，计算实际偏差和目标偏差，分析偏差产生原因

  C. 分析采用的实际成本来自施工任务单的实际工程量和实耗量

  D. 通过主要分部分项工程成本的系统分析，可基本了解项目成本形成全过程

  E. 分析采用的预算成本来自施工预算，目标成本来自投标报价

【答案】B、C、D

【解析】选项 A 错误，不属于分部分项成本分析，通过年度成本的综合分析，可以总结一年来成本管理的成绩和不足，为今后的成本管理提供经验和教训，从而可对项目成本进行更有效的管理。选项 E 错误，预算成本来自投标报价成本，目标成本来自施工预算。

4. 采用关键绩效指标法考核施工成本管理绩效的优点有（　　）。

  A. 明确管理焦点   B. 提高管理成效

  C. 实施容易   D. 适用范围广

  E. 提高考核客观性

【答案】A、B、E

【解析】KPIs 的优点如下：（1）明确管理焦点。KPIs 可以明确企业的成本管理目标，并使其专注于成本降低和控制。（2）提高管理成效。KPIs 通过可视化成本数据，可以帮助企业直观地了解成本的投入现状和识别不良的成本趋势，并进行持续优化。（3）提高考核客观性。KPIs 多为量化指标考核，可以反映真实的成本管理水平。

本章模拟强化练习

5.1 施工成本影响因素及管理流程

1. 按施工成本核算内容划分，施工成本可分为（　　　）。
   A. 直接成本和间接成本　　　　B. 成本和期间费用
   C. 成本和营业费用　　　　　　D. 成本和管理费用

2. 在一定期间和工程量范围内不受工程量变动影响的施工企业成本，称为（　　　）。
   A. 直接成本　　　　　　　　　B. 变动成本
   C. 固定成本　　　　　　　　　D. 间接成本

3. 质量事故处理费用属于质量成本中的（　　　）。
   A. 预防成本　　　　　　　　　B. 鉴定成本
   C. 内部损失成本　　　　　　　D. 外部损失成本

4. 施工项目管理机构应以（　　　）为主线开展施工成本管理。
   A. 施工总成本　　　　　　　　B. 合同价
   C. 责任成本　　　　　　　　　D. 施工直接成本

5. 对成本计划是否实现进行检查，并为成本管理绩效考核提供依据的成本管理工作是（　　　）。
   A. 成本预测　　　　　　　　　B. 成本计划
   C. 成本分析　　　　　　　　　D. 成本控制

6. 关于施工项目质量成本的说法，正确的有（　　　）。
   A. 减少质量控制成本，质量损失成本也会减少
   B. 质量成本可分为控制成本和损失成本
   C. 质量控制成本可分为预防成本和鉴定成本
   D. 质量事故处理费用属于损失成本
   E. 减少质量控制成本，质量水平上升

5.2 施工定额的作用及编制方法

1. 编制人工定额主要包括拟定正常的施工条件和（　　　）两项工作。
   A. 拟定定额时间　　　　　　　B. 确定定额水平
   C. 拟定定额编制方案　　　　　D. 明确编制任务

2. 某工程甲材料净用量为1000m³，损耗率为5%，则该种材料的总消耗量为（　　　）m³。
   A. 1050.000　　　　　　　　B. 1052.500
   C. 1052.632　　　　　　　　D. 1102.632

3. 按施工定额反映的生产要素消耗内容不同，施工定额可分为（　　　）。
   A. 人工定额　　　　　　　　　B. 材料消耗定额
   C. 管理费用定额　　　　　　　D. 施工机具消耗定额
   E. 间接费用定额

4. 编制施工人工定额时，工人必需消耗的时间有（　　　）。

A. 基本工作时间　　　　　　　　B. 多余工作时间

C. 休息时间　　　　　　　　　　D. 停工时间

E. 准备和结束工作时间

5. 编制施工材料消耗定额需确定的内容有（　　　）。

A. 材料采购过程中的运输损耗

B. 材料净用量

C. 施工现场内操作过程中不可避免的废料和损耗

D. 施工现场内运输过程中不可避免的损耗

E. 材料计量过程中不可避免的误差

6. 施工机械的有效工作时间包括（　　　）。

A. 正常负荷下的工时消耗　　　　B. 不可避免的无负荷工作时间

C. 有根据地降低负荷下的工作时间　D. 机械小组工人休息时间

E. 低负荷下的工作时间

5.3　施工成本计划

1. 施工责任成本是以（　　　）为对象归集的成本。

A. 专业班组　　　　　　　　　　B. 项目经理

C. 分部工程　　　　　　　　　　D. 责任中心

2. 分解施工责任成本时，措施费用控制的主要责任岗位应是（　　　）。

A. 生产经理　　　　　　　　　　B. 项目经理

C. 商务经理　　　　　　　　　　D. 技术负责人

3. 以落实项目经理责任目标为出发点编制的施工成本计划是（　　　）。

A. 竞争性成本计划　　　　　　　B. 指导性成本计划

C. 战略性成本计划　　　　　　　D. 实施性成本计划

4. 做好施工成本计划编制工作的关键是（　　　）。

A. 确定目标成本　　　　　　　　B. 分解目标成本

C. 制定考核标准　　　　　　　　D. 确定成本责任部门

5. 按施工成本计划的作用，施工成本计划分为（　　　）。

A. 竞争性成本计划　　　　　　　B. 指导性成本计划

C. 考核性成本计划　　　　　　　D. 评价性成本计划

E. 实施性成本计划

5.4　施工成本控制

1. 施工企业成本管理体系的评审由（　　　）组织。

A. 企业聘请的审计单位　　　　　B. 政府主管部门

C. 第三方认证机构　　　　　　　D. 企业自身

2. 对于有消耗定额的材料，施工项目材料用量控制宜实行（　　　）制度。

A. 成本总额控制　　　　　　　　B. 成本包干

C. 先进先出　　　　　　　　　　D. 限额领料

3. 对于工程材料价格的控制，主要应由（　　）负责。

    A. 材料领用部门   B. 材料采购部门

    C. 工程技术部门   D. 项目投标机构

4. 施工成本指标控制的环节有（　　）。

    A. 建立施工企业成本控制责任制度

    B. 确定成本管理分层次目标

    C. 采集成本数据，监测成本形成过程

    D. 找出偏差，分析原因

    E. 制定对策，纠正偏差

5. 施工成本中人工费控制的主要手段有（　　）。

    A. 减少劳动力投入的数量   B. 加强劳动定额管理

    C. 降低劳动者的薪酬标准   D. 提高劳动生产率

    E. 降低工程耗用人工工日

5.5　施工成本分析与管理绩效考核

1. 施工成本偏差分析时，能够形象、直观、准确地表达费用的绝对偏差的方式是（　　）。

    A. 横道图法   B. 表格法

    C. 曲线法   D. 文本法

2. 进行施工成本纠偏可采取的技术措施是（　　）。

    A. 推迟费用支付   B. 调整成本目标

    C. 落实成本节超奖惩   D. 调整施工机械

3. 某项目施工合同成本为 2000 万元，项目实际施工成本为 1800 万元，项目竣工结算总成本为 1650 万元，则项目施工成本降低率为（　　）。

    A. 8.33%   B. 9.09%

    C. 10.00%   D. 11.11%

4. 项目经理对各班组的成本管理绩效考核宜以（　　）为责任成本。

    A. 分部分项工程施工图预算   B. 分部分项工程成本

    C. 分部分项工程清单报价   D. 分部分项工程单价加规费

5. 成本分析的主要依据有（　　）所提供的资料。

    A. 会计核算   B. 业务核算

    C. 税收法规   D. 统计核算

    E. 企业管理制度

6. 施工成本管理绩效考核应包括的层次有（　　）。

    A. 企业对项目成本的考核

    B. 企业对销售部门销售费用的考核

    C. 对项目管理机构可控责任成本的考核

    D. 项目经理对所属部门、施工队和班组的考核

E. 施工班组对个人的考核

本章模拟强化练习答案及解析

5.1　施工成本影响因素及管理流程

1. 【答案】A

期间费用包括管理费用、财务费用和营业费用，而施工成本可分为直接成本和间接成本，问题为按成本核算内容划分，因此只能是直接成本和间接成本。选项 A 正确。

2. 【答案】C

直接成本和间接成本是按照成本计入成本核算对象的方法（成本核算内容）划分的，按成本是否随工程量变化（成本性态），成本分为固定成本和变动成本。选项 C 正确。

3. 【答案】C

4. 【答案】C

施工项目管理机构应当在其责任范围内实施成本管理，施工总成本、合同价通常不是施工项目管理机构能全部控制的，而施工项目管理机构需要控制的也不仅是直接成本。选项 C 正确。

5. 【答案】C

6. 【答案】B、C、D

质量成本是指为实现工程质量目标而采取的预防和控制措施所产生的费用，以及因不能达到质量水平而造成的各项损失费用之和。质量成本可分为控制成本和损失成本两部分。控制成本又可分为预防成本和鉴定成本。损失成本又可分为内部损失成本和外部损失成本。在通常情况下，质量控制成本增加，工程质量水平会随之提高，质量损失成本就会减少；反之，如果减少质量控制成本，工程质量水平就会下降，质量损失成本也会增加。

5.2　施工定额的作用及编制方法

1. 【答案】A

2. 【答案】A

该材料的总消耗量为 $1000 \times (1 + 5\%) = 1050.000\text{m}^3$。

3. 【答案】A、B、D

管理费用定额和间接费用定额不是按照生产要素划分的消耗定额，通常是以直接消耗的生产要素为基础按一定比例进行计算的费用定额。

4. 【答案】A、C、E

5. 【答案】B、C、D

6. 【答案】A、C

机械小组工人休息时间属于必需消耗的时间，但不属于有效工作时间；低负荷下的工作时间是指由于工人或技术人员的过错所造成的施工机械在降低负荷的情况下工作的时间，属于损失时间；不可避免的无负荷工作时间属于必需消耗的时间，不属于有效工作时间。正常负荷下的工时消耗和有根据地降低负荷下的工作时间属于有效工作时间。

5.3 施工成本计划

1.【答案】D

2.【答案】B

施工措施费用主要是现场的施工措施费用，尽管多个责任岗位可能涉及措施项目有关费用，但从主要责任岗位而言，应该是项目管理机构负责人，即项目经理。

3.【答案】D

4.【答案】A

5.【答案】A、B、E

5.4 施工成本控制

1.【答案】D

2.【答案】D

题干要求材料用量控制，所以有关成本选项不符合题意，先进先出是一种存货核算制度，限额领料是根据工程量和定额控制用量、数量的一种方法，正确选项为限额领料制度。

3.【答案】B

4.【答案】B、C、D、E

施工成本指标控制是在成本目标分解基础上，将成本指标落实到各岗位并实时控制的过程，成本控制责任制是基础，不属于成本指标控制过程的一个环节。

5.【答案】B、D、E

减少劳动力投入数量不一定能够使总的人工费用降低，降低劳动者薪酬标准不是企业能够自主控制的，受政策和市场影响，也不应作为主要的手段；而加强劳动定额管理、提高劳动生产率、降低工程耗用人工工日的目的是减少总的人工工日消耗，实现降低人工费用的目标。

5.5 施工成本分析与管理绩效考核

1.【答案】A

2.【答案】D

3.【答案】C

项目施工成本降低率＝（项目施工合同成本－项目实际施工成本）/项目施工合同成本 ×100％＝（2000－1800）/2000×100％＝10.00％。

4.【答案】B

5.【答案】A、B、D

6.【答案】A、C、D

第6章 施工安全管理

本章考情分析

2024年核心考点及分值分布（单位：分）

本章节次	本章条目	试卷一		试卷二		试卷三		试卷四	
		单选	多选	单选	多选	单选	多选	单选	多选
6.1	6.1.1 职业健康安全管理体系标准	1		1		1		1	
	6.1.2 职业健康安全管理体系的建立和运行				2	1		1	
6.2	6.2.1 施工生产危险源及其控制	1	2			1			
	6.2.2 施工安全管理制度	2		5		1	2	1	2
6.3	6.3.1 专项施工方案编制与报审	1			2	1	2	1	2
	6.3.2 施工安全技术措施及安全技术交底	1		1		1		2	2
6.4	6.4.1 施工安全事故隐患处置和应急预案						1		1
	6.4.2 施工安全事故等级和应急救援	1	2						
	6.4.3 施工安全事故报告和调查处理	1		1			2	1	2
合计		8	4	8	4	7	6	8	8
		12		12		13		16	

本章核心考点分析

6.1 职业健康安全管理体系

核 心 考 点 提 纲

6.1 职业健康安全管理体系 { 6.1.1 职业健康安全管理体系标准
6.1.2 职业健康安全管理体系的建立和运行

6.1.1 职业健康安全管理体系标准

核心考点：职业健康安全管理体系标准

1. 职业健康安全管理体系标准特点

（1）系统化管理机制。通过三方面实现：① 组织职责系统化；② 风险管控系统化；③ 管理过程系统化。

（2）法制化和规范化管理手段。

（3）广泛的适用性。

（4）遵循自愿原则。

（5）与其他管理体系兼容。

（6）应用的灵活性。

（7）强调预防为主和持续改进。

2. 职业健康安全管理体系标准要素

职业健康安全管理体系标准要素

标准要素	基本要求／内容
组织所处的环境	（1）理解组织及其所处的环境；（2）理解工作人员和其他相关方的需求和期望；（3）确定职业健康安全管理体系范围；（4）职业健康安全管理体系
领导作用和工作人员参与	（1）领导作用与承诺；（2）职业健康安全方针（由最高管理者建立、实施和保持）；（3）组织的角色、职责和权限；（4）工作人员的协商和参与
策划	内容：（1）应对风险和机遇的措施；（2）职业健康安全目标及其实现的策划
支持	（1）资源；（2）能力；（3）意识；（4）沟通；（5）文件化信息
运行	（1）运行策划和控制；（2）应急准备和响应
绩效评价	（1）监视、测量、分析和评价绩效；（2）内部审核；（3）管理评审
改进	（1）事件、不符合和纠正措施；（2）持续改进

3. 职业健康安全管理体系标准作用

（1）理解组织及其所处的环境是确定职业健康安全管理体系边界和适用范围的依据。

（2）明确组织结构和职责是建立和实施职业健康安全管理体系的组织前提。

（3）危险源辨识及风险和机遇评价、职业健康安全目标及其实现的策划是职业健康安全管理体系的基础。

（4）运行策划和控制是满足职业健康安全管理体系要求和实施职业健康安全管理措施的手段。

4. 职业健康安全管理体系标准采用的管理方法

管理方法是基于"策划—实施—检查—改进"（PDCA）循环的管理方法。

（1）策划（Plan）：确定和评价职业健康安全风险、职业健康安全机遇以及其他风险和其他机遇，制定职业健康安全目标并建立所需的过程，以实现与组织职业健康安全方针相一致的结果。

（2）实施（Do）：实施所策划的过程。

（3）检查（Check）：依据职业健康安全方针和目标，对活动和过程进行监视和测量，并报告结果。

（4）改进（Act）：采取措施持续改进职业健康安全绩效，以实现预期结果。

◆ **考法1：职业健康安全管理体系标准特点**

【例题1·单选题】下列不属于职业健康安全管理体系标准的特点的是（　　　）。

    A. 法制化和规范化管理手段　　　　　B. 应用的灵活性

    C. 强调预防为主和持续改进　　　　　D. 单一的适用性

【答案】D

【解析】职业健康安全管理体系标准特点：（1）系统化管理机制；（2）法制化和规范化管理手段；（3）广泛的适用性；（4）遵循自愿原则；（5）与其他管理体系兼容；（6）应用的灵活性；（7）强调预防为主和持续改进。

【例题2·多选题】职业健康安全管理体系标准的系统化管理机制，通过（　　　）方面实现。

    A. 管理手段规范化　　　　　　　　　B. 组织职责系统化

    C. 风险管控系统化　　　　　　　　　D. 信息管理文化化

    E. 管理过程系统化

【答案】B、C、E

【解析】系统化管理机制，通过组织职责系统化、风险管控系统化、管理过程系统化实现。

◆ **考法2：职业健康安全管理体系标准要素**

【例题1·单选题】职业健康安全管理体系标准要素中，"支持"的基本要求不包括（　　　）。

    A. 资源　　　　　　　　　　　　　　B. 能力

    C. 职责　　　　　　　　　　　　　　D. 沟通

【答案】C

【解析】支持的基本要求：（1）资源；（2）能力；（3）意识；（4）沟通；（5）文件化信息。

【例题2·2021年真题·单选题】根据《职业健康安全管理体系　要求及使用指南》GB/T 45001—2020的总体结构，属于运行要求的内容是（　　　）。

    A. 应急准备和响应　　　　　　　　　B. 持续改进

    C. 事件、不符合的纠正措施　　　　　D. 绩效测量和监视

【答案】A

【解析】运行的基本要求：（1）运行策划和控制；（2）应急准备和响应。选项B、C属于改进；选项D属于绩效评价。

◆**考法 3：职业健康安全管理体系标准作用**

【例题·多选题】职业健康安全管理体系标准要素在体系中发挥着不同的作用，其中（　　）是职业健康安全管理体系的基础。

  A. 措施的策划   B. 危险源辨识及风险和机遇评价

  C. 应急准备和响应   D. 运行策划和控制

  E. 职业健康安全目标及其实现的策划

【答案】B、E

【解析】危险源辨识及风险和机遇评价、职业健康安全目标及其实现的策划是职业健康安全管理体系的基础。

◆**考法 4：职业健康安全管理体系标准采用的管理方法**

【例题·2024 年真题·单选题】职业健康安全管理体系标准采用基于 PDCA 循环的管理方法，下列工作内容中，属于"检查 C"的是（　　）。

  A. 确定和评价职业健康安全风险、职业健康安全机遇

  B. 制定职业健康安全目标

  C. 对职业健康安全活动和过程进行监视和测量，并报告结果

  D. 采取措施持续改进职业健康安全绩效，以实现预期结果

【答案】C

【解析】选项 A、B 为策制（Plan），选项 C 为检查（Check），选项 D 为改进（Act）。

6.1.2 职业健康安全管理体系的建立和运行

核心考点：职业健康安全管理体系的建立和运行

1. 职业健康安全管理体系的建立

（1）建立步骤：① 领导决策和承诺；② 成立工作小组，制定总体计划；③ 体系建立前培训；④ 进行初始（状态）评审；⑤ 体系策划和设计；⑥ 体系文件编写；⑦ 体系试运行；⑧ 体系评审完善。

（2）组织最高管理者应任命健康安全管理者代表，并授权管理者代表建立专门的工作小组。管理者代表职责：① 具体负责职业健康安全管理体系的日常工作；② 向最高管理者定期汇报职业健康安全管理体系的运行情况；③ 协调各部门之间的关系，为最高管理者的决策提供建议。

（3）职业健康安全管理体系建立前的培训分管理层培训、内审员培训和全体员工的培训。内审员培训的目的是确保他们具备开展初始（状态）评审、编写体系文件和进行审核等工作的能力。

（4）初始（状态）评审的主要目的是了解组织的职业健康安全及其管理现状，评价其与职业健康安全管理标准要求的符合性，为组织建立职业健康安全管理体系搜集信息并提供依据，因而是建立职业健康安全管理体系的基础工作。

（5）职业健康安全方针是由组织最高管理者正式表述的、为防止工作人员受到与工作相关的伤害和健康损害并提供健康安全的工作场所的组织意图和方向。

2. 职业健康安全管理体系的运行

（1）运行步骤：① 管理体系文件培训；② 管理体系文件分发；③ 管理方案实施；④ 实施过程信息管理；⑤ 管理体系评审和维持；⑥ 职业健康安全管理体系改进。

（2）管理体系评审分为内部审核和管理评审。内部审核的目的是检查与确认管理体系各要素是否按照计划有效实施，是管理体系的一种自我保证手段，由管理者代表组织实施，分为常规内审和追加内审两类，常规内审一般每年一次。管理评审通过年度计划安排，一般每年一次，管理评审一般由总经理主持，各部门负责人和有关人员参加。

（3）职业健康安全管理体系要体现持续改进的核心思想，需要做好以下工作：① 严格监测管理体系的运行情况；② 对不符合要及时采取有效的纠正和预防措施；③ 定期开展内部审核和管理评审；④ 实施 PDCA 循环管理，不断持续改进。

◆ **考法 1：职业健康安全管理体系的建立**

【例题 1·单选题】职业健康安全管理体系的建立步骤中，"体系建立前培训"的紧前工作是（ ）。

A. 领导决策和承诺 　　　　　　　 B. 成立工作小组，制订总体计划

C. 体系策划和设计 　　　　　　　 D. 进行初始（状态）评审

【答案】B

【解析】职业健康安全管理体系的建立步骤：① 领导决策和承诺；② 成立工作小组，制订总体计划；③ 体系建立前培训；④ 进行初始（状态）评审；⑤ 体系策划和设计；⑥ 体系文件编写；⑦ 体系试运行；⑧ 体系评审完善。

【例题 2·单选题】职业健康安全管理体系的建立步骤中，（ ）是建立职业健康安全管理体系的基础工作。

A. 领导决策和承诺 　　　　　　　 B. 体系文件编写

C. 体系策划和设计 　　　　　　　 D. 初始（状态）评审

【答案】D

【解析】进行初始（状态）评审是建立职业健康安全管理体系的基础工作。

◆ **考法 2：职业健康安全管理体系的运行**

【例题 1·单选题】职业健康安全管理体系评审中的内部审核分为常规内审和追加内审两类，其中，常规内审一般（ ）一次。

A. 每半年 　　　　　　　　　　　 B. 每年

C. 每两年 　　　　　　　　　　　 D. 每月

【答案】B

【解析】内部审核是管理体系的一种自我保证手段，由管理者代表组织实施，分为常规内审和追加内审两类，常规内审一般每年一次。

【例题 2·2024 年真题·多选题】关于职业健康安全管理体系评审和维持的说法，正确的有（ ）。

A. 管理评审的目的是检查与确认管理体系各要素是否按照计划有效实施

B. 管理评审一般通过年度计划安排，每年进行一次

C. 管理评审一般由总经理主持，各部门负责人和有关人员参加

D. 内部审核可分为常规内审和追加内审两类

E. 内部审核由管理者代表组织实施

【答案】B、C、D、E

【解析】选项 A 错误，应当为内部审核的目的。

6.2 施工生产危险源与安全管理制度

核心考点提纲

6.2 施工生产危险源 $\left\{\begin{array}{l} 6.2.1 \quad \text{施工生产危险源及其控制} \\ 6.2.2 \quad \text{施工安全管理制度} \end{array}\right.$
与安全管理制度

核心考点剖析

6.2.1 施工生产危险源及其控制

核心考点一：危险源分类及其控制方法

1. 危险源分类

（1）第一类危险源：施工现场或施工生产过程中可能发生意外释放的能量或危险物质。

（2）第二类危险源：导致能量或危险物质约束或限制措施破坏或失效，以及防护措施缺乏或失效的因素。包括：物的不安全状态（物的缺陷和物件堆放位置和堆放方式不当）、人的不安全行为、环境不良（环境不安全条件）及管理缺陷等因素。

2. 危险源控制

危险源控制

第一类危险源	主要采用技术手段加以控制，包括消除能量源、约束或限制能量、屏蔽隔离、防护等技术手段，同时应落实应急预案的保障措施
第二类危险源	主要通过管理手段加以控制，包括建立健全危险源管理规章制度，做好危险源控制管理基础工作，明确责任，加强安全教育、危险源的日常管理，定期检查，做好危险源控制管理，实施考核评价和奖惩等

◆ **考法 1：危险源的分类**

【例题 1·2024 年真题·单选题】进行施工生产危险源分类时，应归为第一危险源的是（   ）。

A. 作业人员未按要求使用防护措施 　B. 施工作业空间受限

C. 不利的自然气候条件 　D. 施工现场快速行驶的车辆

【答案】D

【解析】选项 A、B、C 属于第二类危险源。

【例题 2·2021 年真题·多选题】下列施工现场的危险源中，属于第二类危险源的

有（　　）。

    A. 现场存放的燃油   B. 焊工焊接操作不规范

    C. 洞口临边缺少防护设施   D. 机械设备缺乏维护保养

    E. 现场管理措施缺失

【答案】B、C、D、E

【解析】选项 A 属于第一类危险源。

◆ **考法 2：危险源控制**

【例题 1·单选题】下列风险控制方法中，适用于第一类危险源控制的是（　　）。

    A. 明确工作人员的责任   B. 限制能量和隔离危险物质

    C. 实施考核评价和奖惩   D. 加强员工的安全意识教育

【参考答案】B

【答案】B

【解析】第一类危险源的控制方法：主要采用技术手段加以控制，包括消除能量源、约束或限制能量、屏蔽隔离、防护等技术手段，同时应落实应急预案的保障措施。选项 A、C、D 都属于第二类危险源的控制方法。

【例题 2·单选题】下列风险控制方法中，属于第二类危险源控制方法的是（　　）。

    A. 消除能量源   B. 落实应急预案的保障措施

    C. 设置屏蔽防护技术   D. 建立健全危险源管理规章制度

【答案】D

【解析】第二类危险源的控制方法：主要通过管理手段加以控制，包括建立健全危险源管理规章制度，做好危险源控制管理基础工作，明确责任，加强安全教育、危险源的日常管理，定期检查，做好危险源控制管理，实施考核评价和奖惩等。选项 A、B、C 都属于第一类危险源的控制方法。

核心考点二：危险源辨识与风险评价方法

常见的危险源辨识与风险评价方法包括：安全检查表法、预先危险性分析（在每项生产活动之前，特别是在设计阶段进行）、危险与可操作性分析、事故树分析法、LEC 评价法等。

事故树分析法是从一个可能的事故开始，自下而上、一层层地寻找顶事件的直接原因事件和间接原因事件，直到基本原因事件，并用逻辑图将这些事件之间的逻辑关系表达出来的分析方法。

LEC 评价法侧重于风险评价，用与风险有关的三种因素指标值的乘积来评价操作人员伤亡风险的大小。这三种因素分别是 L（事故发生的可能性）、E（人员暴露于危险环境中的频繁程度）和 C（一旦发生事故可能造成的后果）。

◆ **考法：危险源辨识与风险评价方法**

【例题 1·单选题】自下而上、一层层地寻找顶事件的直接原因事件和间接原因事件，直到基本原因事件，并用逻辑图将这些事件之间的逻辑关系表达出来的分析方法是（　　）。

A. 安全检查表法　　　　　　B. 预先危险性分析

C. 事故树分析法　　　　　　D. LEC 评价法

【答案】C

【解析】事故树分析法是从一个可能的事故开始，自下而上、一层层地寻找顶事件的直接原因事件和间接原因事件，直到基本原因事件，并用逻辑图将这些事件之间的逻辑关系表达出来的分析方法。

【例题 2·多选题】常见的危险源辨识与风险评价方法包括（　　　　）。

A. 安全检查表法　　　　　　B. 预先危险性分析

C. 关键绩效指标法　　　　　D. LEC 评价法

E. 360° 反馈法

【答案】A、B、D

【解析】选项 C、E 属于施工成本管理绩效考核方法。

6.2.2　施工安全管理制度

核心考点：施工安全管理制度

1. 全员安全生产责任制

全员安全生产责任制是所有安全生产管理制度的核心，是最基本的安全管理制度。

全员安全生产责任制应包括所有从业人员的安全生产责任，明确从主要负责人到一线从业人员（含劳务派遣人员、实习学生等）的安全生产责任、责任范围和考核标准。

全员安全生产责任制内容应包括：各岗位的责任人员（或各岗位从业人员的安全生产责任）、责任范围和考核标准。

企业主要负责人是本单位安全生产第一责任人，对本单位的安全生产工作全面负责。

2. 安全生产费用提取、管理和使用制度

建设单位应在合同中单独约定并于工程开工日一个月内向承包单位支付至少 50% 的企业安全生产费用。总包单位应在合同中单独约定并于分包工程开工日一个月内将至少 50% 的企业安全生产费用直接支付给分包单位并监督使用，分包单位不再重复提取。

建设工程施工企业以建筑安装工程造价为依据，于月末按工程进度计算提取企业安全生产费用。提取标准为：① 矿山工程 3.5%；② 铁路工程、房屋建筑工程、城市轨道交通工程 3%；③ 水利水电工程、电力工程 2.5%；④ 冶炼工程、机电安装工程、化工石油工程、通信工程 2%；⑤ 市政公用工程、港口与航道工程、公路工程 1.5%。

建设工程施工企业安全生产费用应用于以下支出：

（1）完善、改造和维护安全防护设施设备支出（不含"三同时"要求初期投入的安全设施），包括施工现场临时用电系统、洞口或临边防护、高处作业或交叉作业防护、临时安全防护、支护及防治边坡滑坡、工程有害气体监测和通风、保障安全的机械设备、防火、防爆、防触电、防尘、防毒、防雷、防台风、防地质灾害等设施设备支出。

（2）应急救援技术装备、设施配置及维护保养支出，事故逃生和紧急避难设施设备的配置和应急救援队伍建设、应急预案制修订与应急演练支出。

（3）开展施工现场重大危险源检测、评估、监控支出，安全风险分级管控和事故隐患排查整改支出，工程项目安全生产信息化建设、运维和网络安全支出。

（4）安全生产检查、评估评价（不含新建、改建、扩建项目安全评价）、咨询和标准化建设支出。

（5）配备和更新现场作业人员安全防护用品支出。

（6）安全生产宣传、教育、培训和从业人员发现并报告事故隐患的奖励支出。

（7）安全生产适用的新技术、新标准、新工艺、新装备的推广应用支出。

（8）安全设施及特种设备检测检验、检定校准支出。

（9）安全生产责任保险支出。

（10）与安全生产直接相关的其他支出。

企业职工薪酬、福利不得从企业安全生产费用中支出。企业从业人员发现报告事故隐患的奖励支出，应从企业安全生产费用中列支。

企业安全生产费用年度结余资金结转下年度使用。

3. 安全生产教育培训制度

（1）企业主要负责人和安全生产管理人员初次安全培训时间不得少于 32 学时。每年再培训时间不得少于 12 学时。

（2）施工企业其他从业人员，在上岗前必须经过企业、施工项目部、班组三级安全培训教育。企业新上岗的从业人员，岗前安全培训时间不得少于 24 学时。

（3）从业人员在本单位内调整工作岗位或离岗一年以上重新上岗时，应重新接受项目部和班组级的安全培训。

4. 安全生产许可制度

（1）安全生产许可证的有效期为 3 年。

（2）安全生产许可证有效期满需要延期的，企业应当于期满前 3 个月向原安全生产许可证颁发管理机关办理延期手续。

（3）安全生产许可证有效期内，未发生死亡事故的，安全生产许可证有效期届满时，经原安全生产许可证颁发管理机关同意，不再审查，有效期延期 3 年。

（4）建筑施工企业变更名称、地址、法定代表人等，应当在变更后 10 日内，到原安全生产许可证颁发管理机关办理安全生产许可证变更手续。

5. 管理人员及特种作业人员持证上岗制度

（1）管理人员持证上岗制度

施工单位应对管理人员和作业人员每年至少进行一次安全生产教育培训。

（2）特种作业人员持证上岗制度

① 建筑施工特种作业人员范围：建筑电工、建筑架子工、建筑起重信号司索工、建筑起重机械司机、建筑起重机械安装拆卸工、高处作业吊篮安装拆卸工等。

② 特种作业人员必须经专门的安全技术培训并考核合格，取得《中华人民共和国特种作业操作证》后，方可上岗作业。

③ 特种作业人员应符合下列条件：A. 年满 18 周岁，且不超过国家法定退休年龄；

B. 经社区或者县级以上医疗机构体检健康合格；C. 具有初中及以上文化程度；D. 具备必要的安全技术知识与技能；E. 相应特种作业规定的其他条件。

④ 特种作业人员应接受安全技术理论培训和实际操作培训。跨省、自治区、直辖市从业的特种作业人员，可以在户籍所在地或者从业所在地参加培训。

⑤ 特种作业操作证每3年复审1次；连续从事本工种10年以上，每6年1次。需要复审的，应在期满前60日内提出申请。

⑥ 特种作业操作证申请复审或者延期复审前，特种作业人员应参加安全培训并考试合格。安全培训时间不少于8个学时。

6. 重大危险源管理制度

重大危险源管理制度

基本内容	管理要求
辨识施工现场危险源并及时更新	三个途径：（1）对照国家和行业标准、规范及强制性条文规定检查；（2）依据施工安全检查标准规定进行检查；（3）关注正在进行或将进行的危险性较大的分部分项工程施工
坚持危险源公示、告知制度	公示内容：危险源名称、出现的时段、涉及的危险因素、控制措施、责任部门和责任人
建立重大危险源辨识、登记、公示、控制管理体系	明确岗位责任和责任人，认真组织实施
对危险性较大的分部分项工程，施工前编制专项施工方案	施工方案应有切实可行的安全技术措施，还应包括监控措施、应急预案及紧急救护措施等内容
对存在重大危险的施工部位或施工环节	按专项施工方案严格进行技术交底，并有书面记录和签字，确保作业人员掌握施工方案和操作规程技术要领
对从事重大危险施工部位或施工环节的作业人员	登记造册，采取有效措施在作业活动中进行管理，控制并及时分析存在的不安全行为
保证用于重大危险源防护措施所需的费用及时划拨	将重大危险源的安全防护、文明施工措施费单独列支，保证专款专用
建立重大危险源施工档案	每周组织有关人员对施工现场的重大危险源进行安全检查，并做好施工安全检查记录
为从业人员提供符合国家标准、行业标准的劳动防护用品	

7. 劳动保护用品使用管理制度

企业应建立完善劳动保护用品管理台账，管理台账保存期限不得少于2年。

8. 安全生产检查制度

（1）检查形式：各管理层的自查、互查及对下级管理层的抽查。

（2）检查类型：日常巡查、专项检查、季节性检查、定期检查、不定期抽查。

（3）检查要求：① 项目部每天实行安全巡查；② 总承包工程项目部应组织各分包单位每周进行安全检查；③ 施工企业每月应对工程项目施工现场安全生产情况至少进行一次检查，并应针对检查中发现的倾向性问题、安全生产状况较差的工程项目，组织专项检查；④ 施工企业应针对气候和环境特点，组织季节性的安全生产检查。

9. 安全生产会议制度

（1）定期安全生产例会

① 月度安全生产例会；② 周安全生产例会。

（2）不定期安全生产会议

① 安全生产技术交底会（针对重大安全生产保障措施）；② 安全生产专题会（针对特殊季节安全防范）；③ 安全生产事故分析会；④ 安全生产现场会。

（3）班前会议

班前会议应坚持"安全第一、预防为主、综合治理"的方针。班前会议由班组长组织和主持。班前会议结合工作安排和安全技术交底进行。

◆ **考法 1：全员安全生产责任制度**

【例题·2021 年真题·单选题】施工企业最基本的安全管理制度是（　　）。

    A. 安全生产检查制度　　　　　　　　B. 安全生产责任制度

    C. 安全生产许可证制度　　　　　　　D. 安全生产教育培训制度

【答案】B

【解析】安全生产责任制是最基本的安全管理制度，是所有安全管理制度的核心。

◆ **考法 2：安全生产费用提取、管理和使用制度**

【例题·2024 年真题·多选题】根据安全生产费用管理相关规定，施工企业安全生产费用的用途有（　　）。

    A. 完善施工现场临时用电系统支出　　B. 专职安全生产管理人员薪酬

    C. 从业人员报告事故隐患的奖励　　　D. 特种设备检测检验支出

    E. 特种作业人员补贴

【答案】A、C、D

【解析】企业职工薪酬、福利不得从企业安全生产费用中支出，故选项 B 错误。特种作业人员补贴从人工费列支，不能从安全生产费用列支，故选项 E 错误。

◆ **考法 3：安全生产教育培训制度**

【例题·2024 年真题·单选题】关于施工企业安全教育培训的说法，正确的是（　　）。

    A. 施工企业安全生产管理人员初次安全培训时间不得少于 12 学时

    B. 施工现场操作人员在上岗前必须经过企业、项目部和班组三级安全培训教育

    C. 施工企业新上岗从业人员，岗前安全培训时间不得少于 12 学时

    D. 从业人员在企业内离岗三个月重新上岗的，应重新接受企业级的安全培训

【答案】B

【解析】企业主要负责人和安全生产管理人员初次安全培训时间不得少于 32 学时，每年再培训时间不得少于 12 学时，故选项 A 错误。企业新上岗的从业人员，岗前安全培训时间不得少于 24 学时，故选项 C 错误。从业人员在本单位内调整工作岗位或离岗一年以上重新上岗时，应重新接受项目部和班组级的安全培训，故选项 D 错误。

◆ **考法 4：安全生产许可证制度**

【例题·2020 年真题·单选题】施工企业在安全生产许可证有效期内严格遵守有关安

全生产的法律法规，未发生死亡事故的，安全生产许可证期满时，经原安全生产许可证的颁发管理机关同意，可不经审查，延长有效期（　　　）年。

A. 1　　　　　　　　　　　B. 2

C. 5　　　　　　　　　　　D. 3

【答案】D

【解析】企业在安全生产许可证有效期内，严格遵守有关安全生产的法律法规，未发生死亡事故的，安全生产许可证有效期届满时，经原安全生产许可证的颁发管理机关同意，不再审查，安全生产许可证有效期延期3年。

◆ 考法5：特种作业人员的安全教育

【例题1·2019/2024年真题·单选题】根据《特种作业人员安全技术培训考核管理规定》，对首次取得特种作业操作证的人员，其证书的复审周期为（　　　）年一次。

A. 1　　　　　　　　　　　B. 6

C. 3　　　　　　　　　　　D. 10

【答案】C

【解析】特种作业操作证每3年复审1次；连续从事本工种10年以上，每6年1次。需要复审的，应在期满前60日内提出申请。

【例题2·2020年真题·多选题】对施工特种作业人员安全教育的管理要求有（　　　）。

A. 特种作业操作证每5年复审一次

B. 上岗作业前必须进行专业的安全技术培训

C. 培训考核合格取得操作证后才可独立作业

D. 培训和考核的重点是安全技术基础知识

E. 特种作业操作证的复审时间可有条件延长至6年一次

【答案】B、C、E

【解析】特种作业操作证每3年复审1次；连续从事本工种10年以上，每6年1次。需要复审的，应在期满前60日内提出申请，故选项A错误、选项E正确。特种作业人员上岗作业前，必须进行专门的安全技术和操作技能的培训教育，故选项B正确。培训后，经考核合格方可取得操作证，并准许独立作业，故选项C正确。特种作业人员应接受安全技术理论培训和实际操作培训，故选项D错误。

◆ 考法6：安全生产检查制度

【例题·2024年真题·单选题】施工企业针对安全检查中发现的倾向性问题、安全生产状况较差的工程项目，应组织的安全检查形式是（　　　）。

A. 专项检查　　　　　　　　B. 不定期抽查

C. 定期检查　　　　　　　　D. 日常巡查

【答案】A

【解析】施工企业每月应对工程项目施工现场安全生产情况至少进行一次检查，并应针对检查中发现的倾向性问题、安全生产状况较差的工程项目，组织专项检查。

6.3 专项施工方案及施工安全技术管理

核 心 考 点 剖 析

6.3.1 专项施工方案编制与报审

核心考点：专项施工方案编制与报审

1. 专项施工方案编制对象

《建设工程安全生产管理条例》规定，对下列达到一定规模的危险性较大的分部分项工程，施工单位应编制专项施工方案，并附具安全验算结果，经施工单位技术负责人、总监理工程师签字后实施，由专职安全生产管理人员进行现场监督：（1）基坑支护与降水工程；（2）土方开挖工程；（3）模板工程；（4）起重吊装工程；（5）脚手架工程；（6）拆除、爆破工程。

上述工程中涉及深基坑、地下暗挖工程、高大模板工程的专项施工方案，施工单位还应当组织专家进行论证、审查。

2. 专项施工方案内容

专项施工方案的主要内容：（1）工程概况；（2）编制依据；（3）施工计划，包括施工进度计划、材料与设备计划；（4）施工工艺技术，包括技术参数、工艺流程、施工方法、操作要求、检查要求等；（5）施工安全保证措施，包括组织保障措施、技术措施、监测监控措施等；（6）施工管理及作业人员配备和分工；（7）验收要求；（8）应急处置措施；（9）计算书及相关施工图纸。

3. 专项施工方案编制和审批程序

（1）专项施工方案编制

施工单位应在危险性较大的分部分项工程施工前，组织工程技术人员编制专项施工方案。实行施工总承包的，应由施工总承包单位组织编制。实行分包的，可由相关专业分包单位组织编制。

（2）专项施工方案专家论证

对于超过一定规模的危险性较大的分部分项工程，施工单位应组织召开专家论证会对专项施工方案进行论证。专家论证的主要内容：① 专项施工方案内容是否完整、可行；② 专项施工方案计算书和验算依据、施工图是否符合有关标准规范；③ 专项施工方案是否满足现场实际情况，并能够确保施工安全。

超过一定规模的危险性较大的分部分项工程专项施工方案经专家论证后结论为"通过"的，施工单位可参考专家意见自行修改完善；结论为"修改后通过"的，专家意见要明确具体修改内容，施工单位应按照专家意见进行修改，修改情况应及时告知专家；专项施工方案经论证不通过的，施工单位修改后应按照规定的要求重新组织专家论证。

（3）专项施工方案的审批

专项施工方案应由施工单位技术负责人审核签字、加盖单位公章，并由总监理工程师审查签字、加盖执业印章后方可实施。

危险性较大的分部分项工程实行分包并由分包单位编制的，应由总承包单位技术负责人及分包单位技术负责人共同审核签字并加盖单位公章。

◆**考法：专项施工方案编制与报审**

【例题1·2019/2024年真题·多选题】根据《建设工程安全生产管理条例》，应组织专家进行专项施工方案论证、审查的分部分项工程有（　　　）。

  A. 起重吊装工程　　　　　　　　　　B. 深基坑工程

  C. 拆除工程　　　　　　　　　　　　D. 地下暗挖工程

  E. 高大模板工程

【答案】B、D、E

【解析】对所列工程中涉及深基坑、地下暗挖工程、高大模板工程的专项施工方案，施工单位还应当组织专家进行论证、审查。

【例题2·多选题】下列属于专项施工方案内容的是（　　　）。

  A. 编制依据　　　　　　　　　　　　B. 主要施工方案

  C. 施工部署　　　　　　　　　　　　D. 施工工艺技术

  E. 施工计划

【答案】A、D、E

【解析】专项施工方案的内容：（1）工程概况；（2）编制依据；（3）施工计划；（4）施工工艺技术；（5）施工安全保证措施；（6）施工管理及作业人员配备和分工；（7）验收要求；（8）应急处置措施；（9）计算书及相关施工图纸。

【例题3·2017年真题·多选题】根据《建设工程安全生产管理条例》，对达到一定规模的危险性较大的分部分项工程，正确的安全管理做法有（　　　）。

  A. 所有专项施工方案均应组织专家进行论证，审查

  B. 施工单位应当编制专项施工方案，并附具安全验算结果

  C. 专项施工方案由专职安全生产管理人员进行现场监督

  D. 专项施工方案经现场监理工程师签字后即可实施

  E. 专项施工方案应由企业法定代表人审批

【答案】B、C

【解析】对下列达到一定规模的危险性较大的分部分项工程，施工单位应编制专项施工方案，并附具安全验算结果，经施工单位技术负责人、总监理工程师签字后实施，由专职安全生产管理人员进行现场监督：（1）基坑支护与降水工程；（2）土方开挖工程；（3）模板工程；（4）起重吊装工程；（5）脚手架工程；（6）拆除、爆破工程。上述工程中涉及深基坑、地下暗挖工程、高大模板工程的专项施工方案，施工单位还应当组织专家进

行论证、审查，故选项 A、D 错误，选项 B、C 正确。专项施工方案应由施工单位技术负责人审核签字、加盖单位公章，并由总监理工程师审查签字、加盖执业印章后方可实施，故选项 E 错误。

【例题 4·2024 年真题·单选题】超过一定规模的危险性较大的分部分项工程专项施工方案经专家论证后结论为"修改后通过"的，施工单位正确的做法是（　　）。

A. 参考专家意见自行修改完善

B. 修改后应按照规定的要求重新组织专家论证

C. 应按照专家意见进行修改，修改情况应及时告知专家

D. 重新编制专项施工方案并组织专家论证

【答案】C

【解析】超过一定规模的危险性较大的分部分项工程专项施工方案经专家论证后结论为"通过"的，施工单位可参考专家意见自行修改完善；结论为"修改后通过"的，专家意见要明确具体修改内容，施工单位应按照专家意见进行修改，修改情况应及时告知专家；专项施工方案经论证不通过的，施工单位修改后应按照规定的要求重新组织专家论证。

6.3.2　施工安全技术措施及安全技术交底

核心考点一：施工安全技术措施及要求

1. 施工安全技术措施

1）防高处坠落的安全技术措施

（1）临边作业防坠落措施。坠落高度基准面 2m 及以上进行临边作业时，应在临空一侧设置防护栏杆，并采用密目式安全立网或工具式栏板封闭。

（2）洞口作业防坠落措施。① 当竖向洞口短边边长小于 500mm 时，应采取封堵措施；当竖向洞口短边边长大于或等于 500mm 时，应在临空一侧设置高度不小于 1.2m 的防护栏杆，并应采用密目式安全立网或工具式栏板封闭，设置挡脚板。② 当非竖向洞口短边边长 1500mm 时，应在洞口作业侧设置高度不小于 1.2m 的防护栏杆，洞口应采用安全平网封闭。

（3）攀登作业防坠落措施。① 当采用梯子攀爬作业时，踏面荷载不应大于 1.1kN。② 同一梯子上不得两人同时作业，脚手架操作层上严禁架设梯子作业。③ 使用单梯时梯面应与水平面呈 75° 夹角，梯格间距宜为 300mm。④ 使用固定式直梯攀登作业时，当攀登高度超过 3m 时，宜加设护笼；当攀登高度超过 8m 时，应设置梯间平台。⑤ 深基坑施工采用斜道时，应加设间距不大于 400mm 的防滑条等防滑措施。

2）防物体打击的安全技术措施

施工层应设有 1.2m 高防护栏杆和 18～20cm 高挡脚板。

3）防坍塌倾覆的安全技术措施

各类施工机械距基坑（槽）、边坡和基础桩孔边的距离不得小于 15m。

4）防触电技术措施

（1）按规范设置配供电系统，现场移动式灯具采用便桥防水灯具，设备外皮做好保护接地，灯具距地面高度不小于 3m；（2）保护接地；（3）保护接零；（4）工作接地；（5）装设漏电保护器、绝缘安全用具。

5）防火安全技术措施

（1）将消防相关条件纳入施工总平面布局。施工现场出入口宜布置在不同方向，其不宜少于 2 个。施工现场内应设置临时消防车道，临时消防车道与在建工程、临时用房、可燃材料堆场及其加工场的距离，不宜小于 5m，且不宜大于 40m。

（2）易燃易爆危险品库房与在建工程的防火间距不应小于 15m，可燃材料堆场及其加工场、固定动火作业场与在建工程的防火间距不应小于 10m，其他临时用房、临时设施与在建工程的防火间距不应小于 6m。

（3）施工现场应设置灭火器、临时消防给水系统和临时消防应急照明等临时消防设施。施工现场的消火栓泵应采用专用消防配电线路。

（4）临时用房建筑面积之和大于 1000m² 或在建工程单体体积大于 10000m³ 时，应设置临时室外消防给水系统。当施工现场处于市政消火栓 150m 保护范围内且市政消火栓的数量满足室外消防用水量要求时，可不设置临时室外消防给水系统。

2. 安全防护设施、用品技术要求

1）防护栏杆

（1）防护栏杆应为两道横杆，上杆距地面高度应为 1.2m；（2）当防护栏杆高度大于 1.2m 时，应增设横杆，横杆间距不应大于 600mm；（3）防护栏杆立杆间距不应大于 2m；（4）挡脚板高度不应小于 180mm；（5）防护栏杆立杆底端应固定牢固。

2）操作平台

操作平台临边应设置防护栏杆，单独设置的操作平台应设置供人上下、踏步间距不大于 400mm 的扶梯。

3）防护棚与警示标志

（1）进出建筑物主体通道口应搭设防护棚。棚宽大于道口，两端各长出 1m。坠落半径（R）分别为：当坠落物高度为 2～5m 时，R 为 3m；当坠落物高度为 5～15m 时，R 为 4m；当坠落物高度为 15～30m 时，R 为 5m；当坠落物高度大于 30m 时，R 为 6m。

（2）防护棚采用双层保护，当采用脚手片时，层间距 600mm，铺设方向应互相垂直。

（3）严禁用毛竹搭设，且不得悬挑在外架上。

4）施工安全网

（1）密目式安全立网的网目密度应为 10cm×10cm，面积大于或等于 2000 目；（2）密目式安全立网搭设时，每个开眼环扣应穿入系绳，系绳应绑扎在支撑架上，间距不得大于 450mm；（3）当立网用于龙门架、物料提升架及井架的封闭防护时，四周边绳应与支撑架贴紧，边绳的断裂张力不得小于 3kN，间距不得大于 750mm。

5）安全带

（1）安全带冲击作用力峰值应 ≤ 6kN；（2）织带或绳在各调节扣内的最大滑移应 ≤ 25mm。

6) 安全帽

（1）冲击吸收性能、耐低温性能和耐极高温性能。做冲击测试，传递到头模的力均不应大于4900N。

（2）侧向刚性。最大变形不应大于40mm，残余变形不应大于15mm。

（3）电绝缘性能。G级安全帽泄漏电流不应大于3.0mA；E级安全帽泄漏电流不应大于9.0mA。

（4）阻燃性能。续燃时间不应超过5s，帽壳不得烧穿。

（5）防静电性能。表面电阻应为$1 \times 10^5 \sim 1 \times 10^{10}\Omega$。

（6）耐熔融金属飞溅性能。安全帽不应存在以下情况：出现帽壳被穿透的现象；出现大于10mm的损坏变形；帽壳续燃时间大于5s。

◆ 考法1：施工安全技术措施

【例题1·单选题】坠落高度基准面（　　　）m及以上进行临边作业时，应在临空一侧设置防护栏杆。

A. 0.9　　　　　　　　　　　　　B. 1.2

C. 1.5　　　　　　　　　　　　　D. 2.0

【答案】D

【解析】坠落高度基准面2m及以上进行临边作业时，应在临空一侧设置防护栏杆。

【例题2·单选题】搭设脚手架时，为防止物体坠落或飞溅，施工层应设有（　　　）m高防护栏杆和18～20cm高挡脚板。

A. 0.9　　　　　　　　　　　　　B. 1.0

C. 1.2　　　　　　　　　　　　　D. 1.5

【答案】C

【解析】施工层应设有1.2m高防护栏杆和18～20cm高挡脚板。

【例题3·单选题】各类施工机械距基坑（槽）、边坡和基础桩孔边的距离，应根据设备重量、基坑（槽）、边坡和基础桩的支护、土质情况确定，并不得小于（　　　）m。

A. 5　　　　　　　　　　　　　　B. 10

C. 15　　　　　　　　　　　　　D. 20

【答案】C

【解析】各类施工机械距基坑（槽）、边坡和基础桩孔边的距离，不得小于15m。

【例题4·2024年真题·单选题】现场移动式灯具采用便桥防水灯具，设备外皮做好保护接地，灯具距地面高度不小于（　　　）m。

A. 1.5　　　　　　　　　　　　　B. 3

C. 5　　　　　　　　　　　　　　D. 1.2

【答案】B

【解析】现场移动式灯具采用便桥防水灯具，距地面高度不小于3m。

【例题5·单选题】易燃易爆危险品库房与在建工程的防火间距不应小于（　　　）m，可燃材料堆场及其加工场、固定动火作业场与在建工程的防火间距不应小于（　　　）m。

A. 5，10   B. 15，10

C. 10，15   D. 10，6

【答案】B

【解析】易燃易爆危险品库房与在建工程的防火间距不应小于15m，可燃材料堆场及其加工场、固定动火作业场与在建工程的防火间距不应小于10m，其他临时用房、临时设施与在建工程的防火间距不应小于6m。

◆ **考法 2：安全防护设施、用品技术要求**

【例题 1·单选题】当防护栏杆高度大于（　　　　）m 时，应增设横杆，横杆间距不应大于（　　　　）mm。

A. 1.2，600   B. 1.5，800

C. 1.0，600   D. 1.2，800

【答案】A

【解析】当防护栏杆高度大于 1.2m 时，应增设横杆，横杆间距不应大于 600mm。

【例题 2·单选题】防护棚与警示标志应符合规定，进出建筑物主体通道口应搭设防护棚当坠落物高度大于30m时，坠落半径为（　　　　）m。

A. 3   B. 4

C. 5   D. 6

【答案】D

【解析】当坠落物高度为 2~5m 时，R 为 3m；当坠落物高度为 5~15m 时，R 为 4m；当坠落物高度为 15~30m 时，R 为 5m；当坠落物高度大于 30m 时，R 为 6m。

【例题 3·单选题】下列选项中，不属于安全帽的性能要求的是（　　　　）。

A. 耐穿刺性能   B. 阻燃性能

C. 耐久性   D. 防静电性能

【答案】C

【解析】安全帽要满足如下性能要求：冲击吸收性能、耐穿刺性能、侧向刚性、电绝缘性能、阻燃性能、耐低温性能、耐极高温性能、防静电性能、耐熔融金属飞溅性能。

核心考点二：施工安全技术交底

1. 施工安全技术交底的方法

工程施工前，由项目技术负责人向施工员、班组长、分包单位技术负责人交底，再由班组长向操作工人交底；对于超过一定规模的危险性较大分部分项工程，先由施工单位技术负责人向项目技术负责人交底。

2. 施工安全技术交底的要求

（1）施工项目部必须实行逐级交底制度，纵向延伸到班组全体作业人员。

（2）应将工程概况、施工方法、施工程序、安全技术措施等向施工员、班组长进行详细交底；应将安全技术措施、安全操作规程、防护用品用具使用等向操作人员进行详细交底。

（3）技术交底的内容应针对施工中给作业人员带来的潜在危险因素和存在问题。

（4）应优先采用新的安全技术措施。

（5）应定期向由两个以上作业班组和 / 或多工种交叉施工的作业班组进行书面交底。

（6）应保存书面安全技术交底签字记录并归档。

3. 施工安全技术交底的主要内容

（1）工程项目和分部分项工程的概况。

（2）施工项目的施工作业特点和危险点。

（3）针对危险点的具体预防措施。

（4）应遵守的安全操作规程及应注意的安全事项。

（5）作业人员发现事故隐患应采取的措施。

（6）发生事故后应及时采取的避难和急救措施。

◆ **考法 1：施工安全技术交底要求和内容**

【**例题 1·2018/2020/2021 一建真题·多选题**】关于安全技术交底内容及要求的说法，正确的有（　　　）。

  A. 内容中必须包括事故发生后的避难和急救措施

  B. 项目部必须实行逐级交底制度，纵向延伸到班组全体人员

  C. 内容中必须包括针对危险点的预防措施

  D. 定期向交叉作业的施工班组进行口头交底

  E. 涉及"四新"项目的单项技术设计必须经过两阶段技术交底

【**答案**】A、B、C、E

【**解析**】参考上述第 2、3 条。选项 D 错误，应定期向由两个以上作业班组和 / 或多工种交叉施工的作业班组进行书面交底。

【**例题 2·2024 真题·单选题**】对于超过一定规模的危险性较大的分部分项工程，其施工安全技术交底必须先由（　　　）交底。

  A. 项目技术负责人向施工员、班组长

  B. 项目负责人向项目技术负责人

  C. 施工单位技术负责人向项目技术负责人

  D. 项目技术负责人向项目管理人员

【**答案**】C

【**解析**】对于超过一定规模的危险性较大分部分项工程，必须先由施工单位技术负责人向项目技术负责人交底。

6.4　施工安全事故应急预案和调查处理

核 心 考 点 提 纲

6.4.1　施工安全事故隐患处置和应急预案

核心考点一：施工安全事故隐患处置

施工安全事故隐患分为一般事故隐患和重大事故隐患。

一般事故隐患是指能够立即整改排除的隐患。重大事故隐患是指危害和整改难度较大，或因外部因素影响致使企业自身难以排除的隐患。

1. 安全风险分级管控

（1）安全风险等级

分为重大风险、较大风险、一般风险和低风险，分别用红、橙、黄、蓝四种颜色标示。

（2）有效管控安全风险

① 组织方面，成立组织机构，落实安全责任，日常工作重点是培训教育措施和个体防护措施。

② 制度方面，制定全员安全生产责任制和安全生产管理制度、制定安全技术操作规程等。

③ 技术方面，重点是作业、设备设施本身固有的控制措施。

④ 应急方面，包含风险监控、预警、应急预案制定及演练等。

风险管控分为四级：企业、项目部、施工班组、作业人员，并遵循风险等级越高、管控层级越高的原则。

2. 安全事故隐患治理体系

（1）施工企业是事故隐患排查、治理和防控的责任主体。

（2）重大事故隐患报告内容：① 隐患的现状及其产生原因；② 隐患的危害程度和整改难易程度分析；③ 隐患的治理方案。

（3）重大事故隐患治理方案内容：① 治理的目标和任务；② 采取的方法和措施；③ 经费和物资的落实；④ 负责治理的机构和人员；⑤ 治理的时限和要求；⑥ 安全措施和应急预案。

◆ **考法：施工安全事故隐患处置**

【例题1·2024年真题·单选题】施工企业应对辨识出的安全风险按不同等级分别用不同颜色标示。对于较大风险等级的应以（　　）标示。

　　　　A. 红色　　　　　　　　　　B. 橙色

　　　　C. 黄色　　　　　　　　　　D. 蓝色

【答案】B

【解析】重大、较大、一般和低风险，分别用红、橙、黄、蓝四种颜色标示。

【例题2·多选题】下列选项中，属于在制度方面有效管控安全风险的是（　　）。

　　　　A. 制定全员安全生产责任制　　B. 制定安全技术操作规程

　　　　C. 成立安全管理组织机构　　　D. 制定现场处置方案

E. 安装各种安全有效的防护装置

【答案】A、B

【解析】选项 C 属于组织方面，选项 D 属于应急方面，选项 E 属于技术方面。

【例题3·多选题】下列选项中，属于重大事故隐患治理方案应当包括的内容有（　　）。

A. 治理的目标和任务 　　　　B. 治理的时限和要求

C. 隐患的治理方案 　　　　　D. 隐患的现状和产生原因

E. 经费和物资的落实

【答案】A、B、E

【解析】重大事故隐患治理方案内容：（1）治理目标和任务；（2）采取的方法和措施；（3）经费和物资落实；（4）负责治理机构和人员；（5）治理时限和要求；（6）安全措施和应急预案。

核心考点二：安全事故应急预案

1. 应急预案的内容

应急预案包含三方面内容：

一是事前预防，即通过危险辨识和事故后果分析，采用技术和管理措施降低安全事件发生概率。

二是应急处置，制定发生安全事件的应急处置程序和方法，能快速反应，将影响消除在萌芽状态。

三是抢险救援，即应对已发生的安全事件和事故，能够采用预定的应急抢险救援方案，控制事态发展并减少损失。

2. 应急预案的分类

应急预案的分类

综合应急预案	企业为应对各种生产安全事故而制定的综合性工作方案，是本单位应对生产安全事故的总体工作程序、措施和应急预案体系的总纲
专项应急预案	企业为应对某一种或者多种类型生产安全事故，或者针对重要生产设施、重大危险源、重大活动防止生产安全事故而制定的专项性工作方案
现场处置方案	企业针对具体场所、装置或设施所制定的应急处置措施。 事故风险单一、危险性小的企业，可只编制现场处置方案

3. 应急预案的管理

应急预案的管理

流程	管理工作内容
编制	成立编制工作小组，由本单位有关负责人任组长。 应急预案的编制应遵循以人为本、依法依规、符合实际、注重实效的原则，以应急处置为核心
评审	（1）应急管理部门审定应急预案。 （2）评审人员包括有关安全生产及应急管理方面的、有现场处置经验的专家。 （3）评审人员与所评审应急预案的企业有利害关系的，应当回避。 （4）应急预案论证可通过推演的方式开展。 （5）评审内容：风险评估和应急资源调查的全面性、应急预案体系设计的针对性、应急组织体系的合理性、应急响应程序和措施的科学性、应急保障措施的可行性、应急预案的衔接性

流程	管理工作内容
批准、发布、备案	（1）应急预案经评审或者论证后，由本单位主要负责人签署公布。 （2）企业在应急预案公布之日起20个工作日内，按照分级属地原则，向县级以上人民政府应急管理部门和其他负有安监职责的部门备案，并依法向社会公布
培训、演练	（1）企业应开展本单位的应急预案、应急知识、自救互救和避险逃生技能的培训。 （2）施工企业至少每半年组织一次应急预案演练
评估	施工企业应当每三年进行一次应急预案评估

◆**考法1：应急预案的分类**

【例题1·2020年真题·单选题】施工生产安全事故应急预案体系由（   ）构成。

　　A. 综合应急预案、单项应急预案、重点应急预案

　　B. 企业应急预案、项目应急预案、人员应急预案

　　C. 企业应急预案、职能部门应急预案、项目应急预案

　　D. 综合应急预案、专项应急预案、现场处置方案

【答案】D

【解析】应急预案体系由综合应急预案、专项应急预案、现场处置方案构成。

【例题2·2021年真题·单选题】根据生产安全事故应急预案的体系构成深基坑开挖施工的应急预案属于（   ）。

　　A. 专项施工方案　　　　　　　　B. 专项应急预案

　　C. 现场处置方案　　　　　　　　D. 危大工程预案

【答案】B

【解析】专项应急预案是企业为应对某一种或者多种类型生产安全事故，或者针对重要生产设施、重大危险源、重大活动防止生产安全事故而制定的专项性工作方案。

◆**考法2：应急预案的管理**

【例题1·单选题】施工单位应在应急预案公布之日起（   ）个工作日内，按照分级属地原则，向县级以上人民政府应急管理部门和其他负有安全生产监督管理职责的部门进行备案，并依法向社会公布。

　　A. 10　　　　　　　　　　　　　B. 20

　　C. 30　　　　　　　　　　　　　D. 60

【答案】B

【解析】企业应在应急预案公布之日起20个工作日内，按照分级属地原则备案。

【例题2·单选题】根据《生产安全事故应急预案管理办法》，施工单位应当制定本企业的应急预案演练计划，每年至少组织综合应急预案演练（   ）次。

　　A. 2　　　　　　　　　　　　　B. 1

　　C. 3　　　　　　　　　　　　　D. 4

【答案】A

【解析】施工单位至少每半年组织一次应急预案演练。

6.4.2 施工安全事故等级和应急救援

核心考点一：施工安全事故等级

依据《生产安全事故报告和调查处理条例》，安全事故分为以下等级：

施工安全事故等级

	死亡（人）	重伤（人）	（质量事故）直接经济损失（万元）	（安全事故）直接经济损失（万元）
一般事故	$R < 3$	$R < 10$	$100 \leqslant M < 1000$	$M < 1000$
较大事故	$3 \leqslant R < 10$	$10 \leqslant R < 50$	$1000 \leqslant M < 5000$	$1000 \leqslant M < 5000$
重大事故	$10 \leqslant R < 30$	$50 \leqslant R < 100$	$5000 \leqslant M < 10000$	$5000 \leqslant M < 10000$
特大事故	$R \geqslant 30$	$R \geqslant 100$	$M \geqslant 10000$	$M \geqslant 10000$

◆**考法：施工安全事故等级**

【例题1·2023年真题·单选题】发生事故直接经济损失4500万元，间接经济损失800万元。此事故为（　　　）。

　A. 较大事故　　　　　　　　B. 一般事故

　C. 重大事故　　　　　　　　D. 特别重大事故

【答案】A

【解析】直接经济损失4500万元属于较大事故，间接经济损失不考虑。

【例题2·2018年真题·单选题】根据《生产安全事故报告和调查处理条例》，下列建设工程施工生产安全事故中，属于重大事故的是（　　　）。

　A. 某基坑发生透水事件，造成直接经济损失5000万元，没有人员伤亡

　B. 某拆除工程安全事故，造成直接经济损失1000万元，45人重伤

　C. 某建设工程脚手架倒塌，造成直接经济损失960万元，8人重伤

　D. 某建设工程提前拆模导致结构坍塌，造成35人死亡，直接经济损失4500万元

【答案】A

【解析】选项A为重大事故，选项B为较大事故，选项C为一般事故，选项D为特大事故。

核心考点二：施工安全事故应急救援

1. 应急救援准备

（1）应急救援预案准备；（2）应急救援队伍准备；（3）应急救援物资准备；（4）应急盾班制度和从业人员应急培训。

2. 应急救援任务

（1）立即组织营救受害人员，组织撤离或者采取其他措施保护危害区域内的其他人员。

（2）迅速控制事态，并对事故造成的危害进行检测、监测，测定事故的危害区域、危

害性质及危害程度，及时控制住造成事故的危险源。

（3）消除危害后果，做好现场恢复。

（4）查清事故原因，评估危害程度。

◆ 考法：施工安全事故应急救援

【例题·2024年真题·多选题】下列施工安全事故应急救援的工作中，属于应急救援任务的有（　　）。

    A. 施工单位根据可能发生的生产安全事故配备必要的救援物资和器材

    B. 迅速控制事态，对事故造成的危害进行检测和监测，测定事故危害程度

    C. 施工单位建立应急值班制度，配备应急值班人员

    D. 及时调查事故发生原因和事故性质，评估出事故危害范围和危害程度

    E. 组织营救受害人员，组织撤离或者采取措施保护危害区域内的其他人员

【答案】B、D、E

【解析】选项 A、C 属于应急救援准备。

6.4.3　施工安全事故报告和调查处理

核心考点：施工安全事故报告和调查处理

1. 施工安全事故报告

（1）事故单位上报

安全事故发生后，事故现场有关人员应当立即向本单位负责人报告；单位负责人接到报告后，应当于1h内向事故发生地县级以上人民政府应急管理部门和负有安全生产监督管理职责的有关部门报告。

实行总承包的建设工程，由总承包单位负责上报事故。

情况紧急时，事故现场有关人员可以直接向事故发生地县级以上人民政府应急管理部门和负有安全生产监督管理职责的有关部门报告。

（2）主管部门报告

① 特别重大事故、重大事故逐级上报至国务院应急管理部门和负有安全生产监督管理职责的有关部门。

② 较大事故逐级上报至省、自治区、直辖市人民政府应急管理部门和负有安全生产监督管理职责的有关部门。

③ 一般事故上报至设区的市级人民政府应急管理部门和负有安全生产监督管理职责的有关部门。

必要时，应急管理部门和负有安全生产监督职责的有关部门可以越级上报事故情况。

应急管理部门和负有安全生产监督管理职责的有关部门逐级上报事故情况，每级上报的时间不得超过2h。

自事故发生之日起30日内，事故造成的伤亡人数发生变化的，应当及时补报。道路交通事故、火灾事故自发生之日起7日内，事故造成的伤亡人数发生变化的，应当及时补报。

事故报告的内容：同质量事故。

2. 施工安全事故调查

（1）分级调查与组织

与质量事故调查和组织内容相同。

特别重大事故以下等级事故，事故发生地与事故发生单位不在同一个县级以上行政区域的，由事故发生地人民政府负责调查，事故发生单位所在地人民政府应当派人参加。

（2）调查时限和调查报告

事故调查组应当自事故发生之日起 60 日内提交事故调查报告；特殊情况下，经负责事故调查的人民政府批准，可以适当延长，但延长的期限最长不超过 60 日。

事故调查报告的内容：同质量事故内容。

事故报告和事故调查报告

事故报告的内容	事故调查报告的内容
（1）事故发生单位概况。 （2）事故发生的时间、地点以及事故现场情况。 （3）事故的简要经过。 （4）事故已经或可能造成的伤亡人数（包括下落不明）和初步估计的直接经济损失。 （5）已经采取的措施。 （6）其他应当报告的情况	（1）事故发生单位概况。 （2）事故发生经过和事故救援情况。 （3）事故造成的人员伤亡和直接经济损失。 （4）事故发生的原因和事故性质。 （5）事故责任认定和事故责任者处理建议。 （6）事故防范和整改措施

3. 施工安全事故处理

重大事故、较大事故、一般事故，负责事故调查的人民政府自收到事故调查报告之日起 15 日内做出批复；特别重大事故，30 日内做出批复，特殊情况下，可适当延长，但延长时间最长不超过 30 日。

有关机关按照政府的批复，依法对事故发生单位和有关人员进行处理。

4. 施工安全施工罚款处罚

根据《生产安全事故罚款处罚规定》，对事故发生单位主要负责人、其他负责人、安全生产管理人员及直接负责的主管人员、其他直接责任人员的罚款规定如下。

1）事故发生单位有下列行为之一：① 谎报或瞒报事故；② 伪造或故意破坏事故现场；③ 转移、隐匿资金、财产，或销毁有关证据、资料；④ 拒绝接受调查或拒绝提供有关情况和资料；⑤ 在事故调查中作伪证或指使他人作伪证。具体罚款额度：

（1）一般事故，处 100 万元以上 150 万元以下。

（2）较大事故，处 150 万元以上 200 万元以下。

（3）重大事故，处 200 万元以上 250 万元以下。

（4）特大事故，处 250 万元以上 300 万元以下。

2）事故发生单位有上述行为，贻误事故抢救或造成事故扩大或影响事故调查或造成重大社会影响，具体罚款额度：

（1）一般事故，处 300 万元以上 350 万元以下。

（2）较大事故，处 350 万元以上 400 万元以下。

（3）重大事故，处 400 万元以上 450 万元以下。

（4）特大事故，处 450 万元以上 500 万元以下。

3）事故发生单位主要负责人及其他人员未依法履行职责的罚款

（1）事故发生单位主要负责人未依法履行安全生产管理职责，导致事故发生，具体罚款额度：

①一般事故，处上一年年收入 40%。

②较大事故，处上一年年收入 60%。

③重大事故，处上一年年收入 80%。

④特大事故，处上一年年收入 100%。

（2）事故发生单位其他负责人和安全生产管理人员未依法履行安全生产管理职责，导致事故发生，具体罚款额度：

①一般事故，处上一年年收入 20% 至 30%。

②较大事故，处上一年年收入 30% 至 40%。

③重大事故，处上一年年收入 40% 至 50%。

④特大事故，处上一年年收入 50%。

4）事故发生单位主要负责人及其他人员在事故发生后违法违规的罚款

（1）对事故发生单位主要负责人的罚款：

①在事故发生后不立即组织事故抢救，或在事故调查处理期间擅离职守，或瞒报、谎报、迟报事故，或事故发生后逃匿，处上一年年收入 60% 至 80% 的罚款；贻误事故抢救或造成事故扩大或影响事故调查或造成重大社会影响，处上一年年收入 80% 至 100% 的罚款。

②漏报事故，处上一年年收入 40% 至 60% 的罚款；贻误事故抢救或造成事故扩大或影响事故调查或造成重大社会影响，处上一年年收入 60% 至 80% 的罚款。

③伪造、故意破坏事故现场，或转移、隐匿资金、财产、销毁有关证据、资料，或拒绝接受调查，或拒绝提供情况资料，或在事故调查中作伪证，或指使他人作伪证的，处上一年年收入 60% 至 80% 的罚款；贻误事故抢救或造成事故扩大或影响事故调查或造成重大社会影响，处上一年年收入 80% 至 100% 的罚款。

（2）对事故发生单位直接负责的主管人员和其他直接责任人员的罚款：有《生产安全事故报告和调查处理条例》第三十六条规定的行为之一，处上一年年收入 60% 至 80% 的罚款；贻误事故抢救或造成事故扩大或影响事故调查或造成重大社会影响，处上一年年收入 80% 至 100% 的罚款。

◆ **考法 1：施工安全事故报告**

【例题 1·单选题】施工单位发生重大事故后，应逐级上报至（   ）应急管理部门和负有安全生产监督管理职责的有关部门。

A. 国务院

B. 省、自治区、直辖市人民政府

C. 设区的市级人民政府

D. 县级人民政府

【答案】A

【解析】特别重大事故、重大事故逐级上报至国务院有关部门；较大事故逐级上报至省、自治区、直辖市人民政府有关部门；一般事故上报至设区的市级人民政府有关部门。

【例题2·2023真题·单选题】关于施工单位事故报告的说法，正确的是（　　）。

    A. 施工单位负责人在接到安全事故报告后，应当在24h内向有关部门报告

    B. 实行施工总承包的建设工程，由建设单位负责上报事故

    C. 安全事故发生后情况紧急时，事故现场人员可直接向建设单位负责人报告

    D. 安全事故发生后，最先发现事故的人员应立即向施工单位负责人报告

【答案】D

【解析】选项A错误，施工单位负责人在接到安全事故报告后，应当在1h内向有关部门报告。选项B错误，实行施工总承包的建设工程，由总承包单位负责上报事故。选项C错误，情况紧急时，事故现场有关人员可以直接向事故发生地县级以上人民政府有关部门报告。

【例题3·2024真题·多选题】重大安全事故的报告中包括（　　）。

    A. 事故发生单位概况

    B. 事故发生的原因和事故性质

    C. 事故的简要经过

    D. 事故责任的认定以及对事故责任者的处理建议

    E. 已经采取的措施

【答案】A、C、E

【解析】事故报告应包括下列内容：（1）事故发生单位概况；（2）事故发生的时间、地点以及事故现场情况；（3）事故的简要经过；（4）事故已经或可能造成的伤亡人数（包括下落不明）和初步估计的直接经济损失；（5）已经采取的措施；（6）其他应当报告的情况。

◆ 考法2：施工安全事故调查

【例题1·单选题】某工程安全事故造成了960万元的直接经济损失，没有人员伤亡，关于该事故调查的说法，正确的是（　　）。

    A. 应由事故发生地省人民政府直接组织事故调查组调查

    B. 必须由事故发生地县人民政府直接组织事故调查组调查

    C. 应由事故发生地设区的市人民政府委托有关部门组织事故调查组调查

    D. 可由事故发生地县人民政府委托事故发生单位组织事故调查组调查

【答案】D

【解析】未造成人员伤亡的一般事故，县级人民政府也可以委托事故发生单位组织事故调查组进行调查。

【例题2·多选题】根据《生产安全事故报告和调查处理条例》，事故调查报告的内容主要有（　　）。

    A. 事故发生单位概况

B. 事故发生经过和事故救援情况

C. 事故造成的人员伤亡和直接经济损失

D. 事故责任者的处理结果

E. 事故发生的原因和事故性质

【答案】A、B、C、E

【解析】事故调查报告的内容：（1）事故发生单位概况；（2）事故发生经过和事故救援情况；（3）事故造成的人员伤亡和直接经济损失；（4）事故发生的原因和事故性质；（5）事故责任认定和事故责任者处理建议；（6）事故防范和整改措施。

【例题3·2024真题·单选题】若施工重大事故发生地与事故发生单位所在地不在同一个县级以上行政区域的，则事故调查应采取的做法是（　　）。

A. 由事故发生单位所在地人民政府负责调查，事故发生地人民政府派人参加

B. 由事故发生地人民政府负责调查，事故发生单位所在地人民政府派人参加

C. 由上级主管部门负责调查，事故发生地和事故发生单位所在地人民政府派人参加

D. 委托第三方专业机构负责调查，事故发生地和事故发生单位所在地人民政府派人参加

【答案】B

【解析】特别重大事故以下等级事故，事故发生地与事故发生单位不在同一个县级以上行政区域的，由事故发生地人民政府负责调查，事故发生单位所在地人民政府应当派人参加。

◆ 考法3：施工安全事故处理

【例题·2022年真题·多选题】县级人民政府立案自收到调查报告15日内作出批复的工程有（　　）。

A. 无人员死亡的较大事故　　　　B. 直接经济损失较小的重大事故

C. 人员死亡的一般事故　　　　　D. 特别重大事故

E. 无人员伤亡的一般事故

【答案】C、E

【解析】重大事故、较大事故、一般事故，负责事故调查的人民政府自收到事故调查报告之日起15日内做出批复。县级人民政府批复的是一般事故。

本章经典真题回顾

一、单项选择题（每题1分。每题的备选项中，只有1个最符合题意）

1. 组织在建立职业健康安全管理体系时，进行初始状态评审的主要目的是（　　）。

A. 测试组织建立的职业健康安全管理体系可行性并查找其存在的问题

B. 了解组织的安全风险并评估建立职业健康安全管理体系的必要性

C. 了解组织的职业健康安全及其管理现状并评价其与标准要求的符合性

D. 评估组织职业健康安全管理体系运用后可能取得的绩效

【答案】C

【解析】初始（状态）评审的主要目的是了解组织的职业健康安全及其管理现状，评价其与职业健康安全管理标准要求的符合性，为组织建立职业健康安全管理体系搜集信息并提供依据。

2. 根据职业健康安全管理体系标准，企业建立、实施并保持职业健康安全方针的责任人是（　　）。

A. 企业最高管理者　　　　　　　　B. 企业分管安全的负责人

C. 企业分管生产的负责人　　　　　D. 企业技术负责人

【答案】A

【解析】最高管理者应建立、实施并保持职业健康安全方针，明确职业健康安全方针的要求和内容。

3. 职业健康安全管理体系标准采用基于 PDCA 循环的管理方法，下列工作内容中，属于"检查 C"的是（　　）。

A. 确定和评价职业健康安全风险、职业健康安全机遇

B. 制定职业健康安全目标

C. 对职业健康安全活动和过程进行监视和测量，并报告结果

D. 采取措施持续改进职业健康安全绩效，以实现预期结果

【答案】C

【解析】（1）策制（Plan）：确定和评价职业健康安全风险、职业健康安全机遇以及其他风险和其他机遇，制定职业健康安全目标并建立所需的过程，以实现与组织职业健康安全方针一致的结果。（2）实施（Do）：实施所策划的过程。（3）检查（Check）：依据职业健康安全方针和目标，对活动和过程进行监视和测量，并报告结果。（4）改进（Act）：采取措施持续改进职业健康安全绩效，实现预期结果。

4. 辨识危险源时，从一个可能的事故开始自下而上、层层地寻找顶事件的直接原因事件和间接原因事件，直至基本原因事件，并用逻辑图表达事件之间的逻辑关系，这种分析方法是（　　）。

A. LEC 评价法　　　　　　　　　　B. 预先危险性分析法

C. 事故树分析法　　　　　　　　　D. 安全检查表法

【答案】C

【解析】事故树分析法是从一个可能的事故开始，自下而上、一层层地寻找顶事件的直接原因事件和间接原因事件，直到基本原因事件，并用逻辑图将这些事件之间的逻辑关系表达出来的分析方法。

5. 根据相关规定，施工企业安全生产管理人员初次接受安全培训的时间不得少于（　　）学时。

A. 12　　　　　　　　　　　　　　B. 24

C. 32　　　　　　　　　　　　　　D. 40

【答案】C

【解析】企业主要负责人和安全生产管理人员初次安全培训时间不得少于32学时。

6. 特种作业人员在特种作业操作证有效期内，连续从事本工种10年以上、严格遵守有关安全生产法律法规的，经原考核发证机关或者从业所在地考核发证机关同意，特种作业操作证的复审时间可以延长至（   ）。

    A. 每6年1次
    B. 每3年1次

    C. 每4年1次
    D. 每5年1次

【答案】A

【解析】特种作业人员在特种作业操作证有效期内，连续从事本工种10年以上、严格遵守有关安全生产法律法规的，经原考核发证机关或者从业所在地考核发证机关同意，特种作业操作证的复审时间可以延长至每6年1次。

7. 施工企业针对安全生产和特殊季节安全防范的需要，可以适时召开（   ）。

    A. 安全生产专题会
    B. 安全生产事故分析会

    C. 安全生产技术交底会
    D. 安全生产现场会

【答案】A

【解析】针对安全生产和特殊季节安全防范的需要，适时召开安全生产专题会议。

8. 超过一定规模的危险性较大的分部分项工程专项施工方案经专家论证后结论为"修改后通过"的，施工单位正确的做法是（   ）。

    A. 参考专家意见自行修改完善

    B. 修改后应按照规定的要求重新组织专家论证

    C. 应按照专家意见进行修改，修改情况应及时告知专家

    D. 重新编制专项施工方案并组织专家论证

【答案】C

【解析】超过一定规模的危险性较大的分部分项工程专项施工方案经专家论证后结论为"通过"的，施工单位可参考专家意见自行修改完善；结论为"修改后通过"的，专家意见要明确具体修改内容，施工单位应按照专家意见进行修改，修改情况应及时告知专家；专项施工方案经论证不通过的，施工单位修改后应按照规定的要求重新组织专家论证。

9. 工程施工中，坠落高度基准面（   ）m及以上进行临边作业时，应在临空一侧设置防护栏杆，并应采用密目式安全立网或工具式栏板封闭。

    A. 0.5
    B. 1.0

    C. 1.5
    D. 2.0

【答案】D

【解析】坠落高度基准面2m及以上进行临边作业时，应在临空一侧设置防护栏杆，并应采用密目式安全立网或工具式栏板封闭。

10. 关于防高处坠落安全技术措施的说法，正确的是（   ）。

    A. 悬空作业（安装拆除模板、吊装等），施工人员必须站在操作平台上作业并系

好安全带

B. 在坠落高度基准面2m进行临边作业时，应在临空一侧设置防护栏杆，但不必用密目式安全立网或工具式栏板封闭

C. 当垂直洞口短边边长大于或等于800mm时，应在临空一侧设置高度不小于900m的防护栏杆，并采用空目式安全立网或工具式栏板封闭

D. 非竖向洞口短边边长大于等于1000mm时应在洞口作业侧设置高度不小于900mm的防护栏杆，并采用安全平网封闭

【答案】A

【解析】选项B错误，坠落高度基准面2m及以上进行临边作业时，应在临空一侧设置防护栏杆，并应采用密目式安全立网或工具式栏板封闭。选项C错误，当垂直洞口短边边长大于或等于500mm时，应在临空一侧设置高度不小于1.2m的防护栏杆，并应采用密目式安全立网或工具式栏板封闭。选项D错误，当非竖向洞口短边边长大于或等于1500mm时，应在洞口作业侧设置高度不小于1.2m的防护栏杆，洞口应采用安全平网封闭。

11. 为防止触电，施工现场照明灯具离地面的高度应不小于（　　）m。

A. 1.8 　　　　　　　　　　　　B. 2.0

C. 2.4 　　　　　　　　　　　　D. 3.0

【答案】D

【解析】现场照明要和动力照明分开，现场移动式灯具采用便桥防水灯具，设备外皮做好保护接地，灯具距地面高度不小于3m。

12. 安全事故应急预案包括事前预防、应急处置和抢险救援等内容，其中应急处置部分的主要作用是（　　）。

A. 指导相关人员快速反应，将事故影响消除在萌芽状态

B. 指导管理者采取技术管理措施，降低风险事件发生概率

C. 指导政府应急管理部门判定事故等级，划分事故责任

D. 指导管理者及时消除事故影响，尽快恢复生产

【答案】A

【解析】应急预案包含三方面内容：一是事前预防，即通过危险辨识和事故后果分析，采用技术和管理措施降低安全事件发生概率；二是应急处置，制定发生安全事件的应急处置程序和方法，能快速反应，将影响消除在萌芽状态；二是抢险救援，即应对已发生的安全事件和事故，能够采用预定的应急抢险救援方案，控制事态发展并减少损失。

13. 某工程项目施工过程中发生安全事故，导致1人死亡，11人重伤，直接经济损失约为500万元。该生产安全事故等级属于（　　）。

A. 特别重大事故 　　　　　　　B. 较大事故

C. 重大事故 　　　　　　　　　D. 一般事故

【答案】B

【解析】1人死亡属于一般事故，11人重伤属于较大事故，直接经济损失约为500万

元属于一般事故。综上该事故属于较大事故。

14. 施工现场发生较大安全事故时，现场有关单位负责人或现场人员应在（　　）h
内向政府应急管理部门报告。

A. 2　　　　　　　　　　　　　　B. 4

C. 8　　　　　　　　　　　　　　D. 1

【答案】D

【解析】安全事故发生后，事故现场有关人员应当立即向本单位负责人报告；单位负责人接到报告后，应当于 1h 内向事故发生地县级以上人民政府应急管理部门和负有安全生产监督管理职责的有关部门报告。

15. 应急管理部门和负有安全生产监督管理职责的有关部门接到事故报告后应依照相关规定逐级上报事故情况，每级上报的时间不得超过（　　）h。

A. 2　　　　　　　　　　　　　　B. 4

C. 6　　　　　　　　　　　　　　D. 8

【答案】A

【解析】应急管理部门和负有安全生产监督管理职责的有关部门逐级上报事故情况，每级上报的时间不得超过 2h。

二、多项选择题（每题 2 分，每题的备选项中，有 2 个或 2 个以上符合题意，至少有 1 个错项。错选，本题不得分；少选，所选的每个选项得 0.5 分）

1. 下列危险源中，属于第一类危险源的有（　　）。

A. 直接供给能量的装置和设备

B. 作业过程中拥有能量的物体

C. 可能发生能量蓄积或者突然释放的装置

D. 物的缺陷和物件堆放不当

E. 人的不安全行为

【答案】A、B、C

【解析】

危险源分类

第一类危险源	施工现场或施工生产过程中各种能量或危险物质（机械能、电能、势能、化学能、热能等）
第二类危险源	物的不安全状态、人的不安全行为、环境不良及管理缺陷等

2. 根据安全生产费用管理相关规定，施工企业安全生产费用的用途有（　　）。

A. 完善施工现场临时用电系统支出　　B. 专职安全生产管理人员薪酬

C. 从业人员报告事故隐患的奖励　　　D. 特种设备检测检验支出

E. 特种作业人员补贴

【答案】A、C、D

【解析】建设工程施工企业安全生产费用应用于以下支出：

（1）完善、改造和维护安全防护设施设备支出（不含"三同时"要求初期投入的安全设施），包括施工现场临时用电系统、洞口或临边防护、高处作业或交叉作业防护、临时安全防护、支护及防治边坡滑坡、工程有害气体监测和通风、保障安全的机械设备、防火、防爆、防触电、防尘、防毒、防雷、防台风、防地质灾害等设施设备支出。

（2）应急救援技术装备、设施配置及维护保养支出，事故逃生和紧急避难设施设备的配置和应急救援队伍建设、应急预案制修订与应急演练支出。

（3）开展施工现场重大危险源检测、评估、监控支出，安全风险分级管控和事故隐患排查整改支出，工程项目安全生产信息化建设、运维和网络安全支出。

（4）安全生产检查、评估评价（不含新建、改建、扩建项目安全评价）、咨询和标准化建设支出。

（5）配备和更新现场作业人员安全防护用品支出。

（6）安全生产宣传、教育、培训和从业人员发现并报告事故隐患的奖励支出。

（7）安全生产适用的新技术、新标准、新工艺、新装备的推广应用支出。

（8）安全设施及特种设备检测检验、检定校准支出。

（9）安全生产责任保险支出。

（10）与安全生产直接相关的其他支出。

企业职工薪酬、福利不得从企业安全生产费用中支出。企业从业人员发现报告事故隐患的奖励支出，应从企业安全生产费用中列支。

3. 根据《建设工程安全生产管理条例》，针对危险性较大的分部分项工程编制的专项施工方案须经（　　）签字后方可实施。

    A. 监理单位技术负责人   B. 施工单位技术负责人

    C. 施工项目经理   D. 总监理工程师

    E. 专项施工方案论证专家

【答案】B、D

【解析】重点、难点分部（分项）工程施工方案和针对危险性较大的分部分项工程专项施工方案应由施工单位技术部门组织相关专家评审，施工单位技术负责人批准。承包人应在施工现场配备专职安全生产管理人员，针对危险性较大的分部分项工程应编制专项施工方案，经监理人审查批准后方可实施。

4. 下列施工现场防火做法中，满足相关要求的有（　　）。

    A. 易燃易爆危险品库房与在建工程的防火间距超过 10m

    B. 将消防相关条件纳入施工总平面布局

    C. 消火栓泵专用配电线路自施工现场二级配电箱接入

    D. 在现场不同方向设置 2 个满足消防车通行要求的出入口

    E. 固定动火作业场所与在建工程的防火间距超过 10m

【答案】B、D、E

【解析】选项 A 错误，易燃易爆危险品库房与在建工程的防火间距不应小于 15m。选项 C 错误，施工现场的消火栓泵应采用专用消防配电线路，专用消防配电线路应自施工现场总配电箱的总断路器上端接入，且应保持不间断供电。

5. 根据《生产安全事故报告和调查处理条例》，下列生产安全事故中，有关单位将事故情况报告国务院应急管理部门的有（　　　）。

A. 死亡 1 人，重伤 8 人的事故

B. 无死亡，重伤 50 人的事故

C. 死亡 10 人，直接经济损失 500 万元的事故

D. 死亡 8 人，直接经济损失 5000 万元的事故

E. 死亡 3 人，直接经济损失 1000 万元的事故

【答案】B、C、D

【解析】特别重大事故、重大事故逐级上报至国务院应急管理部门和负有安全生产监督管理职责的有关部门。

6. 下列施工安全事故应急救援的工作中，属于应急救援任务的有（　　　）。

A. 施工单位根据可能发生的生产安全事故配备必要的救援物资和器材

B. 迅速控制事态，对事故造成的危害进行检测和监测，测定事故危害程度

C. 施工单位建立应急值班制度，配备应急值班人员

D. 及时调查事故发生原因和事故性质，评估出事故危害范围和危害程度

E. 组织营救受害人员，组织撤离或者采取措施保护危害区域内的其他人员

【答案】B、D、E

【解析】选项 A、C 属于应急救援准备。

本章模拟强化练习

6.1　职业健康安全管理体系

1. 作为职业安全健康管理体系的一种自我保证手段的评审是（　　　）。

A. 第三方审核 　　　　　　　　B. 内部审核

C. 管理评审 　　　　　　　　　D. 外部审核

2. 职业安全健康管理体系的例行常规内审一般是（　　　）。

A. 每月 1 次 　　　　　　　　　B. 每半年 1 次

C. 每年 1 次 　　　　　　　　　D. 每 2 年 1 次

3. 职业安全健康管理体系的管理评审一般是（　　　）。

A. 每季度 1 次 　　　　　　　　B. 每半年 1 次

C. 每年 1 次 　　　　　　　　　D. 每 2 年 1 次

4. 《职业健康安全管理体系要求及使用指南》GB/T 45001—2020 的总体结构中的"支持"项，其组成部分有（　　　）。

A. 理念 　　　　　　　　　　　B. 资源

C. 能力 　　　　　　　　　　　D. 意识

E. 沟通

6.2 施工生产危险源与安全管理制度

1. 下列危险源控制方法中，属于第二类危险源控制方法的是（　　）。

　　A. 定期检查危险源　　　　　　　　B. 个体防护

　　C. 应急救援　　　　　　　　　　　D. 隔离危险物质

2. 在设计的开始阶段，对识别和评价对象存在的危险类别、出现条件、事故后果等进行概略分析，尽可能评价出潜在的危险性的危险源辨识与评价方法是（　　）。

　　A. 安全检查表法　　　　　　　　　B. 预先危险性分析

　　C. 危险与可操作性分析　　　　　　D. LEC 评价法

3. 企业新上岗的从业人员，岗前安全培训时间不得少于（　　）学时。

　　A. 24　　　　　　　　　　　　　　B. 32

　　C. 48　　　　　　　　　　　　　　D. 56

4. 施工企业进行生产前，应当依照《安全生产许可证条例》的规定向安全生产许可证颁发管理机关申请领取安全生产许可证。安全生产许可证的有效期为（　　）年。

　　A. 2　　　　　　　　　　　　　　　B. 3

　　C. 4　　　　　　　　　　　　　　　D. 5

5. 特种作业操作证申请复审或者延期复审前，特种作业人员应参加必要的安全培训的时间不少于（　　）个学时。

　　A. 8　　　　　　　　　　　　　　　B. 12

　　C. 24　　　　　　　　　　　　　　D. 36

6. 特种作业人员应符合的条件有（　　）。

　　A. 年满 16 周岁，且不超过国家法定退休年龄

　　B. 具有初中及以上文化程度

　　C. 具备必要的安全技术知识与技能

　　D. 体检健康合格并无妨碍从事相应特种作业的相关疾病与生理缺陷

　　E. 必须具有 3 年以上工作经验

7. 施工企业安全检查的类型有（　　）。

　　A. 自查　　　　　　　　　　　　　B. 互查

　　C. 日常巡查　　　　　　　　　　　D. 定期检查

　　E. 专项检查

8. 施工企业不定期的安全生产会议包括（　　）。

　　A. 班前会议　　　　　　　　　　　B. 安全生产技术交底会

　　C. 安全生产专题会　　　　　　　　D. 安全生产事故分析会

　　E. 安全生产现场会

6.3 专项施工方案及施工安全技术管理

1. 根据《建设工程安全生产管理条例》，对于某项目达到一定规模的危险性较大的模板工程的专项施工方案经（　　）审批签字后，方可实施。

　　A. 建设行政部门负责人和甲方代表

B. 工程监理单位总监理工程师和甲方代表

C. 施工单位技术负责人和总监理工程师

D. 甲方代表和设计人员

2. 实行施工总承包工程的专项施工方案应由（　　）组织召开专家论证会。

A. 建设单位　　　　　　　　　　B. 监理单位

C. 施工总承包单位　　　　　　　D. 第三方专业机构

3. 对于危险性较大的分部分项工程实行分包并由分包单位编制专项施工方案，其审查主体是（　　）。

A. 总承包单位技术负责人及分包单位技术负责人

B. 建设行政部门负责人和甲方代表

C. 工程监理单位总监理工程师和总承包单位技术负责人

D. 工程监理单位总监理工程师和分包单位技术负责人

4. 坠落高度基准面（　　）m 及以上进行临边作业时，应在临空一侧设置防护栏杆，并应采用密目式安全立网或工具式栏板封闭。

A. 2　　　　　　　　　　　　　B. 3

C. 4　　　　　　　　　　　　　D. 5

5. 易燃易爆危险品库房与在建工程的防火间距不应小于（　　）m。

A. 3　　　　　　　　　　　　　B. 6

C. 10　　　　　　　　　　　　D. 15

6. 施工安全技术交底首先由（　　）向施工员、班组长、分包单位技术负责人交底，再由班组长向操作工人交底。

A. 总监理工程师　　　　　　　　B. 建设单位技术负责人

C. 项目经理　　　　　　　　　　D. 项目技术负责人

7. 对于超过一定规模的危险性较大分部分项工程，必须先由（　　）向项目技术负责人交底。

A. 建设单位技术负责人　　　　　B. 总监理工程师

C. 施工单位项目经理　　　　　　D. 施工单位技术负责人

8. 下列工程的专项施工方案，施工单位还应当组织专家进行论证、审查的有（　　）。

A. 降水工程　　　　　　　　　　B. 地下暗挖工程

C. 高大模板工程　　　　　　　　D. 深基坑工程

E. 脚手架工程

9. 施工安全技术交底的主要内容包括（　　）。

A. 项目成员分工情况

B. 工程项目和分部分项工程的概况

C. 施工项目的施工作业特点和危险点

D. 针对危险点的具体预防措施

E. 作业人员发现事故隐患应采取的措施

6.4 施工安全事故应急预案和调查处理

1. 安全风险等级用红、橙、黄、蓝四种颜色标示，则对应的风险等级分别是（　　）。

　　A. 重大风险、一般风险、较大风险和低风险

　　B. 低风险、较大风险、一般风险和重大风险

　　C. 重大风险、较大风险、一般风险和低风险

　　D. 低风险、一般风险、较大风险和重大风险

2. 对于事故风险单一、危险性小的施工企业，可只编制（　　）。

　　A. 综合应急预案　　　　　　　　B. 应急处理方案

　　C. 专项应急预案　　　　　　　　D. 现场处置方案

3. 建筑施工企业对应急预案评估应当是（　　）。

　　A. 每半年进行一次　　　　　　　B. 每年进行一次

　　C. 每两年进行一次　　　　　　　D. 每三年进行一次

4. 某工程施工中发生安全事故，造成 3 人死亡，8 人受伤，直接经济损失 350 万元，按照生产安全事故造成的人员伤亡或直接经济损失分类，该工程事故属于（　　）。

　　A. 较大事故　　　　　　　　　　B. 重大事故

　　C. 特别重大事故　　　　　　　　D. 一般事故

5. 单位负责人接到安全事故报告后，向事故发生地县级以上人民政府应急管理门和负有安全生产监督管理职责的部门报告的时间不得超过（　　）h。

　　A. 0.5　　　　　　　　　　　　B. 1

　　C. 2　　　　　　　　　　　　　D. 3

6. 应急管理部门和负有安全生产监督管理职责的有关部门接到较大事故报告后，应逐级上报至（　　）。

　　A. 国务院应急管理部门和负有安全生产监督管理职责的有关部门

　　B. 省、自治区、直辖市人民政府应急管理部门和负有安全生产监督管理职责的有关部门

　　C. 设区的市级人民政府应急管理部门和负有安全生产监督管理职责的有关部门

　　D. 县级人民政府应急管理部门和负有安全生产监督管理职责的有关部门

7. 负责安全事故调查的人民政府应当自收到一般事故调查报告之日起（　　）日内做出批复。

　　A. 5　　　　　　　　　　　　　B. 10

　　C. 15　　　　　　　　　　　　 D. 30

8. 施工企业发生一般安全事故，组织负责调查的主体是事故发生地的（　　）。

　　A. 省级人民政府　　　　　　　　B. 设区的市级人民政府

　　C. 县级人民政府　　　　　　　　D. 镇级人民政府

9. 施工企业编制的重大事故隐患治理方案包括的内容有（　　）。

　　A. 治理的目标和任务　　　　　　B. 经费和物资的落实

　　C. 安全措施和应急预案　　　　　D. 采取的方法和措施

E. 治理的奖罚制度

10. 施工生产安全事故应急预案包括（　　　　）。

　　A. 综合应急预案　　　　　　　　B. 应急处理方案

　　C. 专项应急预案　　　　　　　　D. 现场处置方案

　　E. 现场调查方案

11. 安全事故调查组提交的事故调查报告内容包括（　　　　）。

　　A. 事故发生单位概况　　　　　　B. 经过及救援情况

　　C. 造成的人员伤亡与经济损失情况　　D. 事故防范与整改措施

　　E. 对事故责任人的处罚结果

本章模拟强化练习答案及解析

6.1　职业健康安全管理体系

1.【答案】B

2.【答案】C

3.【答案】C

4.【答案】B、C、D、E

6.2　施工生产危险源与安全管理制度

1.【答案】A

第二类危险源主要通过管理手段加以控制，消除人的不安全行为、物的不安全状态，规避环境不良（不安全条件），包括建立健全危险源管理规章制度，做好危险源控制管理基础工作，明确责任，加强安全教育、危险源的日常管理，定期检查，做好危险源控制管理，实施考核评价和奖惩等。选项A正确。

2.【答案】B

3.【答案】A

4.【答案】B

5.【答案】A

6.【答案】B、C、D

特种作业人员应符合下列条件：（1）年满18周岁，且不超过国家法定退休年龄；（2）经社区或者县级以上医疗机构体检健康合格，并无妨碍从事相应特种作业的器质性心脏病、癫痫病、美尼尔氏症、眩晕症、癔病、震颤麻痹症、精神病、痴呆症及其他疾病和生理缺陷；（3）具有初中及以上文化程度；（4）具备必要的安全技术知识与技能；（5）相应特种作业规定的其他条件。选项B、C、D正确。

7.【答案】C、D、E

施工企业安全检查的形式应包括各管理层的自查、互查及对下级管理层的抽查等。安全检查的类型应包括日常巡查、专项检查、季节性检查、定期检查、不定期抽查等。选项C、D、E正确。

8.【答案】B、C、D、E

6.3 专项施工方案及施工安全技术管理

1.【答案】C

《建设工程安全生产管理条例》规定，对达到一定规模的危险性较大的分部分项工程，施工单位应编制专项施工方案，并附具安全验算结果，经施工单位技术负责人、总监理工程师签字后实施。选项C正确。

2.【答案】C

3.【答案】A

4.【答案】A

5.【答案】D

6.【答案】D

7.【答案】D

8.【答案】B、C、D

9.【答案】B、C、D、E

施工安全技术交底的主要内容：（1）工程项目和分部分项工程的概况；（2）施工项目的施工作业特点和危险点；（3）针对危险点的具体预防措施；（4）作业中应遵守的安全操作规程及应注意的安全事项；（5）作业人员发现事故隐患应采取的措施；（6）发生事故后应及时采取的避难和急救措施。选项B、C、D、E正确。

6.4 施工安全事故应急预案和调查处理

1.【答案】C

安全风险等级从高到低划分为重大风险、较大风险、一般风险和低风险，分别用红、橙、黄、蓝四种颜色标示。选项C正确。

2.【答案】D

3.【答案】D

4.【答案】A

按照生产安全事故造成的人员伤亡或直接经济损失分类，较大事故是指造成3人以上10人以下死亡，或者10人以上50人以下重伤，或者1000万元以上5000万元以下直接经济损失的事故。需要注意事故等级划分中所称的"以上"包括本数，所称的"以下"不包括本数。正确选项为A。

5.【答案】B

6.【答案】B

应急管理部门和负有安全生产监督管理职责的有关部门接到事故报告后，应依照下列规定上报事故情况，并通知公安机关、劳动保障行政部门、工会和人民检察院：（1）特别重大事故、重大事故逐级上报至国务院应急管理部门和负有安全生产监督管理职责的有关部门；（2）较大事故逐级上报至省、自治区、直辖市人民政府应急管理部门和负有安全生产监督管理职责的有关部门；（3）一般事故上报至设区的市级人民政府应急管理部门和负有安全生产监督管理职责的有关部门。选项B正确。

7. 【答案】C

8. 【答案】C

特别重大事故由国务院或者国务院授权有关部门组织事故调查组进行调查；重大事故、较大事故、一般事故分别由事故发生地省级人民政府、设区的市级人民政府、县级人民政府负责调查。选项C正确。

9. 【答案】A、B、C、D

重大事故隐患治理方案应当包括以下内容：（1）治理的目标和任务；（2）采取的方法和措施；（3）经费和物资的落实；（4）负责治理的机构和人员；（5）治理的时限和要求；（6）安全措施和应急预案。选项A、B、C、D正确。

10. 【答案】A、C、D

11. 【答案】A、B、C、D

事故调查报告应包括下列内容：（1）事故发生单位概况；（2）事故发生经过和事故救援情况；（3）事故造成的人员伤亡和直接经济损失；（4）事故发生的原因和事故性质；（5）事故责任的认定以及对事故责任者的处理建议；（6）事故防范和整改措施。选项A、B、C、D正确。

第7章 绿色施工及环境管理

本章考情分析

2024年核心考点及分值分布（单位：分）

本章节次	本章条目		试卷一		试卷二		试卷三		试卷四	
			单选	多选	单选	多选	单选	多选	单选	多选
7.1	7.1.1	各方主体绿色施工职责			1	2		2	1	
	7.1.2	绿色施工措施	2	2	1		1			
7.2	7.2.1	环境管理体系的建立和运行		2	1			1		
	7.2.2	施工现场文明施工要求	1		1				1	
	7.2.3	施工现场环境保护措施	1			2				2
合计			4	4	4	4	2	2	2	2
			8		8		4		4	

本章核心考点分析

7.1 绿色施工管理

核 心 考 点 提 纲

7.1 绿色施工管理 { 7.1.1 各方主体绿色施工职责
7.1.2 绿色施工措施

核 心 考 点 剖 析

7.1.1 各方主体绿色施工职责

核心考点一：绿色施工理念原则和方法

1. 绿色施工基本内容

绿色施工是指在保证质量、安全等基本要求的前提下，通过科学管理和技术进步，最大限度地节约资源，减少对环境负面影响，实现节材、节水、节能、节地和环境保护（"四节一环保"）的施工活动。

2. 绿色施工理念原则和方法

绿色施工理念原则和方法

可持续发展和清洁生产理念	可持续发展理念	涵盖：经济可持续性、社会可持续性、环境可持续性
		考量：（1）资源永续利用；（2）环境容量的承载能力
		原则：公平性、持续性和共同性
	清洁生产理念	目的：提高资源利用效率，减少或者避免生产、服务和产品使用过程中污染物的产生和排放
		内容："三清一控"，即（1）清洁的原料与能源；（2）清洁的生产过程；（3）清洁的产品；（4）贯穿于清洁生产的全过程控制
	环境伦理要求	（1）整体性要求；（2）不损害性要求；（3）补偿性要求
循环经济"3R"原则		（1）减量化：通过输入端控制方式，用较少资源投入来达到既定的生产目的，从经济活动的源头就注意节约资源和减少废弃物排放。 （2）再利用：通过过程端控制方式，将废物直接作为产品或经修复、翻新、再制造后继续作为产品使用，或者将废物的全部或部分作为其他产品的部件予以使用。 （3）再循环：通过输出端控制方式，将生产出来的物品在完成其使用功能后通过回收利用重新变成可用资源，减少垃圾的产生。包括：① 原级再循环，即把废弃物转化为同类新产品；② 次级再循环，即把废弃物转化为其他产品的原材料
生命周期评估方法（LCA）		通过计算和评估从原材料提取到废物处理等产品／服务生命周期各阶段的自然资源消耗和对环境的产出，提供评估与生产过程或服务相关的潜在环境影响方法

◆考法 1：绿色施工基本内容

【例题·单选题】"四节一环保"中"四节"是指（   ）。

    A. 节能、节地、节水、节材   B. 节电、节地、节水、节材

    C. 节能、节水、节油、节材   D. 节油、节电、节水、节材

【答案】A

【解析】四节一环保：节材与材料资源利用、节水与水资源利用、节能与能源利用、节地与施工用地保护、环境保护。

◆考法 2：绿色施工理念原则和方法

【例题 1·单选题】循环经济的原则是（   ）。

    A. 减量化、再利用、再循环   B. 减量化、再利用、产业化

    C. 产业化、再利用、再循环   D. 产业化、减量化、资源化

【答案】A

【解析】循环经济"3R"原则是指减量化、再利用、再循环。

【例题 2·2024 年真题·多选题】清洁生产的主要内容包括（   ）。

    A. 清洁的原料与能源   B. 清洁的生产过程

    C. 清洁的产品   D. 清洁的使用

E. 贯穿于清洁生产的全过程控制

【答案】A、B、C、E

【解析】"三清一控"，即（1）清洁的原料与能源；（2）清洁的生产过程；（3）清洁的产品；（4）贯穿于清洁生产的全过程控制。

核心考点二：各方主体绿色施工具体职责

各方主体绿色施工具体职责

建设单位	（1）在编制工程概算和招标文件时，应明确绿色施工的要求，并提供包括场地、环境、工期、资金等方面的条件保障。 （2）向施工单位提供绿色施工的设计文件、产品要求等资料，保证资料的真实性和完整性。 （3）建立建设工程绿色施工的协调机制
设计单位	（1）按国家现行有关标准和建设单位的要求进行工程的绿色设计。 （2）协助、支持、配合施工单位做好建设工程绿色施工的有关设计工作
监理单位	（1）对建设工程绿色施工承担监理责任。 （2）审查绿色施工组织设计、绿色施工方案或绿色施工专项方案
施工单位	（1）是绿色施工的实施主体，组织绿色施工的全面实施。 （2）实行总承包管理的建设工程，总承包单位应对绿色施工负总责。 （3）专业承包单位对工程承包范围的绿色施工负责。 （4）建立以项目经理为第一责任人的绿色施工管理体系，制定绿色施工管理制度，负责绿色施工的组织实施。 （5）绿色施工组织设计、绿色施工方案或绿色施工专项方案编制前，进行绿色施工影响因素分析，制定实施对策和绿色施工评价方案

◆ **考法：各方主体绿色施工具体职责**

【例题1·单选题】关于绿色施工职责，下列说法正确的是（   ）。

A. 建设单位是建设工程绿色施工的实施主体，应组织绿色施工的全面实施

B. 实行总承包管理的建设工程总承包单位应对绿色施工负总责

C. 总承包单位应对专业承包单位承包范围的绿色施工负责

D. 监理单位应进行绿色施工影响因素分析，并据此制定实施对策和绿色施工评价方案

【答案】B

【解析】选项 A 错误，施工单位是建设工程绿色施工的实施主体。选项 C 错误，总承包单位应对专业承包单位的绿色施工实施管理，专业承包单位应对工程承包范围的绿色施工负责。选项 D 错误，施工单位应进行绿色施工影响因素分析。

【例题2·多选题】下列选项中，属于施工单位绿色施工职责的有（   ）。

A. 施工单位是建设工程绿色施工的实施主体，应组织绿色施工的全面实施

B. 进行绿色施工影响因素分析并据此制定实施对策和绿色施工评价方案

C. 应建立以项目经理为第一责任人的绿色施工管理体系

D. 明确绿色施工的要求并提供包括场地、环境、工期、资金等方面的条件保障

E. 应对建设工程绿色施工承担监理责任

【答案】 A、B、C

【解析】 选项 D 属于建设单位的职责，选项 E 属于监理单位的职责。

7.1.2 绿色施工措施

核心考点一：绿色施工管理措施

1. 编制绿色施工组织设计和绿色施工方案

绿色施工方案的内容：四节一环保。

2. 人员安全与健康管理

（1）制定施工防尘、防毒、防辐射等职业危害的措施；（2）合理布置施工场地，保护生活及办公区不受施工活动的有害影响；（3）提供卫生、健康的工作与生活环境，加强对施工人员的住宿、膳食、饮用水等生活与环境卫生等管理。

3. 环境监测管理

常规环境监测包括环境质量监测、污染源监测、生态环境监测；特殊目的监测包括研究型监测、污染事故监测和仲裁监测。

◆ **考法：绿色施工管理措施**

【例题·单选题】 下列选项中，属于特殊目的监测的是（ ）。

    A. 环境质量监测　　　　　　　　　B. 污染事故监测

    C. 污染源监测　　　　　　　　　　D. 生态环境监测

【答案】 B

【解析】 常规环境监测包括环境质量监测、污染源监测、生态环境监测；特殊目的监测包括研究型监测、污染事故监测和仲裁监测。

核心考点二：绿色施工技术措施

1. 节材与材料资源利用

（1）推广使用高强度钢筋和高性能混凝土；推广使用预拌混凝土和商品砂浆；大型钢结构宜采用工厂制作，现场拼装。

（2）围护结构选用耐候性及耐久性良好的材料；加强保温隔热系统与围护结构的节点处理，尽量降低热桥效应。

（3）采用非木质的新材料或人造板材代替木质板材。

（4）优先选用制作、安装、拆除一体化的专业队伍进行模板工程施工。工地临房、临时围挡材料的可重复使用率达到70%。

（5）施工现场500km以内生产的建筑材料用量占建筑材料总重量的70%以上。

2. 节水与水资源利用

（1）施工现场建立可再利用水的收集处理系统，使水资源得到梯级循环利用。

（2）现场机具、设备、车辆冲洗用水必须设立循环用水装置。

（3）雨量充沛地区的大型施工现场建立雨水收集利用系统。

（4）处于基坑降水阶段的工地，宜优先采用地下水作为混凝土搅拌用水、养护用水、冲洗用水和部分生活用水。

（5）优先采用非传统水源，尽量不使用市政自来水。

（6）力争施工中非传统水源和循环水的再利用量大于30%。

3. 节能与能源利用

（1）优先使用国家、行业推荐的节能、高效、环保的施工设备和机具，如选用变频技术的节能施工设备等。

（2）办公和生活临时用房应采用可重复利用的房屋。

（3）照明设计以满足最低照度为原则，不超过最低照度的20%。施工现场宜错峰用电。

4. 节地与施工用地保护

（1）临时设施的占地面积按用地指标所需的最低面积设计，且有效利用率大于90%。

（2）塔式起重机等垂直运输设施基座宜采用可重复利用的装配式基座或利用在建工程的结构。

（3）生活区与生产区应分开布置；施工现场内形成环形通路。

5. 环境保护

（1）扬尘控制

①施工现场宜搭设封闭式垃圾站。施工现场出口应设置洗车槽。

②施工现场非作业区达到目测无扬尘的要求。

③土方作业阶段，采取洒水、覆盖等措施，作业区目测扬尘高度小于1.5m。在场界四周隔挡高度位置测得的大气总悬浮颗粒物（TSP）月平均浓度与城市背景值的差值不大于0.08mg/m³。

④结构施工、安装装饰装修阶段，作业区目测扬尘高度小于0.5m。

⑤施工现场使用的热水锅炉等宜使用清洁燃料。

⑥不得在施工现场融化沥青或焚烧油毡、油漆等有毒、有害和恶臭物质。

（2）噪声与振动控制

①昼间场界环境噪声不得超过70dB（A），夜间场界环境噪声不得超过55dB（A），夜间噪声最大声级超过限值的幅度不得高于15dB（A）。

②在施工场界需对噪声进行实时监测。测点应设在建筑施工场界外1m，高度1.2m以上的位置。测量应在无雨雪、无雷电天气，风速为5m/s以下时进行。施工期间，测量连续20min的等效声级，夜间同时测量最大声级。

③施工现场应使用低噪声、低振动的机具，采取隔声与隔振措施。

（3）光污染控制

①采取限时施工、遮光和全封闭等措施。

②夜间室外照明灯加设灯罩，透光方向集中在施工范围。

③电焊作业和大型照明灯具应采取防光外泄措施。

（4）水污染控制

①食堂、盥洗室、淋浴间的下水管线应设置过滤网，食堂应设隔油池；施工现场宜采用移动式厕所，固定厕所应设化粪池；隔油池和化粪池应做防渗处理。

② 当基坑开挖抽水量大于 50 万 m^3 时，应进行地下水回灌。

③ 施工现场存放的油料和化学溶剂等物品应设专门库房，地面应做防渗漏处理。

（5）建筑垃圾控制

① 力争建筑垃圾再利用和回收率达到 30%，建筑物拆除产生的废弃物再利用和回收率大于 40%。对于碎石类、土石方类建筑垃圾，再利用率大于 50%。

② 施工现场生活区设置封闭式垃圾容器，施工场地生活垃圾实行袋装化，及时清运。

③ 严禁将生活垃圾和建筑垃圾混装。有毒有害废弃物的分类率应达到 100%；对有可能造成二次污染的废弃物应单独储存，并设置醒目标识。

◆ **考法 1：节材与材料资源利用**

【例题·多选题】关于绿色施工技术措施中的节材，下列说法正确的有（　　　）。

A. 推广使用预拌混凝土和商品砂浆

B. 优化钢结构制作和安装方法，大型钢结构宜采用现场制作并拼装

C. 采用非木质的新材料或人造板材代替木质板材

D. 力争工地临房、临时围挡材料的可重复使用率达到 50%

E. 优先选用制作、安装、拆除一体化的专业队伍进行模板工程施工

【答案】A、C、E

【解析】选项 B 错误，大型钢结构宜采用工厂制作现场拼装。选项 D 错误，力争工地临房、临时围挡材料的可重复使用率达到 70%。

◆ **考法 2：节水与水资源利用**

【例题·多选题】关于水资源利用的说法，正确的有（　　　）。

A. 优先采用中水搅拌、中水养护，有条件的地区和工程应收集雨水养护

B. 优先采用市政自来水

C. 处于基坑降水阶段的工地宜优先采用雨水作为混凝土搅拌用水

D. 力争施工中非传统水源和循环水的再利用量大于 70%

E. 施工中应采用先进的节水施工工艺

【答案】A、E

【解析】选项 B 错误，优先采用非传统水源，尽量不使用市政自来水。选项 C 错误，处于基坑降水阶段的工地，宜优先采用地下水作为混凝土搅拌用水。选项 D 错误，力争施工中非传统水源和循环水的再利用量大于 30%。

◆ **考法 3：节能与能源利用**

【例题·单选题】照明设计以满足最低照度为原则，照度不应超过最低照度的（　　　）。

A. 10%　　　　　　　　　　　B. 20%

C. 50%　　　　　　　　　　　D. 70%

【答案】B

【解析】照明设计以满足最低照度为原则，照度不应超过最低照度的 20%。

◆ **考法 4：节地与施工用地保护**

【例题 1·单选题】在满足环境、职业健康与安全及文明施工要求的前提下尽可能减

少废弃地和死角，临时设施占地面积有效利用率大于（　　）。

    A. 10%　　　　　　　　　　　　　B. 50%

    C. 70%　　　　　　　　　　　　　D. 90%

【答案】D

【解析】临时设施占地面积有效利用率大于90%。

【例题2·单选题】关于节地与施工用地保护，下列说法正确的是（　　）。

    A. 临时设施的占地面积应按用地指标所需的最大面积设计

    B. 塔式起重机等垂直运输设施基座宜采用可重复利用的装配式基座

    C. 生活区与生产区可以合并布置

    D. 施工现场内应避免形成环形通路

【答案】B

【解析】选项A错误，临时设施的占地面积应按用地指标所斤需的最低面积设计。选项C错误，生活区与生产区分开布置。选项D错误，施工现场内应形成环形通路。

◆ 考法5：环境保护

【例题1·2024年真题·单选题】在土方作业阶段，应按照施工现场扬尘控制要求，采取洒水、覆盖等措施，达到作业区目测扬尘高度小于（　　）m，不扩散到场区外。

    A. 0.5　　　　　　　　　　　　　B. 1

    C. 2　　　　　　　　　　　　　　D. 1.5

【答案】D

【解析】土方作业阶段，采取洒水、覆盖等措施，达到作业区目测扬尘高度小于1.5m。

【例题2·2024年真题·单选题】结构施工、安装装饰装修阶段，作业区目测扬尘高度小于（　　）m。

    A. 0　　　　　　　　　　　　　　B. 0.5

    C. 1　　　　　　　　　　　　　　D. 1.5

【答案】B

【解析】结构施工、安装装饰装修阶段，作业区目测扬尘高度小于0.5m。

【例题3·单选题】在场界四周隔挡高度位置测得的大气总悬浮颗粒物（TSP）月平均浓度与城市背景值的差值不大于（　　）mg/m³。

    A. 0.02　　　　　　　　　　　　B. 0.04

    C. 0.06　　　　　　　　　　　　D. 0.08

【答案】D

【解析】大气总悬浮颗粒物（TSP）月平均浓度与城市背景值的差值不大于0.08mg/m³。

【例题4·多选题】关于扬尘控制，下列说法正确的有（　　）。

    A. 施工现场宜搭设封闭式垃圾站

    B. 施工现场出入口均应设置洗车槽

    C. 施工现场非作业区达到目测扬尘高度小于1.5m

    D. 浇筑混凝土前清理灰尘和垃圾时尽量使用吹风器等设备

E. 不得在施工现场融化沥青或焚烧油毡、油漆

【答案】A、E

【解析】选项 B 错误，施工现场出口应设置洗车槽。选项 C 错误，非作业区达到目测无扬尘的要求。选项 D 错误，浇筑混凝土前清理灰尘和垃圾时尽量使用吸尘器，避免使用吹风器等易产生扬尘的设备。

【例题 5·单选题】关于噪声与振动控制，下列说法错误的是（　　　）。

　　A. 昼间场界环境噪声不得超过 70dB（A）

　　B. 夜间场界环境噪声不得超过 85dB（A）

　　C. 夜间噪声最大声级超过限值的幅度不得高于 15dB（A）

　　D. 在施工场界需对噪声进行实时监测

【答案】B

【解析】选项 B 错误，夜间场界环境噪声不得超过 55dB（A）。

【例题 6·单选题】当基坑开挖抽水量大于（　　　）m³ 时，应进行地下水回灌，并避免地下水被污染。

　　A. 10 万　　　　　　　　　　　　　B. 20 万

　　C. 50 万　　　　　　　　　　　　　D. 80 万

【答案】C

【解析】当基坑开挖抽水量大于 50 万 m³ 时，应进行地下水回灌。

【例题 7·单选题】关于垃圾回收利用和处置，下列说法正确的是（　　　）。

　　A. 力争使建筑垃圾的再利用和回收率达到 30%

　　B. 建筑物拆除产生的废弃物再利用和回收率大于 30%

　　C. 对于碎石类、土石方类建筑垃圾可采用地基填埋、铺路等方式提高再利用率，力争再利用率大于 40%

　　D. 有毒有害废弃物的分类率应达到 50%；对有可能造成二次污染的废弃物应单独储存并设置醒目标识

【答案】A

【解析】选项 B 应为 40%，选项 C 应为 50%，选项 D 应为 100%。

7.2　施工现场环境管理

核心考点提纲

　　　　　　　　　　　　　　　　　7.2.1　环境管理体系的建立和运行
　　7.2　施工现场环境管理　　　　　7.2.2　施工现场文明施工要求
　　　　　　　　　　　　　　　　　7.2.3　施工现场环境保护措施

7.2.1 环境管理体系的建立和运行

核心考点一：环境管理体系的基本理念和核心内容

1. 环境管理体系的基本理念

（1）持续改进；（2）法律合规；（3）风险管理；（4）绩效评估；（5）沟通与参与；（6）资源管理；（7）培训和意识。

2. 环境管理体系的核心内容

环境管理体系的核心内容

核心内容	具体内容
组织所处环境	组织外部的环境以及文化、社会、政治、法律，组织内部的特征或条件
领导作用（处于核心地位）	（1）领导作用和承诺；（2）环境方针；（3）组织的角色、职责和权限
策划	（1）应对风险和机遇的措施；（2）环境目标及其实现的策划
支持	（1）资源；（2）能力；（3）意识；（4）信息交流；（5）文件化信息
运行	（1）运行策划和控制；（2）应急准备和响应
绩效评价	（1）监视、测量、分析和评价；（2）内部审核；（3）管理评审
改进	（1）总则；（2）不符合和纠正措施；（3）持续改进

◆**考法：环境管理体系的基本理念和核心内容**

【例题1·单选题】关于环境管理体系的内容中，处于核心地位的是（　　　）。

  A. 领导作用　　　　　　　　　　　　B. 策划

  C. 支持　　　　　　　　　　　　　　D. 运行

【答案】A

【解析】领导作用处于核心地位。

【例题2·2024年真题·多选题】根据《环境管理体系 要求及使用指南》GB 24001—2016，领导作用在环境管理体系中处于核心地位，这里的"领导作用"包括（　　　）。

  A. 领导作用和承诺　　　　　　　　　B. 组织所处环境

  C. 环境方针　　　　　　　　　　　　D. 组织的角色、职责和权限

  E. 相关方价值

【答案】A、C、D

【解析】领导作用包括：（1）领导作用和承诺；（2）环境方针；（3）组织的角色、职责和权限。

【例题3·单选题】关于环境管理体系的核心内容，不属于"支持"的是（　　　）。

  A. 资源　　　　　　　　　　　　　　B. 能力

  C. 文件化信息　　　　　　　　　　　D. 应对风险和机遇的措施

【答案】D

【解析】支持包括：资源、能力、意识、信息交流、文件化信息。选项 D 属于策划。

【例题 4·单选题】关于环境管理体系的核心内容，不属于"绩效评价"的是（   ）。

A. 信息交流   B. 内部审核

C. 管理评审   D. 监视、测量、分析和评价

【答案】A

【解析】绩效评价包括：（1）监视、测量、分析和评价；（2）内部审核；（3）管理评审。

核心考点二：环境管理体系的建立和运行

环境管理体系的建立和运行

环境管理体系的建立	（1）准备工作	① 最高管理者的承诺、责任和领导。 ② 组建工作班子，制定计划和人员培训
	（2）初始环境评审	① 确定企业环境和确定相关方要求。 ② 确定环境管理体系范围。 ③ 确定环境管理体系过程。 ④ 制定方针、确定岗位职责权限
	（3）环境管理体系策划及体系文件编制	① 体系策划。 ② 体系文件编制
环境管理体系的运行	（1）试运行。（2）采取对不符合的纠正措施。（3）开展内部审核。 （4）开展管理评审：建筑企业最高管理者应在其确定的时间间隔，对其环境管理体系进行评审，以评估体系的持续适宜性、充分性和有效性	

◆ 考法：环境管理体系的建立和运行

【例题·单选题】初始环境评审包括：① 确定企业环境和确定相关方要求；② 确定环境管理体系范围；③ 确定环境管理体系过程；④ 确定岗位职责权限。下列顺序正确的是（   ）。

A. ①②③④   B. ②①③④

C. ④①②③   D. ①③②④

【答案】A

【解析】初始环境评审程序：（1）确定企业环境和确定相关方要求；（2）确定环境管理体系范围；（3）确定环境管理体系过程；（4）制定方针、确定岗位职责权限。

7.2.2 施工现场文明施工要求

核心考点一：文明施工的作用及管理理念

1. 文明施工的主要作用

（1）文明施工是保证施工质量、施工安全的支持条件。

（2）文明施工是以人为本、关心公众的现实需要。

（3）文明施工是反映企业能力和企业形象的重要窗口。

2. 文明施工管理理念

（1）企业社会责任理念。追求营利性目标的同时，应承担对环境、社会和其他利益相关者的责任或应尽的义务。

（2）精益管理理念。以较少的资源投入，创造尽可能多的价值。

（3）"8S"管理理念。即整理、整顿、清扫、清洁、素养、安全、节约和学习。

◆**考法：文明施工的作用及管理理念**

【**例题·单选题**】下列选项中，不属于文明施工管理理念的是（　　）。

    A. 企业社会责任理念　　　　　　B. 精益管理理念

    C. "8S"管理理念　　　　　　　　D. 经济责任理念

【**答案**】D

【**解析**】文明施工管理理念：企业社会责任理念、精益管理理念、"8S"管理理念。

核心考点二：文明施工管理目标及工作要求

1. 文明施工管理目标

应努力做到文明施工管理的"六化"：现场管理制度化、安全设施标准化、现场布置条理化、机料摆放定置化、作业行为规范化、环境协调和谐化。

2. 文明施工管理工作要求

（1）建立文明施工管理体系，是落实项目管理目标和管理职责的基础。文明施工管理体系涉及技术类标准、管理类标准和行为类标准。

（2）抓好员工教育培训，是做好文明施工工作的重点。

（3）安全文明施工管理规划在工程开工前编制，应充分考虑施工临时设施与永久性设施的结合利用。

（4）落实安全文明施工费，做好专款专用。安全文明施工费是指购置和更新施工安全防护用具及设施、改善现场安全生产条件和作业环境所需要的费用。施工合同和实施过程中的费用核查情况是安全文明措施费的结算依据。

3. 文明施工具体要求

文明施工具体要求

项目名称	具体要求
安全警示标志牌	在易发生伤亡事故（或危险）处设置明显的、符合国家标准要求的安全警示标志牌
现场围挡	（1）采用封闭围挡，高度不小于1.8m。 （2）围挡材料可采用彩色、定型钢板，砖、混凝土砌块等墙体
五牌一图	在进门处悬挂工程概况、管理人员名单及监督电话、安全生产、文明施工、消防保卫五牌；施工现场总平面图
企业标志	现场出入的大门应设有企业标识
场容场貌	（1）道路畅通；（2）排水沟、排水设施通畅；（3）工地地面硬化处理；（4）绿化
材料堆放	（1）材料、构件、料具等堆放时，悬挂有名称、品种、规格等标牌。 （2）水泥和其他易飞扬细颗粒建筑材料应密闭存放或采取覆盖等措施。 （3）易燃、易爆和有毒有害物品分类存放

项目名称	具体要求
现场防火	消防器材配置合理，符合消防要求
垃圾清运	施工现场应设置密闭式垃圾站，施工垃圾、生活垃圾应分类存放。施工垃圾必须采用相应容器或管道运输

◆**考法：文明施工管理目标及工作要求**

【例题 1·单选题】落实项目管理目标和管理职责的基础是（　　）。

  A. 建立健全文明施工管理体系

  B. 抓好员工教育培训树立文明施工理念

  C. 制定安全文明施工管理规划优化对策

  D. 落实安全文明施工费，依规做好专款专用

【答案】A

【解析】建立文明施工管理体系，是落实项目管理目标和管理职责的基础。

【例题 2·单选题】关于文明施工管理工作要求，下列说法错误的是（　　）。

  A. 对劳务班组开展每日班前交底会并可采用可视化安全交底等新方式

  B. 安全文明施工规划应依据实际施工条件在工程开工后编制

  C. 应充分考虑施工临时设施与永久性设施的结合利用实现永临结合

  D. 施工单位应设立安全文明施工费专款专用账户

【答案】B

【解析】选项 B 错误，安全文明施工规划应依据实际施工条件在工程开工前编制。

【例题 3·单选题】现场封闭围挡高度不小于（　　）m。

  A. 1.5   B. 1.8

  C. 2   D. 2.5

【答案】B

【解析】采用封闭围挡，高度不小于 1.8m。

【例题 4·2024 年真题·单选题】按照文明施工管理工作要求，下列做法中，正确的是（　　）。

  A. 根据施工总平面布局，应合理规划作业区等，降低交叉施工干扰

  B. 施工临时设施与永久性设施应严格进行区分利用

  C. 建筑垃圾可作为废料进行土方填埋施工

  D. 施工现场设开放式垃圾站，施工垃圾、生活垃圾集中存放

【答案】A

【解析】选项 B 错误，应充分考虑施工临时设施与永久性设施的结合利用实现永临结合。选项 C 错误，建筑垃圾不可作为废料进行土方填埋施工。选项 D 错误，施工现场应设置密闭式垃圾站，施工垃圾、生活垃圾应分类存放。

【例题 5·多选题】下列选项中，属于"五牌一图"中"五牌"的有（　　）。

A. 安全警示标志牌　　　　　　B. 管理人员名单及监督电话牌

C. 安全生产牌　　　　　　　　D. 消防保卫牌

E. 节能公示牌

【答案】B、C、D

【解析】五牌一图：工程概况、管理人员名单及监督电话、安全生产、文明施工、消防保卫五牌；施工现场总平面图。

【例题6·多选题】下列选项中，属于文明施工管理的"六化"的有（　　　）。

A. 现场管理制度化　　　　　　B. 作业行为规范化

C. 现场布置条理化　　　　　　D. 机料摆放标准化

E. 环境协调和谐化

【答案】A、B、C、E

【解析】"六化"：现场管理制度化、安全设施标准化、现场布置条理化、机料摆放定置化、作业行为规范化、环境协调和谐化。

7.2.3　施工现场环境保护措施

核心考点：施工现场环境保护措施

从绿色施工评价角度，施工现场应采取环境保护措施。

1. 控制项

控制项是指绿色施工过程中必须达到的基本要求条款。包括：

（1）绿色施工策划文件中应包含环境保护内容，并建立环境保护管理制度。

（2）施工现场应在醒目位置设环境保护标识。

（3）施工现场的古迹、文物、树木及生态环境等采取有效保护措施，制定地下文物应急预案。

2. 一般项

一般项是指绿色施工过程中难度和要求适中的条款。包括：

（1）遇有六级及以上大风天气时，应停止土方开挖、回填、转运及其他可能产生扬尘污染的施工活动。

（2）装配式建筑施工垃圾排放量不大于 200t/万 m^2，非装配式建筑施工垃圾排放量不大于 300t/万 m^2。

（3）建筑垃圾回收利用率达到 30%，建筑材料包装物回收利用率达到 100%。

（4）工程污水和试验室养护用水应处理合格后，排入市政污水管道，检测频率不应少于 1 次/月。

（5）施工场界声强限值昼间不大于 70dB（A），夜间不大于 55dB（A）。

3. 优选项

优选项是指绿色施工过程中实施难度较大、要求较高的条款。包括：

（1）施工现场宜设置可移动环保厕所，并定期清运、消毒。

（2）现场宜采用自动喷雾（淋）降尘系统。

（3）施工场界宜设置扬尘自动监测仪，动态连续定量监测扬尘（TSP、PM_{10}）。

（4）施工场界宜设置动态连续噪声监测设施，显示昼夜噪声曲线。

（5）装配式建筑施工垃圾排放量不宜大于 140t/ 万 m^2，非装配式建筑施工垃圾排放量不宜大于 210t/ 万 m^2。

（6）建筑垃圾回收利用率宜达到 50%。

（7）施工现场宜采用地磅或自动监测平台，动态计量固体废弃物重量。

（8）施工现场宜采用雨水就地渗透措施。

（9）施工现场宜采用生态环保泥浆、泥浆净化器反循环快速清孔等环境保护技术。

（10）施工现场宜采用水封爆破、静态爆破等高效降尘的先进工艺。

（11）土方施工宜采用水浸法湿润土壤等降尘方法。

（12）施工现场淤泥质渣土宜经脱水后外运。

◆ **考法：施工现场环境保护措施**

【例题 1·单选题】绿色施工过程中实施难度较大、要求较高的条款指的是（ 　　 ）。

 A. 控制项   B. 一般项

 C. 优选项   D. 忽略项

【答案】C

【解析】优选项是指绿色施工过程中实施难度较大、要求较高的条款。

【例题 2·单选题】在施工现场环境保护措施的一般项中，工程污水和试验室养护用水应处理合格后，排入市政污水管道，检测频率不应少于（ 　　 ）次 / 月。

 A. 1   B. 2

 C. 3   D. 4

【答案】A

【解析】工程污水和试验室养护用水应处理合格后，检测频率不应少于 1 次 / 月。

【例题 3·2024 年真题·多选题】根据绿色施工评价标准，下列环境保护要求中，属于绿色施工评价控制项的有（ 　　 ）。

 A. 应制定地下文物应急预案

 B. 对集中堆放的土方应采取抑尘措施

 C. 应制定建筑垃圾减量化、资源化计划

 D. 施工现场应在醒目位置设环境保护标识

 E. 绿色施工策划文件中应包含环境保护内容

【答案】A、D、E

【解析】控制项是指绿色施工过程中必须达到的基本要求条款。包括：（1）绿色施工策划文件中应包含环境保护内容，并建立环境保护管理制度。（2）施工现场应在醒目位置设环境保护标识。（3）施工现场的古迹、文物、树木及生态环境等采取有效保护措施，制定地下文物应急预案。

【例题 4·多选题】下列选项中，属于施工现场环境保护措施中优选项的有（ 　　 ）。

 A. 施工现场宜设置可移动环保厕所并定期清运

B. 现场宜采用自动喷雾（淋）降尘系统

C. 施工现场应在醒目位置设环境保护标识

D. 建筑垃圾回收利用率宜达到 50%

E. 装配式建筑施工垃圾排放量不大于 200t/ 万 m²

【答案】A、B、D

【解析】选项 C 属于控制项，选项 E 属于一般项的建筑垃圾处置。

本章经典真题回顾

一、单项选择题（每题 1 分。每题的备选项中，只有 1 个最符合题意）

1. 推行绿色施工需要确立清洁生产理念。所谓的清洁生产，可归纳为"三清一控"，除清洁的生产过程和清洁的产品外，"三清"还应包含的内容是（   ）。

A. 清洁的燃料与能源 　　　　B. 清洁的生产工人

C. 清洁的大气环境 　　　　　D. 清洁的生产设备

【答案】A

【解析】清洁生产的主要内容可归纳为"三清一控"：（1）清洁的原料与能源；（2）清洁的生产过程；（3）清洁的产品；（4）贯穿于清洁生产的全过程控制。

2. 在土方作业阶段，应按照施工现场扬尘控制要求，采取洒水、覆盖等措施，达到作业区目测扬尘高度小于（   ）m，不扩散到场区外。

A. 0.5 　　　　　　　　　　B. 1

C. 2 　　　　　　　　　　　D. 1.5

【答案】D

【解析】土方作业阶段，采取洒水、覆盖等措施，达到作业区目测扬尘高度小于 1.5m，不扩散到场区外。

3. 根据《建筑施工场界环境噪声排放标准》GB 12523—2011，施工现场昼间场界环境噪声限值是（   ）dB（A）。

A. 15 　　　　　　　　　　B. 55

C. 70 　　　　　　　　　　D. 85

【答案】C

【解析】昼间场界环境噪声不得超过 70dB（A），夜间场界环境噪声不得超过 55dB（A）。

4. 安全文明施工费的结算依据是（   ）。

A. 安全文明施工费台账 　　　B. 施工合同及实施过程中的费用核查情况

C. 安全文明施工费报价单 　　D. 有关企业安全生产费用提取制度

【答案】B

【解析】施工单位应设立安全文明施工费专用账户，建立安全文明施工措施费台账，做到专款专用，确保按投标报价及相关标准要求投入，施工合同和实施过程中的费用核查情况是安全文明措施费的结算依据。

5. 按照文明施工管理委托，施工现场进门处应悬挂"五牌一图"，其中的"一图"指的是（　　）。

    A. 工程结构图
           B. 施工组织结构图

    C. 项目管理工作流程图
       D. 施工现场总平面图

【答案】D

【解析】"五牌一图"：工程概况、管理人员名单及监督电话、安全生产、文明施工、消防保卫五牌；施工现场总平面图。

6. 根据现行绿色施工评价标准，下列施工现场环境保护评价指标中，属于控制项的是（　　）。

    A. 对集中堆放在施工现场的土方应采取抑尘措施

    B. 施工现场厨房烟气应净化后排放

    C. 施工现场应在醒目位置设环境保护标识

    D. 施工现场垃圾应分类、封闭、集中堆放

【答案】C

【解析】控制项是指绿色施工过程中必须达到的基本要求条款。控制项包括以下内容：（1）绿色施工策划文件中应包含环境保护内容，并建立环境保护管理制度。（2）施工现场应在醒目位置设环境保护标识。（3）施工现场的古迹、文物、树木及生态环境等采取有效保护措施，制定地下文物应急预案。

二、多项选择题（每题 2 分，每题的备选项中，有 2 个或 2 个以上符合题意，至少有 1 个错项。错选，本题不得分；少选，所选的每个选项得 0.5 分）

1. 根据现行绿色施工评价标准，施工现场污水排放应符合的规定包括（　　）。

    A. 现场道路周边应设置排水沟

    B. 现场厕所应设置化粪池并定期清理

    C. 钻孔桩作业应采用泥浆循环利用系统

    D. 试验室养护用水可直接排入市政污水管道

    E. 工地厨房污水可直接排入市政污水管道

【答案】A、B、C

【解析】选项 D、E 错误，试验室养护用水，工地厨房污水不可以直接排放。

2. 根据《环境管理体系　要求及使用指南》GB/T 24001—2016，领导作用在环境管理体系中处于核心地位，这里的"领导作用"包括（　　）。

    A. 领导作用和承诺
        B. 组织所处环境

    C. 环境方针
            D. 组织的角色、职责和权限

    E. 相关方价值

【答案】A、C、D

【解析】领导作用包括三方面内容：（1）领导作用和承诺；（2）环境方针；（3）组织的角色、职责和权限。

3. 根据绿色施工评价标准，下列环境保护要求中，属于绿色施工评价控制项的有（   ）。

    A. 应制定地下文物应急预案

    B. 对集中堆放的土方应采取抑尘措施

    C. 应制定建筑垃圾减量化、资源化计划

    D. 施工现场应在醒目位置设环境保护标识

    E. 绿色施工策划文件中应包含环境保护内容

【答案】A、D、E

【解析】控制项是指绿色施工过程中必须达到的基本要求条款。控制项包括以下内容：（1）绿色施工策划文件中应包含环境保护内容，并建立环境保护管理制度。（2）施工现场应在醒目位置设环境保护标识。（3）施工现场的古迹、文物、树木及生态环境等采取有效保护措施，制定地下文物应急预案。

本章模拟强化练习

7.1 绿色施工管理

1. 建设工程绿色施工的实施主体是（   ）。

    A. 建设单位   B. 设计单位

    C. 施工单位   D. 监理单位

2. 绿色施工管理措施中，建筑垃圾减量化要求每万平方米住宅建筑垃圾不宜超过（   ）t。

    A. 200   B. 400

    C. 600   D. 800

3. 绿色施工技术措施中，鼓励施工就地取材，要求施工现场 500km 以内生产的建筑材料用量占建筑材料总重量的（   ）以上。

    A. 50%   B. 60%

    C. 70%   D. 80%

4. 在节水及水资源利用的技术措施中，施工中应采用先进的节水施工工艺，优先采用非传统水源，尽量不使用市政自来水。力争施工中非传统水源和循环水的再利用量大于（   ）。

    A. 20%   B. 30%

    C. 40%   D. 50%

5. 土方作业阶段，采取洒水、覆盖等措施，达到作业区目测扬尘高度小于（   ）m，不扩散到场区外。

    A. 0.5   B. 1

    C. 1.5   D. 2

6. 根据《建筑施工场界环境噪声排放标准》GB 12523—2011，昼间噪声排放限值为

70dB（A），夜间噪声排放限值为 55dB（A）。夜间噪声最大声级超过限值的幅度不得高于（　　　）dB（A）。

    A. 5　　　　　　　　　　　　B. 10

    C. 15　　　　　　　　　　　　D. 20

7. 清洁生产的主要内容包括（　　　）。

    A. 清洁的原料与能源　　　　　B. 清洁的生产过程

    C. 清洁的产品　　　　　　　　D. 贯穿于清洁生产的全过程控制

    E. 清洁的施工环境

8. 绿色施工循环经济"3R"原则包括（　　　）。

    A. 减量化原则　　　　　　　　B. 污染者付费原则

    C. 再利用原则　　　　　　　　D. 协调发展原则

    E. 再循环原则

7.2　施工现场环境管理

1. 工地四周设置的封闭围挡高度不得低于（　　　）m。

    A. 1.8　　　　　　　　　　　　B. 2.0

    C. 2.2　　　　　　　　　　　　D. 2.5

2. 安全文明施工管理理念包括（　　　）。

    A. 企业社会责任理念　　　　　B. 精益管理理念

    C. "8S"管理理念　　　　　　　D. 成本节约理念

    E. 定制化理念

3. 施工现场文明施工所指的"五牌一图"包括（　　　）。

    A. 工程概况牌　　　　　　　　B. 组织结构图

    C. 消防保卫牌　　　　　　　　D. 文明施工牌

    E. 安全生产牌

4. 下列属于环境保护优选项内容的有（　　　）。

    A. 现场采用低噪声设备施工

    B. 现场设置环境保护标识

    C. 现场采用自动喷雾（淋）降尘系统

    D. 动态连续噪声监测设施显示昼夜噪声曲线

    E. 自动监测平台动态计量固体废弃物重量

本章模拟强化练习答案及解析

7.1　绿色施工管理

1.【答案】C

2.【答案】B

3.【答案】C

4. 【答案】B

5. 【答案】C

6. 【答案】C

7. 【答案】A、B、C、D

8. 【答案】A、C、E

7.2　施工现场环境管理

1. 【答案】A

2. 【答案】A、B、C

3. 【答案】A、C、D、E

4. 【答案】C、D、E

　　优选项是指绿色施工过程中实施难度较大、要求较高的条款。包括：（1）施工现场宜设置可移动环保厕所，并定期清运、消毒。（2）现场宜采用自动喷雾（淋）降尘系统。（3）施工场界宜设置扬尘自动监测仪，动态连续定量监测扬尘（TSP、PM_{10}）。（4）施工场界宜设置动态连续噪声监测设施，显示昼夜噪声曲线。（5）装配式建筑施工垃圾排放量不宜大于 140t/ 万 m^2，非装配式建筑施工垃圾排放量不宜大于 210t/ 万 m^2。（6）建筑垃圾回收利用率宜达到 50%。（7）施工现场宜采用地磅或自动监测平台，动态计量固体废弃物重量。（8）施工现场宜采用雨水就地渗透措施。（9）施工现场宜采用生态环保泥浆、泥浆净化器反循环快速清孔等环境保护技术。（10）施工现场宜采用水封爆破、静态爆破等高效降尘的先进工艺。（11）土方施工宜采用水浸法湿润土壤等降尘方法。（12）施工现场淤泥质渣土宜经脱水后外运。

第8章　施工文件归档管理及项目管理新发展

本章考情分析

2024年核心考点及分值分布（单位：分）

本章节次	本章条目	试卷一		试卷二		试卷三		试卷四	
		单选	多选	单选	多选	单选	多选	单选	多选
8.1	8.1.1　施工文件归档范围						2		2
	8.1.2　施工文件立卷和归档要求	1	2	1		1		1	
8.2	8.2.1　项目管理标准及价值交付	1			2			1	
	8.2.2　建筑信息模型（BIM）在工程项目管理中的应用			1		1			
合计		2	2	2	2	2	2	2	2
		4		4		4		4	

本章核心考点分析

8.1　施工文件归档管理

核 心 考 点 提 纲

8.1　施工文件归档管理 { 8.1.1　施工文件归档范围
8.1.2　施工文件立卷和归档要求

核 心 考 点 剖 析

8.1.1　施工文件归档范围

核心考点：施工文件归档范围

根据《建设工程文件归档规范》（2019年版）GB/T 50328—2014，施工单位必须归档保存的工程文件（部分）见下表。

施工单位必须归档保存的工程文件（部分）

工程文件类别	必须归档的工程文件	工程文件类别	必须归档的工程文件
招标投标文件	施工招标投标文件、施工合同	开工审批文件	建设工程施工许可证
工程造价文件	合同价格文件、结算价格文件	进度控制文件	工程开工报审表
质量控制文件	（1）质量事故报告及处理资料。 （2）见证取样和送检人员备案表。 （3）见证记录	施工记录文件	（1）隐蔽工程验收记录。 （2）工程定位测量记录。 （3）基槽验线记录。 （4）沉降观测记录
施工管理文件	（1）工程概况表。 （2）分包单位资质报审表。 （3）建设工程质量事故勘查记录。 （4）建设工程质量事故报告书。 （5）见证试验检测汇总表。 （6）施工日志	施工技术文件	（1）图纸会审记录。 （2）设计变更通知单。 （3）工程洽商记录（技术核定单）

◆ **考法：施工文件归档范围**

【例题 1·2024 年真题·多选题】根据《建设工程文件归档规范》（2019 年版）GB/T 50328—2014，施工单位必须归档保存的施工记录文件有（   ）。

A. 工程定位测量记录   B. 隐蔽工程验收记录

C. 图纸会审记录   D. 沉降观测记录

E. 工程洽商记录

【答案】A、B、D

【解析】施工记录文件包括：隐蔽工程验收记录、工程定位测量记录、基槽验线记录、沉降观测记录。

【例题 2·多选题】根据《建设工程文件归档规范》（2019 年版）GB/T 50328—2014，施工单位必须归档保存的工程文件中，属于质量控制文件的有（   ）。

A. 质量事故报告及处理资料   B. 见证记录

C. 见证取样和送检人员备案表   D. 图纸会审记录

E. 工程竣工验收证书

【答案】A、B、C

【解析】质量控制文件包括：质量事故报告及处理资料、见证取样和送检人员备案表、见证记录。

【例题 3·多选题】根据《建设工程文件归档规范》（2019 年版）GB/T 50328—2014，施工单位必须归档保存的工程文件中，属于施工技术文件的有（   ）。

A. 图纸会审记录   B. 施工日志

C. 设计变更通知单   D. 工程竣工验收报告

E. 技术核定单

【答案】A、C、E

【解析】施工技术文件包括：图纸会审记录、设计变更通知单、工程洽商记录（技术核定单）。

8.1.2 施工文件立卷和归档要求

核心考点一：施工文件立卷

《建设工程文件归档规范》（2019年版）GB/T 50328—2014规定，建设工程文件应随工程建设进度同步形成，不得事后补编。对列入城建档案管理机构接收范围的工程，工程竣工验收后3个月内，应向当地城建档案管理机构移交一套符合规定的工程档案。

1. 施工文件立卷原则

（1）施工文件应按施工准备、施工过程、竣工验收不同阶段分别进行立卷。

（2）专业承（分）包施工的分部、子分部（分项）工程应分别单独立卷；室外工程应按室外建筑环境和室外安装工程单独立卷。

（3）不同载体的文件应分别立卷。

2. 施工文件立卷方法

（1）施工文件应按单位工程、分部（分项）工程进行立卷。

（2）竣工图应按单位工程分专业进行立卷。

（3）竣工验收文件应按单位工程分专业进行立卷。

（4）电子文件立卷时，每个工程（项目）应建立多级文件夹，应与纸质文件在案卷设置上一致，并应建立相应的标识关系。

（5）声像资料应按工程建设各阶段立卷，重大事件及重要活动的声像资料应按专题立卷，声像档案与纸质档案应建立相应的标识关系。

3. 施工文件立卷要求

（1）不同幅面的工程图纸，应统一折叠成A4幅面。

（2）案卷不宜过厚，文字材料卷厚度不宜超过20mm，图纸卷厚度不宜超过50mm。

（3）案卷内不应有重份文件。印刷成册的工程文件宜保持原状。

（4）图纸应按专业排列，同专业图纸应按图号顺序排列。当案卷内既有文字材料又有图纸时，文字材料排在前面，图纸排在后面。

◆考法：施工文件立卷

【例题1·2022年真题·单选题】 根据《建设工程文件归档规范》（2019年版）GB/T 50328—2014，关于施工文件立卷的说法，正确的是（   ）。

  A. 声像资料应与纸质文件在案卷设置上一致

  B. 专业分包的分部工程，应并入相应单位工程立卷

  C. 文字材料按事项、专业顺序排列

  D. 卷内既有文字材料又有图纸资料时，图纸排列在前

【答案】 C

【解析】 选项A错误，声像档案与纸质档案应建立相应的标识关系。选项B错误，专业承（分）包施工的分部、子分部（分项）工程应分别单独立卷。选项D错误，当案卷内既有文字材料又有图纸时，文字材料排在前面，图纸排在后面。

【例题2·单选题】 下列关于施工文件立卷要求的说法，正确的是（   ）。

A. 文字材料卷厚度不宜超过 30mm　　B. 图纸卷厚度不宜超过 60mm

C. 案卷内可以有重份文件　　　　　　D. 文字材料应排在前面，图纸应排在后面

【答案】D

【解析】选项 A、B 错误，文字材料卷厚度不宜超过 20mm，图纸卷厚度不宜超过 50mm。选项 C 错误，案卷内不应有重份文件。

【例题 3·单选题】下列关于施工文件立卷方法的说法，正确的是（　　　　）。

A. 施工文件应按单位工程、分部（分项）工程进行立卷

B. 竣工图应按单项工程进行立卷

C. 竣工验收文件应按检验批分专业进行立卷

D. 电子文件立卷时可与纸质文件在案卷设置上不一致

【答案】A

【解析】选项 B 错误，竣工图应按单位工程分专业进行立卷。选项 C 错误，竣工验收文件应按单位工程分专业进行立卷。选项 D 错误，电子文件立卷应与纸质文件一致。

核心考点二：施工文件归档

1. 归档文件质量要求

（1）归档的纸质施工文件应为原件。

（2）施工文件应采用碳素墨水、蓝黑墨水等耐久性强的书写材料。计算机输出文字和图件应使用激光打印机。

（3）施工文件中文字材料幅面尺寸规格宜为 A4 幅面（297mm×210mm）。图纸宜采用国家标准图幅。

（4）所有竣工图均应加盖竣工图章，并应符合下列规定：

① 竣工图章的基本内容包括："竣工图"字样、施工单位、编制人、审核人、技术负责人、编制日期、监理单位、现场监理、总监。

② 竣工图章尺寸应为：50mm×80mm。

③ 竣工图章应使用不易褪色的印泥，应盖在图标栏上方空白处。

（5）竣工图的绘制与改绘应符合国家现行有关制图标准的规定。

（6）归档的电子文件应采用开放式文件格式或通用格式进行存储。

（7）归档的电子文件应采用电子签名等手段。

2. 归档时间及移交要求

（1）施工单位在工程竣工验收前，将其形成的工程档案向建设单位归档。

（2）工程档案不少于两套，一套由建设单位保管，一套（原件）移交当地城建档案管理机构保存。

（3）施工单位向建设单位移交档案时，应编制移交清单，双方签字、盖章后方可交接。

◆ 考法：施工文件归档

【例题 1·单选题】关于建设工程施工文件归档质量要求的说法，正确的是（　　　　）。

A. 归档文件用原件和复印件均可

B. 工程文件文字材料幅面尺寸规格宜为 A4 幅面

C. 工程文件应签字手续完备，是否盖章不做要求

D. 施工文件应采用纯蓝墨水、蓝黑墨水等耐久性强的书写材料

【答案】B

【解析】选项 A 错误，归档必须原件。选项 C 错误，工程文件应签字盖章。选项 D 错误，施工文件应采用碳素墨水、蓝黑墨水等耐久性强的书写材料。

【例题 2·单选题】下列关于施工归档文件质量要求的说法，正确的是（ ）。

A. 竣工图章尺寸应为 50mm×100mm

B. 竣工图章应盖在图标栏下方空白处

C. 所有竣工图均应加盖竣工图章

D. 计算机输出文字和图件应使用色带式打印机

【答案】C

【解析】选项 A 错误，竣工图章尺寸应为 50mm×80mm。选项 B 错误，竣工图章应使用不易褪色的印泥，应盖在图标栏上方空白处。选项 D 错误，计算机输出文字和图件应使用激光打印机，不应使用色带式打印机、水性墨打印机和热敏打印机。

【例题 3·2024 年真题·多选题】关于竣工图编制要求的说法，正确的有（ ）。

A. 竣工图章尺寸应为 50mm×80mm

B. 项目竣工图应由建设单位负责编制

C. 归档的电子竣工图应采用专用格式进行存储

D. 竣工图应真实反映项目竣工验收时的实际情况

E. 竣工图章应盖在图标栏上方空白处

【答案】A、D、E

【解析】选项 B 错误，项目竣工图应由施工单位负责编制。选项 C 错误，归档的电子文件应采用开放式文件格式或通用格式进行存储。

8.2 项目管理新发展

核心考点提纲

8.2　项目管理新发展 $\begin{cases} 8.2.1 & 项目管理标准及价值交付 \\ 8.2.2 & 建筑信息模型（BIM）在工程项目管理中的应用 \end{cases}$

核心考点剖析

8.2.1　项目管理标准及价值交付

核心考点一：国内外项目管理标准

1. 国际项目管理标准

（1）美国项目管理协会的项目管理知识体系

① 5大基本过程：启动、计划、执行、监控和收尾。

② 8个绩效域：利益相关者、团队、开发方法和生命周期、规划、项目工作、交付、测量、不确定性。

（2）国际项目管理协会的能力基准

① 个人能力3个维度：环境能力、行为能力、技术能力。

② 组织能力：PP&P（即项目、项目群和项目组合）治理、PP&P管理、PP&P组织一致性、PP&P资源、PP&P人员能力。

2. 我国工程项目管理标准

（1）《建设工程项目管理规范》GB/T 50326—2017

《建设工程项目管理规范》GB/T 50326—2017

项目管理原理	企业应遵循策划、实施、检查、处置（PDCA）的动态管理原理
项目管理流程	包括启动、策划、实施、监控和收尾过程
项目管理责任制度	项目管理责任制度作为项目管理的基本制度，项目经理责任制是项目管理责任制度的核心内容。施工单位法定代表人应书面授权委托项目经理。项目经理应取得相应资格和安全生产考核合格证书
项目管理策划	项目管理策划由项目管理规划策划和项目管理配套策划组成。 项目管理规划包括项目管理规划大纲和项目管理实施规划。 程序：（1）识别项目管理范围；（2）进行项目工作分解；（3）确定项目实施方法；（4）规定项目需要的各种资源；（5）测算项目成本；（6）对各个项目管理过程进行策划
合同管理	程序：（1）合同评审（包括：合法性、合规性评审；合理性、可行性评审；严密性、完整性评审；与产品或过程有关要求的评审；合同风险评估）；（2）合同订立；（3）合同实施计划；（4）合同实施控制；（5）合同管理总结
资源管理	程序：（1）明确项目的资源需求；（2）分析项目整体的资源状态；（3）确定资源的各种提供方式；（4）编制资源的相关配置计划；（5）提供并配置各种资源；（6）控制项目资源的使用过程；（7）跟踪分析并总结改进
沟通管理	程序：（1）项目实施目标分解；（2）分析各分解目标自身需求和相关方需求；（3）评估各目标的需求差异；（4）制定项目沟通计划；（5）明确沟通责任人、沟通内容和沟通方案；（6）按既定方案进行沟通；（7）总结评价沟通效果
风险管理	按照风险识别、评估、应对、监控的程序进行
收尾管理	收尾工作：（1）编制项目收尾计划；（2）提出有关收尾管理要求；（3）理顺、终结所涉及的对外关系；（4）执行相关标准与规定；（5）清算合同双方的债权债务
绩效评价	工作内容：（1）项目管理特点；（2）项目管理理念、模式；（3）主要管理对策、调整和改进；（4）合同履行与相关方满意度；（5）项目管理过程检查、考核、评价；（6）项目管理实施成果

（2）《建设工程施工项目经理岗位职业标准》T/CCIAT 0010—2019

① 施工准备管理。施工项目经理应实施项目策划，分析风险因素，提出应急预案。

② 施工过程管理。施工项目经理应定期组织召开施工例会，分析工程项目目标偏差及其原因，采取有效措施调整实施计划。

③ 竣工验收与结算管理。施工项目经理应按规定组织工程质量内部检验，参加工程

竣工验收。

④ 工程项目管理总结评价。施工项目经理应组织项目团队成员做好项目收尾工作。

◆ **考法：国内外项目管理标准**

【例题1·单选题】个人能力是指知识、素质、思维、技能，以及在某些方面取得成功的相关经验的集合。以下不属于个人能力维度的是（　　）。

A. 环境能力　　　　　　　　　　B. 组织能力

C. 行为能力　　　　　　　　　　D. 技术能力

【答案】B

【解析】个人能力的3个维度：环境能力、行为能力、技术能力。

【例题2·单选题】企业应遵循（　　）的动态管理原理，建立项目管理制度。

A. 策划、实施、检查、处置　　　B. 策划、运行、处置、检查

C. 计划、检查、实施、处置　　　D. 实施、计划、检查、处置

【答案】A

【解析】企业应遵循策划、实施、检查、处置（PDCA）的动态管理原理。

【例题3·单选题】项目管理机构应按项目管理流程实施项目管理，其中项目管理流程应包括（　　）。

A. 启动、策划、实施、监控和收尾过程

B. 策划、启动、实施、监控和收尾过程

C. 启动、策划、监控、实施和收尾过程

D. 策划、实施、启动、监控和收尾过程

【答案】A

【解析】项目管理流程包括启动、策划、实施、监控和收尾过程。

【例题4·单选题】项目管理的基本制度为（　　）。

A. 项目经理责任制　　　　　　　B. 项目管理责任制度

C. 安全生产责任制　　　　　　　D. 安全生产教育培训制度

【答案】B

【解析】项目管理责任制度是项目管理的基本制度，项目经理责任制是项目管理责任制度的核心内容。

【例题5·单选题】项目管理策划的工作中：① 进行项目工作分解；② 确定项目实施方法；③ 测算项目成本；④ 对各个项目管理过程进行策划；⑤ 识别项目管理范围；⑥ 规定项目需要的各种资源，排序正确的是（　　）。

A. ①②④⑤⑥③　　　　　　　　B. ⑤①⑥②④③

C. ⑤②①③④⑥　　　　　　　　D. ⑤①②⑥③④

【答案】D

【解析】项目管理策划程序：（1）识别项目管理范围；（2）进行项目工作分解；（3）确定项目实施方法；（4）规定项目需要的各种资源；（5）测算项目成本；（6）对各个项目管理过程进行策划。

【例题 6·单选题】项目合同管理的工作中，① 合同实施计划；② 合同管理总结；③ 合同评审；④ 合同订立；⑤ 合同实施控制，应遵循的程序是（　　）。

    A. ③④①⑤②   B. ④③①⑤②

    C. ③④⑤②①   D. ③④②⑤①

【答案】A

【解析】项目合同管理程序：（1）合同评审；（2）合同订立；（3）合同实施计划；（4）合同实施控制；（5）合同管理总结。

【例题 7·单选题】项目资源管理的工作中，① 编制资源的相关配置计划；② 明确项目的资源需求；③ 提供并配置各种资源；④ 分析项目整体的资源状态；⑤ 确定资源的各种提供方式，下列排序正确的是（　　）。

    A. ④③①⑤②   B. ③④⑤①②

    C. ③④⑤②①   D. ②④⑤①③

【答案】D

【解析】项目资源管理程序：（1）明确项目的资源需求；（2）分析项目整体的资源状态；（3）确定资源的各种提供方式；（4）编制资源的相关配置计划；（5）提供并配置各种资源；（6）控制项目资源的使用过程；（7）跟踪分析并总结改进。

【例题 8·单选题】项目沟通管理工作中，分析各分解目标自身需求和相关方需求的紧后一步工作是（　　）。

    A. 项目实施目标分解   B. 制定项目沟通计划

    C. 评估各目标的需求差异   D. 明确沟通责任人、沟通内容和沟通方案

【答案】C

【解析】项目沟通管理程序：（1）项目实施目标分解；（2）分析各分解目标自身需求和相关方需求；（3）评估各目标的需求差异；（4）制定项目沟通计划；（5）明确沟通责任人、沟通内容和沟通方案；（6）按既定方案进行沟通；（7）总结评价沟通效果。

【例题 9·单选题】项目风险管理的程序，正确的是（　　）。

    A. 识别→评估→应对→监控   B. 评估→识别→应对→监控

    C. 识别→评估→监控→应对   D. 识别→应对→评估→监控

【答案】A

【解析】风险管理按照风险识别、评估、应对、监控的程序进行。

【例题 10·单选题】企业应建立项目收尾管理制度，明确项目收尾管理的职责和工作程序。项目管理机构应实施项目收尾的工作包括（　　）。

    A. 编制项目收尾计划   B. 项目管理过程检查、考核、评价

    C. 理顺、终结所涉及的对外关系   D. 管理绩效评价

    E. 清算合同双方的债权债务

【答案】A、C、E

【解析】项目收尾工作：（1）编制项目收尾计划；（2）提出有关收尾管理要求；（3）理顺、终结所涉及的对外关系；（4）执行相关标准与规定；（5）清算合同双方的债权债务。

价值驱动型项目管理是项目管理的发展趋势。衡量项目成功的标志应由传统项目管理所强调的范围、进度、成本三重要素（"铁三角"）约束下满足质量要求，转变为实现收益并获取价值。

价值交付系统的内容：① 创造价值；② 组织治理体系；③ 与项目有关的职能；④ 项目环境；⑤ 产品管理考虑因素。

价值驱动型项目管理应考虑以下商业价值因素：① 从商业角度看，一个预算超支的项目有时却是划算的；② 一组产生正现金流的项目，并不一定代表公司的总体最佳投资机会；③ 从数学上讲，不可能同时将所有项目列为第一优先级；④ 一个组织在同一时间做太多的项目，并不能真正完成更多的工作；⑤ 从商业角度看，强迫项目团队接受不切实际的最后期限是极其有害的。

◆ **考法：价值驱动**

【例题 1·2024 年真题·单选题】 面对复杂多变的项目环境，项目管理的发展趋势是实施（　　）驱动型项目管理。

A. 价值　　　　　　　　　　　B. 资源

C. 技术　　　　　　　　　　　D. 组织

【答案】 A

【解析】 面对复杂多变的项目环境，价值驱动型项目管理是项目管理的发展趋势。

【例题 2·多选题】 价值驱动型项目管理应考虑的商业价值因素中，说法正确的有（　　）。

A. 从商业角度看，一个预算超支的项目有时却是划算的

B. 一组产生正现金流的项目，并不一定代表一家公司的总体最佳投资机会

C. 从数学上讲，可以同时将所有项目列为第一优先级

D. 一个组织在同一时间做太多的项目，并不能真正完成更多的工作

E. 从商业角度看，强迫项目团队接受不切实际的最后期限是极其有害的

【答案】 A、B、D、E

【解析】 选项 C 错误，从数学上讲，不可能同时将所有项目列为第一优先级。

8.2.2　建筑信息模型（BIM）在工程项目管理中的应用

核心考点：BIM 技术在工程项目管理中的应用

建筑信息模型（BIM）技术在工程项目管理中的应用是工程项目管理数字化、智能化的重要基础。BIM 技术在工程施工阶段的应用宜覆盖深化设计、施工实施、竣工验收等全过程，也可根据工程项目实际需要应用于某些环节或任务。

1. 施工 BIM 技术应用策划程序

制定施工 BIM 技术应用策划步骤：（1）确定 BIM 技术应用的范围和内容；（2）以 BIM 技术应用流程图等形式明确 BIM 技术应用过程；（3）规定 BIM 技术应用过程中的信息交换要求；（4）确定 BIM 技术应用的基础条件，包括沟通途径及技术和质量保障措施。

2. BIM 技术在施工管理中的应用

（1）施工模型。包括深化设计模型、施工过程模型和竣工验收模型。施工模型在满足模型细度要求的前提下，可使用文档、图形、图像、视频等扩展信息。

（2）深化设计。包括现浇混凝土结构工程、装配式混凝土结构工程、钢结构工程、机电工程等深化设计。深化设计 BIM 软件应具备空间协调、工程量统计、深化设计图和报表生成等功能。

（3）施工模拟。施工组织模拟和施工工艺模拟宜应用 BIM 技术。

① 在施工组织模拟 BIM 技术应用中，可基于施工图设计模型或深化设计模型和施工图、施工组织设计文档等创建施工组织模型。

② 当施工难度大或采用新技术、新工艺、新设备、新材料时，宜应用 BIM 进行施工工艺模拟。

（4）进度管理。施工进度计划编制和进度控制等宜应用 BIM 技术。在进度计划编制BIM 技术应用中，可基于项目特点创建工作分解结构，编制进度计划，基于深化设计模型创建进度管理模型，基于定额完成工程量估算和资源配置、进度计划优化。在进度控制BIM 技术应用中，应基于进度管理模型和实际进度信息完成进度对比分析，基于偏差分析结果更新进度管理模型。

（5）成本管理。

（6）质量与安全管理。

（7）竣工验收。

◆ **考法：BIM 技术在工程项目管理中的应用**

【例题 1·单选题】随着新一代信息技术的快速发展和广泛应用，工程项目管理的数字化、智能化已成为发展趋势。其中，（　　　）在工程项目管理中的应用是重要基础。

    A. 建筑信息模型技术   B. 工程网络计划技术

    C. 计划评审技术   D. 施工安全技术

【答案】A

【解析】建筑信息模型（BIM）技术在工程项目管理中的应用是重要基础。

【例题 2·单选题】BIM 技术在（　　　）的应用宜覆盖深化设计、施工实施、竣工验收等全过程，也可根据工程项目实际需要应用于某些环节或任务。

    A. 工程决策阶段   B. 工程设计阶段

    C. 工程全生命期   D. 工程施工阶段

【答案】D

【解析】BIM 技术在工程施工阶段的应用宜覆盖深化设计、施工实施、竣工验收全过程。

【例题 3·单选题】制定施工 BIM 技术应用策划的工作：① 确定 BIM 技术应用的范围和内容；② 确定 BIM 技术应用的基础条件，包括沟通途径及技术和质量保障措施等；③ 规定 BIM 技术应用过程中的信息交换要求；④ 以 BIM 技术应用流程图等形式明确BIM 技术应用过程。正确的排序是（　　　）。

A. ①②③④   B. ④①②③

C. ②③①④   D. ①④③②

【答案】D

【解析】制定施工BIM技术应用策划步骤：（1）确定BIM技术应用的范围和内容；（2）以BIM技术应用流程图等形式明确BIM技术应用过程；（3）规定BIM技术应用过程中的信息交换要求；（4）确定BIM技术应用的基础条件，包括沟通途径及技术和质量保障措施。

【例题4·单选题】BIM技术在施工管理的应用中，下列说法错误的是（   ）。

A. 施工模型不包括深化设计模型和竣工验收模型

B. 深化设计BIM软件应具备空间协调、工程量统计、深化设计图和报表生成等功能

C. 施工组织模拟和施工工艺模拟宜应用BIM技术

D. 施工进度计划编制和进度控制等宜应用BIM技术

【答案】A

【解析】选项A错误，施工模型包括深化设计模型、施工过程模型和竣工验收模型。

【例题5·2024年真题·单选题】施工BIM模型可使用文档、图形、图像、视频等扩展信息，但必须具备的前提条件是（   ）。

A. 满足空间拓扑关系   B. 技术参数准确

C. 满足细度要求   D. 满足工程逻辑关系

【答案】C

【解析】施工模型在满足模型细度要求的前提下，可使用文档、图形、图像、视频等扩展信息。

本章经典真题回顾

一、**单项选择题**（每题1分。每题的备选项中，只有1个最符合题意）

1. 根据《建设工程文件归档规范》（2019年版）GB/T 50328—2014，应按单位工程分专业进行立卷的施工文件是（   ）。

A. 施工图   B. 竣工图

C. 电子文件   D. 声像资料

【答案】B

【解析】施工文件立卷应采用下列方法：

（1）施工文件应按单位工程、分部（分项）工程进行立卷。

（2）竣工图应按单位工程分专业进行立卷。

（3）竣工验收文件应按单位工程分专业进行立卷。

（4）电子文件立卷时，每个工程（项目）应建立多级文件夹，应与纸质文件在案卷设置上一致，并应建立相应的标识关系。

（5）声像资料应按工程建设各阶段立卷，重大事件及重要活动的声像资料应按专题立卷，声像档案与纸质档案应建立相应的标识关系。

2. 关于施工文件立卷和归档的说法，正确的是（　　）。

　　A. 归档的纸质施工文件可以是原件，也可以是复印件

　　B. 专业分包施工文件应与总包工程施工文件合并立卷

　　C. 施工文件可以随工程建设进度同步形成，也可以事后补编

　　D. 施工文件应按单位工程、分部（分项）工程进行立卷

【答案】D

【解析】选项A错误，归档的纸质施工文件应为原件。选项B错误，专业承（分）包施工的分部、子分部（分项）工程应分别单独立卷。选项C错误，建设工程文件应随工程建设进度同步形成，不得事后补编。

3. 面对复杂多变的项目环境，项目管理的发展趋势是实施（　　）驱动型项目管理。

　　A. 价值　　　　　　　　　　　　B. 资源

　　C. 技术　　　　　　　　　　　　D. 组织

【答案】A

【解析】面对复杂多变的项目环境，价值驱动型项目管理是项目管理的发展趋势。

4. 项目管理责任制度的核心内容是（　　）。

　　A. 项目经理责任制　　　　　　　B. 项目承包责任制

　　C. 项目绩效考核制度　　　　　　D. 项目奖惩制度

【答案】A

【解析】项目管理责任制度应作为项目管理的基本制度。项目经理责任制应是项目管理责任制度的核心内容。

二、多项选择题（每题2分，每题的备选项中，有2个或2个以上符合题意，至少有1个错项。错选，本题不得分；少选，所选的每个选项得0.5分）

1. 根据《建设工程文件归档规范》（2019年版）GB/T 50328—2014，施工单位必须归档保存的施工记录文件有（　　）。

　　A. 工程定位测量记录　　　　　　B. 隐蔽工程验收记录

　　C. 图纸会审记录　　　　　　　　D. 沉降观测记录

　　E. 工程洽商记录

【答案】A、B、D

【解析】施工记录文件包括：隐蔽工程验收记录、工程定位测量记录、基槽验线记录、沉降观测记录。

2. 关于竣工图编制要求的说法，正确的有（　　）。

　　A. 竣工图章尺寸应为50mm×80mm

　　B. 项目竣工图应由建设单位负责编制

　　C. 归档的电子竣工图应采用专用格式进行存储

　　D. 竣工图应真实反映项目竣工验收时的实际情况

E. 竣工图章应盖在图标栏上方空白处

【答案】A、D、E

【解析】选项 B 错误，项目竣工图应由施工单位负责编制。选项 C 错误，归档的电子文件应采用开放式文件格式或通用格式进行存储。

本章模拟强化练习

8.1　施工文件归档管理

1. 根据《建设工程文件归档规范》（2019 年版）GB/T 50328—2014，对列入城建档案管理机构接收范围的工程，工程竣工验收后（　　）个月内，应向当地城建档案管理机构移交一套符合规定的工程档案。

　　A. 1　　　　　　　　　　　　　　B. 2

　　C. 3　　　　　　　　　　　　　　D. 4

2. 根据《建设工程文件归档规范》（2019 年版）GB/T 50328—2014，施工文件立卷时，文字材料卷厚度不宜超过（　　）mm，图纸卷厚度不宜超过（　　）mm。

　　A. 20、40　　　　　　　　　　　B. 20、50

　　C. 40、40　　　　　　　　　　　D. 40、50

3. 施工文件采用计算机输出文字和图件应使用（　　）。

　　A. 激光打印机　　　　　　　　　B. 色带式打印机

　　C. 水性墨打印机　　　　　　　　D. 热敏打印机

4. 施工文件中，归档的电子文件应采用（　　）进行存储。

　　A. 专用文件格式　　　　　　　　B. 通用格式

　　C. 非开放格式　　　　　　　　　D. 非通用格式

5. 关于竣工图编制要求的说法，正确的有（　　）。

　　A. 项目竣工图应由建设单位负责编制

　　B. 竣工图章尺寸应为 60mm×80mm

　　C. 竣工图应真实反映项目竣工验收时的实际情况

　　D. 若按施工图施工没有变动的，由编制单位在施工图上加盖并签署竣工图章

　　E. 一般性图纸变更，可在原图上更改，加盖并签署竣工图章

6. 施工文件立卷的基本原则包括（　　）。

　　A. 不同载体的文件可集中统一立卷

　　B. 施工文件资料可按不同阶段分别进行立卷

　　C. 专业承（分）包施工的分部、子分部（分项）工程应分别单独立卷

　　D. 室外工程应按室外建筑环境和室外安装工程单独立卷

　　E. 电子文件立卷应与纸质文件在案卷设置上一致，并应建立相应的标识关系

8.2　项目管理新发展

1. 项目管理的基本制度是（　　）。

A. 项目管理标准化   B. 项目管理责任制

C. 项目管理系统化   D. 项目管理流程化

2. 项目管理责任制度的核心内容是（   ）。

A. 项目经理责任制   B. 项目承包责任制

C. 项目绩效考核制度   D. 项目奖惩制度

3. 根据《建设工程项目管理规范》GB/T 50326—2017，项目管理流程包括（   ）。

A. 启动过程   B. 策划过程

C. 实施过程   D. 监控过程

E. 运维过程

4. 根据《建筑信息模型施工应用标准》GB/T 51235—2017，BIM 技术在工程施工阶段的应用覆盖（   ）等过程。

A. 项目规划   B. 深化设计

C. 施工实施   D. 竣工验收

E. 运维管理

5. 根据《建筑信息模型施工应用标准》GB/T 51235—2017，BIM 技术在施工阶段模拟的内容主要是（   ）。

A. 施工组织模拟   B. 施工工艺模拟

C. 施工进度模拟   D. 施工成本模拟

E. 施工安全模拟

本章模拟强化练习答案

8.1 施工文件归档管理

1. 【答案】C

2. 【答案】B

3. 【答案】A

4. 【答案】B

5. 【答案】C、D、E

6. 【答案】B、C、D、E

8.2 项目管理新发展

1. 【答案】B

2. 【答案】A

3. 【答案】A、B、C、D

4. 【答案】B、C、D

5. 【答案】A、B

近年真题篇

2024 年度全国二级建造师执业资格考试试卷（一）

一、单项选择题（共 60 题，每题 1 分。每题的备选项中，只有 1 个最符合题意）

1. 对于实行项目资本金制度的投资项目，用来确定资本金的项目总投资是指该投资项目的（　　）之和。
    A. 固定资产投资与全部流动资金　　B. 固定资产投资与铺底流动资金
    C. 建设投资与建设期贷款利息　　　D. 工程费用与预备费

2. 根据《国务院关于投资体制改革的决定》，我国政府投资项目实行（　　）。
    A. 审批制　　　　　　　　　　　B. 核准制
    C. 备案制　　　　　　　　　　　D. 登记制

3. 下列工程造价文件中，属于技术设计阶段文件的是（　　）。
    A. 施工图预算　　　　　　　　　B. 投资估算
    C. 设计概算　　　　　　　　　　D. 修正概算

4. 对建设单位而言，与平行承包模式相比，施工项目采用联合体承包模式的特点是（　　）。
    A. 组织协调工作量小　　　　　　B. 合同结构复杂
    C. 不利于工程造价控制　　　　　D. 不利于工程工期控制

5. 施工项目管理采用直线式组织结构的优点是（　　）。
    A. 可减轻领导者负担　　　　　　B. 集权与分权相结合
    C. 易于统一指挥　　　　　　　　D. 强调管理业务专门化

6. 根据《建筑工程施工项目经理岗位职业标准》T/CCIAT 0010—2019，施工项目经理应履行的职责是（　　）。
    A. 组织审查施工组织设计　　　　B. 主持第一次工地会议
    C. 组织审查专项施工方案　　　　D. 主持工地例会

7. 在施工项目实施策划的准备工作阶段，编制施工调查提纲并组织有关人员进行施工调查的工作应由施工企业中的（　　）部门负责。
    A. 工程管理　　　　　　　　　　B. 工程技术
    C. 合同管理　　　　　　　　　　D. 经营管理

8. 进行施工项目实施策划时，需要由施工企业财务管理部门提出（　　）管理要求。
    A. 工程投保　　　　　　　　　　B. 培训工作
    C. 施工分包　　　　　　　　　　D. 劳务队伍准入

9. 某工程双代号网络计划如下图所示，该网络计划存在（　　）条关键线路。
    A. 1　　　　　　　　　　　　　B. 3
    C. 2　　　　　　　　　　　　　D. 4

某工程双代号网络计划

10. 某分部工程有 3 个施工过程，划分为 4 个施工段组织加快的成倍节拍流水施工，流水节拍分别为 4 天、6 天和 2 天，则该分部工程需派出的专业工作队数是（　　）。

    A. 3　　　　　　　　　　　　　　　B. 4

    C. 5　　　　　　　　　　　　　　　D. 6

11. 下列流水施工参数中，用以表达流水施工在空间布置上开展状态的参数（空间参数）是（　　）。

    A. 施工段　　　　　　　　　　　　B. 流水强度

    C. 施工过程　　　　　　　　　　　D. 流水节拍

12. 根据《建设工程文件归档规范》（2019 年版）GB/T 50328—2014，对建设工程文件的基本要求是（　　）。

    A. 可以滞后工程建设进度 1 个月形成，不得事后补编

    B. 可以事后补编，但须在竣工验收后 3 个月内完成

    C. 应在竣工验收时由施工总承包单位组织完成

    D. 应随工程建设进度同步形成，不得事后补编

13. 对于同类型产品规格多，工序重复，工作量小的施工过程，编制人工定额常用的方法是（　　）。

    A. 比较类推法　　　　　　　　　　B. 技术测定法

    C. 统计分析法　　　　　　　　　　D. 经验估计法

14. 下列建设工程施工进度控制工作中，属于施工进度监测系统过程的是（　　）。

    A. 分析进度偏差对后续工作的影响　B. 分析比较实际进度与计划进度

    C. 分析进度偏差对总工期的影响　　D. 分析进度偏差产生的原因

15. 根据《建设工程安全生产管理条例》，对达到一定规模的危险性较大的分部分项工程，施工单位应编制专项施工方案的是（　　）。

    A. 场地平整工程　　　　　　　　　B. 土方开挖工程

    C. 砌体工程　　　　　　　　　　　D. 抹灰工程

16. 隐蔽工程施工完毕，施工单位自检合格后应报请（　　）现场检查确认符合质量要求后方可隐蔽、覆盖。

    A. 建设单位项目负责人　　　　　　B. 质量监督机构

    C. 设计单位项目负责人　　　　　　D. 项目监理机构

17. 根据《标准施工招标文件》，基准日为（　　　）。

A. 投标截止日前 28 天　　　　　　B. 合同签订前 28 天

C. 投标截止日前 14 天　　　　　　D. 合同签订前 14 天

18. 监理人同意部分尾工工程和缺陷修补工作列入缺陷责任期，承包人对此部分工作应编制的文件是（　　　）。

A. 竣工验收申请报告　　　　　　B. 竣工验收报告

C. 质量评估报告　　　　　　　　D. 竣工报告

19. 根据《标准材料采购招标文件》，合同材料的所有权和风险自（　　　）时起由卖方转移至买方。

A. 材料开始使用　　　　　　　　B. 材料检验合格

C. 材料交付　　　　　　　　　　D. 材料质量保证期届满

20. 施工现场使用固定直梯进行攀登作业时攀登高度超过（　　　）m 的应设置梯间平台。

A. 3　　　　　　　　　　　　　　B. 5

C. 8　　　　　　　　　　　　　　D. 6

21. 施工项目目标体系构建后，施工项目管理的关键是（　　　）。

A. 施工项目目标管理绩效评价　　B. 施工项目目标动态控制

C. 施工项目目标分解　　　　　　D. 施工项目目标纠偏措施落实

22. 基于工程量清单进行投标报价时，应列入措施项目清单中总价项目的是（　　　）。

A. 安全文明施工费　　　　　　　B. 施工降水工程费

C. 工伤保险费　　　　　　　　　D. 专业工程暂估价

23. 初始施工进度计划编制完成后，需要检查是否满足要求。下列检查内容中首要检查的是（　　　）。

A. 主要施工机具的利用是否均衡

B. 主要建筑材料的利用是否均衡

C. 总工期是否满足合同约定

D. 主要工种的工人是否满足连续施工要求

24. 质量管理体系认证的主要工作是由第三方认证机构依据标准，对申请认证企业质量管理体系的（　　　）进行检查和评价。

A. 质量监控效果　　　　　　　　B. 质量管理记录

C. 质量保证能力　　　　　　　　D. 质量改进机制

25. 根据《建设工程施工劳务分包合同（示范文本）》GF—2003—0214，劳务分包人现场使用的安全防护用品，应由（　　　）负责。

A. 发包人　　　　　　　　　　　B. 承包人

C. 劳务分包人　　　　　　　　　D. 监理人

26. 施工企业应对辨识出的安全风险按不同等级分别用不同颜色标示。对于较大风险等级的应以（　　　）标示。

A. 红色
B. 橙色
C. 蓝色
D. 黄色

27. 按编制对象不同，施工组织设计可分为三个层次，包括（　　）。

A. 施工组织总设计、单位工程施工组织设计、施工方案

B. 单位工程施工组织设计、分部分项施工组织设计、施工方案

C. 单位工程施工组织设计、施工方案、专项施工指导书

D. 施工组织总设计、分部分项施工组织设计、总体施工部署

28. 根据安全生产法和相关法律法规，施工单位安全生产第一责任人是（　　）。

A. 施工项目经理
B. 企业技术负责人

C. 企业安全生产总监
D. 企业主要负责人

29. 仅用于探测被检测物表面开口缺陷的是（　　）。

A. 射线探伤
B. 超声波探伤

C. 渗透探伤
D. 电磁感应检测

30. 采用控制图法分析工程质量状况时，为了计算上下控制界限，通常需连续抽取（　　）组样本数据。

A. 20～25
B. 5～10

C. 10～15
D. 15～20

31. 下列施工质量控制工作中，属于事前控制的是（　　）。

A. 工程变更处置
B. 工序质量检验

C. 施工机械设备选型
D. 半成品现场取样送检

32. 根据《最高人民法院关于审理建设工程施工合同纠纷案件适用法律问题的解释（一）》，施工项目因设计变更导致工程量发生变化，合同当事人对变更工程价款有争议时，可参照签订施工合同时（　　）发布的计价标准或方法进行结算。

A. 当地建设行政主管部门
B. 当地发展改革主管部门

C. 建设单位所属行业协会
D. 施工单位所属行业协会

33. 某工程施工中发生的质量事放，导致 2 人死亡，直接经济损失 1200 万元，则该事故等级应界定为（　　）。

A. 一般事故
B. 重大事故

C. 较大事故
D. 特别重大事故

34. 按性态不同，施工成本可分为固定成本和变动成本，下列属于固定成本的是（　　）。

A. 计件工资
B. 材料费

C. 施工机械使用费
D. 管理人员工资

35. 根据《标准施工招标文件》，承包人有权向发包人同时提出工期、费用和利润索赔的情形是（　　）。

A. 发包人未按合同约定支付进度款
B. 基准日后因法律变化引起价格调整

C. 因恶劣的气候条件导致工期延误
D. 因发包人原因需进一步实施试运行

36. 采用横道图编制施工进度计划的优点是（　　　）。

    A. 可以明确表示各项工作之间的逻辑关系

    B. 可以直接判断各项工作的机动时间

    C. 可以直接显示整个计划的关键工作

    D. 可以直观表明各项工作的持续时间

37. 按照绿色施工要求，在结构施工阶段，应将作业区目测扬尘高度控制在（　　　）m。

    A. 1.0　　　　　　　　　　　　　B. 1.5

    C. 2.0　　　　　　　　　　　　　D. 0.5

38. 某评标委员会共9人，其中技术、经济等方面的专家不得少于（　　　）人。

    A. 3　　　　　　　　　　　　　　B. 4

    C. 5　　　　　　　　　　　　　　D. 6

39. 某土方工程，计划总量8万 m^3，预算单价75元 $/m^3$，4个月均衡施工。至第2月末，实际工程量4.4万 m^3，实际单价76元 $/m^3$，进度偏差为（　　　）万元。

    A. 30　　　　　　　　　　　　　B. -30

    C. 4.4　　　　　　　　　　　　　D. -4.4

40. 根据《建设工程施工专业分包合同（示范文本）》GF—2003—0213，分包人不能按时开工的，应在不迟于合同协议约定的开工日期前（　　　）天向承包人提出延期开工理由。

    A. 3　　　　　　　　　　　　　　B. 5

    C. 7　　　　　　　　　　　　　　D. 10

41. 建设工程组成中，分部工程的划分依据是（　　　）。

    A. 工程量、施工段　　　　　　　B. 材料、施工工艺

    C. 专业性质、工程部位　　　　　D. 工种、设备类别

42. 职业健康安全管理体系标准所采用的管理方法是基于PDCA循环的管理方法，"A"环节指的是（　　　）。

    A. 策划　　　　　　　　　　　　B. 实施

    C. 检查　　　　　　　　　　　　D. 改进

43. 编制施工机械台班消耗定额时对于筑路机在工作区末端调头所消耗的时间，应归为施工机械工作时间中的（　　　）。

    A. 有效工作时间　　　　　　　　B. 不可避免的无负荷工作时间

    C. 多余工作时间　　　　　　　　D. 低负荷的工作时间

44. 进行施工生产危险源分类时，应归为第一危险源的是（　　　）。

    A. 作业人员未按要求使用防护措施　　B. 施工作业空间受限

    C. 不利的自然气候条件　　　　　　　D. 施工现场快速行驶的车辆

45. 下列挣值分析正确的是（　　　）。

    A. CV =已完工程预算费用-拟完工程预算费用

    B. SV =已完工程预算费用-拟完工程预算费用

C. $CPI=$ 已完工程预算费用／拟完工程预算费用

D. $SPI=$ 已完工程预算费用／已完工程实际费用

46. 根据职业健康安全管理体系标准，组织内部具体负责职业健康安全管理体系日常工作的人员是（　　　）。

    A. 该组织的最高管理者   B. 该组织任命的管理者代表

    C. 该组织任命的项目负责人   D. 该组织的技术负责人

47. 建设工程施工成本纠偏时，可采取的组织措施是（　　　）。

    A. 编制成本管理工作计划，确定合理的工作流程

    B. 结合施工方法，进行建筑材料比选

    C. 分析成本管理目标风险，并制订防范对策

    D. 分析施工合同条款，寻求索赔机会

48. 建设工程投资决策阶段的质量控制工作是（　　　）。

    A. 确定项目应采用的质量标准和管理方法

    B. 编制项目质量控制工作计划

    C. 确定项目应达到的质量目标和水平

    D. 编制项目质量管理体系文件

49. 下列适用于边设计、边施工的紧急工程或灾后修复工程的合同计价方式为（　　　）。

    A. 总价合同   B. 单价合同

    C. 成本加酬金合同   D. 目标成本加奖罚

50. 工程施工招标时发布招标公告，属于施工合同订立环节中的（　　　）行为。

    A. 要约   B. 要约邀请

    C. 承诺意向   D. 承诺

51. 施工成本计划编制的关键环节是（　　　）。

    A. 确定目标成本   B. 成本预测

    C. 确定施工定额   D. 进行成本分析

52. 下列安装工程损失费用中属于安装工程一切险免责范围的是（　　　）。

    A. 因安装人员技术不精引起的事故损失

    B. 因突降冰雹造成已安装设备损坏的损失

    C. 因遭遇雷击造成电气设备损坏的损失

    D. 因超负荷造成电气用具本身的损失

53. 在施工承包单位内部，施工方案应由（　　　）审批。

    A. 企业技术负责人   B. 项目经理

    C. 项目技术负责人   D. 企业技术部门负责人

54. 在工程网络计划编制准备阶段需进行的工作是（　　　）。

    A. 工程项目分解   B. 确定网络计划目标

    C. 绘制网络图   D. 计算时间参数

55. 根据《建筑信息模型施工应用标准》GB/T 51235—2017，在施工进度管理中应

用 BIM 技术可以进行的工作是（　　　）。

  A. 基于定额创建工作分解结构   B. 基于定额完成资源配置

  C. 基于工程量估算编制进度计划 D. 基于资源分析创建进度管理模型

56. 通过缩短关键工作的持续时间来调整建设工程施工进度计划时，可采用的技术措施是（　　　）。

  A. 组织更多施工队伍   B. 采用更先进的施工方式

  C. 改善外部配合条件   D. 增加每天施工时间

57. 利用施工网络进度计划，分析某项工作的进度偏差对总工期影响的时间参数是（　　　）。

  A. 总时差   B. 工作的最早完成时间

  C. 间隔时间   D. 节点的最早时间

58. 下列施工成本分析方法中，可用来分析各种因素对施工成本影响程度的是（　　　）。

  A. 比重分析法   B. 相关比率法

  C. 连环置换法   D. 动态比率法

59. 施工企业定期对其环境管理体系进行评审的责任人是（　　　）。

  A. 企业行政部分负责人   B. 企业最高管理者

  C. 施工项目负责人   D. 企业技术负责人

60. 为保证工程质量满足设计需求和合同约定，需要进行必要的技术复核工作。下列工作内容中属于技术复核工作的是（　　　）。

  A. 施工方案论证   B. 施工设备验收

  C. 施工图纸会审   D. 建筑材料检测

二、多项选择题（共 20 题，每题 2 分。每题的备选项中，有 2 个或 2 个以上符合题意，至少有 1 个错项。错选，本题不得分；少选，所选的每个选项得 0.5 分）

61. 根据《建设工程文件归档规范》（2019 年版）GB/T 50328—2014，施工单位必须归档保存的施工技术文件有（　　　）。

  A. 施工日志   B. 工程竣工验收报告

  C. 图纸会审记录   D. 设计变更通知单

  E. 工程洽商记录

62. 某施工设计项目采用不平衡报价法报价时，可采用较低报价的分部工程有（　　　）。

  A. 后期施工的装饰装修工程   B. 业主可能取消的分部工程

  C. 前期施工的分部工程   D. 施工难度大的分部工程

  E. 预计工程量会增加的分部工程

63. 根据《建筑工程绿色施工规范》GB/T 50905—2014，建设单位的绿色施工职责有（　　　）。

  A. 审查绿色施工组织设计   B. 组织绿色施工的实施

  C. 提供绿色施工所需资金保障 D. 编制绿色施工专项方案

  E. 建立绿色施工协调机制

64. 施工质量计划的编制依据有（   ）。

    A. 政府工程质量监督方案　　　　　B. 施工作业指导书

    C. 企业质量手册　　　　　　　　　D. 监理实施细则

    E. 项目质量目标

65. 进行施工风险识别时，可采用的方法有（   ）。

    A. 财务报表法　　　　　　　　　　B. 初始清单法

    C. 决策树法　　　　　　　　　　　D. 盈亏平衡分析法

    E. 流程图法

66. 按照现代企业管理理念，施工责任成本通常具备的条件有（   ）。

    A. 可考核性　　　　　　　　　　　B. 可耦合性

    C. 可预计性　　　　　　　　　　　D. 可控制性

    E. 可计量性

67. 生产准备阶段需要执行的工作有（   ）。

    A. 组建生产管理机构，制定生产管理制度

    B. 招聘和培训生产人员，组织生产人员参加设备安装、调试和工程验收工作

    C. 落实原材料、协作产品、燃料、水、电、气等来源和其他需协作配合的条件

    D. 征地、拆迁和场地平整

    E. 准备必要的施工图纸

68. 应用直方图法的目的是（   ）。

    A. 判断工序的稳定性

    B. 推断工序质量规格标准的满足程度

    C. 分析不同因素对质量的影响

    D. 计算工序能力

    E. 反映质量特性与质量缺陷产生原因之间关系

69. 在施工项目部编制的责任矩阵图中，任务执行者在项目管理中的角色有（   ）。

    A. 负责人　　　　　　　　　　　　B. 授权人

    C. 监理人　　　　　　　　　　　　D. 参与者

    E. 审核者

70. 对于专业分包单位实施的危险性较大的分部分项工程，由该专业分包单位编制的专项施工方案应由（   ）共同审核签字并加盖单位公章后，方可报送项目监理机构。

    A. 建设单位项目负责人　　　　　　B. 总承包单位技术负责人

    C. 专业分包项目技术负责人　　　　D. 专业分包单位技术负责人

    E. 总承包单位项目负责人

71. 建设工程组织固定节拍流水施工的特点有（   ）。

    A. 相邻施工过程的流水步距相等　　B. 专业工作队数等于施工过程数

    C. 各施工段的流水节拍不全相等　　D. 施工段之间可能有空闲时间

    E. 各专业工作队能够连续作业

72. 某工程的双代号网络时标计划（单位：周）如下图所示，图中显示的正确信息有（   ）。

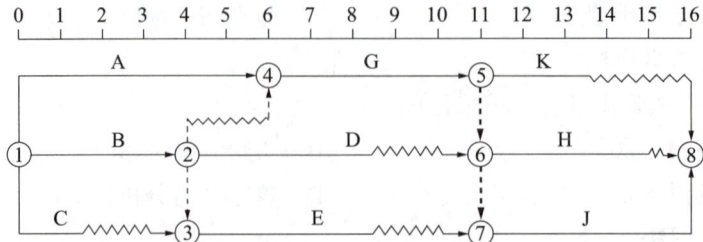

某工程的双代号网络时标计划

A. 工作 A 属于关键工作　　　　　B. 工作 D 的总时差为 3 周

C. 工作 G 的自由时差为 2 周　　　D. 工作 C 的自由时差为 2 周

E. 工作 K 的总时差等于自由时差

73. 采用平衡积分卡法考核施工成本管理绩效的优点有（   ）。

A. 能够提高考核准确性　　　　　B. 能够实现短期灵活考核

C. 能够提高管理效率　　　　　　D. 能够促进长期发展

E. 能够激发个体积极性

74. 根据《标准施工招标文件》，承包人向监理人提交的竣工付款申请单中应包括的内容有（   ）。

A. 竣工结算合同总价　　　　　　B. 已支付承包人的工程价款

C. 应支付的最终结清付款金款　　D. 应扣留的质量保证金

E. 应支付的竣工付款金额

75. 重大安全事故的报告中包括（   ）。

A. 事故发生单位概况

B. 事故发生的原因和事故性质

C. 事故的简要经过

D. 事故责任的认定以及对事故责任者的处理建议

E. 已经采取的措施

76. 根据《建设工程安全生产管理条例》，施工企业安全生产责任制包括（   ）。

A. 为作业人员提供劳动保护用品　　B. 特种作业人员持证上岗

C. 各岗位的责任人员　　　　　　　D. 各岗位的责任范围

E. 各岗位的考核标准

77. 建设工程施工组织设计的编制依据有（   ）。

A. 工程设计文件　　　　　　　　B. 施工合同文件

C. 监理实施细则　　　　　　　　D. 工程地质条件

E. 施工平面布置图

78. 工程保修内容包括（   ）。

A. 保修范围　　　　　　　　　　B. 保修期限

C. 保修资金　　　　　　　　　　D. 保修人员

E. 保修责任

79. 施工总承包单位按合同约定选定分包单位后，项目监理机构根据施工总承包单位报送的分包单位资格报审表及相关资料审查的内容有（　　　）。

A. 企业资质等级证书　　　　　　B. 类似工程业绩

C. 专职管理人员资格　　　　　　D. 专项施工方案

E. 安全生产许可文件

80. 下列方法中可用来从工程项目整体结构角度分析比较实际进度与计划进度的有（　　　）。

A. 横道图比较法　　　　　　　　B. 前锋线比较法

C. 动态比率比较法　　　　　　　D. S 曲线比较法

E. 流程图比较法

参 考 答 案

1. B	2. A	3. D	4. A	5. C
6. D	7. A	8. A	9. B	10. D
11. A	12. D	13. A	14. B	15. B
16. D	17. A	18. A	19. C	20. C
21. B	22. A	23. C	24. C	25. B
26. B	27. A	28. D	29. C	30. A
31. C	32. A	33. C	34. D	35. A
36. D	37. D	38. D	39. A	40. B
41. C	42. D	43. B	44. D	45. B
46. B	47. A	48. C	49. C	50. B
51. A	52. D	53. C	54. B	55. B
56. B	57. A	58. C	59. B	60. C

61. C、D、E   62. A、B   63. C、E   64. C、E   65. A、B、E

66. A、C、D、E 67. A、B、C   68. A、B、C、D 69. A、D、E   70. B、D

71. A、B、E   72. A、D、E   73. A、C、D、E 74. A、B、D、E 75. A、C、E

76. C、D、E   77. A、B、D   78. A、B、E   79. A、B、C、E 80. A、B、D

2024 年度全国二级建造师执业资格考试试卷（二）

一、**单项选择题**（共 60 题，每题 1 分。每题的备选项中，只有 1 个最符合题意）

1. 根据《国务院关于投资体制改革的决定》，我国政府投资项目实行（　　）。

 A. 审批制   B. 核准制

 C. 备案制   D. 登记制

2. 对于采用资本金注入方式的政府投资项目，投资决策主管部门需从投资决策角度审批的文件是（　　）。

 A. 项目建议书和可行性研究报告   B. 可行性报告和资金概算报告

 C. 初步设计和开工报告   D. 项目建议书和初步设计

3. 下列施工承包模式中，建设单位需要在施工承包意向合同下，与各施工单位分别签订施工合同的是（　　）。

 A. 施工总承包模式   B. 平行承包模式

 C. 联合体承包模式   D. 合作体承包模式

4. 工程质量监督机构在组织安排工程质量监督准备阶段的工作有：① 召开首次监督会议，明确相关职责；② 编制工程质量监督计划，并转发各参建单位；③ 检查各方主体行为，确认具备开工条件；④ 成立工程质量监督组，确定质量监督负责人。正确的工作程序是（　　）。

 A. ①—②—③—④   B. ④—②—①—③

 C. ①—④—②—③   D. ④—①—③—②

5. 施工项目管理任务包括工程合同管理、施工组织协调、施工目标控制、施工安全管理、施工风险管理、施工信息管理和绿色施工管理。其核心任务是（　　）。

 A. 工程合同管理   B. 施工目标控制

 C. 施工安全管理   D. 施工风险管理

6. 某工程项目技术复杂，工期要求紧迫，为确保该工程的顺利实施，施工单位宜采取的施工项目管理组织结构是（　　）。

 A. 强矩阵式组织结构   B. 中矩阵式组织结构

 C. 弱矩阵式组织结构   D. 直线式组织结构

7. 根据《建设工程施工项目经理岗位职业标准》T/CCIAT 0010—2019，关于项目经理应履行职责的说法，正确的是（　　）。

 A. 组织制定企业各项规章制度

 B. 组织工程竣工验收

 C. 组织项目团队成员进行施工合同交底

 D. 决定企业资源的投入和使用

8. 关于项目资本金的说法，正确的是（　　　）。

　　A. 项目资本金实质上是一种债务资金

　　B. 项目资本金只能以货币方式出资

　　C. 项目资本金可视为项目法人进行债务融资的信用基础

　　D. 投资者可以在需要的时候抽回其投入的项目资本金

9. 危险性较大的分部分项工程专项施工方案应由施工单位技术部门组织相关专家评审后，报由（　　　）批准。

　　A. 项目负责人　　　　　　　　　　B. 项目技术负责人

　　C. 总监理工程师　　　　　　　　　D. 施工单位技术负责人

10. 下列施工项目目标控制措施中，属于合同措施的是（　　　）。

　　A. 强化动态控制中的激励机制，调动员工的积极性和创造性

　　B. 对工程变更方案进行技术经济分析、及时办理工程款结算和支付手续

　　C. 结合承包模式及计价方式，与发包人协商完善计价条款

　　D. 采用网络计划技术等方法和数字化智能化技术进行动态控制

11. 根据国家九部委《标准施工招标资格预审文件》，下列情形符合要求的是（　　　）。

　　A. 申请函上有单位公章，但是没有法定代表人和委托代理人的签字

　　B. 资格预审申请文件格式与招标方要求有差异，但内容完全符合要求

　　C. 联合体申请人提交了联合体协议书并有明确牵头人

　　D. 申请人名称与营业执照名称不完全一致

12. 对于工期长、技术复杂、实施过程中发生各种不可预见因素较多且建设单位在初步设计完成之后就进行招标的大型工程，一般宜采用的合同计价方式是（　　　）。

　　A. 固定总价合同　　　　　　　　　B. 可调总价合同

　　C. 固定单价合同　　　　　　　　　D. 可调单价合同

13. 采用工程量清单计价的工程，工程承包单位对建设单位自行采购的材料、工程设备等进行保管发生的费用应计入（　　　）。

　　A. 暂列金额　　　　　　　　　　　B. 暂估价

　　C. 计日工　　　　　　　　　　　　D. 总承包服务费

14. 某施工合同文件包括：① 投标函及投标函附件；② 中标通知书；③ 合同协议书；④ 通用合同条款；⑤ 专用合同条款等。这些合同文件的优先解释顺序为（　　　）。

　　A. ③−①−②−④−⑤　　　　　　B. ③−②−①−⑤−④

　　C. ③−②−①−④−⑤　　　　　　D. ①−②−③−⑤−④

15. 某施工合同约定由承包人办理建筑工程一切险和第三者责任保险，该保险的投保人应为（　　　）。

　　A. 承包人　　　　　　　　　　　　B. 发包人和第三者责任人

　　C. 承包人和第三者责任人　　　　　D. 发包人和承包人

16. 根据国家九部委《标准施工招标文件》，承包人对其负责提供的材料，按合同约定和监理人指示进行了抽样检验，检验结果合格。发生的检验费用应由（　　　）承担。

A. 发包人   B. 承包人

C. 监理人   D. 材料供应商

17. 根据《建设工程工程量清单计价规范》GB 50500—2013，包工包料工程的预付款支付比例为（　　）。

    A. 不得低于签约合同价（扣除暂列金额）的10%，不宜高于签约合同价（扣除暂列金额）的20%

    B. 不得低于签约合同价（扣除暂列金额）的10%，不宜高于签约合同价（扣除暂列金额）的30%

    C. 不得低于签约合同价（含暂列金额）的10%，不宜高于签约合同价（含暂列金额）的30%

    D. 不得低于签约合同价（含暂列金额）的10%，不宜高于签约合同价（含暂列金额）的20%

18. 根据国家九部委《标准施工招标文件》，在正常情况下发包人在收到承包人提交验收申请报告56天后未进行验收的，实际竣工日期应为（　　）。

    A. 提交竣工验收申请报告的日期

    B. 发包人收到竣工验收申请报告的日期

    C. 提交竣工验收申请报告后第56天

    D. 发包人未来实际进行竣工验收合格的日期

19. 根据《建设工程施工专业分包合同（示范文本）》GF—2003—0213，关于专业工程分包人、承包人以及发包人关系的说法，正确的是（　　）。

    A. 专业工程分包人须服从承包人转发的发包人与分包工程相关的指令

    B. 承包人不在场时，专业工程分包人可以直接接受监理人的工作指令

    C. 发包人可以直接向专业工程分包人下达工作指令

    D. 不经承包人批准，专业工程分包人不得允许发包人进入分包工程施工现场

20. 根据《建设工程施工劳务分包合同（示范文本）》GF—2003—0214，关于不可抗力事件造成的费用分担原则的说法，正确的是（　　）。

    A. 劳务分包人的自有机械设备损坏应由劳务分包人自行承担

    B. 劳务分包人的人员伤亡应由工程承包人负责并承担相应费用

    C. 运至施工现场用于劳务作业的材料的损失应由劳务分包人承担

    D. 工程承包人提供给劳务分包人使用的机械设备损坏应由劳务分包人承担

21. 组织流水施工的基本方式有全等节拍流水施工、成倍节拍流水施工和分别流水施工。下列组织流水施工的特点中，只属于成倍节拍流水的是（　　）。

    A. 相邻施工过程的流水步距相等

    B. 专业工作队数大于施工过程数

    C. 相同施工过程在不同施工段上流水节拍相同

    D. 不同施工过程的流水节拍可以不等

22. 某工程分为三个施工段，每个施工段有三个施工过程，每个施工过程由一个专业

工作队完成，各专业工作队在各施工段上的流水节拍均是 3 天。该工程的流水施工工期是（　　）天。

    A. 9　　　　　　　　　　　　B. 15

    C. 18　　　　　　　　　　　D. 27

23. 下列流水施工参数中，属于工艺参数的是（　　）。

    A. 工作面　　　　　　　　　B. 流水节拍

    C. 流水强度　　　　　　　　D. 流水步距

24. 根据工程网络施工进度计划的编制程序，下列网络计划的编制工作中，属于网络图绘制阶段的是（　　）。

    A. 工程项目分解　　　　　　B. 确定计划目标

    C. 确定关键线路　　　　　　D. 优化网络计划

25. 关于双代号网络计划中虚箭线的说法，正确的是（　　）。

    A. 虚箭线的最早开始和最迟结束时间应相同

    B. 虚箭线表示相邻两项工作之间的间隔时间

    C. 任意两项工作之间均可添加虚箭线

    D. 虚箭线主要用来表示相邻两项工作的逻辑关系

26. 某双代号网络计划如下图所示（时间：天），下列线路中，属于关键线路的是（　　）。

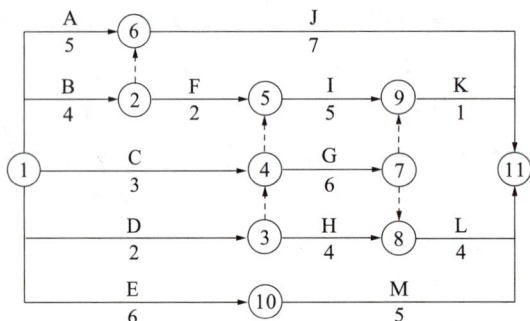

某双代号网络计划

    A. ①→②→⑤→⑨→⑪　　　　　　B. ①→④→⑦→⑧→⑪

    C. ①→③→④→⑦→⑧→⑪　　　　D. ①→⑥→⑪

27. 某工作有两个紧前工作，紧前工作的最早完成时间分别是第 2 天和第 4 天，该工作持续时间是 5 天，则其最早完成时间是第（　　）天。

    A. 6　　　　　　　　　　　　B. 7

    C. 9　　　　　　　　　　　　D. 11

28. 利用施工网络进度计划，分析某项工作的进度偏差对总工期影响的时间参数是（　　）。

    A. 总时差　　　　　　　　　B. 工作的最早完成时间

    C. 间隔时间　　　　　　　　D. 节点的最早时间

372

29. 下列建设工程固有特性中，属于安全特性的是（　　　）。

    A. 使用耐久性

    B. 平面、空间布置合理

    C. 采光、通风、隔声、隔热性能良好

    D. 满足强度、刚度、稳定性要求

30. 质量管理体系的建立和完善一般要经历：① 质量管理体系文件编制；② 质量管理体系审核和评审；③ 质量管理体系策划与设计；④ 质量管理体系试运行。其正确的工作流程是（　　　）。

    A. ①—②—③—④

    B. ②—③—①—④

    C. ③—①—④—②

    D. ④—③—①—②

31. 某工程承包商从一生产厂家购买了一批相同规格的预制构件，并将其整齐码放在现场。对这批构件进行进场检验时，宜采用的抽样方法是（　　　）。

    A. 简单随机抽样

    B. 系统随机抽样

    C. 分层随机抽样

    D. 整群随机抽样

32. 在施工质量控制过程中，生产处于稳定状态的控制图中点子分布状态是（　　　）。

    A. 连续 7 点或更多点在中心线同一侧

    B. 呈现周期性变化

    C. 连续 7 点或更多点呈上升趋势

    D. 随机落在上、下控制界限内

33. 分项工程施工前的技术交底书应由（　　　）编制，并经项目技术负责人批准。

    A. 专业监理工程师

    B. 总监理工程师

    C. 项目技术人员

    D. 项目施工班组工长

34. 根据《建筑工程施工质量验收统一标准》GB 50300—2013，对涉及结构安全、节能、环境保护和使用功能的重要分部工程，应在验收前按规定进行（　　　）。

    A. 抽样检验

    B. 见证检验

    C. 破坏性试验

    D. 专家论证

35. 在工程预验收合格后，组织相关单位项目负责人进行工程竣工验收的单位应为（　　　）。

    A. 建设单位

    B. 监理单位

    C. 设计单位

    D. 施工单位

36. 某工程施工中发生的质量事故，导致 3 人死亡，直接经济损失 5000 万元，则该事故等级应界定为（　　　）。

    A. 一般事故

    B. 较大事故

    C. 重大事故

    D. 特别重大事故

37. 施工质量事故处理过程中，确定质量事故的处理是否达到预期目的、是否仍留有隐患，属于（　　　）环节的工作。

    A. 事故调查

    B. 事故原因分析

C. 事故处理技术方案确定   D. 事故处理的鉴定验收

38. 编制人工定额时，下列工人工作时间中，属于定额时间的是（   ）。

    A. 材料供应不及时导致的停工时间

    B. 工人擅自离开工作岗位造成的损失时间

    C. 施工工艺特点引起的工作中断所必需的时间

    D. 工作面准备不充分导致的停工时间

39. 对于同类型产品规格多、工序重复、工作量小，且已知同类型工序和产品实耗工时的施工过程，编制人工定额宜采用的方法是（   ）。

    A. 统计分析法   B. 技术测定法

    C. 比较类推法   D. 经验估计法

40. 关于施工机械台班定额及编制的说法，正确的是（   ）。

    A. 编制施工机械台班定额需先拟定机械工作的正常施工条件

    B. 施工机械台班定额可表示为产量定额和时间定额，两者之和为 1

    C. 施工机械台班定额可用复式表示法表达为：机械台班产量／人工时间定额

    D. 施工机械台班定额与机械利用系数不直接相关

41. 以履行施工合同为前提，经过施工单位和项目管理机构协商确定的由项目管理机构控制的成本总额是（   ）。

    A. 预算成本   B. 施工责任成本

    C. 竞争性成本   D. 项目实际成本

42. 关于施工企业指导性成本计划的说法，正确的是（   ）。

    A. 是在施工投标及签订合同阶段的估算成本计划

    B. 是在工程项目施工准备阶段，以项目实施方案为依据编制的成本计划

    C. 以落实项目经理责任目标为出发点，根据施工定额编制的成本计划

    D. 以合同价为依据，按照企业定额标准制定的施工成本计划

43. 下列施工成本控制的工作内容中，属于管理行为控制过程的是（   ）。

    A. 确定成本管理分层次目标

    B. 采集成本数据并监测成本形成过程

    C. 目标考核，定期检查

    D. 调整改进成本管理方法

44. 采用挣值法进行施工成本动态监控时，若 $CPI < 1$，则表示（   ）。

    A. 实际费用超支   B. 实际费用节约

    C. 实际进度延后   D. 实际进度提前

45. 施工成本分析时，对比技术经济指标，检查成本目标完成情况，分析产生差异的原因，进而挖掘降低成本的方法是（   ）。

    A. 比率法   B. 因素分析法

    C. 比较法   D. 差额计算法

46. 若施工企业具有明确的成本管理目标，健全的成本管理流程，完备的成本控制体

系，以及较强的数据收集和分析能力，可以实现对成本定量化考核且考核周期较短，则该企业适宜采用的成本管理绩效考核方法是（　　　　）。

  A. 关键绩效指标法   B. 全视角反馈法

  C. PDCA 管理循环法   D. 目标管理法

47. 职业健康安全管理体系标准只对方针、目标和管理体系要素做出要求，既不规定具体的职业健康安全绩效准则，也不提供职业健康安全管理体系的设计规范，这体现职业健康安全管理体系标准的（　　　　）特点。

  A. 法制化和规范化管理手段   B. 系统化管理机制

  C. 应用的灵活性   D. 广泛的适用性

48. 企业所有安全生产管理制度的核心是（　　　　）。

  A. 全员安全生产责任制   B. 安全生产费用管理和使用制度

  C. 安全生产教育培训制度   D. 安全生产许可制度

49. 根据安全生产费用管理相关规定，建设单位应当在合同中单独约定并于工程开工日一个月内向承包单位支付企业安全生产费用的比例最低为（　　　　）。

  A. 20%   B. 30%

  C. 40%   D. 50%

50. 关于施工企业安全教育培训的说法，正确的是（　　　　）。

  A. 施工企业安全生产管理人员初次安全培训时间不得少于 12 学时

  B. 施工现场操作人员在上岗前必须经过企业、项目部和班组三级安全培训教育

  C. 施工企业新上岗从业人员，岗前安全培训时间不得少于 12 学时

  D. 从业人员在企业内离岗三个月重新上岗的，应重新接受企业级的安全培训

51. 关于特种作业人员持证上岗制度的说法，正确的是（　　　　）。

  A. 特种作业人员必须年满 16 岁并且体检健康合格

  B. 特种作业操作证每 2 年复审一次

  C. 特种作业操作证需要复审的，应在期满前 30 日内提出申请

  D. 特种作业操作证有效期满需要延期换证的，应参加不少于 8 个学时的安全培训并考试合格

52. 施工企业针对安全检查中发现的倾向性问题、安全生产状况较差的工程项目，应组织的安全检查形式是（　　　　）。

  A. 专项检查   B. 不定期抽查

  C. 定期检查   D. 日常巡查

53. 对于超过一定规模的危险性较大的分部分项工程，其施工安全技术交底必须先由（　　　　）交底。

  A. 项目技术负责人向施工员、班组长

  B. 项目负责人向项目技术负责人

  C. 施工单位技术负责人向项目技术负责人

  D. 项目技术负责人向项目管理人员

54. 若施工重大事故发生地与事故发生单位所在地不在同一个县级以上行政区域的，则事故调查应采取的做法是（ ）。

    A. 由事故发生单位所在地人民政府负责调查，事故发生地人民政府派人参加

    B. 由事故发生地人民政府负责调查，事故发生单位所在地人民政府派人参加

    C. 由上级主管部门负责调查，事故发生地和事故发生单位所在地人民政府派人参加

    D. 委托第三方专业机构负责调查，事故发生地和事故发生单位所在地人民政府派人参加

55. 循环经济的 3R 原则中"再循环"是指（ ）。

    A. 通过输入端控制方式，用较少资源投入来达到既定的生产目的

    B. 通过过程端控制方式，将废物直接作为产品或经修复、翻新、再制造后继续作为产品使用

    C. 通过过程端控制方式，将废物的全部或部分作为其他产品的部件予以使用

    D. 通过输出端控制方式，将生产出来的物品在完成其使用功能后通过回收利用重新变成可用资源

56. 根据现行绿色施工评价标准，施工现场 500km 以内生产的建筑材料用量占建筑材料总重量的比例应不低于（ ）。

    A. 50%   B. 60%

    C. 70%   D. 80%

57. 根据《环境管理体系 要求及使用指南》GB/T 24001—2016，"应急准备和响应"属于环境管理体系（ ）部分中的内容。

    A. 领导作用   B. 策划

    C. 支持   D. 运行

58. 按照文明施工管理工作要求，下列做法中，正确的是（ ）。

    A. 根据施工总平面布局，应合理规划作业区等，降低交叉施工干扰

    B. 施工临时设施与永久性设施应严格进行区分利用

    C. 建筑垃圾可作为废料进行土方填埋施工

    D. 施工现场设开放式垃圾站，施工垃圾、生活垃圾集中存放

59. 根据《建设工程文件归档规范》（2019 年版）GB/T 50328—2014，对列入城建档案管理机构接收范围的工程，应在工程竣工验收后（ ）个月内向当地城建档案管理机构移交工程档案。

    A. 1   B. 3

    C. 4   D. 6

60. 施工 BIM 模型可使用文档、图形、图像、视频等扩展信息，但必须具备的前提条件是（ ）。

    A. 满足空间拓扑关系   B. 技术参数准确

    C. 满足细度要求   D. 满足工程逻辑关系

（共 20 题，每题 2 分。每题的备选项中，有 2 个或 2 个以上符合题意，至少有 1 个错项。错选，本题不得分；少选，所选的每个选项得 0.5 分）

61. 下列工程开工时间的认定中，正确的有（　　）。
    A. 以施工方的临时工程开始施工时间作为开工时间
    B. 不需开槽的工程以正式开始打桩的时间作为开工时间
    C. 分期建设的工程以第一期工程的开工时间作为开工时间
    D. 土石方工程以平整场地开始时间作为开工时间
    E. 以设计文件规定的永久性工程第一次正式破土开槽时间作为开工时间

62. 根据《建设工程监理范围和规模标准规定》，必须实行监理的工程有（　　）。
    A. 总投资额为 2000 万元的商业项目
    B. 总投资额为 3000 万元的乡村生态环境保护项目
    C. 建筑面积为 4 万 m² 的多层普通结构住宅小区
    D. 使用世界银行贷款的城市立交枢纽
    E. 国家重点建设的工业项目

63. 建设单位可以通过公开招标方式选择施工单位，公开招标方式的优点包括（　　）。
    A. 可以减少合同履行过程中的承包商违约风险
    B. 可以减少评标工作量，降低费用
    C. 可以缩短招标准备工作时间，提高效率
    D. 可以在较大程度上避免招标过程中的贿标行为
    E. 可以获得有竞争性的报价

64. 采用工程量清单计价的工程，投标人编制投标报价时，应遵循的原则有（　　）。
    A. 投标价应由投标人自行编制，不应委托咨询机构编制
    B. 投标价的高低取决于投标人的报价策略，但不得低于成本
    C. 投标人必须按照招标工程量清单填报分部分项工程的综合单价
    D. 投标时的工程量必须与图纸工程量完全一致
    E. 投标价不得高于招标人设定的招标控制价

65. 下列成本加酬金合同中，能鼓励施工单位降低成本的有（　　）。
    A. 成本加浮动酬金合同　　　　　　B. 目标成本加奖罚合同
    C. 成本加固定酬金合同　　　　　　D. 成本加固定百分比酬金合同
    E. 目标成本加固定酬金合同

66. 关于流水施工表达方式的说法，正确的有（　　）。
    A. 横道图不能准确表达工作的时差
    B. 垂直图中斜向线段的斜率表示施工过程的进展速度
    C. 流水施工不宜使用网络计划表达
    D. 垂直图中的施工段表达不清楚
    E. 横道图中的时间和空间状况形象直观

67. 某工程双代号时标网络计划如下图所示（时间：周），下列各项工作的总时差计

算中，正确的有（   ）。

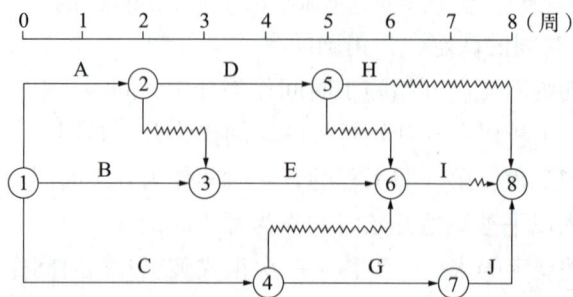

某工程双代号时标网络计划

A. 工作 A 的总时差是 2 周　　　B. 工作 B 的总时差是 3 周

C. 工作 C 的总时差是 0 周　　　D. 工作 D 的总时差是 1 周

E. 工作 E 的总时差是 1 周

68. 关于网络计划中工作最迟完成时间计算的说法，正确的有（   ）。

A. 网络计划中，最迟完成时间等于该工作最早完成时间加上该工作的总时差

B. 网络计划中，最迟完成时间等于各紧后工作最迟完成时间减去其持续时间的最大值

C. 网络计划中，最迟完成时间等于各紧后工作最迟开始时间的最小值

D. 双代号网络计划中，最迟完成时间等于该工作开始节点的最迟时间

E. 时标网络计划中，最迟完成时间等于该工作箭线实线右端点对应的时标值

69. 在施工进度控制时，常用的实际进度与计划进度比较的方法有（   ）。

A. 横道图比较法　　　　　　　B. 相关图比较法

C. S 曲线比较法　　　　　　　D. 前锋线比较法

E. 控制图比较法

70. 下列施工质量保证体系的工作内容中，属于组织保证体系内容的有（   ）。

A. 明确施工质量目标　　　　　B. 成立质量管理小组

C. 编制施工质量工作计划　　　D. 建立质量信息系统

E. 明确各类人员的质量职责和权限

71. 施工过程质量控制中，作业技术活动结果控制的主要内容包括（   ）。

A. 工序质量检验　　　　　　　B. 工程变更控制

C. 单位工程验收　　　　　　　D. 隐蔽工程验收

E. 工序交接验收

72. 施工质量事故处理的基本要求包括（   ）。

A. 尽快提交事故处理报告

B. 确保事故处理期间的安全

C. 加强事故处理的检查验收工作

D. 重视消除质量事故的原因，注意综合治理

E. 合理确定事故处理范围和正确选择处理的时机及方法

73. 下列为实现工程质量目标产生的费用中，属于质量控制成本的有（　　）。

A. 外购件检验试验费　　　　　　B. 质量事故处理费用

C. 工程质量验收费　　　　　　　D. 工程保修费用

E. 质量培训费

74. 施工责任成本分解过程中，关于各部门工作内容的说法，正确的有（　　）。

A. 财务部门配合完成材料费、周转工具费及采购效益核算

B. 商务部门组织进行标价分离，完成施工成本测算

C. 技术部门配合完成施工方案及相关费用测算

D. 安全管理部门配合完成安全文明施工费测算

E. 人力资源部门配合完成项目管理人员配置及岗位薪酬标准测算

75. 下列施工现场发生的费用中，适宜采用"量价分离"方法进行控制的有（　　）。

A. 人工费　　　　　　　　　　　B. 材料费

C. 施工机具使用费　　　　　　　D. 施工分包费

E. 现场管理费

76. 关于职业健康安全管理体系评审和维持的说法，正确的有（　　）。

A. 管理评审的目的是检查与确认管理体系各要素是否按照计划有效实施

B. 管理评审一般通过年度计划安排，每年进行一次

C. 管理评审一般由总经理主持，各部门负责人和有关人员参加

D. 内部审核可分为常规内审和追加内审两类

E. 内部审核由管理者代表组织实施

77. 根据《建设工程安全生产管理条例》，下列分部分项工程中，需要编制专项施工方案并由施工单位组织专家进行论证审查的有（　　）。

A. 深基坑工程　　　　　　　　　B. 土方开挖工程

C. 地下暗挖工程　　　　　　　　D. 基坑支护与降水工程

E. 高大模板工程

78. 清洁生产的主要内容包括（　　）。

A. 清洁的原料与能源　　　　　　B. 清洁的生产过程

C. 清洁的产品　　　　　　　　　D. 贯穿于清洁生产的全过程控制

E. 清洁的生产环境

79. 根据现行绿色施工评价标准，环境保护评价指标优选项的内容包括（　　）。

A. 现场采用低噪声设备施工

B. 制定建筑垃圾减量化计划

C. 现场采用自动喷雾（淋）降尘系统

D. 现场采用雨水就地渗透措施

E. 采用自动监测平台动态计量固体废弃物重量

80. 根据《建设工程项目管理规范》GB/T 50326—2017，施工合同订立前，企业应

进行的合同评审包括（　　　）。

A. 合法性、合规性评审　　　　B. 合理性、可行性评审
C. 严密性、完整性评审　　　　D. 合同管理制度评审
E. 合同风险评估

参 考 答 案

1. A	2. A	3. D	4. B	5. B
6. A	7. C	8. C	9. D	10. C
11. C	12. D	13. D	14. B	15. D
16. B	17. B	18. A	19. A	20. A
21. B	22. B	23. C	24. A	25. D
26. B	27. C	28. A	29. D	30. C
31. C	32. D	33. C	34. A	35. A
36. C	37. D	38. C	39. C	40. A
41. B	42. D	43. C	44. A	45. C
46. A	47. C	48. A	49. D	50. B
51. D	52. A	53. C	54. B	55. D
56. C	57. D	58. A	59. B	60. C

61. B、E　　62. B、D、E　　63. D、E　　64. B、C、E　　65. A、B

66. A、B、E　　67. A、C、E　　68. A、C　　69. A、C、D　　70. B、D、E

71. A、D、E　　72. B、C、D、E　73. A、C、E　　74. B、C、D、E　75. A、B、C

76. B、C、D、E　77. A、C、E　　78. A、B、C、D　79. C、D、E　　80. A、B、C、E

模拟预测篇

模拟预测试卷一

一、单项选择题（共 60 题，每题 1 分。每题的备选项中，只有 1 个最符合题意）

1. 下列投资项目中，最低资本金比例要求最高的是（　　　）。

    A. 公路项目　　　　　　　　　　　B. 电力项目

    C. 电解铝项目　　　　　　　　　　D. 普通商品房住房项目

2. 企业办理投资项目核准手续时，需向核准机关提交的文件是（　　　）。

    A. 项目申请书　　　　　　　　　　B. 项目建议书

    C. 项目开工报告　　　　　　　　　D. 项目可行性研究报告

3. 下列施工承包模式中，建设单位组织协调工作量小，但风险较大的是（　　　）。

    A. 平行承包模式　　　　　　　　　B. 联合体承包模式

    C. 施工总承包模式　　　　　　　　D. 合作体承包模式

4. 工程开工前，申请办理工程质量监督手续的质量责任主体是（　　　）。

    A. 建设单位　　　　　　　　　　　B. 施工单位

    C. 监理单位　　　　　　　　　　　D. 设计单位

5. 施工项目管理的核心是（　　　）。

    A. 施工质量、施工安全　　　　　　B. 施工成本、绿色施工

    C. 施工进度、施工质量　　　　　　D. 施工成本、施工安全

6. 下列施工项目管理组织结构形式中，能够实现集权与分权最优结合的是（　　　）。

    A. 直线式　　　　　　　　　　　　B. 职能式

    C. 直线职能式　　　　　　　　　　D. 矩阵式

7. 下列矩阵式组织结构形式中，项目负责人作为项目协调者或监督者的是（　　　）。

    A. 强矩阵式　　　　　　　　　　　B. 平衡矩阵式

    C. 弱矩阵式　　　　　　　　　　　D. 中矩阵式

8. 施工单位应在（　　　）后，立即成立项目实施策划领导小组。

    A. 递交投标文件　　　　　　　　　B. 获取招标文件

    C. 接到中标通知书　　　　　　　　D. 签订施工合同

9. 编制单位工程施工进度计划的工作内容包括：① 计算工程量；② 确定施工顺序；③ 确定工作项目的持续时间；④ 划分工作项目；⑤ 计算劳动量和机械台班数等，正确的顺序是（　　　）。

    A. ②①⑤④③　　　　　　　　　　B. ①⑤③④②

    C. ④②①⑤③　　　　　　　　　　D. ⑤③④②①

10. 就施工承包单位内容而言，施工方案的审批人是（　　　）。

    A. 施工单位企业负责人　　　　　　B. 项目技术负责人

C. 施工单位技术负责人   D. 施工项目经理

11. 根据《中华人民共和国招标投标法实施条例》，招标人对招标文件进行澄清或者修改的内容可能影响投标文件编制的，招标人应在投标截止时间至少（   ）日前，以书面形式通知所有获取招标文件的潜在投标人。

     A. 3   B. 5

     C. 15   D. 30

12. 某工期长、技术复杂、实施过程中发生各种不可预见因素较多的大型工程，建设单位为缩短工程建设周期，初步设计完成后就进行招标。从施工单位的角度来看，适用于该工程的承担风险相对较小的合同计价方式是（   ）。

     A. 可调单价合同   B. 可调总价合同

     C. 固定总价合同   D. 固定单价合同

13. 投标时，当招标工程量清单中描述的项目特征与设计图纸不符时，投标人应以（   ）为依据确定综合单价。

     A. 设计规范

     B. 招标工程量清单中描述的项目特征

     C. 设计图纸

     D. 预计施工时所采用图纸的项目特征

14. 根据《标准施工招标文件》通用合同条款，由于发包人原因引起的暂停施工造成工期延误的，承包人有权要求发包人（   ）。

     A. 延长工期和（或）增加费用，但不能要求支付利润

     B. 延长工期和（或）增加费用，并支付合理利润

     C. 延长工期，但不能要求补偿费用和支付利润

     D. 增加费用，但不能要求延长工期和支付利润

15. 根据《标准施工招标文件》通用合同条款，变更指示只能由（   ）发出。

     A. 设计单位   B. 发包人和总监共同

     C. 监理人   D. 发包人

16. 根据《标准施工招标文件》通用合同条款，发包人在收到承包人竣工验收申请报告 56 天后未进行验收的，视为验收合格，该工程的实际竣工日期应以（   ）为准。

     A. 承包人实际完成所有工程的日期

     B. 承包人提交竣工验收申请报告的日期

     C. 发包人在收到承包人竣工验收申请报告的第 56 天

     D. 承包人提交竣工验收申请报告的次日

17. 关于分包人与发包人关系的说法，正确的是（   ）。

     A. 在紧急情况下，分包人可以直接致函发包人

     B. 分包人须服从承包人转发的发包人或监理人与分包工程有关的指令

     C. 在承包人不在场的情况下，分包人直接接受监理人的指令

     D. 分包人在特殊情况下与发包人或监理人发生直接工作联系的，不属于违约

18. 某施工企业通过降低施工方案的复杂性降低风险事件发生的概率，从风险应对的角度来说，该策略属于（　　）。

    A. 风险转移   B. 风险自留

    C. 风险减轻   D. 风险规避

19. 根据《中华人民共和国建筑法》，鼓励建筑施工企业为从事危险作业的职工办理的保险是（　　）。

    A. 养老保险   B. 意外伤害保险

    C. 失业保险   D. 工伤保险

20. 影响建设工程进度的不利因素有很多，其中最大的干扰因素是（　　）。

    A. 人为因素   B. 资金因素

    C. 设备因素   D. 技术因素

21. 关于横道图进度计划的说法，正确的是（　　）。

    A. 横道图中的工作均无机动时间

    B. 横道图中工作的时间参数无法计算

    C. 计划的资源需要量无法计算

    D. 计划的关键工作无法确定

22. 区别流水施工组织方式特征的参数是（　　）。

    A. 流水步距   B. 流水强度

    C. 流水节拍   D. 施工过程

23. 某工程有Ⅰ、Ⅱ、Ⅲ、Ⅳ四个施工过程，四个施工段，各施工过程的流水节拍均为4天，其中施工Ⅰ和Ⅱ之间有1天的搭接时间，Ⅲ和Ⅳ之间有3天的间歇时间，按全等节拍组织流水施工，该工程的流水施工工期是（　　）天。

    A. 18   B. 24

    C. 28   D. 30

24. 某工作有两个紧前工作，最早完成时间分别是第2天和第4天，该工作持续时间是5天，则其最早完成时间是第（　　）天。

    A. 6   B. 7

    C. 9   D. 11

25. 在网络计划中，工作 N 最早完成时间为第17天，其持续时间为5天。该工作三项紧后工作的最早开始时间分别为第25天、第27天和第30天，则工作 N 的自由时差为（　　）天。

    A. 3   B. 8

    C. 10   D. 13

26. 某项工作有两项紧后工作，两项紧后工作的最迟完成时间分别为第14天和第16天，持续时间为7天和8天，则该项工作的最迟完成时间是（　　）。

    A. 第6天   B. 第7天

    C. 第8天   D. 第9天

27. 某双代号网络计划如下图所示，关键路线有（　　　）条。

某双代号网络计划

A. 1　　　　　　　　　　　　B. 2

C. 3　　　　　　　　　　　　D. 4

28. 关于关键路线的说法，错误的是（　　　）。

A. 一个网络计划可能有一条或几条关键线路

B. 关键节点拖延将延迟整个项目的完工周期

C. 把关键节点连起来就是关键路线

D. 关键路线可以由图算法或表算法获得

29. 当工程施工出现实际进度偏离计划进度时，依据施工进度监测和调整的系统过程，首先要（　　　）。

A. 确定后续工作及总工期的限制条件

B. 收集整理实际进度数据

C. 采取赶工措施加快施工进度

D. 分析进度偏差产生原因

30. 常用的进度比较方法中，可形象直观地反映各项工作的实际进度、计划进度及其偏差情况的是（　　　）。

A. 横道图比较法　　　　　　B. S 曲线比较法

C. 香蕉曲线比较法　　　　　D. 前锋线比较法

31. "将活动作为相互关联、功能连贯的过程组成的体系来理解和管理时，可更加有效和高效地得到一致的、可预知的结果"。这属于质量管理原则中的（　　　）。

A. 改进　　　　　　　　　　B. 过程方法

C. 询证决策　　　　　　　　D. 关系管理

32. 关于企业质量管理体系文件构成的说法，正确的是（　　　）。

A. 质量计划是纲领性文件

B. 质量记录应阐述企业质量方针和目标

C. 程序文件是质量手册的支持性文件

D. 质量手册应阐述工程各阶段的质量责任和权限

33. 某工程承包商从一生产厂家购买了相同规格的大批预制构件，进场后码放整齐。

对其进行进场检验时，为了使样本更有代表性宜采用（　　）的方法。

  A. 全数检验   B. 分层抽样

  C. 等距抽样   D. 简单随机抽样

34. 施工质量统计分析方法中，应用分层法的关键是（　　）。

  A. 分层的类别和层数   B. 分层数据的统计和分析

  C. 逐层深入的排查和分析   D. 调查分析的类别和层次划分

35. 在质量管理排列图中，对应于累计频率曲线 80%～90% 部分的，属于（　　）影响因素。

  A. 一般   B. 次要

  C. 主要   D. 其他

36. 下列施工质量控制的工作中，属于事前质量控制的是（　　）。

  A. 隐蔽工程的检查验收

  B. 施工质量事故的处理

  C. 进场材料抽样检验试验

  D. 分析可能导致质量问题的因素并制定预防措施

37. 根据《建筑工程施工质量验收统一标准》GB 50300—2013，分项工程的质量验收应由（　　）组织进行。

  A. 项目负责人   B. 专业监理工程师

  C. 总监理工程师   D. 建设单位项目负责人

38. 某工程因工期紧，经项目负责人决定后采用了标准要求较低但事故工期短的施工工艺方法，造成质量事故。按照事故责任分类，该事故属于（　　）。

  A. 指导责任事故   B. 操作责任事故

  C. 技术原因事故   D. 管理原因事故

39. 某工程发生一起质量事故，导致 3 人死亡，直接经济损失 2000 万元，则该起质量事故属于（　　）。

  A. 一般事故   B. 严重事故

  C. 较大事故   D. 重大事故

40. 按施工成本核算内容划分，施工成本可分为（　　）。

  A. 直接成本和间接成本   B. 成本和期间费用

  C. 成本和营业费用   D. 成本和管理费用

41. 施工项目管理机构应以（　　）为主线开展施工成本管理。

  A. 施工总成本   B. 合同价

  C. 责任成本   D. 施工直接成本

42. 施工定额中的人工定额可表现为（　　）。

  A. 时间定额和产量定额   B. 数量定额和费用定额

  C. 成本定额和费用定额   D. 直接定额和间接定额

43. 采用时间定额形式表示人工定额时，时间单位为（　　）。

A. 天   B. 工日

C. 小时   D. 日

44. 施工责任成本是以（　　）为对象归集的成本。

    A. 专业班组   B. 项目经理

    C. 分部工程   D. 责任中心

45. 编制施工成本计划的工作包括：① 确定项目总体成本目标；② 预测项目成本；③ 编制项目总体成本计划；④ 项目管理机构与企业职能部门根据其责任成本范围，分别确定各自成本目标，并编制相应的成本计划。这四项工作的正确顺序是（　　）。

    A. ③①②④   B. ①②③④

    C. ②①③④   D. ④①②③

46. 施工企业成本管理体系的评审由（　　）组织。

    A. 企业聘请的审计单位   B. 政府主管部门

    C. 第三方认证机构   D. 企业自身

47. 施工成本偏差分析时，能够形象、直观、准确地表达费用的绝对偏差的方式是（　　）。

    A. 横道图法   B. 表格法

    C. 曲线法   D. 文本法

48. 下列职业健康安全管理体系标准的基本要求中，属于领导作用和工作人员参与要素的是（　　）。

    A. 职业健康安全管理体系   B. 职业健康安全管理体系范围

    C. 职业健康安全方针   D. 职业健康安全目标

49. 作为职业安全健康管理体系的一种自我保证手段的评审是（　　）。

    A. 第三方审核   B. 内部审核

    C. 管理评审   D. 外部审核

50. 下列危险源控制方法中，属于第二类危险源控制方法的是（　　）。

    A. 定期检查危险源   B. 个体防护

    C. 应急救援   D. 隔离危险物质

51. 施工企业进行生产前，应当依照《安全生产许可证条例》的规定向安全生产许可证颁发管理机关申请领取安全生产许可证。安全生产许可证的有效期为（　　）年。

    A. 2   B. 3

    C. 4   D. 5

52. 根据《建设工程安全生产管理条例》，对于某项目达到一定规模的危险性较大的模板工程的专项施工方案经（　　）审批签字后，方可实施。

    A. 建设行政部门负责人和甲方代表

    B. 工程监理单位总监理工程师和甲方代表

    C. 施工单位技术负责人和总监理工程师

    D. 甲方代表和设计人员

53. 坠落高度基准面（　　）m 及以上进行临边作业时，应在临空一侧设置防护栏杆，并应采用密目式安全立网或工具式栏板封闭。

    A. 2　　　　　　　　　　　　　B. 3

    C. 4　　　　　　　　　　　　　D. 5

54. 安全风险等级用红、橙、黄、蓝四种颜色标示，则对应的风险等级分别是（　　）。

    A. 重大风险、一般风险、较大风险和低风险

    B. 低风险、较大风险、一般风险和重大风险

    C. 重大风险、较大风险、一般风险和低风险

    D. 低风险、一般风险、较大风险和重大风险

55. 建筑施工企业对应急预案评估应当是（　　）。

    A. 每半年进行一次　　　　　　　B. 每年进行一次

    C. 每两年进行一次　　　　　　　D. 每三年进行一次

56. 应急管理部门和负有安全生产监督管理职责的有关部门接到较大事故报告后，应逐级上报至（　　）。

    A. 国务院应急管理部门和负有安全生产监督管理职责的有关部门

    B. 省、自治区、直辖市人民政府应急管理部门和负有安全生产监督管理职责的有关部门

    C. 设区的市级人民政府应急管理部门和负有安全生产监督管理职责的有关部门

    D. 县级人民政府应急管理部门和负有安全生产监督管理职责的有关部门

57. 建设工程绿色施工的实施主体是（　　）。

    A. 建设单位　　　　　　　　　　B. 设计单位

    C. 施工单位　　　　　　　　　　D. 监理单位

58. 在节水及水资源利用的技术措施中，施工中应采用先进的节水施工工艺，优先采用非传统水源，尽量不使用市政自来水。力争施工中非传统水源和循环水的再利用量大于（　　）。

    A. 20%　　　　　　　　　　　　B. 30%

    C. 40%　　　　　　　　　　　　D. 50%

59. 工地四周设置的封闭围挡高度不得低于（　　）m。

    A. 1.8　　　　　　　　　　　　B. 2.0

    C. 2.2　　　　　　　　　　　　D. 2.5

60. 项目管理的基本制度是（　　）。

    A. 项目管理标准化　　　　　　　B. 项目管理责任制

    C. 项目管理系统化　　　　　　　D. 项目管理流程化

二、多项选择题（共 20 题，每题 2 分。每题的备选项中，有 2 个或 2 个以上符合题意，至少有 1 个错项。错选，本题不得分；少选，所选的每个选项得 0.5 分）

61. 对于采用资本金注入方式的政府投资项目，政府投资主管部门的审批内容包括（　　）。

A. 项目建议书 B. 可行性研究报告

C. 开工报告 D. 资金申请报告

E. 初步设计和概算

62. 关于直线式组织结构及其特点的说法，正确的有（   ）。

A. 是最复杂的组织结构形式

B. 权力集中、易于统一指挥

C. 根据需要设置职能部门

D. 有利于实现管理工作专业化

E. 隶属关系明确、职责分明、决策迅速

63. 根据《建设工程工程量清单计价规范》GB 50500—2013，下列措施项目中，属于"总价项目"的是（   ）。

A. 已完工程及设备保护 B. 脚手架

C. 安全文明施工 D. 工程定位复测

E. 施工降水

64. 根据《标准施工招标文件》通用合同条款，下列不可抗力导致的人员伤亡、财产损失、费用增加和（或）工期延误等后果分担的原则，正确的有（   ）。

A. 因工程损害造成的第三者人员伤亡和财产损失由发包人承担

B. 承包人设备的损坏由承包人承担

C. 施工现场的人员伤亡和财产损失及其相关费用由发包人承担

D. 承包人停工期间应监理人要求照管工程的金额由发包人承担

E. 不能按期竣工的，承包人应按合同约定支付逾期竣工违约金

65. 在组织流水施工时，需要满足的基本条件有（   ）。

A. 所有施工队在所有施工段上的工作时间全相同

B. 一个施工过程只能组织一支专业工作队施工

C. 各施工队需要保持连续作业

D. 将拟建工程施工对象分解为若干施工过程

E. 各专业工作队在空间上互不干扰

66. 某单代号网络图如下图所示，该图存在的错误有（   ）。

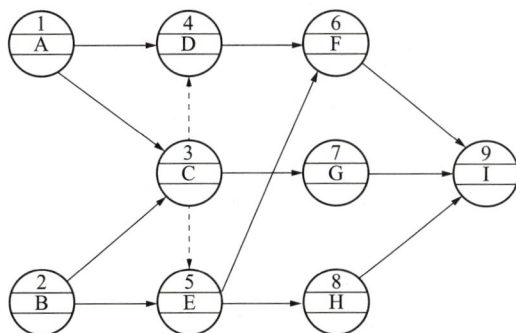

某单代号网络图

A. 多个起点节点　　　　　　　　B. 出现循环回路

C. 虚箭线用法错误　　　　　　　D. 箭线交叉不规范

E. 没有终点节点

67. 某双代号网络计划如下图所示（时间单位：周），正确的有（　　　）。

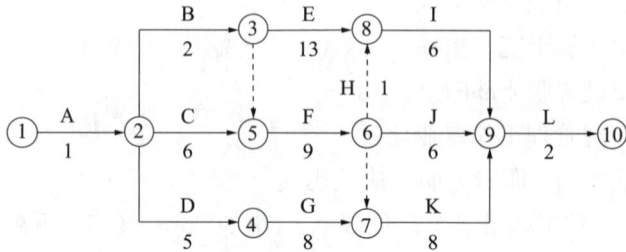

某双代号网络计划

A. F 工作最早开始时间为 7 周末　　B. D 工作的总时差为 1 周

C. G 工作的总时差为 2 周　　　　　D. 工作 D＋G 的总时差为 4 周

E. 整个计划的总工期为 26 周

68. 某双代号时标网络计划如下图所示（单位：天），工作总时差正确的有（　　　）。

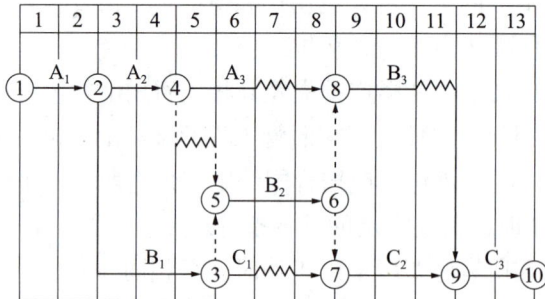

某双代号时标网络计划

A. $TF_{A_1} = 0$ 　　　　　　　　　B. $TF_{A_2} = 1$

C. $TF_{C_1} = 2$ 　　　　　　　　　D. $TF_{A_3} = 2$

E. $TF_{B_3} = 1$

69. 建设工程项目进度控制的组织措施包括（　　　）。

A. 进度控制任务分工表和管理职能分工表的编制

B. 进行进度控制会议的组织设计

C. 编制项目施工资源需求计划

D. 设置专门的工作部门和配备专门的控制人员

E. 制定进度控制的工作流程

70. 计数值标准型二次抽样方案为（n_1, c_1, r_1; n_2, c_2），其中 c 为合格判定数，r 为不合格判定数，若 n_1 中有 d_1 个不合格品，n_2 中有 d_2 个不合格品，则可判断送检品合格的情况有（　　　）。

A. $d_1 = c_1$ B. $d_1 < c_2$

C. $d_2 < c_2$ D. $d_2 = c_2$

E. $d_1 + d_2 < c_2$

71. 下列施工准备阶段的质量控制工作中，属于施工技术准备工作内容的有（   ）。

    A. 图纸会审   B. 编制施工组织设计

    C. 工程定位和标高基准测量   D. 施工现场平面布置

    E. 进场材料检验

72. 下列分部工程中，需要设计单位项目负责人参加验收的有（   ）。

    A. 主体结构分部工程   B. 电梯分部工程

    C. 建筑节能分部工程   D. 建筑屋面分部工程

    E. 地基与基础分部工程

73. 下列施工质量事故中，属于指导责任事故的有（   ）。

    A. 工程负责人放松质量标准造成的质量事故

    B. 混凝土振捣疏漏造成的质量事故

    C. 工程负责人追求施工进度造成的质量事故

    D. 砌筑工人不按操作规程导致墙体倒塌

    E. 混凝土操作工随意加水导致混凝土强度不合格

74. 关于施工项目质量成本的说法，正确的有（   ）。

    A. 减少质量控制成本，质量损失成本也会减少

    B. 质量成本可分为控制成本和损失成本

    C. 质量控制成本可分为预防成本和鉴定成本

    D. 质量事故处理费用属于损失成本

    E. 减少质量控制成本，质量水平上升

75. 编制施工材料消耗定额需确定的内容有（   ）。

    A. 材料采购过程中的运输损耗

    B. 材料净用量

    C. 施工现场内操作过程中不可避免的废料和损耗

    D. 施工现场内运输过程中不可避免的损耗

    E. 材料计量过程中不可避免的误差

76. 施工责任成本的特点有（   ）。

    A. 以责任中心为对象归集成本   B. 责任中心成本包括项目全部成本

    C. 体现成本分级控制的管理理念   D. 体现责权利一体的管理理念

    E. 是责任中心的可控成本

77. 特种作业人员应符合的条件有（   ）。

    A. 年满 16 周岁，且不超过国家法定退休年龄

    B. 具有初中及以上文化程度

    C. 具备必要的安全技术知识与技能

D. 体检健康合格并无妨碍从事相应特种作业的相关疾病与生理缺陷

E. 必须具有 3 年以上工作经验

78. 下列工程的专项施工方案，施工单位还应当组织专家进行论证、审查的有（　　）。

A. 降水工程

B. 地下暗挖工程

C. 高大模板工程

D. 深基坑工程

E. 脚手架工程

79. 施工企业编制的重大事故隐患治理方案包括的内容有（　　）。

A. 治理的目标和任务

B. 经费和物资的落实

C. 安全措施和应急预案

D. 采取的方法和措施

E. 治理的奖罚制度

80. 根据《建筑信息模型施工应用标准》GB/T 51235—2017，BIM 技术在工程施工阶段的应用覆盖（　　）等过程。

A. 项目规划

B. 深化设计

C. 施工实施

D. 竣工验收

E. 运维管理

参考答案与解析

一、单项选择题

1. 【答案】C

公路项目的最低资本金比例为20%；电力项目的最低资本金比例为20%；普通商品房住房项目的最低资本金比例为20%；电解铝项目的最低资本金比例为40%。选项C正确。

2. 【答案】A

对关系国家安全、涉及全国重大生产力布局、战略性资源开发和重大公共利益等的企业投资项目，实行核准管理；企业办理投资项目核准手续时，仅需向核准机关提交项目申请书，不再经过批准项目建议书、可行性研究报告和开工报告等程序。选项A正确。

3. 【答案】D

4. 【答案】A

工程开工前，建设单位需申请办理工程质量监督手续。选项A正确。

5. 【答案】A

施工项目五大目标：施工进度、施工质量、施工成本、施工安全及绿色施工是一个不可分割的整体，施工单位必须考虑五大目标之间的最佳匹配，力求达到整体目标最优。其中施工质量、施工安全是施工项目管理的核心，必须在确保施工质量、施工安全的前提下，协调其他目标努力实现。选项A正确。

6. 【答案】D

矩阵式组织结构能够根据工程任务的实际情况灵活组建与之相适应的项目管理机构，实现集权与分权的最优结合，有利于调动各类人员的工作积极性。选项D正确。

7. 【答案】C

按照项目经理的权限不同，矩阵式组织结构分为强矩阵式组织、中矩阵式组织（又称为平衡矩阵式组织）、弱矩阵式组织等三种形式。

弱矩阵式组织中，并未明确对项目目标负责的项目经理。即使有项目负责人，其角色也只是一个项目协调者或监督者，而不是一个管理者。选项C正确。

8. 【答案】C

施工单位一旦接到中标通知书，应马上成立策划领导小组。选项C正确。其他选项为项目实施过程的不同时点。

9. 【答案】C

10. 【答案】B

11. 【答案】C

12. 【答案】A

固定总价合同适用于：招标时已有施工图设计文件，施工任务和发包范围明确，合同履行中不会出现较大设计变更；工程规模较小、技术不太复杂的中小型工程或承包工作内容较为简单的工程部位，施工单位可在投标报价时合理地预见施工过程中可能遇到的各种风险；工程量小、工期较短（一般为1年之内），合同双方可不必考虑市场价格浮动对承包价格的影响的工程。可调总价合同在固定总价合同的基础上，因合同履行过程中市场价格变动、工程变更及其他工程条件变化而使工程成本增加时，可按合同约定对合同总价进行调整。

单价合同大多用于工期长、技术复杂、实施过程中发生各种不可预见因素较多的大型工程，以及建设单位为缩短工程建设周期，初步设计完成后就进行招标的工程。采用固定单价合同时，无论发生哪些影响价格的因素，都不对合同约定的单价进行调整。这对施工单位而言，存在着一定风险。采用可调单价合同时，合同双方可以估算工程量为基准，约定实际工程量的变化超过一定比例时合同单价的调整方式。合同双方也可约定，当市场价格变化达到一定程度或国家政策发生变化时，可以对哪些工程内容的单价进行调整，以及如何进行调整。由此可见，采用可调单价合同时，施工单位的风险相对较小。选项A正确。

13.【答案】B

14.【答案】B

15.【答案】C

16.【答案】B

17.【答案】B

18.【答案】C

19.【答案】B

20.【答案】A

21.【答案】D

横道图的缺点：（1）不能明确反映各项工作之间的相互联系、相互制约关系；（2）不能反映影响工期的关键工作和关键线路；（3）不能反映工作所具有的机动时间（时差）；（4）不能反映工程费用与工期之间的关系，因而不便于施工进度计划的优化。事实上，当改变某些组织关系时，横道图中的工作可以机动；在横道图中可以计算部分工作的时间参数；在计划中，各种资源的需要量也可以按时间段统计。选项D正确。

22.【答案】C

23.【答案】D

24.【答案】C

最早开始时间等于各紧前工作的最早完成时间的最大值，即该工作最早开始时间 = $\{2，4\}$ = 4；最早完成时间等于最早开始时间加上其持续时间，即该工作最早完成时间 = 4 + 5 = 9。选项C正确。

25.【答案】B

工作的自由时差是指在不影响紧后工作的最早开始时间的前提下，本工作可以利用的机动时间，因此 $FF_N = \min\{25, 30\} - 17 = 8$ 天。选项 B 正确。

26. 【答案】B

27. 【答案】C

28. 【答案】C

29. 【答案】D

30. 【答案】A

31. 【答案】B

32. 【答案】C

质量手册是企业战略管理的纲领性文件，也是企业开展各项质量活动的指导性、法规性文件。程序文件是质量手册的支持性文件，是企业各职能部门为落实质量手册要求而规定的细则。质量计划提供了一种将某一产品、项目或合同的特定要求与现行的通用质量体系程序联系起来的途径。质量记录是记载过程状态和过程结果的文件，是质量管理体系文件的一个重要组成部分。选项 C 正确。

33. 【答案】B

34. 【答案】D

35. 【答案】B

36. 【答案】D

37. 【答案】B

38. 【答案】A

39. 【答案】C

40. 【答案】A

期间费用包括管理费用、财务费用和营业费用，而成本可分为直接成本和间接成本，问题为按成本核算内容划分，因此只能是直接成本和间接成本。选项 A 正确。

41. 【答案】C

施工项目管理机构应当在其责任范围内实施成本管理，施工总成本、合同价通常不是施工项目管理机构能全部控制的，而施工项目管理机构需要控制的也不仅是直接成本。选项 C 正确。

42. 【答案】A

43. 【答案】B

44. 【答案】D

45. 【答案】C

预测项目成本是确定目标成本的基础，成本计划是对目标成本的分解和实施安排，在此基础上确定相关责任中心的成本目标。因此正确顺序是：预测项目成本→确定项目总体成本目标→编制项目总体成本计划→项目管理机构与企业职能部门根据其责任成本范围，分别确定各自成本目标，并编制相应的成本计划。

46. 【答案】D

47. 【答案】A

48. 【答案】C

49. 【答案】B

50. 【答案】A

第二类危险源主要通过管理手段加以控制，消除人的不安全行为、物的不安全状态，规避环境不良（不安全条件），包括建立健全危险源管理规章制度，做好危险源控制管理基础工作，明确责任，加强安全教育、危险源的日常管理，定期检查，做好危险源控制管理，实施考核评价和奖惩等。选项 A 正确。

51. 【答案】B

52. 【答案】C

《建设工程安全生产管理条例》规定，对达到一定规模的危险性较大的分部分项工程，施工单位应编制专项施工方案，并附具安全验算结果，经施工单位技术负责人、总监理工程师签字后实施。选项 C 正确。

53. 【答案】A

54. 【答案】C

安全风险等级从高到低划分为重大风险、较大风险、一般风险和低风险，分别用红、橙、黄、蓝四种颜色标示。选项 C 正确。

55. 【答案】D

56. 【答案】B

应急管理部门和负有安全生产监督管理职责的有关部门接到事故报告后，应依照下列规定上报事故情况，并通知公安机关、劳动保障行政部门、工会和人民检察院：（1）特别重大事故、重大事故逐级上报至国务院应急管理部门和负有安全生产监督管理职责的有关部门；（2）较大事故逐级上报至省、自治区、直辖市人民政府应急管理部门和负有安全生产监督管理职责的有关部门；（3）一般事故上报至设区的市级人民政府应急管理部门和负有安全生产监督管理职责的有关部门。选项 B 正确。

57. 【答案】C

58. 【答案】B

59. 【答案】A

60. 【答案】B

二、多项选择题

61. 【答案】A、B、E

对于采用直接投资和资本金注入方式的政府投资项目，政府投资主管部门需从投资决策角度审批项目建议书和可行性研究报告。除特殊情况外，不再审批开工报告，同时应严格政府投资项目的初步设计、概算审批工作。选项 A、B、E 正确，选项 C 错误。对于采用投资补助、转贷和贷款贴息方式的政府投资项目，政府投资主管部门只审批资金申请报告。选项 D 错误。

62. 【答案】B、E

直线式组织结构是一种最简单的组织结构形式，选项 A 错误。其未设置职能部门，项目经理没有参谋和助手，选项 C 错误。无法实现管理工作专业化，不利于提高项目管理水平，选项 D 错误。其优点是结构简单、权力集中、易于统一指挥、隶属关系明确、职责分明、决策迅速。选项 B、E 正确。

63.【答案】A、C、D

措施项目可划分为两类：一类是"总价项目"，如文明施工和安全防护、临时设施、已完工程及设备保护、工程定位复测等，此类项目在现行国家计量规范中无工程量计算规则，应以总价（或计算基础乘费率）计算，以"项"计价；另一类是"单价项目"，如脚手架、施工降水工程等，可根据工程图纸（含设计变更）和国家相关工程计量规范规定的工程量计算规则进行计量，以"量"计价。本题考察的就是这两类措施项目的划分。选项 A、C、D 正确。

64.【答案】A、B、D

不可抗力导致的人员伤亡、财产损失、费用增加和（或）工期延误等后果，由合同双方按以下原则承担：（1）永久工程，包括已运至施工场地的材料和工程设备的损害，以及因工程损害造成的第三者人员伤亡和财产损失由发包人承担；（2）承包人设备的损坏由承包人承担；（3）发包人和承包人各自承担其人员伤亡和其他财产损失及其相关费用；（4）承包人的停工损失由承包人承担，但停工期间应监理人要求照管工程和清理、修复工程的金额由发包人承担；（5）不能按期竣工的，应合理延长工期，承包人不需支付逾期竣工违约金。选项 A、B、D 正确。

65.【答案】C、D、E

66.【答案】A、C、D

67.【答案】A、C、E

68.【答案】A、B、D、E

关键线路为 $A_1 \rightarrow B_1 \rightarrow B_2 \rightarrow C_2 \rightarrow C_3$，$A_1$ 在关键线路上，总时差为 0，选项 A 正确。7 在关键节点 2 和 5 之间，总时差为 1 天，选项 B 正确。C_1 本身自由时差为 1 天，紧后工作为关键工作，总时差为 1 天，选项 C 错误。A_3 本身自由时差为 1 天，B_3 自由时差为 1 天，A_3 总时差为 2 天，选项 D 正确。B_3 的紧后工作为关键工作，总时差为 1 天，选项 E 正确。所以 A、B、D、E 正确。

69.【答案】A、B、D、E

70.【答案】A、E

计数值标准型二次抽样检验的程序是：第一次抽检 n_1 后，检出不合格品数为 d_1，则当 $d_1 \leqslant c_1$ 时，接受该检验批；$d_1 \geqslant r_1$ 时，拒绝该检验批；$c_1 < d_1 < r_1$ 时，抽检第二个样本。第二次抽检 n_2 后，检出不合格品数为 d_2，则当 $(d_1 + d_2) \leqslant c_2$ 时，接受该检验批；$(d_1 + d_2) > c_2$ 时，拒绝该检验批。选项 A、E 正确。

71.【答案】A、B

72.【答案】A、C、E

分部工程应由总监理工程师组织施工单位项目负责人和项目技术负责人等进行验收。勘察、设计单位项目负责人和施工单位技术、质量部门负责人应参加地基与基础分部工程的验收，设计单位项目负责人和施工单位技术、质量部门负责人应参加主体结构、节能分部工程的验收。选项 A、C、E 正确。

73.【答案】A、C

指导责任事故是指在工程施工过程中，由于指导或领导失误而造成的质量事故，如工程负责人不按规范规程组织施工、盲目赶工、强令他人违章作业、降低工程质量标准等造成的质量事故。选项 A、C 正确。

74.【答案】B、C、D

质量成本是指为实现工程质量目标而采取的预防和控制措施所产生的费用，以及因不能达到质量水平而造成的各项损失费用之和。质量成本可分为控制成本和损失成本两部分。控制成本又可分为预防成本和鉴定成本。损失成本又可分为内部损失成本和外部损失成本。在通常情况下，质量控制成本增加，工程质量水平会随之提高，质量损失成本就会减少；反之，如果减少质量控制成本，工程质量水平就会下降，质量损失成本也会增加。

75.【答案】B、C、D

76.【答案】A、C、D、E

77.【答案】B、C、D

特种作业人员应符合下列条件：（1）年满18周岁，且不超过国家法定退休年龄；（2）经社区或者县级以上医疗机构体检健康合格，并无妨碍从事相应特种作业的器质性心脏病、癫痫病、美尼尔氏症、眩晕症、癔病、震颤麻痹症、精神病、痴呆症及其他疾病和生理缺陷；（3）具有初中及以上文化程度；（4）具备必要的安全技术知识与技能；（5）相应特种作业规定的其他条件。选项 B、C、D 正确。

78.【答案】B、C、D

79.【答案】A、B、C、D

重大事故隐患治理方案应当包括以下内容：（1）治理的目标和任务；（2）采取的方法和措施；（3）经费和物资的落实；（4）负责治理的机构和人员；（5）治理的时限和要求；（6）安全措施和应急预案。选项 A、B、C、D 正确。

80.【答案】B、C、D

模拟预测试卷二

一、单项选择题（共 60 题，每题 1 分。每题的备选项中，只有 1 个最符合题意）

1. 保障性住房项目的最低资本金比例是（　　　）。
    A. 15%
    B. 20%
    C. 25%
    D. 30%

2. 与施工总承包相比，施工总承包管理有利于（　　　）。
    A. 控制工程进度
    B. 控制工程质量
    C. 管理分包单位
    D. 管理现场签证

3. 根据《建设工程监理规范》GB/T 50319—2013，专业监理工程师应履行的职责是（　　　）。
    A. 签发工程开工令
    B. 检查工序施工结果
    C. 组织工程竣工预验收
    D. 检查进场的工程材料质量

4. 工程质量监督机构进行工程实体质量监督检查时，应重点抽查（　　　）质量。
    A. 检验批
    B. 隐蔽工程
    C. 分项工程
    D. 分部工程

5. 中等技术复杂程度且建设周期较长的工程项目，组建矩阵式项目管理组织结构时宜采用的形式是（　　　）。
    A. 强矩阵式
    B. 平衡矩阵式
    C. 弱矩阵式
    D. 扁平矩阵式

6. 施工项目部编制责任矩阵图时，首先应开展的工作是（　　　）。
    A. 列出需要完成的项目管理任务
    B. 建立"人"与"事"的关联
    C. 画出责任矩阵图
    D. 列出有关项目执行的个人或职能部门名称

7. 施工总进度计划编制程序中，第一步工作是（　　　）。
    A. 计算工程量
    B. 确定各单位工程施工期限
    C. 确定各单位工程开竣工时间
    D. 确定各单位工程相互搭接关系

8. 安排每班工人数和机械台数时，限定每班施工人数上限的是（　　　）。
    A. 最小工作面
    B. 最小劳动组合
    C. 最小工作面或最小劳动组合
    D. 最小工作面和最小劳动组合

9. 施工项目目标动态控制过程中，对不可纠正偏差应采取的做法是（　　　）。
    A. 许可偏差
    B. 工程变更
    C. 争取索赔
    D. 申请第三方检查

10. 采用公开招标方式的施工项目，资格预审程序的第一个环节是（   ）。

    A. 发售资格预审文件   B. 发布资格预审公告

    C. 发布招标公告   D. 发出投标邀请书

11. 招标人和中标人订立书面合同的时间最迟应在中标通知书发出之日起（   ）日内。

    A. 5   B. 10

    C. 15   D. 30

12. 某工程施工中有较大部分采用新技术、新工艺的工程，建设单位和施工单位缺乏经验，又无国家标准的，最适宜采用的合同计价方式是（   ）。

    A. 固定单价合同   B. 可调单价合同

    C. 成本加酬金合同   D. 固定总价合同

13. 某施工单位拟投标一项工程，在招标工程量清单中已列明的甲分项工程的工程量为 600m³。施工单位结合招标工程量清单中的项目特征描述和自身拟定的施工方案，计算出甲分项工程的实际施工工程量为 720m³，施工的工料机费用合计为 36000 元。企业管理费按工料机费用的 15% 计取，利润及风险费用合并考虑，以工料机费用和企业管理费为基数按 5% 计算。不考虑其他因素，投标时甲分项工程的综合单价应为（   ）元 /m³。

    A. 60.00   B. 60.38

    C. 72.00   D. 72.45

14. 根据《标准施工招标文件》通用合同条款，由承包人负责运输的超大件或超重件，应由（   ）负责向交通运输管理部门办理申请手续。

    A. 承包人   B. 监理人

    C. 发包人   D. 发包人的上级机构

15. 根据《标准施工招标文件》通用合同条款，承包人应在收到变更指示后的（   ）天内，向监理人提交变更报价书。

    A. 7   B. 14

    C. 21   D. 28

16. 根据《标准施工招标文件》通用合同条款，承包人应在知道或应当知道索赔事件发生后 28 天内，首先向监理人递交（   ）。

    A. 索赔意向通知书   B. 索赔金额计算及证明材料

    C. 索赔报告   D. 索赔事件连续影响的情况及记录

17. 根据《标准材料采购招标文件》通用合同条款，卖方未能按时交付合同材料的，应向买方支付迟延交货违约金，迟延交付违约金的最高限额为合同价格的（   ）。

    A. 1%   B. 3%

    C. 5%   D. 10%

18. 根据《建设工程项目管理规范》GB/T 50326—2017，风险等级评定结果为不可接受的风险，其风险等级一般为（   ）。

    A. 大、很大   B. 大、中等

19. 根据《中华人民共和国招标投标法实施条例》，招标人在招标文件中要求投标人提交的投标保证金不得超过招标项目估算价的（　　　）。

    A. 1%　　　　　　　　　　　　B. 2%

    C. 3%　　　　　　　　　　　　D. 5%

20. 工程保险事故发生后，投保人要求保险人进行赔偿的必要前提条件是（　　　）。

    A. 及时向保险人报案　　　　　　B. 提供理赔证据

    C. 确定事故损失情况　　　　　　D. 提供事故鉴定报告

21. 施工图纸供应不及时、不配套，属于影响施工进度的（　　　）。

    A. 建设单位原因　　　　　　　　B. 勘察设计单位原因

    C. 协作部门原因　　　　　　　　D. 监理单位原因

22. 流水施工工艺参数包括（　　　）。

    A. 施工过程和施工工期　　　　　B. 施工段和施工过程

    C. 施工过程和流水强度　　　　　D. 流水强度和流水节拍

23. 某工程三个施工过程按：支模板→扎钢筋→浇筑混凝土顺序施工，钢筋和混凝土之间存在 1 天的间隙时间。现分三个施工段组织分别流水施工，各施工过程在不同施工段上的施工时间（单位：天）分别是支模：3、2、4；扎钢筋：1、2、3；浇筑混凝土：3、2、1。完成该工程的工期应是（　　　）天。

    A. 10　　　　　　　　　　　　　B. 13

    C. 14　　　　　　　　　　　　　D. 21

24. 某工程有三个施工过程，流水节拍均 2 天，组织全等节拍流水施工，如果要求流水工期是 12 天，应该划分的施工段个数是（　　　）段。

    A. 3　　　　　　　　　　　　　　B. 4

    C. 5　　　　　　　　　　　　　　D. 6

25. 某工程网络计划中，某工作自由时差为 3 天，总时差为 7 天。进度检查时发现该工作持续时间延长了 5 天，则该工作实际进度（　　　）。

    A. 将使总工期延长 5 天，但不影响其后续工作的正常进行

    B. 不影响总工期，但将其紧后工作的最早开始时间推迟 2 天

    C. 既不影响总工期，也不影响其后续工作的正常进行

    D. 将其后续工作的开始时间推迟 2 天，并使总工期延长 1 天

26. 某双代号网络计划如下图所示（单位：天），则工作 E 的自由时差为（　　　）天。

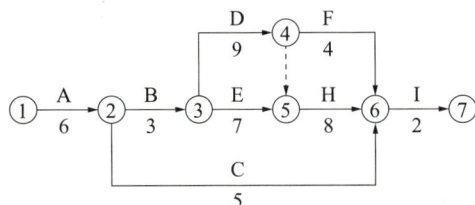

某双代号网络计划

A. 0   B. 4

C. 2   D. 15

27. 某一工作 E 有两项紧后工作 F 和 G，F 的最早完成时间和最迟完成时间分别为第 16 天和第 18 天，持续时间为 7 天，G 的最早完成时间和最迟完成时间分别为第 14 天和第 15 天，持续时间为 9 天，则工作 E 的最迟完成时间是（　　）。

A. 第 11 天   B. 第 9 天

C. 第 6 天   D. 第 5 天

28. 某双代号网络计划如下图所示，关键路线是（　　）。

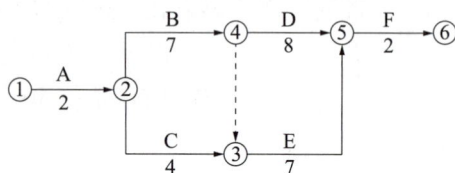

某双代号网络计划

A. ①→②→④→⑤→⑥   B. ①→②→③→⑤→⑥

C. ①→②→④→③→⑤→⑥   D. ①→②→③→④→⑤→⑥

29. 关于双代号网络计划关键线路的说法，正确的是（　　）。

A. 可能没有关键线路

B. 在网络计划执行过程中，关键线路可能转移

C. 关键线路就是由关键节点组成的线路

D. 总时差为 0 的工作即为关键工作

30. 分析某项工作的实际进度偏差对后续工作及总工期影响的时间参数是（　　）。

A. 自由时差和总时差   B. 实际工程量的完成情况

C. 单项工作的施工时长   D. 实际进度偏差造成的经济损失

31. 某工程应用 S 曲线比较法来比较实际进度与计划进度的偏差，通过实际进度 S 曲线和计划进度 S 曲线，可以得到的信息是（　　）。

A. 预测对后续工作的影响   B. 得到实际超额或拖欠的工程量

C. 累计资金的使用量   D. 工程进度是否匀速展开

32. 企业质量管理体系文件中，在实施和保持质量体系过程中要长期遵循的纲领性文件是（　　）。

A. 质量计划   B. 质量手册

C. 质量记录   D. 作业指导书

33. 企业质量管理体系获准认证的有效期是（　　）年。

A. 1   B. 2

C. 3   D. 4

34. 计数标准型一次抽样方案为 (N, n, c)，其中 N 为送检批的大小，n 为抽检样本大小，c 为合格判定数。当从 n 中查出有 d 个不合格品时，若（　　），应判定该送检批

合格。

    A. $d > c$ B. $d \leqslant c$

    C. $d = c + 1$ D. $d > c + 1$

35. 下列直方图中，属于孤岛型直方图的是（   ）。

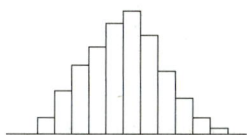 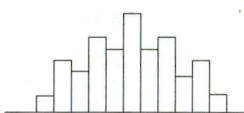 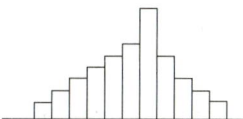 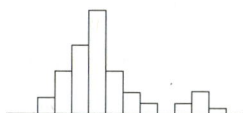

    （a）   （b）   （c）   （d）

    A. （a）   B. （b）

    C. （c）   D. （d）

36. 下列施工质量控制点中，属于从施工技术参数角度进行重点控制的是（   ）。

    A. 预应力钢筋的张拉力控制   B. 大体积混凝土内外温差控制

    C. 大模板施工时的模板稳定性控制   D. 装配式构件吊装中的稳定性控制

37. 分部工程质量验收时，应给出综合质量评价的检查项目是（   ）。

    A. 观感质量验收   B. 质量控制资料验收

    C. 分项工程质量验收   D. 主体结构功能检测

38. 某工程因测量仪器未及时进行校验，测量时误差较大导致工程轴线偏差，造成质量事故。按照事故发生的原因划分，该事故属于（   ）。

    A. 人为原因造成的质量事故   B. 管理原因引起的质量事故

    C. 技术原因引起的质量事故   D. 工艺原因造成的质量事故

39. 在一定期间和工程量范围内不受工程量变动影响的施工企业成本，称为（   ）。

    A. 直接成本   B. 变动成本

    C. 固定成本   D. 间接成本

40. 对成本计划是否实现进行检查，并为成本管理绩效考核提供依据的成本管理工作是（   ）。

    A. 成本预测   B. 成本计划

    C. 成本分析   D. 成本控制

41. 编制人工定额时，为了提高编制效率，对于同类型产品规格多、工序重复、工作量小的施工过程，宜采用的编制方法是（   ）。

    A. 比较类推法   B. 技术测定法

    C. 统计分析法   D. 试验测定法

42. 某工程甲材料净用量为1000m³，损耗率为5%，则该种材料的总消耗量为（   ）m³。

    A. 1050.000   B. 1052.500

    C. 1052.632   D. 1102.632

43. 分解施工责任成本时，措施费用控制的主要责任岗位应是（   ）。

    A. 生产经理   B. 项目经理

C. 商务经理   D. 技术负责人

44. 做好施工成本计划编制工作的关键是（　　　）。

    A. 确定目标成本   B. 分解目标成本

    C. 制定考核标准   D. 确定成本责任部门

45. 对于有消耗定额的材料，施工项目材料用量控制宜实行（　　　）制度。

    A. 成本总额控制   B. 成本包干

    C. 先进先出   D. 限额领料

46. 某项目施工合同成本为 2000 万元，项目实际施工成本为 1800 万元，项目竣工结算总成本为 1650 万元，则项目施工成本降低率为（　　　）。

    A. 8.33%   B. 9.09%

    C. 10.00%   D. 11.11%

47. 职业安全健康管理体系的例行常规内审一般是（　　　）。

    A. 每月 1 次   B. 每半年 1 次

    C. 每年 1 次   D. 每 2 年 1 次

48. 在设计的开始阶段，对识别和评价对象存在的危险类别、出现条件、事故后果等进行概略分析，尽可能评价出潜在的危险性的危险源辨识与评价方法是（　　　）。

    A. 安全检查表法   B. 预先危险性分析

    C. 危险与可操作性分析   D. LEC 评价法

49. 特种作业人员在特种作业操作证有效期内，严格遵守有关安全生产法律法规的，经原考核发证机关或者从业所在地考核发证机关同意，特种作业操作证的复审时间可以延长至每 6 年 1 次的要求是连续从事本工种（　　　）。

    A. 3 年以上   B. 5 年以上

    C. 6 年以上   D. 10 年以上

50. 实行施工总承包工程的专项施工方案应由（　　　）组织召开专家论证会。

    A. 建设单位   B. 监理单位

    C. 施工总承包单位   D. 第三方专业机构

51. 易燃易爆危险品库房与在建工程的防火间距不应小于（　　　）m。

    A. 3   B. 5

    C. 10   D. 15

52. 施工安全技术交底首先由（　　　）向施工员、班组长、分包单位技术负责人交底，再由班组长向操作工人交底。

    A. 总监理工程师   B. 建设单位技术负责人

    C. 项目经理   D. 项目技术负责人

53. 下列施工企业有效管控安全风险的措施中，属于组织措施的是（　　　）。

    A. 在机械设备上安装各种安全有效的防护装置

    B. 培训教育措施和组织成员个体防护措施

    C. 制定全员安全生产责任制和安全生产管理制度

D. 应急物资准备及应急演练

54. 某工程施工中发生安全事故，造成 3 人死亡，8 人受伤，直接经济损失 350 万元，按照生产安全事故造成的人员伤亡或直接经济损失分类，该工程事故属于（　　）。

A. 较大事故 　　　　　　　　　　　　B. 重大事故

C. 特别重大事故 　　　　　　　　　　D. 一般事故

55. 负责安全事故调查的人民政府应当自收到一般事故调查报告之日起（　　）日内做出批复。

A. 5 　　　　　　　　　　　　　　　　B. 10

C. 15 　　　　　　　　　　　　　　　　D. 30

56. 绿色施工管理措施中，建筑垃圾减量化要求每万平方米住宅建筑垃圾不宜超过（　　）t。

A. 200 　　　　　　　　　　　　　　　B. 400

C. 600 　　　　　　　　　　　　　　　D. 800

57. 土方作业阶段，采取洒水、覆盖等措施，达到作业区目测扬尘高度小于（　　）m，不扩散到场区外。

A. 0.5 　　　　　　　　　　　　　　　B. 1

C. 1.5 　　　　　　　　　　　　　　　D. 2

58. 建筑垃圾的处置应符合的规定有（　　）。

A. 产生量不应大于 400t/ 万 m²

B. 回收利用率应达到 20%

C. 现场垃圾应分类、封闭、集中堆放

D. 施工渣土可作为路基回填材料

59. 根据《建设工程文件归档规范》（2019 年版）GB/T 50328—2014，施工文件立卷时，文字材料卷厚度不宜超过（　　）mm，图纸卷厚度不宜超过（　　）mm。

A. 20、40 　　　　　　　　　　　　　B. 20、50

C. 40、40 　　　　　　　　　　　　　D. 40、50

60. 在进度控制 BIM 技术应用中，应基于进度管理模型和（　　）完成进度对比分析，基于偏差分析结果更新进度管理模型。

A. 进度计划表 　　　　　　　　　　　B. 进度计划节点

C. 进度报告 　　　　　　　　　　　　D. 实际进度计划

二、多项选择题（共 20 题，每题 2 分。每题的备选项中，有 2 个或 2 个以上符合题意，至少有 1 个错项。错选，本题不得分；少选，所选的每个选项得 0.5 分）

61. 联合体承包模式的特点有（　　）。

A. 合同结构复杂 　　　　　　　　　　B. 建设单位组织协调工作量大

C. 有利于工程造价控制 　　　　　　　D. 有利于建设工期控制

E. 建设单位风险较大

62. 关于平衡矩阵式组织结构及其特点的说法，正确的有（　　）。

A. 项目管理者的权限很小

B. 需指定专案主持人

C. 需精心建立管理程序

D. 需配备训练有素的协调人员

E. 适用于技术复杂且时间紧迫的工程项目

63. 关于施工组织设计编制和审批的说法，正确的有（　　）。

A. 应由项目负责人主持编制

B. 施工组织设计可由项目技术负责人主持编制

C. 施工组织总设计应由总承包单位技术负责人审批

D. 单位工程施工组织设计应由项目技术负责人审批

E. 规模较大的分部工程施工方案，应由施工项目经理审批

64. 根据《建设工程工程量清单计价规范》GB 50500—2013，下列保险费中，属于规费项目的有（　　）。

A. 工伤保险费

B. 失业保险费

C. 意外伤害保险费

D. 生育保险费

E. 养老保险费

65. 下列专业分包合同中涉及的工作，一般属于承包人的义务的有（　　）。

A. 为分包人从事危险作业的职工办理意外伤害保险，并支付保险费用

B. 向分包人提供具备施工条件的施工场地

C. 向分包人进行设计图纸交底

D. 协调分包人与同一施工场地的其他分包人之间的交叉配合

E. 为运至施工场地内用于分包工程的材料和待安装设备办理保险

66. 下列施工企业的风险应对措施中，属于风险转移的有（　　）。

A. 放弃某个成本较低的施工方案

B. 要求业主工程款支付担保

C. 购买价格可能上涨的材料时签订总价合同

D. 将施工项目中风险较大的部分工作内容分包给其他施工单位

E. 购买建筑工程一切险和第三者责任险

67. 某工程有三个施工过程 a、b、c，分四个施工段 Ⅰ、Ⅱ、Ⅲ 和Ⅳ，各施工过程流水节拍（单位：周）见下表，参数计算正确的有（　　）。

各施工过程流水节拍（单位：周）

施工过程	施工段			
	Ⅰ	Ⅱ	Ⅲ	Ⅳ
a	3	2	4	2
b	4	3	4	1
c	2	2	4	2

A. 施工过程 a 和 b 的流水步距是 3 周

B. 施工过程 a 和 b 的流水步距是 6 周

C. 施工过程 b 的总施工时间是 12 周

D. 流水施工工期为 20 周

E. 施工过程 c 的总施工时间是 11 周

68. 在如下双代号网络计划图中（时间单位：月），正确的有（   ）。

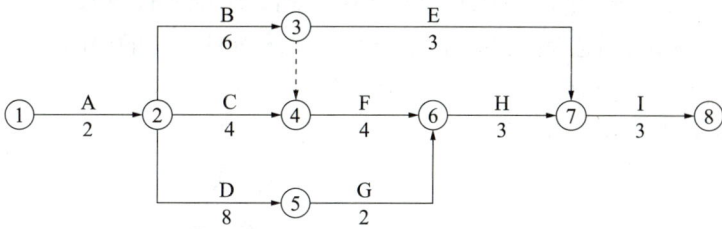

双代号网络计划

A. C 工作的总时差为 2 个月　　　　B. 关键线路工作没有总时差

C. 该计划总工期为 16 个月　　　　D. E 工作的总时差为 4 个月

E. 该计划图仅有一条关键线路

69. 某工程双代号网络计划如下图所示（单位：天），已标明各项工作的最早开始时间（ES_{i-j}）、最迟开始时间（LS_{i-j}）和持续时间（D_{i-j}）。该网络计划表明（   ）。

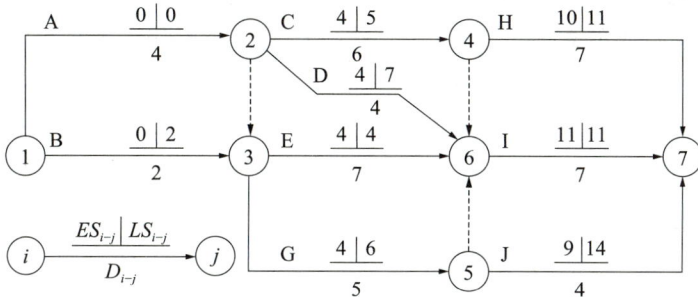

某工程双代号网络计划

A. 工作 B 的总时差和自由时差相等

B. 工作 D 的总时差和自由时差相等

C. 工作 C 和工作 E 均为关键工作

D. 工作 G 的总时差、自由时差分别为 2 天、0 天

E. 工作 J 的总时差和自由时差相等

70. 下列建设工程项目进度控制措施中，属于技术措施的有（   ）。

A. 选择适用的网络计划方法　　　　B. 选择更多的施工队伍

C. 采用加班施工方式　　　　D. 重视信息技术的应用

E. 考虑项目技术的风险

71. 下列施工质量保证体系的工作内容中，属于组织保证体系的有（   ）。

A. 进行技术培训　　　　　　　　B. 编制施工质量计划

C. 成立质量管理小组　　　　　　D. 建立质量管理系统

E. 分解施工质量目标

72. 关于因果分析图法应用的说法，正确的有（　　　　）。

A. 一张因果分析图可以分析多个质量问题

B. 通常采用 QC 小组活动的方式进行，有利于集思广益

C. 因果分析图法专业性很强，QC 小组以外的人员不能参加

D. 分析时要充分发表意见，层层分析，排除所有可能的原因

E. 通过因果分析图可以了解统计数据的分布特征，从而掌握质量能力状态

73. 施工质量验收中，检验批质量验收的内容包括（　　　　）。

A. 质量资料　　　　　　　　　　B. 主控项目

C. 一般项目　　　　　　　　　　D. 观感质量

E. 允许偏差项目

74. 编制施工人工定额时，工人必需消耗的时间有（　　　　）。

A. 基本工作时间　　　　　　　　B. 多余工作时间

C. 休息时间　　　　　　　　　　D. 停工时间

E. 准备和结束工作时间

75. 施工成本中人工费控制的主要手段有（　　　　）。

A. 减少劳动力投入的数量　　　　B. 加强劳动定额管理

C. 降低劳动者的薪酬标准　　　　D. 提高劳动生产率

E. 降低工程耗用人工工日

76. 施工企业安全检查的类型有（　　　　）。

A. 自查　　　　　　　　　　　　B. 互查

C. 日常巡查　　　　　　　　　　D. 定期检查

E. 专项检查

77. 施工单位编制的专项施工方案主要内容包括（　　　　）。

A. 项目成员　　　　　　　　　　B. 施工计划

C. 施工工艺技术　　　　　　　　D. 施工安全保证措施

E. 应急处置措施

78. 施工生产安全事故应急预案包括（　　　　）。

A. 综合应急预案　　　　　　　　B. 应急处理方案

C. 专项应急预案　　　　　　　　D. 现场处置方案

E. 现场调查方案

79. 施工现场文明施工所指的"五牌一图"包括（　　　　）。

A. 工程概况牌　　　　　　　　　B. 组织结构图

C. 消防保卫牌　　　　　　　　　D. 文明施工牌

E. 安全生产牌

80. 关于竣工图编制要求的说法，正确的有（   ）。

A. 项目竣工图应由建设单位负责编制

B. 竣工图章尺寸应为 60mm×80mm

C. 竣工图应真实反映项目竣工验收时的实际情况

D. 若按施工图施工没有变动的，由编制单位在施工图上加盖并签署竣工图章

E. 一般性图纸变更，可在原图上更改，加盖并签署竣工图章

参考答案与解析

一、单项选择题

1.【答案】B

房地产开发项目的最低资本金比例为25%，其中，保障性住房和普通商品住房项目的最低资本金比例为20%。选项B正确。

2.【答案】B

与施工总承包相比，施工总承包管理的特点：分包合同签订方式不同、取费及分包单位工程款支付方式不同，施工总承包管理单位负责确定各分包合同界面（可减轻业主的组织协调工作量）、负责控制分包工程质量（有利于控制工程质量）。选项B正确。

3.【答案】D

《建设工程监理规范》GB/T 50319—2013规定了监理机构中各层级监理人员（总监理工程师、总监理工程师代表、专业监理工程师和监理员）的职责。签发工程开工令、组织工程竣工预验收是总监理工程师的职责；检查工序施工结果是监理员的职责；检查进场的工程材料质量是专业监理工程师的职责。选项D正确。

4.【答案】B

工程质量监督机构应按工程质量监督计划实施监督检查，对影响主体结构、使用功能和施工安全的部位和关键工序，要加大抽查频率，对隐蔽工程应进行重点抽查。选项B正确。

5.【答案】B

按照项目经理的权限不同，矩阵式组织结构分为强矩阵式组织、中矩阵式组织（又称为平衡矩阵式组织）、弱矩阵式组织等三种形式。选项D错误。

平衡矩阵式组织结构适用于中等技术复杂程度且建设周期较长的工程项目。选项B正确。

6.【答案】A

施工项目部编制责任矩阵的程序是：（1）列出需要完成的项目管理任务；（2）列出参与项目管理及负责执行项目任务的个人或职能部门名称；（3）以项目管理任务为行，以执行任务的个人或部门为列，画出纵横交叉的责任矩阵图；（4）在责任矩阵图的行与列交叉窗口中，用不同字母或符号表示项目管理任务与执行者的责任关系，从而建立"人"与"事"的关联；（5）检查各职能部门或人员的项目管理任务分配是否均衡适当，有过度分配或者分配不当的，则需要进行调整和优化。选项A正确。

7.【答案】A

施工总进度计划的编制程序是：（1）计算工程量；（2）确定各单位工程施工期限；（3）确定各单位工程的开竣工时间和相互搭接关系；（4）编制初步施工总进度计划；

（5）形成正式的施工总进度计划。选项 A 正确。

8. 【答案】A

在安排每班工人数和机械台数时，要保证各工作项目中每班工人或施工机械拥有足够的工作面（不能少于最小工作面），以保证效率和施工安全；要使各工作项目中工人数量或施工机械数量不低于正常施工所必需的最低限度（不能小于最小劳动组合），以达到最高劳动生产率。最小工作面限定了每班施工人数的上限，最小劳动组合限定了每班施工人数的下限。选项 A 正确。

9. 【答案】B

施工项目目标动态控制过程中，出现偏差时，经分析属于主客观原因产生不可纠正偏差时，应进行工程变更，再根据此目标实施控制。选项 B 正确。其他选项均为错误做法。

10. 【答案】B

11. 【答案】D

12. 【答案】C

13. 【答案】D

根据题目中的已知条件，甲分项工程的综合单价为：

$36000 \times （1 + 15\%） \times （1 + 5\%） \div 600 = 72.45$ 元 $/m^3$

注意应除以招标工程量清单中的工程数量 $600m^3$，而不是实际施工工程数量 $720m^3$。

14. 【答案】A

15. 【答案】B

16. 【答案】A

17. 【答案】D

18. 【答案】A

19. 【答案】B

20. 【答案】A

21. 【答案】B

22. 【答案】C

23. 【答案】C

24. 【答案】B

25. 【答案】B

26. 【答案】C

27. 【答案】C

28. 【答案】A

29. 【答案】B

30. 【答案】A

31. 【答案】B

32. 【答案】B

33. 【答案】C

企业质量管理体系获准认证的有效期为 3 年。获准认证后，企业应通过经常性的内部审核，维持质量管理体系的有效性，并接受认证机构对企业质量管理体系实施的监督管理。选项 C 正确。

34. 【答案】B

35. 【答案】D

36. 【答案】B

37. 【答案】A

38. 【答案】B

按事故产生原因分类，施工质量事故可分为因技术原因引发的质量事故、因管理原因引发的质量事故和因社会、经济原因引发的质量事故。该质量事故由检测仪器设备管理不善引起，属于管理原因。选项 B 正确。

39. 【答案】C

直接成本和间接成本是按照成本计入成本核算对象的方法（成本核算内容）划分的，按成本是否随工程量变化（成本性态），成本分为固定成本和变动成本。选项 C 正确。

40. 【答案】C

41. 【答案】A

对同类型产品规格多、工序重复、工作量小的施工过程，常用比较类推法。

42. 【答案】A

$1000 \times (1 + 5\%) = 1050.000 m^3$

43. 【答案】B

施工措施费用主要是现场的施工措施费用，尽管多个责任岗位可能涉及措施项目有关费用，但从主要责任岗位而言，应该是项目管理机构负责人，即项目经理。

44. 【答案】A

45. 【答案】D

题干要求的材料用量控制，所以有关成本选项不符合题意，先进先出是一种存货核算制度，限额领料是根据工程量和定额控制用量、数量的一种方法，正确选项为限额领料制度。

46. 【答案】C

项目施工成本降低率 ＝（项目施工合同成本－项目实际施工成本）/ 项目施工合同成本 $\times 100\%$ ＝（2000－1800）/2000$\times 100\%$ ＝ 10.00%。

47. 【答案】C

48. 【答案】B

49. 【答案】D

50. 【答案】C

51. 【答案】D

52. 【答案】D

53. 【答案】B

54. 【答案】A

按照生产安全事故造成的人员伤亡或直接经济损失分类，较大事故是指造成3人以上10人以下死亡，或者10人以上50人以下重伤，或者1000万元以上5000万元以下直接经济损失的事故。需要注意事故等级划分中所称的"以上"包括本数，所称的"以下"不包括本数。正确选项为A。

55. 【答案】C

56. 【答案】B

57. 【答案】C

58. 【答案】C

59. 【答案】B

60. 【答案】D

二、多项选择题

61. 【答案】C、D

62. 【答案】B、C、D

弱矩阵式组织结构的项目管理者权限很小，平衡矩阵式组织结构对项目整体及项目目标负责、具有一定权利，强矩阵式组织的项目经理全权负责项目、对项目组成员绩效进行考核。选项A错误。平衡矩阵式组织结构需要精心建立管理程序和配备训练有素的协调人员，在成员中指定一人担任专案主持人，适用于中等技术复杂程度且建设周期较长的工程项目。选项E错误。

63. 【答案】A、C

施工组织设计应由项目负责人主持编制，项目负责人不同于项目技术负责人，选项B错误。单位工程施工组织设计应由施工单位技术负责人或技术负责人授权的技术人员审批，施工单位技术负责人不同于项目技术负责人，选项D错误。规模较大的分部工程施工方案，应由施工单位技术负责人审批，选项E错误。选项A、C正确。

64. 【答案】A、B、D、E

65. 【答案】B、C、D、E

66. 【答案】B、C、D、E

67. 【答案】A、C、D

68. 【答案】A、B、D

69. 【答案】A、B、D、E

网络关键线路为A→E→I，A、E、I为关键工作，选项C错误。当关键节点为完成节点时，总时差等于自由时差，②、③、⑥、⑦为完成节点的工作如B、D、J的总时差等于自由时差，选项A、B、E正确。总时差为最迟开始时间减去最早开始时间，因此G的总时差为6−4＝2天，自由时差为紧后工作的最早开始时间减去本工作的最早开始时间，因此G的自由时差为9−（5＋4）＝0天，选项D正确。所以A、B、D、E正确。

70. 【答案】A、D

71. 【答案】C、D

施工质量保证体系主要包括：施工质量目标、施工质量计划、思想保证体系、组织保证体系和工作保证体系。组织保证体系的内容主要包括：成立质量管理小组（QC 小组），健全各种规章制度，明确规定各职能部门主管人员和参与施工人员在保证和提高工程质量中所承担的任务、职责和权限，建立质量信息系统等。选项 C、D 正确。

72.【答案】B、D

73.【答案】A、B、C

74.【答案】A、C、E

75.【答案】B、D、E

减少劳动力投入数量不一定能够使总的人工费用降低，降低劳动者薪酬标准不是企业能够自主控制的，受政策和市场影响，也不应作为主要的手段；而加强劳动定额管理、提高劳动生产率、降低工程耗用人工工日的目的是减少总的人工工日消耗，实现降低人工费用的目标。

76.【答案】C、D、E

施工企业安全检查的形式应包括各管理层的自查、互查及对下级管理层的抽查等；安全检查的类型应包括日常巡查、专项检查、季节性检查、定期检查、不定期抽查等。选项C、D、E 正确。

77.【答案】B、C、D、E

78.【答案】A、C、D

79.【答案】A、C、D、E

80.【答案】C、D、E